内燃机工程基础

（第二版）

[美] 威拉德·W. 普拉克贝克(Willard W. Pulkrabek)　　著

梁兴雨　王月森　王晓慧　主译

舒歌群　主审

刁　海　主校

天津大学出版社

TIANJIN UNIVERSITY PRESS

图书在版编目(CIP)数据

内燃机工程基础 / (美) 威拉德·W.普拉克贝克
(Willard W. Pulkrabek) 著；梁兴雨, 王月森, 王晓慧
主译；舒歌群主审；刁海主校. -- 2版. -- 天津：天
津大学出版社, 2021.9
书名原文: Engineering Fundamentals of the
International Combustion Engine
ISBN 978-7-5618-7034-1

Ⅰ.①内… Ⅱ.①威… ②梁… ③王… ④王… ⑤舒
… ⑥刁… Ⅲ.①内燃机—高等学校—教材 Ⅳ.① TK4

中国版本图书馆 CIP 数据核字 (2021) 第 182255 号

出版发行	天津大学出版社	
地　　址	天津市卫津路92号天津大学内(邮编:300072)	
电　　话	发行部:022-27403647	
网　　址	www.tjupress.com.cn	
印　　刷	廊坊市海涛印刷有限公司	
经　　销	全国各地新华书店	
开　　本	185 mm×260 mm	
印　　张	22.25	
字　　数	560千	
版　　次	2022年6月第1版	
印　　次	2022年6月第1次	
定　　价	88.00元	

目　　录

第1章 概 述

本章给出了内燃机的定义,列出了内燃机的分类方法及专业术语,并对一些内燃机通用零部件以及四冲程、二冲程点燃式和压燃式内燃机的工作原理做了介绍。

1.1 引言

内燃机(通常又称为发动机)是一种将燃料的化学能经由旋转输出轴转化为机械能的热机。首先,燃料通过与缸内的空气发生氧化反应(燃烧)将化学能转化为热能。这部分热能提高了内燃机缸内气体的温度和压力,进而缸内的高压气体膨胀并对机械传动部件做功。该膨胀功通过机械连接件传递到旋转的动力输出轴上。然后,输出轴通过变速箱或传动系统将旋转的机械能传递到最终的动力需求端。内燃机通常是交通工具(如汽车、卡车、机车、海洋船舶等)的推进装置,其他应用包括固定式发电机、水泵、便携式伐木工具或割草机等。

大多数内燃机是一种往复式机械,活塞在发动机的气缸内部做往复运动。本书着眼于此类机械的热动力学研究。除此之外,还有一些其他类型的内燃机,但其保有量要少得多,如转子式发动机。本书也将对这些内燃机进行简要介绍。本书内容不涉及蒸汽机和燃气轮机,因为它们属于外燃机(即燃烧发生在发动机机械系统的外部)。还有一些种类的发动机虽然也可以归类为内燃机(如火箭发动机、喷气发动机等),但其也不在本书的内容范围之内。

往复式内燃机具有一个或多个气缸,有的甚至有超过20个气缸,而且气缸的排列方式也有很多种;输出功率范围从小型模型飞机发动机的100 W到大型多缸固定式发动机的单缸上万千瓦。

内燃机的生产商非常多,不同时代的内燃机在功率、尺寸、结构和操作特点上各不相同。内燃机的特征(大小、气缸数目、冲程等)没有绝对的界限。本书主要介绍主流内燃机的几何形状和操作参数。同时,本书也会介绍一些特种发动机。

伴随着汽车工业的发展,早期内燃机的发展开始于19世纪下半叶。更早的记录可以追溯到17世纪的原油发动机和自走式车辆发动机。大部分早期汽车采用蒸汽机驱动,但由于技术、道路条件、材料和燃料开采等方面的不足,早期汽车未能成为具有实用价值的车辆。早期的热机包括内燃机和外燃机,使用火药和其他固体、液体和气体燃料。现代蒸汽机的发展使铁路机车在18世纪下半叶至19世纪初得到迅猛发展。到19世纪20到30年代,世界上许多国家都出现了铁路。图1.1所示为美国费尔班克斯·莫尔斯(Fairbanks Morse)公司生产的早期单缸发动机。

图 1.1   美国费尔班克斯·莫尔斯公司生产的单缸发动机

历史小典故 1.1:空气发动机

　　17 至 18 世纪出现的大多数早期内燃机都可归类为空气发动机。这些体积庞大的发动机只有一组活塞和气缸,且气缸是开放式的。燃烧是在开放的气缸中进行的,可以使用任何可获得的燃料,其中火药是最常用的燃料。燃料燃烧后,气缸中会充满常压的高温废气。此时,关闭气缸,缸内气体逐渐冷却。随着气体冷却,气缸内逐渐形成一定的真空度,活塞一端受大气压,另一端存在真空度,使活塞两侧产生压差。压差导致活塞移动,通过与外部系统相连可使活塞做功,如提升重物。一些早期的蒸汽机也是空气发动机,只是不在开放式气缸中燃烧,而是在其中充满高温蒸汽,然后关闭气缸,蒸汽逐渐冷却从而产生真空度。

　　除了在 19 世纪中后期欧洲和美国的研究者针对内燃机开展的大量研究外,汽油和充气橡胶轮胎技术的出现也促进了内燃机的发展。

　　19 世纪 50 年代,美国宾夕法尼亚州发现了大量石油,美国率先进行了石油资源大规模的商业开发,从而使新研发的内燃机获得了可靠的燃料来源。在此之前,内燃机所遇到的主要问题就是没有良好可靠的燃料。鲸鱼油、煤气、矿物油、煤炭和火药都曾被视为可用的燃料,但其远达不到内燃机的使用要求。1854 年,美国工程师西里曼发明了石油的分馏方法,成功提炼出了 20 世纪的车用燃料——汽油。石油产品的改进提升则从 19 世纪 60 年代开始,此后汽油、润滑油和内燃机技术一起不断进步。图 1.2 所示为福特(Ford)公司的四冲程 V12 发动机。

　　1888 年约翰· B. 邓禄普(John B. Dunlop)发明了充气橡胶轮胎。这项发明使汽车更具有实用性,从而为包括内燃机在内的动力系统创造了一个很大的市场。

图 1.2　福特公司的四冲程 V12 发动机

在汽车发展的早期,作为动力源的内燃机是与电动机和蒸汽机相竞争的。在 20 世纪初,电动汽车和蒸汽汽车逐渐消失。因为电动汽车的续航里程有限,而蒸汽汽车的起动时间太长。因此,20 世纪是内燃机的时代,几乎所有汽车的动力都是由内燃机提供的。而现在,内燃机又再次受到电力和其他形式推进系统的挑战。

1.2　早期历史

在 19 世纪下半叶,工程师们制造和测试了许多不同风格的内燃机。这些发动机采用不同的机械系统和工作循环模式,其中有的成功,有的失败,有的很可靠,有的则不可靠。

第一款具有实用价值的发动机是勒努瓦(J. J. E. Lenoir, 1822—1900)在 1860 年左右发明的。在之后的十余年中,这款发动机共生产了数百台,其功率达到 4.5 kW,热效率可达 5%。该发动机所用的勒努瓦循环将在本书 3.13 节中进行阐述。1867 年,奥托 - 兰根(Otto-Langen)发动机首次出现,其效率提高到 11%,这是一种空气发动机,动力冲程由压差推动。在之后的十余年中,这款发动机产量达到几千台。尼古拉斯·奥托(Nicolaus A. Otto, 1832—1891)和尤金·兰根(Eugen Langen, 1833—1895)是这一阶段众多发动机发明者中的两位。

在这个时期,与现代汽车发动机相同的四冲程工作循环模式逐渐演化为最优设计。虽然当时有很多研究者在设计四冲程循环发动机,但是 1876 年当奥托的原型机诞生后,这款发动机使他赢得了声誉。

在 19 世纪 80 年代,内燃机在汽车上首次出现。同期,二冲程循环发动机开始实用化并大量生产。

1892 年,鲁道夫·狄塞尔(Rudolf Diesel, 1858—1913)完善了他的压缩点燃式发动机,其发明一直沿用至今。狄塞尔的压缩点燃式发动机是经过多年的开发工作完成的,在狄塞尔早期的开发他还使用过固体燃料。早期的压缩点燃式发动机噪声大、转速低,且只有一个气缸。然而,这种发动机通常比火花点燃式发动机效率更高。直到 20 世纪 20 年代,多缸压缩点燃式发动机才做得足够小,可用于汽车和卡车上。

1.3　发动机的分类

在用于发动机分类的方法中,可以用其中几个或所有分类标准定义一个特定的发动机。例如,一款发动机可以被称为是涡轮增压、往复式、火花点燃、四冲程循环、顶置气门、水冷、汽油、多点燃油喷射的 V8 汽车发动机。下面将分别介绍这些分类方法。

1.3.1　按点燃方式分类

(1)火花点燃(Spark Ignition,SI)

火花点燃式(简称"点燃式")发动机在每一个工作循环都要使用火花塞点燃。火花塞的两个电极间释放高压电并产生电火花,将燃烧室中火花塞周围的可燃混合物点燃。在发明火花塞之前,这类内燃机采用不同样式的喷嘴喷射火焰来引燃缸内的油气混合物。

(2)压缩点燃(Compression Ignition,CI)

压缩点燃式(简称"压燃式")发动机的燃烧过程可概述为可燃油气混合物在燃烧室内高度压缩时产生高温并发生自燃。

1.3.2　按工作循环分类

(1)四冲程循环

四冲程发动机完成一个工作循环时,活塞在气缸内需要往返 2 次(即曲轴转 2 周)。

(2)二冲程循环

二冲程发动机完成一个工作循环时,活塞在气缸内需要往返 1 次(即曲轴转 1 周)。

(3)其他循环

早期,研究者也曾尝试过三冲程和六冲程循环。

1.3.3　按气门位置分类

(1)I 形缸盖发动机

在 I 形缸盖发动机上,气门装在气缸顶部,这种形式是现代汽车的标准结构,如图 1.3(a)所示。

(2)L 形缸盖发动机

在 L 形缸盖发动机上,气门装在机体上,这种形式通常在老式汽车发动机和一些小型发动机上使用,如图 1.3(b)所示。图 1.4 所示为 19 世纪 30 年代福特 A 型汽车所用的 L 形缸盖四缸汽油发动机。

(3)T 形缸盖发动机

一些早期的发动机将气门布置在气缸两侧,一侧为进气门,另一侧为排气门,这类发动机被称为 T 形缸盖发动机,如图 1.3(c)所示。图 1.5 所示为威利－奈特(Willy-Knight)套筒气门式发动机剖视图。

(4)F 形缸盖发动机

如将一个气门装在气缸顶部,另一个气门装在机体上,则称这类发动机为 F 形缸盖发动机,但这种发动机不太常见,如图 1.3(d)所示。

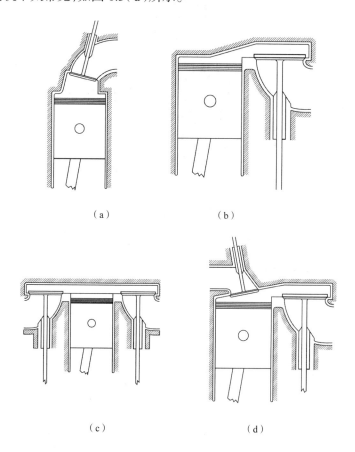

（a） （b）

（c） （d）

图 1.3 发动机按气门位置分类
（a)I 形缸盖 （b)L 形缸盖 （c)T 形缸盖 （d)F 形缸盖

图 1.4 福特 A 型汽车所用的 L 形缸盖四缸汽油发动机

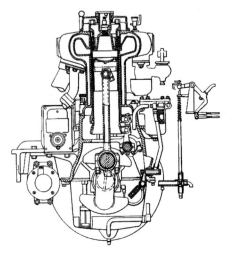

图 1.5　威利‑奈特套筒气门式发动机剖视图

1.3.4　按基本设计形式分类

(1)往复式发动机

往复式发动机有一个或多个气缸,活塞在其中做往复运动。每个气缸都有封闭的燃烧室,由一个旋转运动的曲轴向外做功。

(2)回转式转子发动机

回转式转子发动机由偏心转子、曲轴及外围定子组成,燃烧室布置在定子内部。许多采用这个形式的验证机已经进行过试验,但是只有马自达(Mazda)公司的几款车型采用的汪克尔(Wankel)发动机投入量产。马自达公司设计并生产了分别具有 1、2、3 个转子的 Wankel 发动机。

历史小典故 1.2:杜森伯格 J 型汽车发动机

20 世纪 30 年代,杜森伯格(Duesenberg)公司推出了 J 型八缸直列点燃式汽车发动机。在本书作者看来,其是那个年代最伟大的汽车发动机。该发动机由杜森伯格公司设计,由莱康明(Lycoming)飞机发动机公司制造。该发动机采用半球形燃烧室,总排量为 6.88 L,缸径为 9.53 cm,冲程为 12.07 cm,压缩比为 5.2∶1,在 4 200 r/min 时的额定功率为 198 kW(SJ 增压型,在 4 000 r/min 下的额定功率为 239 kW)。该发动机采用顶置凸轮轴、四气门结构,进气门直径为 3.81 cm,气门升程为 0.89 cm,排气门直径为 4.76 cm,气门升程为 0.91 cm。其铝制活塞上有三道气环和一道油环;合金钢曲轴上有 5 个主轴承,采用动平衡和静平衡,并配有减振器。润滑系统由油底壳中的齿轮泵、3 个过滤器、曲轴箱通风和用于冷却的带翅片铝油盘组成。冷却系统由 1 个水泵、采用恒温控制的散热器百叶窗和 1 个由皮带驱动的四叶风扇组成。电压为 6 V 的点燃器配有德克瑞密(Delco Remy)线圈和分配器。J 型发动机配备了舍博乐(Schebler)公司的上升气流化油器,而 SJ 型发动机配备了斯托姆伯格(Stromberg)公司的下吸式化油器和直径为 12 in(30.48 cm)的离心增压器。除了豪华车,杜森伯格的大普力克斯(Grand Prix)赛车和越野赛也非常成功。

杜森伯格公司于 1937 年倒闭,成为当时经济危机的受害者。但该公司的俚语"It's a Duesy"(意思是非常好)是对其的赞誉。图 1.6 所示为杜森伯格 J 型直列八缸点燃汽车发动机。

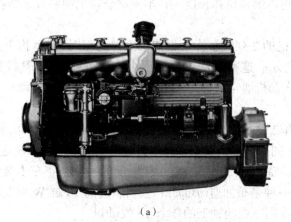

(a)

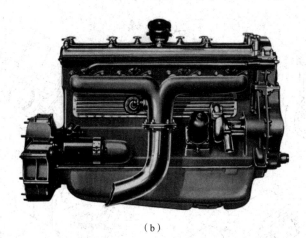

(b)

图 1.6　杜森伯格 J 型直列八缸点燃汽车发动机

(a)右视图　(b)左视图

1.3.5　按气缸布置方式分类

(1)单缸

单缸发动机只有 1 个气缸和活塞与曲轴相连,如图 1.7(a)所示。

(2)直列式

直列式发动机的所有气缸布置在一条直线上,沿曲轴排列,如图 1.7(b)所示。直列式发动机的气缸数为 2~11 或更多,其中 4 缸直列式发动机在汽车和其他应用场合中非常常见,而早期的汽车发动机通常是 6 缸直列式和 8 缸直列式。

(3)V 形

在 V 形发动机中,2 列气缸沿曲轴方向互成角度,如图 1.7(c)所示。2 列气缸之间的角度范围为 15°~120°，其中 60°~90° 最为常见。V 形发动机的气缸数为 2~20 或更多。V6(6 缸 V 形)和 V8(8 缸 V 形)汽车发动机比较常见，一些豪华品牌汽车和高性能车辆还会采用 12 缸或 16 缸的 V 形发动机。大型船舶的发动机和固定式发动机通常有 8~20 个气缸。德国大众汽车公司曾推出一款 V5 发动机，其中 2 个气缸与其他 3 个气缸略有角度(15°)，采用此种方式布置气缸可以缩短机体长度。日本本田公司也制造过 V5 摩托车发动机。

(4)水平对置式

水平对置式发动机的 2 列气缸在一根曲轴上彼此相对(或者称为 180° 夹角的 V 形发动机)，如图 1.7(d)所示。这种发动机常见于小型飞机和汽车，气缸数多为偶数，一般为 2~8 个或更多。这类发动机通常被称为水平发动机，如 4 缸水平发动机。

(5)W 形

在技术文献中，有 2 种不同气缸布置的发动机已被分类为 W 形发动机。一种与 V 形发动机相似，但是它在同一曲轴上装有 3 排气缸，如图 1.7(e)所示。这种形式并不常见，但 20 世纪 30 年代的一些赛车和 20 世纪 90 年代后期的一些豪华车上装有这种发动机，通常为 12 缸或 18 缸。另一种是布加迪(Bugatti)公司制造的 16 缸 W 形发动机(W16)，该发动机的基本结构是连接在同一根曲轴上的 2 个 V8 发动机。

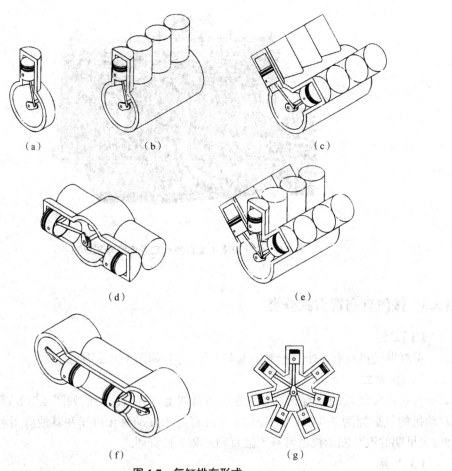

图 1.7　气缸排布形式
(a)单缸　(b)直列式　(c)V形　(d)水平对置式　(e)W形　(f)对置活塞式　(g)星形

（6）对置活塞式

在对置活塞式发动机中,燃烧室设置在同一气缸的 2 个相对运动的活塞之间,如图 1.7（f）所示。燃烧过程使 2 个活塞同时做功,每个活塞分别将作用力传递给气缸末端的独立曲轴。发动机通过 2 个旋转曲轴或者通过机械结构耦合在一根曲轴上进行输出。这类发动机通常排量较大,用于发电站、船舶或潜艇。

（7）星形

星形发动机的活塞布置在一个围绕曲轴的圆形平面内,每个副连杆都与主连杆相连,再通过主连杆连接到曲轴上,如图 1.7（g）所示。星形发动机采用奇数个气缸,数量为 3~13 或更多。发动机采用四冲程工作循环,随着曲轴转动,每隔一缸点燃和做功,从而保证曲轴旋转平稳。许多中大型螺旋桨飞机使用这种星形发动机。大型飞机一般将 2 列或多列气缸安装在一起,一列接一列地排列在曲轴上,使发动机动力更强,运转更平稳。此外,某巨大的船用发动机采用高达 54 个气缸的星形发动机,每列 9 个气缸,共 6 列。在 20 世纪早期,有一些实验性的径向飞机星形发动机具有偶数个气缸（4~12 个）,这些发动机采用二冲程工作循环,但这种布置形式未被普遍采用。

历史小典故 1.3:星形发动机

历史上曾出现一些特殊的星形发动机,这些发动机的曲轴固定在机架上,而气缸组径向围绕静止的曲轴旋转。这样做是为了增强对风冷发动机气缸的冷却。例如,英国索普维斯（Sopwith）公司生产的骆驼（Camel）战斗机是第一次世界大战期间的一款非常著名的战斗机,其发动机就采用此种布置方式,将螺旋桨固定在旋转的气缸组上。由大型回转式发动机自身重量产生的陀螺力能使这些飞机实现一些其他飞机无法实现的机动性能,但也会限制其他方面的机动性能。著名游戏《史努比大战红男爵》（*Snoopy vs. the Red Baron*）中史努比驾驶的就是骆驼战斗机。

很多年以前,亚当斯（Adams）公司生产的法韦尔（Farwell）型汽车所用的 3 缸和 5 缸星形发动机就是这种发动机,气缸在水平面上旋转,曲轴垂直固定安装。陀螺效应赋予这些汽车独特的转向特性。

1.3.6　按进气过程分类

1）自然吸气发动机,即没有进气增压系统的发动机。

2）机械增压发动机,通过发动机曲轴驱动压缩机以增加进气压力。机械增压器（supercharger）的结构如图 1.8 所示。

3）涡轮增压发动机,利用发动机废气驱动涡轮和压缩机以增加进气压力。涡轮增压器（turbocharger）的结构如图 1.9 所示。图 1.10 所示为通用汽车（General Motors）的杜拉马科斯（Duramax）LB7 型涡轮增压柴油发动机。

4）曲轴箱压缩发动机,指二冲程发动机利用曲轴箱来压缩进气。对于四冲程发动机而言,在曲轴箱压缩系统的设计和结构方面的研究很少。

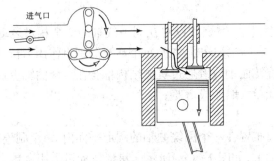

图 1.8　机械增压器原理

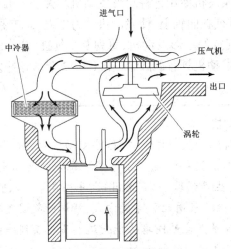

图 1.9　涡轮增压器原理

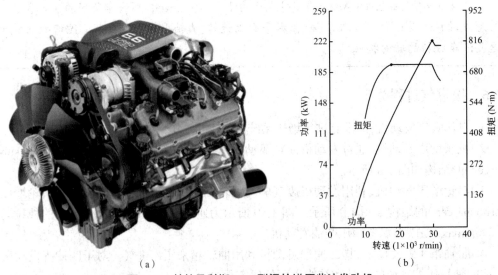

（a）　　　　　　　　　（b）

图 1.10　杜拉马科斯 **LB7** 型涡轮增压柴油发动机

（a）外形　（b）输出曲线

1.3.7　按供油方式分类

（1）点燃式发动机

1）化油器型。

2）多点燃油喷射型,指使用 1 个或多个喷油器在进气道喷射燃油。

3）节气门体燃油喷射型,指在节气门或进气总管上喷射燃油。

3）缸内直喷型,指燃油喷射器安装在燃烧室中,直接将燃油喷射到气缸中。

（2）压燃式发动机

1）直接喷射,指直接将燃料喷入主燃烧室。

2）间接喷射,指将燃料喷射到副燃烧室中。

3）均质压燃,指在进气冲程中喷射燃料。

1.3.8　按使用燃料分类

1）汽油发动机。

2）柴油或重油发动机。

2）煤气、天然气或甲烷发动机。

3）液化石油气发动机。

4）乙醇、甲醇发动机。

5）双燃料发动机。很多发动机混合使用 2 种或 2 种以上的燃料。压燃式发动机常混合使用天然气和柴油。在一些发展中国家,因柴油价格高,柴油机常采用天然气和柴油的双燃料模式运行,而在汽车上越来越普遍使用乙醇汽油（将 90% 汽油和 10% 酒精相混合的一种燃料）。

1.3.9　按应用范围分类

1）汽车、卡车、公交车发动机。

2）火车发动机。

3）固定电站发动机。

4）船舶发动机。

5）飞机发动机。

6）便携式油锯、航空模型发动机。

1.3.10　按冷却方式分类

1）空冷发动机,指使用空气作为冷却介质的发动机。

2）液冷（水冷）发动机,指使用冷却液作为冷却介质的发动机。

历史小典故 1.4：独一无二的大型发动机

　　在 20 世纪早期，诞生了几种功率很大的组合式发动机，其主要用于驱动坦克和其他军用车辆的试验。例如，意大利布加迪公司制造了一台由两组平行的 8 缸发动机组成的 U16 发动机，该发动机采用两根曲轴啮合到一个中心轴输出的方式工作。后来，有 1 台这种类型的发动机安装在了杜森伯格赛车上。布加迪公司还通过将 4 台直列 8 缸发动机连接在一起，制造了一台 H32 发动机，每台直列发动机作为 H 发动机的 1 个臂（分为上、下），共同由 1 根中央输出轴对外输出动力。此外，德国还制造了 1 台由 2 个倒置 V12 发动机组成的 M24 发动机，这两台 V12 发动机共用一根曲轴。最终，这些发动机都没有投入商业化生产。

1.4　相关术语和缩写

　　在发动机技术文献以及本书中会使用一些术语和缩写，下面对其进行介绍，以便读者对之后的章节有更好的理解。

　　1）内燃（Internal Combustion，IC）。

　　2）火花点燃（Spark Ignition，SI），指每个循环的燃烧冲程中，发动机使用火花塞点燃。

　　3）压缩点燃（Compression Ignition，CI），指发动机靠可燃混合物在燃烧室内被压缩产生的高温引燃。压缩点燃式发动机通常被称为柴油发动机，尤其是在非专业领域中。

　　4）上止点（Top Dead Center，TDC），指活塞距离曲轴最远的位置。其中，称为"上"是因为这个位置通常在大多数发动机的顶部；称为"止"是因为活塞在这个位置不再运动。在一些发动机中，上止点的位置并不在发动机的顶端（如卧式发动机和星形发动机等），有些资料把这个位置称作头端止点（Head End Dead Center，HEDC），有些资料称之为顶点（Top Center，TC）。在工作循环中，在上止点之前的部分经常缩写为 BTDC（Before Top Dead Center）或 BTC（Before Top Center）；在上止点之后的部分经常缩写为 ATDC（After Top Dead Center）或者 ATC（After Top Center）。当活塞处在上止点位置时，气缸的容积达到最小值，故称之为余隙容积。

　　5）下止点（Bottom Dead Center，BDC），指活塞距离曲轴最近的位置。因为下止点并不总是处在发动机的底部，所以有些资料把它叫作轴端止点（Crank End Dead Center，CEDC），有些资料则称之为下点（Bottom Center，BC）。在工作循环中，在下止点之前发生的事件经常缩写为 BBDC（Before Bottom Dead Center）或 BBC（Before Bottom Center）；在下止点之后发生的事件经常缩写为 ABDC（After Bottom Dead Center）或者 ABC（After Bottom Center）。图 1.11 所示为 9 缸星形发动机连杆装配图，其中标出了上、下止点的位置。

　　6）直接燃油喷射（Direct Injection，DI），指燃料直接喷射到发动机主燃烧室中。一般情况下，发动机有一个燃烧室（开放室）或有两个分隔式的燃烧室（一个主燃室和一个与之相连的较小的副燃烧室）。

　　7）非直接喷射（In-Direct Injection，IDI），指燃油喷射到分隔式燃烧室的副燃烧室中。

　　8）缸径（Bore），指气缸直径或活塞直径，二者之间有微小的间隙。

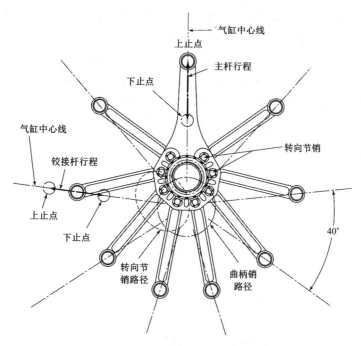

图 1.11　9 缸星形发动机连杆装配图

9)冲程(Stroke),指活塞从一个端点到另一个端点的运动距离(如上止点到下止点或者下止点到上止点)。

10)余隙容积,指当活塞位于上止点时,燃烧室的最小容积。

11)排量,指发动机活塞在 1 个冲程内所排出气体的量。排量可以指 1 个气缸(单缸机)或者整个发动机(工作容积与气缸数之积)。有些文献把它叫作活塞排量。

12)汽油缸内直喷(Gas Direct Injection, GDI),指将喷油器安装在燃烧室中的点燃式发动机,在压缩冲程直接将汽油喷射到气缸中。

13)均质压燃(Homogeneous Charge Compression Ignition, HCCI),指采用均质空燃比进气代替常见的采用扩散燃烧混合气的压燃式发动机技术。

14)智能发动机,指工作参数(如空燃比、点燃时间、气门定时、排放控制、进气调节等)由控制器控制的发动机。控制系统的输入信号来自安装在整台发动机上的电子传感器、机械传感器、热传感器、化学传感器。一些汽车的控制器甚至可以通过编程,自行调整工作参数,来缓解发动机老化导致的气阀磨损、燃烧室沉积物堆积。此外,控制器还能控制汽车转向系统、制动系统、排气系统、悬挂系统、座椅调节系统、防盗系统、娱乐系统、换挡、车门、维修保养、噪声、车内环境以及舒适度等。

15)发动机管理系统(Engine Management System, EMS),用于控制智能发动机的控制器和电子器件。

16)节气门全开(Wide Open Throttle, WOT),指将节气门完全打开以获得发动机的最大功率或者最大速度。

17)滞燃期(Ignition Delay, ID),指开始点燃和实际燃烧之间的时间间隔。

18)空燃比(Air-Fuel ratio, AF),指进入发动机中的空气与燃料的质量之比。

19)燃空比(Fuel-Air ratio,FA),指进入发动机中的燃料和空气的质量之比。

20)额定扭矩转速,指发动机最大扭矩下的转速。

21)顶置式气门(Overhead Valve, OHV),指气门安装在发动机顶部,如图1.12所示。图1.13(a)所示为美国哈雷戴维森(Harley-Davidson)公司的"傻瓜(Knucklehead)"型摩托车的2缸、空冷、顶置式气门发动机的结构,图1.13(b)为摩托车外形。

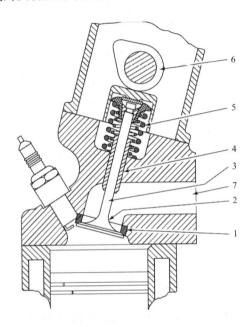

图1.12 顶置式气门结构

1—气门座;2—气门;3—气门杆;4—气门导管;5—气门弹簧;6—凸轮轴;7—进气(排气)道。

（a） （b）

图1.13 哈雷戴维森公司的"傻瓜"型摩托车

（a）发动机结构 （b）摩托车外形

22)顶置凸轮轴(Overhead Camshaft, ORC),指凸轮轴安装在发动机顶部,可以更直接地控制气门的运动,同样气门也是顶置式的。

23)燃料喷射(Fuel Injection,FI)。

1.5　发动机部件

　　本节将介绍常见的往复式内燃机的主要部件和外部附件。四冲程点燃式发动机的主要部件如图 1.14 所示。

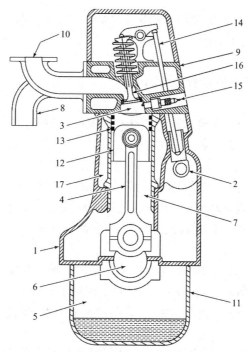

图 1.14　四冲程点燃式发动机剖面

1—气缸体；2—凸轮轴；3—燃烧室；4—连杆；5—曲轴箱；6—曲轴；7—气缸；8—排气管；9—缸盖；10—进气管；11—油底壳；
12—活塞；13—活塞环；14—挺杆；15—火花塞；16—气门；17—气缸水套。

1.5.1　发动机主要部件

（1）气缸体

　　气缸体（简称"缸体"）是包裹着发动机气缸部分的机体，由铸铁或铸铝制造。在很多老式发动机中，气门和气门座也设置在缸体上。水冷式发动机的缸体还包括一个气缸冷却水套。对于空冷式发动机，其机体外表面有很多冷却用的散热片。

（2）凸轮轴

　　凸轮轴的作用是在合适的时候打开气门。打开气门的方式包括凸轮轴直接打开或者采用相连的机械或液压机构（推杆、摇臂、挺柱）打开。大多数现代汽车的发动机将一个或多个凸轮轴安装在发动机顶部（顶置式凸轮轴），而很多老式发动机将凸轮轴设置在曲轴箱里。凸轮轴通常由锻钢或者铸铁制成，并由曲轴通过带传动或者链（定时链）传动驱动。为了降低质量，凸轮可以装在空心轴上。在四冲程发动机中，凸轮轴的转速是发动机曲轴转速的一半。

(3)燃烧室

燃烧室位于活塞和气缸之间,是燃料燃烧的地方。在发动机工作过程中,燃烧室的容积连续不断地改变,当活塞位于上止点时其容积最小,位于下止点时其容积最大。一些发动机有开放式燃烧室,每个气缸只有1个燃烧室;有些发动机采用分割式燃烧室,每个气缸有2个通过孔道相连的燃烧室。

(4)连杆

连杆连接活塞,并带动曲轴运动。大多数发动机的连杆由钢或者合金锻造,小型发动机的连杆可能会使用铝合金制造。

(5)连杆轴承

连杆轴承是将连杆固定在曲轴上的轴承。

(6)散热片

散热片是安装在空冷发动机的头部和气缸外表面的金属翅片。在这些扩展的表面上,散热片通过热传导和对流换热来冷却气缸。

(7)曲轴箱

曲轴箱是曲轴外围的发动机缸体的一部分。在许多发动机中,油底壳构成曲轴箱壳体的一部分。在一些高性能发动机中,相邻气缸的曲轴箱之间设有"窗口",以允许空气自由流动。这是为了降低在做功和吸气冲程期间活塞背面的气压。

(8)曲轴

发动机通过曲轴向系统外部输出能量。曲轴通过主轴承与发动机缸体连接。往复运动的活塞通过连杆机构使曲轴旋转。活塞会相对于曲轴中心产生位移,这个位移通常称作曲轴行程或曲轴半径。曲轴通常由锻钢制造,有些情况下用铸铁制造。

(9)气缸

气缸是让活塞位于其内,允许其上、下做往复运动的圆柱形容器。气缸壁一般具有很高的硬度,并需要进行高精度珩磨。气缸可以在发动机缸体中直接加工,或者用硬质金属(冷拉钢)缸套压进软质金属缸体中。缸套可以是干缸套,即不接触冷却水套中的液体;也可以是湿缸套,即作为气缸冷却水套的一部分。在一些发动机中,气缸壁需要进行珩磨,以便在缸壁上形成润滑油膜。在极少数发动机中,气缸横截面并不是圆形的。

(10)排气总管

排气总管是将废气从发动机气缸中带走的管道系统,通常由铸铁制造。

(11)排气系统

排气系统是将废气从气缸中排出、经后处理并排放到周围环境当中的一套装置。它包括1根排气总管、1个加热式或者催化转化式废气净化系统、1个用于消除发动机噪声的消声器和1根排气尾管。

(12)飞轮

飞轮是连接到发动机曲轴上的具有很大转动惯量的回转体。飞轮能够储存能量,并为发动机每个冲程之间的转速波动提供缓冲,使发动机平稳运转。一些航空发动机使用螺旋桨作为飞轮,此外割草机的旋转叶片也可以作为飞轮。

(13)燃料喷射器(喷嘴)

喷嘴将加压的燃料喷入点燃式发动机的进气道中,或者喷入压缩点燃式发动机的气缸中。在采用多点燃油喷射系统的点燃式发动机中,喷嘴位于每个气缸进气口处;在采用节气门体燃油喷射系统的点燃式发动机中,喷嘴位于节气门段和节流阀喷射系统的进气管上游;在缸内直喷发动机中,喷嘴直接将燃料喷入燃烧室内。

(14)预热塞

许多压缩点燃式发动机将电阻加热器安装在燃烧室中,使燃烧室预热到足够高的温度,以便于使冷态发动机能够起动。当发动机起动后,预热塞关闭。

(15)缸盖

缸盖的作用是密封气缸,也包含燃烧室的余隙容积这一部分。缸盖通常由铸铁或铝合金制造,通过螺栓与缸体连接。在一些发动机中,缸盖和缸体是一体的。点燃式发动机的缸盖上安装有火花塞;压缩点燃式发动机和部分火花点燃式发动机的缸盖上安装有喷油器。大多数现代发动机在缸盖上安装有气门机构,并且很多发动机的缸盖上还安装有凸轮轴(顶置气门和顶置凸轮轴)。

(16)气缸盖垫片

气缸盖垫片是发动机缸体和缸盖之间用螺栓连接时密封用的垫片。气缸盖垫片通常采用复合材料和金属的夹层结构。部分发动机使用液压垫片。

(17)进气管

进气管是将气体导入气缸的管道系统,通常由金属、塑料或复合材料制造。大多数点燃式发动机的燃料在进气道或化油器中与空气混合。有些进气管可以加热燃油,以加快其蒸发。通常,将分别通往每个气缸的进气管称作歧管。

(18)气门

气门的作用是在循环过程中让气流在适当的时间流入和流出气缸。大多数发动机使用菌形气门,通过凸轮轴的运动使弹簧压缩。气门座由淬火钢或陶瓷制成。有的发动机采用回转气门和套阀,但不常见。许多二冲程发动机在缸套一侧设置扫气口代替机械气门。

(19)水套

水套是环绕气缸的水循环系统,通常是发动机机体和缸盖的一部分。发动机冷却液在水套内流动,带走热量,防止气缸壁过热。冷却液通常是乙二醇 - 水溶液。

(20)水泵

水泵是使冷却液在发动机和散热器间往复循环的加压系统。发动机内的水泵通常是机械泵。

(21)火花塞

火花塞是一种用于引燃空气 - 汽油混合物的电气设备,其通过电压击穿电极间的空气产生火花。火花塞通常由金属制成,外覆绝缘陶瓷材料。一些现代的火花塞通过内置压力传感器为发动机控制提供输入信号。

(22)活塞销

活塞销是紧固活塞与连杆的销。

(23)活塞

活塞是气缸中做往复运动的圆柱形块体,其将燃烧室内的压力传递到做旋转运动的曲轴上。活塞的顶部称为活塞头部,侧边称为活塞裙部。活塞头部表面是燃烧室的一部分,可以采用平面或者高度赋型曲面设计。有些活塞的顶部包含一个锯齿形凹坑,该凹坑的容积占余隙容积的大部分。活塞由铸铁、钢或铝材制造。铸铁或钢制活塞可以有更尖锐的边角,因为它们的强度比较高,这类活塞的热膨胀率比较低,能够允许更严格的公差和更小的余隙。铝制活塞质量更轻,惯性也比较小。此外,可以采用合成材料或者复合材料制造活塞的主体,这种活塞只有顶部是由金属制造。有些活塞表面还覆有陶瓷涂层。

(24)活塞环

活塞环是与活塞环槽配合的金属环,相对气缸壁形成滑动面。活塞头部附近通常有2个或2个以上由高度抛光的硬铬钢制成的压缩环。这些压缩环的作用是在活塞和气缸壁之间形成密封,从而防止燃烧室内的高压气体通过活塞与气缸壁的间隙泄漏到曲轴箱形成窜气。在压缩环下部一般有1道油环,用于刮掉多余的机油,润滑气缸壁,以降低油耗。

(25)推杆

推杆是顶置气门发动机设置在曲轴箱中的凸轮轴和气门之间的机械联动装置。许多推杆都有润滑油道,作为加压润滑系统的一部分。

(26)润滑油泵

润滑油泵用于从油底壳中吸取润滑油,并将润滑油输送到需要润滑的地方。润滑油泵可以由电能驱动,但最常见的是由发动机驱动的机械油泵。小型发动机没有润滑油泵,其采用飞溅润滑。

(27)机油池

机油池作为发动机储油容器,是曲轴箱的一部分。部分航空发动机拥有一个独立的封闭的机油池,称作干式油底壳。

(28)油底壳

油底壳通常用螺栓连接在发动机缸体的底部,是曲轴箱的一部分。大多数发动机将油底壳作为机油池。

(29)主轴承

主轴承是连接发动机缸体和曲轴的轴承。主轴承最大数目等于活塞的数量加1,或者活塞之间的轴承数加2。部分低功率发动机的主轴承数量低于这一数值。

1.5.2　发动机外部附件

(1)燃油泵

燃油泵是负责从油箱向发动机供应燃料的一种泵,其由电能或机械能驱动。在许多现代汽车发动机中,电动燃油泵是浸没在油箱中的。一些小型发动机和早期的汽车发动机没有燃油泵,它们依靠重力来补给燃料。

历史小典故 1.5:燃油泵

　　1909—1927年生产的福特T型汽车没有燃油泵,受油箱与发动机之间相对位置的影响,该型车在攀爬陡峭山坡时必须采用倒车爬坡的方式。

---

(2)催化转化器

催化转化器安装在排气管路上,其内部有能够促进废气发生化学反应的催化剂,可以达到降低排放的作用。

（3）化油器

化油器是一种文丘里管流量测量装置,通过压差来供给适量的燃料与空气混合。过去数十年里,它是所有汽油发动机的基本燃料计量系统,应用于各类车辆。现在它依然使用在低成本的小型发动机中,如割草机发动机。在新式的汽车发动机上,化油器并不常见。

（4）阻风门

阻风门是化油器入口处的蝶阀,用于在寒冷天气起动时在进气系统中生产丰富的燃料 - 空气混合物。

（5）冷却风扇

大多数发动机都有冷却风扇,它能够增加流过散热器和发动机舱的气流速度,加速废热排出。冷却风扇可以由机械或电力驱动;可以连续不断地运转,也可以在需要时才运转。

（6）起动机

有很多方法可用于起动内燃机。大多数发动机是使用与发动机飞轮啮合的电动机来起动的。电机由蓄电池提供电力。当汽车改用 42 V 电气系统时,起动机和发电机将成为飞轮的一部分。

对于一些安装在大型拖拉机和工程设备上的大型发动机,电动起动机的电能来源有限,因此常采用小型点燃式发动机为其起动。首先小发动机通过电动机起动,然后啮合大发动机飞轮上的齿轮传动装置,从而带动其转动直到起动。

早期的飞机发动机通常用手摇螺旋桨起动,此时螺旋桨相当于发动机的飞轮。许多小型割草机发动机和类似的设备通过操作者手拉缠绕在与曲轴连接的滑轮上的绳子来起动。一些大型发动机采用压缩空气起动,即首先将气缸进气门打开,防止压缩冲程中缸内压力增加;然后将压缩空气通入气缸,使发动机空转;最后当转动惯量足够大时,进气门关闭,发动机起动。

历史小典故 1.6:起动机

早期的汽车发动机采用与发动机曲轴连接的手动曲柄起动。当时,起动发动机是一个困难和危险的过程,有时发动机起动手柄会反弹,导致手指和手臂受伤。电动起动机最早出现在 1912 年的凯迪拉克（Cadillac）汽车上,这种起动机是由 C. 凯特林（C. Kettering）发明的,他的一位朋友在用手动曲柄起动汽车时意外身亡,受到触动的他为此发明了电动起动机。

（7）节气门

节气门一般是安装在进气系统的进气总管末端的蝶阀,用来控制点燃式发动机的进气量。一些小型发动机和固定转速的发动机没有节气门。

（8）散热器

散热器是一种蜂窝结构的换热器,用于给发动机冷却液散热。散热器通常安装在发动机的前面,在汽车开动时处于气流中。通常采用机械或电力驱动的风扇来增加流经散热器的气流量。

(9)机械增压器

机械增压器是由曲轴驱动的机械压缩机,用于压缩进入发动机的空气。

(10)涡轮增压器

涡轮增压器采用涡轮驱动压缩机的方式压缩进入发动机的空气,其中涡轮由发动机的废气驱动,因此不会降低发动机的有用功。

(11)制动系统

制动系统是发动机协助车辆(通常是大型卡车)减速的系统,通过优化排气门的动作,压缩发动机气缸中的空气来吸收车辆的一部分动能。

(12)巡航控制系统

巡航控制系统是通过控制发动机转速使汽车保持在一个恒定速度的自动化机电控制系统。

1.6　发动机的工作循环

对于大多数内燃机,不论是点燃式还是压燃式,都是基于四冲程循环或二冲程循环运转的。基本上所有发动机都采用这两种工作循环中的一种,只是在细节处略有差别。

1.6.1　四冲程点燃式发动机工作循环

四冲程点燃式发动机的工作循环如图1.15所示。

(1)第1冲程:进气冲程

活塞由上止点运行至下止点,此时进气门打开,排气门关闭。在活塞移动过程中,燃烧室容积逐渐增大,形成一定的真空度。外界大气压与内部真空度的压差使空气从进气系统进入气缸。空气通过进气系统进入气缸时,燃料通过喷油器或者化油器以一定比例喷入燃油,并与空气形成油气混合物。

(2)第2冲程:压缩冲程

当活塞到达下止点时,进气门关闭,在活塞运行至上止点的过程中,所有气门关闭,气缸内的油气混合物被压缩,其压力和温度同时升高。关闭进气门需要一定时间,这意味着实际压缩冲程在下止点之后的某一时刻才开始。压缩冲程快要结束的时候,火花塞点燃油气混合物,燃烧开始。

(3)燃烧

当活塞到达上止点附近时,油气混合物在很短时间内发生燃烧(近似看作定容燃烧)。燃烧发生在活塞靠近上止点的压缩冲程结束时,在做功冲程到达下止点后结束。燃烧改变了油气混合物的成分,气缸内的温度和压力都上升到一个峰值。

(4)第3冲程:膨胀冲程或做功冲程

在所有气门关闭的情况下,燃烧所产生的高压迫使活塞离开上止点,这时发动机对外做功。在活塞从上止点移至下止点的过程中,气缸容积增加,导致缸内压力和温度下降。

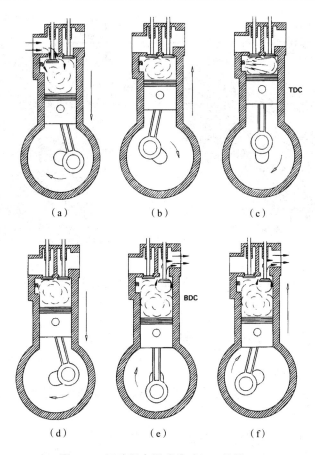

图 1.15 四冲程点燃式发动机工作循环

（a）进气冲程 （b）压缩冲程 （c）在上止点附近的定容燃烧 （d）做功冲程 （e）排气泄压 （f）排气冲程

（5）排气泄压

做功冲程结束时,排气门打开进行排气泄压。气缸内的压力和温度相对于周围的环境仍然很高,使气缸内相对于大气压产生正压差。压差使活塞快要到下止点时,大部分高温废气通过排气门排出气缸。这部分废气带走了大量的焓,使循环热效率降低。在做功冲程期间,排气门在下止点之前打开减少了做功,这是因为排气泄压也需要一定的时间。

（6）第 4 冲程:排气冲程

在活塞移至下止点时,排气泄压完成,但是气缸内依然充满相当于大气压力的废气。随着排气门的打开,活塞在排气冲程从下止点移至上止点。这使大部分残留废气在压力作用下从气缸进入排气系统,当活塞移至上止点时,残留废气聚集在余隙容积内。在排气冲程快要结束时,进气门早于到达上止点开启,新一轮工作循环的进气冲程开始,进气门在上止点完全打开。排气门在到达上止点附近开始关闭,最终在迟于到达上止点的某个时刻完全关闭。这个进气门和排气门都处于打开状态的时期,称为气门重叠。

图 1.16 所示为美国福特公司的两款四冲程点燃式发动机。

（a）　　　　　　　　　　　　　　（b）

图 1.16　美国福特公司的两款四冲程点燃式发动机
（a）In tech V8　（b）VulcanV6

1.6.2　四冲程压燃式发动机工作循环

（1）第 1 冲程：进气冲程

除了燃料不与进气混合外,其他条件与点燃式发动机的工作循环相同。

（2）第 2 冲程：压缩冲程

该冲程中的压缩过程与点燃式发动机相同,只是此过程中只有气体被压缩为高温高压状态。在压缩冲程要结束的时候,燃料被直接喷入燃烧室,并与热空气混合。这时燃料蒸发,然后开始自燃,即燃烧开始。

（3）燃烧

燃烧过程在上止点处开始,并近似保持定压燃烧状态,直到喷油结束,活塞开始向下止点移动。

（4）第 3 冲程：做功冲程

燃烧结束,开始做功冲程,活塞移至下止点。

（5）排气泄压

此过程与点燃式发动机相同。

（6）第 4 冲程：排气冲程

此过程与点燃式发动机相同。

历史小典故 1.7：航空柴油发动机

　　在开发用于飞机的压燃式发动机方面,研究者有过许多尝试。1927 年,底特律柴油机(Detroit Diesel)公司和斯廷森飞机(Stinson Aircraft)公司合作,为一架中型飞机制造了一台 9 缸径向压燃式柴油机。该发动机在飞行中具有良好的燃油经济性,十分具有应用潜力,但由于专利权的限制而未能商业化。1929 年,因美国发生经济大萧条,该项目终止。该发动机现在密歇根州迪尔伯恩的亨利·福特博物馆展出。

1.6.3 二冲程点燃式发动机工作循环

曲轴箱增压二冲程点燃式发动机的工作循环如图 1.17 所示。

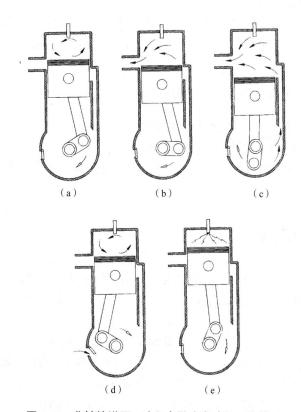

图 1.17 曲轴箱增压二冲程点燃式发动机工作循环
（a）膨胀冲程或做功冲程 （b）排气泄压 （c）扫气 （d）压缩冲程 （e）上止点附近发生近似定容燃烧

（1）燃烧

活塞在上止点时燃烧迅速发生,在近似定容状态下缸内温度和压力达到峰值。

（2）第 1 冲程:膨胀冲程或做功冲程

燃烧过程产生的高压使活塞向下运动。在活塞移至下止点的过程中,燃烧室容积的不断增加使缸内压力和温度不断降低。

（3）排气泄压

在活塞运行到下止点之前,曲柄转角约为 75° 的时候,排气门开启,开始排气泄压。排气门可以是气缸顶部的气门,也可以是活塞在接近下止点时气缸一侧敞开的孔。排气泄压结束后,气缸内仍然充满低压废气。

（4）进气和扫气

当排气泄压快要结束时,活塞运行到下止点之前,曲柄转角约为 50° 的位置,气缸壁上的进气孔打开,可燃混合物在压力作用下进入。燃油通过化油器或者喷油器喷入进气流中。混合气使残留的废气通过排气门排出,从而使混合气充满气缸,这一过程称为扫气。活塞经过下止点后迅速地将扫气孔封闭,然后排气门关闭。进气增压的方式有两种,大型二冲程发动机通常会采用增压器,小型发动机则通过曲轴箱进气增压。在小型发动机上,曲轴箱除了实现正常功能外,也被用作增压器。

(5)第2冲程:压缩冲程

当所有进气门或进气孔关闭后,活塞向上止点移动,并将油气混合物压缩至高温高压状态。在压缩冲程快要结束的时候,火花塞点火。当活塞到达上止点时,燃烧发生,下一工作循环开始。

1.6.4　二冲程压燃式发动机工作循环

除了有两点不同之外,二冲程压燃式发动机的工作循环与二冲程点燃式发动机的工作循环相似。首先,其进气不与燃料混合,所以只有空气被压缩。其次,其气缸内没有火花塞,而有一个喷油器。在压缩冲程快要结束时,燃油被喷入缸内经高温压缩的空气中,油气混合物自燃。

1.7　混合动力汽车

在21世纪初,一种使用内燃机的新概念车受到广泛关注。这种新型车辆就是混合动力汽车(或卡车),其由电动机和内燃机共同为车辆提供动力。这种车辆力求在提高燃料经济性的同时减少排放。

长期以来,研究者一直在尝试各种不同的电动机与内燃机的组合。最常见的模式是使用电动机提供驱动力,当内燃机运行在稳定工况时为蓄电池充电,然后蓄电池将电能提供给电动机;当电动机输出功率不足时,内燃机也可以直接为车辆提供动力。

通常在没有内燃机的情况下,电动机和蓄电池本身在某些条件(如高速行驶或者爬坡)下会出现动力和续航里程不足。这种情况将随着燃料电池技术的发展而改变。另外,内燃机和电动机的组合可产生足够的动力和续航里程,同时减少燃油的消耗,并降低排放。通常,为了达到比日常使用中平均功率大数倍的最大功率,内燃机本身尺寸必须足够大。但当内燃机和发电机-蓄电池-电动机系统组合使用时,便可以选用一台尺寸小得多,且运行于近乎稳定工况下的内燃机。这样就可以减小内燃机的尺寸,并针对某种运行工况进行优化,从而提高内燃机的工作效率。

研究者测试了许多内燃机和电动机的组合方式,如图1.18所示。一些车辆在前轮上采用电动机驱动,而内燃机则与后轮和发电机相连;一些车辆将电动机和发动机串联,根据需要单独使用或组合使用,其中一个极端的例子就是将发动机曲轴延伸,使其成为电动机的旋转输出轴;一些车辆则将电动机和发动机并联,在不同的行驶条件下单独或共同使用。大多数混合动力系统允许车辆完全由电动机驱动、完全由发动机驱动或两者兼而有之。车载计算机通过大量传感器的输入信号来确定最高效的工作方式。

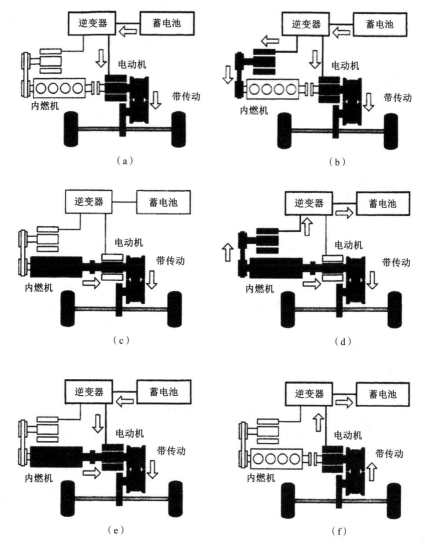

图 1.18　混合动力汽车工作模式
（a）起动 / 低速行驶　（b）发动机起动　（c）发动机直驱　（d）行驶中发电　（e）全扭矩加速　（f）动能回收

　　大多数早期混合动力汽车中的内燃机是具有 2~4 个气缸的点燃式发动机,其排量为 1 L 左右。在未来,这类发动机可能会被压燃式发动机取代,因为其具有更高的热效率,当压燃式发动机（如柴油机）排放水平更低,并且配有更完整的燃料分配系统时,这个设想就会实现。未来的先进混合动力汽车可能采用包括燃料电池、燃气轮机、斯特林循环发动机等动力装置。

　　在 20 世纪 90 年代,美国汽车产业界和美国政府成立了新一代汽车合作伙伴（The Partnership for a New Generation of Vehicles, PNGV）组织,并为超级汽车设定了标准,见表 1.1。采用混合动力可能是满足这些标准的唯一切实可行的方案。

表 1.1　20 世纪 90 年代 PNGV 制定的超级汽车标准

序号	指标
1	100 km 燃油消耗量低至 3 L
2	100 km 加速时间 <12 s
3	家庭轿车可容纳 5~6 名乘客
4	行驶 1.6×10^5 km 后,排放满足法规要求
5	行李箱容积 >475 L
6	续航里程 >600 km
7	乘坐、操控、噪声、振动、舒适水平相当于 1994 年的家庭轿车
8	总体运行成本相当于 20 世纪 90 年代的家庭轿车
9	最短使用寿命(里程)为 1.6×10^5 km
10	满足现在和未来的安全标准
11	至少 80% 的零部件可回收
12	到 2001 年可以实现概念车展示
13	2004 年可以生产出样车

(1)混合动力汽车的优点

1)更长的行驶里程。对于在稀燃稳态工况下运行的小型发动机,可以针对最低油耗进行优化。随着压燃式发动机的进一步发展,节油效果将会由于热效率的提高而提升。目前,在混合动力汽车上,每 100 km 的燃油消耗量可以低至 4 L。

2)更低的排放水平。运行在一个稳定转速工况下的发动机可以被优化到更低的排放水平。现有混合动力汽车符合目前和未来的所有排放标准。

3)内燃机可以随时关闭。当车辆再次起动时,在电动机的帮助下,内燃机可以非常平稳地起动。目前,采用此种起停方式的纯内燃机车辆已经大量应用。但是,如果没有大型电动机驱动装置来辅助起动,这类车辆起动延迟会较长,并且长期使用后很有可能导致起动机性能下降。

4)电动机可以做成双电动机-发电机组。这样,当车辆减速或停止时可以回收车辆的一部分动能,回收的能量可被发电机用来给蓄电池充电。

(2)混合动力汽车的缺点

1)成本较高。目前,混合动力汽车的零部件数量更多且销量低,这使其制造成本更高。

2)车辆必须承载两个动力单元(发动机和电动机)的重量。多数情况下,这两个动力单元中,只有一个处于工作状态,而另一个此时会成为死重。

3)任何蓄电池系统在废弃后都会对环境造成负面影响。因此,需要发展更先进的蓄电池技术。

4)电气系统难以满足空调和其他辅助电源的需求。当需要辅助电源时,内燃机不能关闭。当发动机关闭时,发动机制冷系统将不得不通过消耗电能维持运转。

1.8　燃料电池汽车

未来的一些混合动力车辆可以用燃料电池组替代内燃机-发电机系统向蓄电池供电。燃料电池甚至能直接向车辆的驱动电动机供电,而不需要蓄电池或内燃机。使用燃料电池为车辆提供动力是很有吸引力的,因为燃料电池能以更高效的方式将燃料的化学能量转化为有用功率输出,而有害排放物也比内燃机少得多,水蒸气是其主要的排放物。燃料电池通过水的电解反应的逆反应来产生电能。燃料电池有多种类型,质子交换膜(Proton Exchange Membrane, PEM)燃料电池是其中一种常见的类型。PEM 燃料电池以用氢气(H_2)和空气中的氧气(O_2)为燃料。当这些燃料穿过电池的交换膜时,两者结合生成水,并通过化学反应产生低压电。将这些电池单元串联堆叠从而产生足够高的电压,并提供驱动汽车所需的 60~90 kW 的功率。到 21 世纪初,这项技术仍然存在几个重要问题,而这些问题在燃料电池技术挑战内燃机在汽车推进装置领域中的主导地位之前必须得以解决。这些问题包括质量、散热、低温性能、成本、安全性、起动时间、燃料加注和燃料储存。车辆的燃油经济性与其质量的关系如图 1.19 所示。

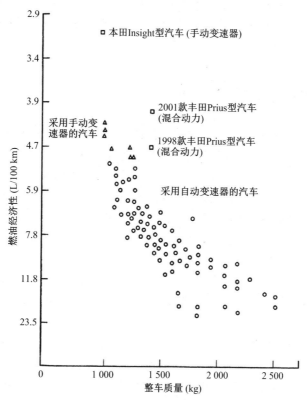

图 1.19 整车质量与车辆燃油经济性的关系

在上述问题中,最大的技术问题是氢燃料的储存以及与之相应的燃料加注问题。氢能够以低温液体、压缩气体或形成金属氢化合物固体的形式储存。但是这些储存方法都不是很理想,想要将这些方法投入实用还需大量的开发工作。为了规避燃料储存问题,在车上制氢似乎是一个可行的解决方案,即通过使用甲醇、汽油或一些其他碳氢燃料来制取所需的氢气。在该方法中,通过催化重整装置将这些易于储存和加注的液态燃料转化为 H_2, CO 和 CO_2;再将 H_2 根据需要输送到燃料电池,而 CO 在转化成 CO_2 之后和之前生成的 CO_2 一起被排放到大气中。甲醇是这类燃料中最好的选择,其产氢效率最高,但甲醇在使用中还有其他问题(见 4.6 节)。

　　燃料电池的不同部件(交换膜、催化重整器等)在不同的温度下工作,其对冷却的需求也不尽相同。许多 PEM 系统在约 80 ℃的温度下运行,同时产生相当多的废热。这需要一个非常大的散热器将多余的热量传递到周围环境,低温传热需要散热器具有很大的表面积。这些较大的散热器供气口使想要将车辆维持在一个较低的空气阻力系数较为困难。在北方的气候环境中,车辆停止运行后的电池冻结也是一个严重问题。燃料电池在工作过程中会产生水,因此不能让水在低温下冻结。此外,在环境温度较低时,当燃料电池尚未达到工作温度时会出现起动延迟的问题,这个延迟通常是几秒钟,为此一些实验汽车配备了起动电池。但是随着技术进步和产业化的不断推进,燃料电池的质量、成本和安全问题将会逐步得到改善。

　　燃料电池－重整器系统中没有机械部件,所以不会产生机械故障,但是会有化学反应和热循环造成的磨损。燃料和空气中的硫以及其他杂质会污染燃料电池的膜、转换器和其他组件。有证据显示,如果燃料及过滤装置足够好,那么燃料电池的使用寿命将与汽车一样长。

1.9　发动机排放和空气污染

　　汽车尾气是造成全球空气污染的主要原因之一。近些年来,相关技术的进步使汽车发动机排放物大大减少,但是人口和汽车数量的增加意味着这个问题会继续长期存在。

　　在 20 世纪的前半叶,汽车尾气没有受到关注,因为当时车辆保有量很少。伴随着汽车数量的增加,同时发电厂、采暖锅炉和人口数量的增加,使空气污染成为一个日益严重的问题。受密集的人口和独特的自然气候条件的影响,在 20 世纪 40 年代美国洛杉矶地区首先爆发了严重的空气污染问题。到了 20 世纪 70 年代,空气污染成为美国和世界其他地区大多数城市必须面临的重要问题。

　　在美国和其他工业国家,实施了限制汽车尾气排放的法律。这限制了汽车工业在 20 世纪 80 年代和 90 年代的发展。尽管汽车有害尾气排放量自 20 世纪 40 年代以来减少了 90%,但仍会产生严重的环境问题。

　　内燃机产生的 4 种主要排放物分别是碳氢化合物(HC)、一氧化碳(CO)、氮氧化物(NO_x)和固体颗粒物。碳氢化合物是没有充分燃烧的燃料分子,还有部分燃烧的细小非平衡态粒子。一氧化碳的成因是没有足够的氧气将其变为二氧化碳,或者是由发动机循环时间过短以至于油气混合不充分导致的。氮氧化物是气缸内油气混合物高温燃烧时,一些稳定的氮气分解为单原子氮,然后与氧气结合反应生成的。固体颗粒物一般在压燃式发动机中形成,并常常以碳烟的形式从发动机中排出。其他的发动机有害排放物包括醛类、硫化物、铅化物和磷化物。

　　减少发动机有害排放物有两种办法:一种是提高发动机和燃油的技术水平,使燃烧更充分,从而减少排放物的生成;另一种是对废气进行后处理,如使用热转换器或催化转换器促进废气中的有害成分发生化学反应,将有害排放物转换为无害的二氧化碳、水和氮气。

　　本书第 2 章将对排放物的分类方法进行介绍,第 9 章将对排放物的后处理方法做详细介绍。

习题 1

1.1　指出点燃式发动机和压燃式发动机的 5 个区别。

1.2　四冲程发动机在进气系统中可能有或没有增压器（机械增压、涡轮增压）。为什么二冲程发动机在进气系统中必须有增压器？

1.3　列出 2 种二冲程发动机相比于四冲程发动机具有的优势，再列出 2 种四冲程发动机相比于二冲程发动机具有的优势。

1.4　试回答下列问题。

①为什么大部分超小型发动机采用二冲程工作循环？

②为什么大部分超大型发动机采用二冲程工作循环？

③为什么大部分汽车发动机采用四冲程工作循环？

④为什么汽车发动机采用二冲程工作循环是可取的？

1.5　一个单缸直列自然吸气发动机的缸径为 1.2 m，活塞质量为 2 700 kg，用于提升重物。当环境压力为 98 kPa 时，燃烧并冷却后，气缸内压力为 22 kPa。假设活塞运动是无摩擦的，试计算：

①气缸上部为真空且活塞上行时活塞可提升的质量（kg）；

②气缸下部为真空且活塞上行时活塞可提升的质量（kg）。

1.6　一台早期的自然吸气发动机具有缸径为 1 m、冲程为 2.7 m 的单个气缸，并且没有余隙容积。在打开气缸装满火药后，气缸中的压力为环境压力，温度为 282 ℃。现在活塞被锁在适当的位置，气缸末端关闭。冷却至环境温度后，活塞解锁，允许其移动。做功冲程处于恒定温度状态，直到获得压力平衡。假设气缸中的气体是空气，活塞运动是无摩擦的，环境条件为 20 ℃和 1 个大气压。试计算：

①做功冲程开始时可能的提升力（kg）；

②有效做功冲程的长度（m）；

③做功冲程结束时的气缸容积（m³）。

1.7　两台汽车发动机具有相同的总排量，并且在气缸内产生相同的总功率。试回答下列问题。

① V6 相比于直列 6 缸的优点有哪些？

② V8 相比于 V6 的优点有哪些？

③ V6 相比于 V8 的优点有哪些？

④对置 4 缸相比于直列 4 缸的优点有哪些？

⑤直列 6 缸相比于直列 4 缸的优点有哪些？

1.8　一台 9 缸、四冲程、星形点燃式发动机运行于 900 r/min 转速下。试计算：

①以发动机的转角为单位，点燃发生的频率；

②每转的做功冲程数；

③每秒的做功冲程数。

1.9　一家人想购买一辆新的中型汽车，有 2 个选择：一是普通的使用点燃式发动机的汽车,其油耗为 7.6 L/100 km,价格为 18 万元;二是混合动力汽车,其油耗为 3 L/100 km,价格为 32 万元。假设这一家人每年行驶里程约 20 000 km,汽油的价格为 7 元 / 升。试计算:

①每种车辆年消耗的汽油量(升);

②与普通的使用点燃式发动机的汽车相比,混合动力汽车能节省的费用(元 / 年);

③由于节省燃料,可以弥补车辆成本差异的时间(不考虑汽车贷款的利息和时间价值)(年)。

设计题 1

D1.1　设计一个单缸自然吸气发动机,能够将 1 000 kg 的重物提升到 3 m 的高度。假设燃烧后的气缸温度和压力值合理。确定气缸移动的方向,并给出缸径、活塞行程、活塞质量、活塞材料和余隙容积,还有为提升该重物的机械连接示意图。

D1.2　根据 1.3 节中指定的发动机的分类,设计一台用于大型卡车的替代燃料发动机。

D1.3　设计一台利用曲轴箱压缩的点燃式发动机的四冲程循环,绘制 6 个基本过程的示意图,包括进气、压缩、燃烧、膨胀、活塞下行和排气,并详细描述空气、燃油和润滑油的流动过程。

第2章 运行特性

本章介绍往复式内燃机的运行特点,主要包括功、扭矩、功率等力学输出参数,进气、燃料及空燃比,以及燃烧效率和发动机尾气排放的测定方法等。

2.1 内燃机参数

如图 2.1 所示,假设一台内燃机的气缸直径为 B,曲柄半径为 a,活塞行程为 S,转速为 N,曲柄回转角度为 θ,燃烧室容积为 V_c,气缸容积(排量)为 V_d,则活塞的行程为

$$S = 2a \tag{2.1}$$

活塞的平均速度为

$$\bar{U}_p = 2SN \tag{2.2}$$

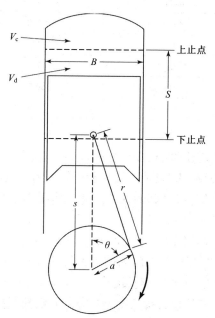

图 2.1 往复式内燃机的几何参数

内燃机的转速 N 的单位为转 / 分钟(r/min),活塞的平均速度 $\bar{U}_p$ 的单位为米 / 秒(m/s),气缸直径、曲柄半径和活塞行程的单位为米或厘米(m 或 cm)。

所有内燃机的活塞平均速度通常在 5~15 m/s 范围内,其中柴油机的活塞平均速度一般较低,汽油机的活塞平均速度则较高。其之所以在这个速度范围内运行,有 2 个原因。第一个原因是保证内燃机构件材料的力学强度在安全承受限度以内,保证活塞在一个循环中能够承受 2 次从静止到最大速度再到静止的加减速过程。当发动机转速为 3 000 r/min 时,每转周期为 0.02 s。如果在更高转速下运行,则在每次加速或减速过程中,活塞及连杆可能会

出现材料发生机械损坏的危险。从式(2.2)可以看出,内燃机尺寸决定了活塞的平均速度,同时也决定了可接受的内燃机转速范围。内燃机尺寸及转速有着显著的负相关性。气缸直径为 0.5 m 的大型内燃机的转速范围为 200~400 r/min,而气缸直径为 0.1 cm 的小型内燃机(如航空模型发动机)转速可以达 12 000 r/min 以上。赛车发动机是一个特例,其通常在超过安全范围的速度区间内运行(如 Indianapolis 500 赛车)。这些赛车发动机通常以高达 35 m/s 的活塞平均速度和高达 14 000 r/min 的转速运行。即使对这些发动机进行比普通汽车发动机更全面的维护,仍有一部分发动机行驶几百千米就会出现故障。表 2.1 中列出了不同尺寸的内燃机的运行参数。据此可知汽车发动机的运行转速一般在 500~5 000 r/min,巡航转速在 2 000 r/min 左右。

表 2.1　典型发动机的运行参数

参数	航空模型发动机(二冲程)	汽车发动机(四冲程)	大型固定式内燃机(二冲程)
缸径(cm)	2.00	9.42	50.0
冲程(cm)	2.04	9.89	161
排量(L)	0.006 6	0.69	316
转速(r/min)	13 000	5 200	125
功率(kW)	0.72	35	311
活塞平均速度(m/s)	8.84	17.1	6.71
升功率(kW/L)	109	50.7	0.98
平均有效压力(kPa)	503	1170	472

限制内燃机的活塞平均速度的第二个原因是进排气过程。活塞速度决定了进气冲程中气体和燃料进入缸体的瞬时流速,以及排气冲程中尾气流出气缸的瞬时流速。更高的活塞运行速度需要更大的气门以允许更高的气体流速。然而在大部分内燃机上,气门尺寸的设计已经达到最大值,没有继续增大的空间。

普通内燃机的缸径尺寸范围为 0.5~50 cm。对小型内燃机而言,缸径和活塞冲程的比值仅为 0.8~1.2。缸径与活塞行程相等的内燃机称为等行程发动机;活塞行程长度大于缸径的内燃机称为长行程发动机;活塞行程长度小于缸径的内燃机称为短行程发动机。大型内燃机通常是长行程发动机,其活塞行程长度是缸径的 4 倍甚至更高。

如图 2.1 所示,曲轴轴线与活塞轴线之间的距离 s 表示为

$$s = a\cos\theta + \sqrt{r^2 - a^2\sin^2\theta} \tag{2.3}$$

式中:a 为曲柄半径;r 为连杆长度;θ 为从气缸中心线测量的曲轴旋转角度,活塞在上止点位置时,$\theta=0$。

随着时间变化,活塞的瞬时速度 U_p 为

$$U_p = \mathrm{d}s/\mathrm{d}t \tag{2.4}$$

瞬时活塞速度和活塞平均速度的比值可以表示为

$$\frac{U_p}{\bar{U}_p} = \frac{\pi}{2}\sin\theta\left(1 + \frac{\cos\theta}{\sqrt{R^2 - \sin^2\theta}}\right) \tag{2.5}$$

$$R = r / a \qquad (2.6)$$

式中：r 为连杆长度；a 为曲柄半径；R 为连杆长度与曲柄半径的比值，小型内燃机的 R 值常为 3~4，尺寸较大的发动机的 R 值可达 5~10。图 2.2 展示了 R 值对活塞速度的影响。

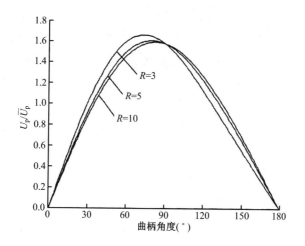

图 2.2　瞬时活塞速度与活塞平均速度比值在不同 R 值下与曲柄角度的函数关系

气缸工作容积 V_d 是活塞从下止点（BDC）运动至上止点（TDC）位置时容积的变化量，即

$$V_d = V_{BDC} - V_{TDC} \qquad (2.7)$$

有些书中称 V_d 为扫气容积，由其可知单缸或多缸内燃机的排量。

对于单缸发动机：

$$V_d = \frac{\pi}{4} B^2 S \qquad (2.8)$$

对于包括 N_c 个气缸的多缸发动机：

$$V_d = \frac{\pi}{4} N_c B^2 S \qquad (2.9)$$

内燃机的排气量（简称"排量"）的单位为 m³、cm³ 或 L，最常用的是 L。内燃机的典型排量范围从 0.1 cm³（小型航空模型发动机，如图 2.3 所示）到 8 L（大型汽车发动机），大型船舶用发动机的排量更高（图 2.4）。多数现代汽车发动机的平均排量为 1.5~3.5 L。

图 2.3　风冷单缸二冲程航空模型发动机

图2.4　费尔班克斯·莫尔斯(Fairbanks Morse)10 缸船舶内燃机

历史小典故 2.1:克里斯蒂赛车

　　1908 年,一辆克里斯蒂(Christie)赛车配有 46 L 排量的 V4 发动机。

　　对于给定排量的内燃机,增加活塞行程就意味着减小缸径,从而减少燃烧室的表面积,继而减小传热损失,燃烧效率因而增加。然而,更长的活塞行程会导致更高的活塞速度和更多的摩擦损失,从而降低从曲轴端输出的能量。如果减小活塞行程,缸径就要增大,发动机将变为短行程发动机。这样虽然减少了摩擦损失,但增加了传热损失。大部分现代汽车发动机接近等行程,或稍微偏长行程设计,或稍微偏短行程设计,这主要由设计者或者制造商的技术理念决定。大型内燃机的行程缸径比可高达 4∶1。

　　当活塞在上止点位置时,气缸容积达到最小值,称为余隙容积(V_c),因此有

$$V_c = V_{TDC} \tag{2.10}$$
$$V_{BDC} = V_c + V_d \tag{2.11}$$

历史小典故 2.2:小型高速内燃机

　　现代航模和船模发动机排量低至 0.075 cm³。这类商业用途的内燃机转速能够达到 38 000 r/min,功率可达 0.15~1.5 kW。有趣的是,这些内燃机的活塞平均速度也处于 5~15 m/s 范围之内。时至今日,仍有一些实验研究用小型汽车发动机的转速高达 28 000 r/min。

　　内燃机压缩比 r_c 可表示为

$$r_c = \frac{V_{BDC}}{V_{TDC}} = \frac{V_c + V_d}{V_c} \tag{2.12}$$

　　现代点燃式内燃机的压缩比范围为 8~11,压燃式内燃机压缩比为 12~24。机械增压或涡轮增压内燃机的增压比通常比自然吸气内燃机更低。由于内燃机材料、制造技术及燃料质量的限制,早期的内燃机压缩比低至 2~3。图 2.5 展示了点燃式汽车发动机压缩比随年代逐渐达到 8~11 的过程。在更小型的高速内燃机中,压缩比主要由燃料性质(详见本书 4.4 节)以及缸体的强度限制决定。

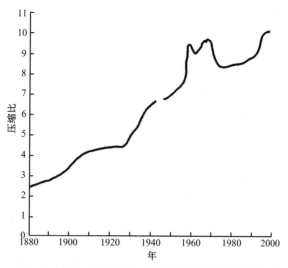

图 2.5　点燃式汽车发动机的平均压缩比变化历程

　　研究者已经进行了多种尝试来实现可变压缩比。其中一种方法是通过采用分体活塞改变不同转速和负荷下的液压作用力的大小来调整活塞的膨胀量,从而改变压缩比。最近,又有 3 种方法可以实现发动机运转过程中压缩比的连续变化:一是采用旋转发动机缸体顶部的方法来改变余隙容积和压缩比;二是通过使用连接在连杆和曲轴之间的杠杆臂来实现这一目标;三是在分隔的燃烧室中使用次级活塞实现压缩比的连续可变,其过程称为阿尔瓦尔循环(Alvar Cycle)。这些方法将在本书第 7 章中进行介绍。

历史小典故 2.3:曲轴

　　英国人奥斯丁制造了一种有趣的四冲程内燃机,在曲轴两端各有一个主轴承。为了抵消运行过程中曲轴的弯曲变形,中间两个气缸的静态压缩比稍高于两个边缘气缸。

　　在发现汽油后的最初 40 年里,由于受到燃料辛烷值的限制,发动机压缩比缓慢地从 2.5 增长到 4.5。1923 年,四乙基铅作为燃料添加剂被加入汽油中,继而带来了压缩比的快速增长。在 1942—1945 年的第二次世界大战期间,汽车工业没有任何实质性的进步。20 世纪 50 年代起,大功率高速汽车的流行带来了压缩比的一次飞速发展。到 20 世纪 70 年代,由于环保法规的颁布,四乙基铅作为燃料添加剂被淘汰,同时由于部分石油输出国的管控,原油价格上涨,导致这个时期压缩比出现下降。到了 20 世纪八九十年代,燃料质量的提升和制造技术的进步,使发动机的压缩比大幅增长。

　　任意曲轴转角下的气缸体积 V 为

$$V = V_{c} + \frac{\pi B^{2}}{4}(r + a - s) \tag{2.13}$$

式中:V_{c} 为余隙容积;B 为气缸直径;r 为连杆长度;a 为曲柄半径;s 为曲轴轴线与活塞轴线之间的距离。

　　式(2.13)还可以表示为以 V_{c} 为分母,由 R 代换 r、a 和 s 的无量纲形式:

$$\frac{V}{V_{c}} = 1 + \frac{1}{2}(r_{c} - 1)\left(R + 1 - \cos\theta - \sqrt{R^{2} - \sin^{2}\theta}\right) \tag{2.14}$$

气缸和活塞横截面面积可表示为

$$A_p = \frac{\pi}{4}B^2 \tag{2.15}$$

燃烧室表面面积可表示为

$$A = A_{ch} + A_p + \pi B(r + a - s) \tag{2.16}$$

式中：A_{ch} 为缸体顶部表面面积，其值比 A_p 大。

如果将 r、a、s 由 R 表示，则式（2.16）可变换为

$$A = A_{ch} + A_p + \frac{\pi BS}{2}\left(R + 1 - \cos\theta - \sqrt{R^2 - \sin^2\theta}\right) \tag{2.17}$$

【例题 2.1】

一台排量为 3 L 的 V6 四冲程点燃式发动机，以 3 600 r/min 运行。该发动机压缩比为 9.5，连杆长度为 16.6 cm，活塞行程与活塞直径相同（$B=S$）。在该转速下，燃烧过程在上止点后曲轴转角为 20° 时结束。试计算：气缸直径和行程、活塞平均速度、余隙容积、燃烧结束时活塞运行速度、燃烧结束时活塞与上止点的距离、燃烧结束时燃烧室的容积。

解

1）对于单个气缸，已知 $S=B$，由式（2.8）可得

$$V_d = \frac{V_{total}}{6} = \frac{3}{6} = 0.5\ L = 0.000\ 5\ m^3 = \frac{\pi}{4}B^2 S = \frac{\pi}{4}B^3$$

$$B = 0.086\ m = 8.6\ cm = S$$

2）利用式（2.2）计算活塞平均速度，则有

$$\bar{U}_p = 2SN = 2 \times 0.086 \times 3\ 600 / 60 = 10.32\ m/s$$

3）利用式（2.12）计算气缸的余隙容积，则有

$$r_c = 9.5 = \frac{V_c + V_d}{V_c} = \frac{V_c + 0.000\ 5}{V_c}$$

$$V_c = 0.000\ 059\ m^3 = 59\ cm^3$$

4）曲柄半径为

$$a = \frac{S}{2} = 0.043\ m = 4.3\ cm$$

$$R = \frac{r}{a} = \frac{16.6\ cm}{4.3\ cm} = 3.86$$

使用式（2.5）计算瞬时活塞速度，则有

$$\frac{U_p}{\bar{U}_p} = \frac{\pi}{2}\sin\theta\left(1 + \frac{\cos\theta}{\sqrt{R^2 - \sin^2\theta}}\right)$$

$$= \frac{\pi}{2}\sin 20°\left(1 + \frac{\cos 20°}{\sqrt{3.86^2 - \sin^2 20°}}\right) = 0.668$$

$$U_p = 0.668\bar{U}_p = 0.668 \times 10.32 = 6.89\ m/s$$

5）使用式（2.3）计算活塞位置，则有

$$s = a\cos\theta + \sqrt{r^2 - a^2\sin^2\theta}$$
$$= 0.043\cos 20° + \sqrt{0.166^2 - 0.043^2\sin^2 20°}$$
$$= 0.206\ \text{m}$$

活塞到上止点的距离为

$$x = r + a - s = 0.166 + 0.043 - 0.206 = 0.003\ \text{m} = 0.3\ \text{cm}$$

6）使用式（2.14）计算燃烧室的瞬时容积,则有

$$\frac{V}{V_c} = 1 + \frac{1}{2}(r_c - 1)\left(R + 1 - \cos\theta - \sqrt{R^2 - \sin^2\theta}\right)$$
$$= 1 + \frac{1}{2}(9.5 - 1)\left(3.86 + 1 - \cos 20° - \sqrt{3.86^2 - \sin^2 20°}\right)$$
$$= 1.32$$
$$V = 1.32V_c = 1.32 \times 59 = 77.9\ \text{cm}^3 = 0.000\ 077\ 9\ \text{m}^3$$

这表明在燃烧期间,燃烧室体积增加量非常小,因此点燃式发动机在上止点附近的燃烧过程可以近似看成是定容过程。

2.2　做功

功是力作用在物体上并发生一段位移的结果。功是所有热机的输出形式,在往复式内燃机中,功是燃料在燃烧室中燃烧生成的能量。在内燃机中,燃气压力作用于运动的活塞上表面,进而在工作循环中产生功,即

$$W = \int F\mathrm{d}x = \int PA_p\mathrm{d}x \tag{2.18}$$

式中：P 为燃烧室中燃气压力；A_p 为活塞上表面面积；x 为活塞运动的距离。

发动机的示功图如图 2.6 所示。示功图表示在一个工作循环中燃烧室容积与气缸内压强（工程中常称为"压力"）的函数关系,其由燃烧室中的压力传感器和曲轴上的位置传感器通过示波器绘制出来。

$$A_p\mathrm{d}x = \mathrm{d}V \tag{2.19}$$

式中：$\mathrm{d}V$ 为活塞位移容积差,所以功可以表示为

$$W = \int P\mathrm{d}V \tag{2.20}$$

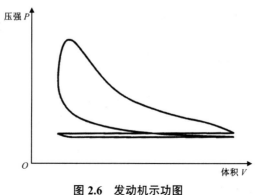

图 2.6　发动机示功图

由于内燃机通常是多缸机,所以用每单位质量气体做的功来分析内燃机工作循环十分方便。为了达到这个目的,通常用比体积 v 来代替体积 V,用比功 w 来代替体积功 W。

$$v = \frac{V}{m} \tag{2.21}$$

$$w = \frac{W}{m} = \int P \mathrm{d}v \tag{2.22}$$

如果用 P 表示气缸燃烧室内的压力,则比功 w 即为燃烧室内产生的功,称为指示功,单位为 kJ/kg。从曲轴输出的功总是少于指示功,这是因为工作过程中产生的摩擦力和发动机各种附件会消耗掉一部分功。发动机的附件包括机油泵、增压器、空压机和发电机等。曲轴实际能够输出的功叫作有效比功,用 w_b 表示,单位为 kJ/kg。

$$w_b = w_i - w_f \tag{2.23}$$

式中:w_i 为气缸燃烧室内产生的指示比功;w_f 为摩擦力和发动机各种附件消耗掉的比功。

P-v 图可用来表示内燃机的工作循环,典型的点燃式发动机的 P-v 图如图 2.7 所示。其中,P-v 曲线围成的面积为比功 w;P_0 以上部分包括压缩和做功冲程,在这个过程中产生的功率(曲线围成的面积)称为总指示功(面积 A 和 C);P_0 以下部分包括吸气和排气冲程,在这个过程中产生的功率称为净指示功(面积 B 和 C),净指示功的表达式为

$$w_{net} = w_{gross} + w_{pump} \tag{2.24}$$

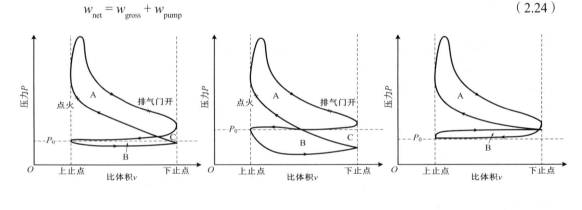

图 2.7　典型点燃式发动机 P-v 图

(a)节气门全开　(b)节气门部分关闭　(c)有机械或涡轮增压器

图 2.8 所示为通用汽车(GM)L47 Oldsmobile Aurora 型 V8 汽油机的外形和输出曲线。如图 2.8(b)所示,该发动机在 5 600 r/min 下产生 186 kW 的额定功率,在 4 400 r/min 下产生 325 N·m 的最大扭矩。

在没有增压器的内燃机中,净指示功为

$$w_{net} = A_A - A_B \tag{2.25}$$

对于装有机械增压器或涡轮增压器的内燃机(图 2.7(c)),进气压力高于排气背压,其净指示功为

$$w_{net} = A_A + A_B \tag{2.26}$$

加装增压器后,净指示功增加,但同时也增大了发动机本身的摩擦损耗。

将曲轴输出的有效功和燃烧室内的指示功的比值定义为发动机的机械效率,其表达式为

$$\eta_m = w_b/w_i = W_b/W_i \tag{2.27}$$

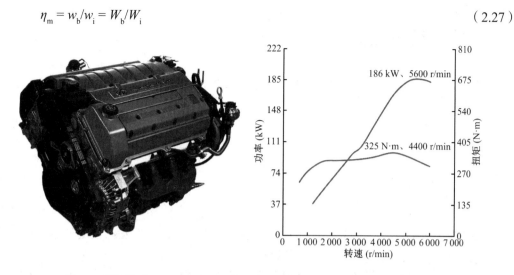

图 2.8 通用汽车 L47 Oldsmobile Aurora 型 V8 汽油机的外形和输出曲线

除去附件的负载,在发动机转速较高时,发动机的机械效率为 85%~95%。随着发动机转速的降低,机械效率逐渐降低。当发动机处于怠速时,机械效率降低至 0 或接近于 0,因为此时发动机不对外做功。如果所有参数保持恒定,则发动机的压缩比和缸径不会对机械效率产生太大影响。当发动机高速运转时,能量损失主要是机械摩擦损失和流体摩擦损失,而怠速运转时则热损失最大。往复式内燃机的机械效率与活塞平均速度的关系曲线如图 2.9 所示。

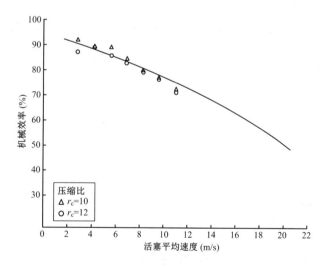

图 2.9 往复式内燃机的机械效率与活塞平均速度的关系曲线

当使用总指示功和净指示功时需要注意,在一些早期的文献和教材中,净功(净功率)表示装备所有附件的内燃机向外输出的能量,而总功(总功率)表示除去风扇和排气系统后发动机向外输出的能量。

2.3　平均有效压力

从图 2.7 中可以看出,内燃机气缸中的压力在整个循环中是连续变化的。所以,平均压力 mep 与比功的关系为

$$w = mep \cdot \Delta v \tag{2.28}$$

则

$$mep = \frac{w}{\Delta v} = \frac{W}{V_d} \tag{2.29}$$

$$\Delta v = v_{BDC} - v_{TDC} \tag{2.30}$$

式中: W 为 1 个循环产生的功; w 为 1 个循环产生的比功; V_d 为发动机的气缸工作容积; v_{TDC}、v_{BDC} 分别为气缸在上止点和下止点的容积。

平均压力是比较内燃机设计或者输出水平的重要指标,因为它与内燃机的尺寸和速度无关。如果用扭矩来比较内燃机,尺寸较大的内燃机通常扭矩较大;如果用功率来比较内燃机,速度就会变得非常重要。从式(2.29)可以看出,平均压力可以由不同的术语进行定义。有效比功 w_b 对应的平均有效压力($bmep$)可以表示为

$$bmep = \frac{w_b}{\Delta v} \tag{2.31}$$

指示比功 w_i 对应的平均指示压力($imep$)可以表示为

$$imep = \frac{w_i}{\Delta v} \tag{2.32}$$

平均指示压力又可以分为总平均指示压力和净平均指示压力,分别表示为

$$(imep)_{gross} = \frac{(w_i)_{gross}}{\Delta v} \tag{2.33}$$

$$(imep)_{net} = \frac{(w_i)_{net}}{\Delta v} \tag{2.34}$$

平均泵吸压力($pmep$,可能为负数)可以表示为

$$pmep = \frac{w_{pump}}{\Delta v} \tag{2.35}$$

平均摩擦压力($fmep$)可以表示为

$$fmep = \frac{w_f}{\Delta v} \tag{2.36}$$

式(2.31)至式(2.36)表示的各压力参数之间的关系为

$$nmep = gmep + pmep \tag{2.37a}$$

$$bmep = nmep - fmep \tag{2.37b}$$

$$bmep = \eta_m \cdot imep \tag{2.37c}$$

$$bmep = imep - fmep \tag{2.37d}$$

式中: $nmep$ 为净平均压力; $gmep$ 为总平均压力; η_m 为内燃机的机械效率。

对于传统的自然吸气点燃式发动机而言,平均有效压力最大值一般为 0.85~1.05 MPa。对于传统的自然吸气压燃式发动机而言,平均有效压力最大值一般为 0.7~0.9 MPa。对于现在的涡轮增压发动机而言,平均有效压力最大值一般为 1.0~1.2 MPa。

2.4　扭矩和功率

扭矩是衡量内燃机做功能力强弱的指标,定义为力与其作用点到曲轴中心距离的乘积,单位为 N·m。扭矩与功的关系为

$$\tau = \frac{W_b}{2\pi} = bmep\frac{V_d}{n\pi} \tag{2.38}$$

式中:W_b 为一个循环产生的有效功;V_d 为气缸工作容积;n 为每个循环的转数。

对于二冲程发动机而言,扭矩为

$$2\pi\tau = W_b = bmepV_d \tag{2.39}$$

$$\tau = bmep\frac{V_d}{2\pi}（二冲程） \tag{2.40}$$

对于四冲程发动机而言,扭矩为

$$\tau = bmep\frac{V_d}{4\pi}（四冲程） \tag{2.41}$$

在上述式中,都用到了平均有效压力,因为扭矩是通过输出轴而测得的。

许多现代汽车的发动机的单位排量(L)扭矩在 80~110 N·m 的范围内,有的可达 140 N·m。大部分发动机在转速为 4 000~6 000 r/min 范围内获得的额定扭矩为 200~400 N·m。最大扭矩点对应的是最大制动扭矩(Maximum Brake Torque,MBT)(额定扭矩)。这是现代汽车发动机的一个非常重要的点,通过对该点的设计可以使扭矩－转速曲线变得更加平缓,并且保证发动机在低转速和高转速下都具有较大的转矩,如图 2.10 所示。柴油发动机通常比汽油发动机具有更大的扭矩。通常,大型发动机的额定扭矩点出现在转速较低时。

功率 $\dot{W}$ 是表示发动机做功快慢的参数,可以表示为

$$\dot{W} = \frac{WN}{n} \tag{2.42}$$

式中:W 为每个循环产生的功;n 为每个工作循环的转数,二冲程为 1,四冲程为 2;N 为发动机转速。

功率和扭矩的关系为

$$\dot{W}_b = 2\pi N\tau \tag{2.43}$$

$$\dot{W}_b = \frac{1}{2n}mepA_p\bar{U}_p \tag{2.44}$$

式中:A_p 为所有活塞的面积;$\bar{U}_p$ 为活塞的平均速度。

对于四冲程发动机而言,功率为

$$\dot{W}_b = \frac{mepA_p\bar{U}_p}{4}（四冲程） \tag{2.45}$$

对于二冲程发动机而言,功率为

$$\dot{W}_b = \frac{mep A_p \overline{U}_p}{2} \quad (二冲程) \tag{2.46}$$

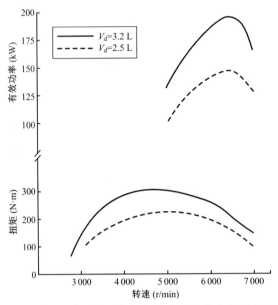

图 2.10　典型往复式发动机的有效功率、扭矩与转速的关系

随着速度增加,扭矩出现极值点,这个点对应的转速为额定扭矩转速。有效功率随着转速增加而增大,直到有效功率达到最大值,然后慢慢减小。这是因为随着转速增加摩擦损失不断变大,并且在高转速情况下变为主要影响因素。

根据功和平均有效压力在式(2.42)和式(2.46)中的表达方式,功率可以定义为总功率 $\dot{W}$、净有效功率 $(\dot{W}_b)_{net}$、总有效功率 $\dot{W}_b$、净指示功率 $(\dot{W}_i)_{net}$ 和摩擦功率 $\dot{W}_f$ 等。同理:

$$\dot{W}_b = \eta_m \dot{W}_i \tag{2.47}$$

$$(\dot{W}_i)_{net} = (\dot{W}_i)_{gross} - (\dot{W}_i)_{pump} \tag{2.48}$$

$$\dot{W}_b = \dot{W}_i - \dot{W}_f \tag{2.49}$$

功率通常以 kW 为计量单位,但是在行业中以马力(hp)为计量单位也是很常见的,二者换算关系为

$$1\ kW = 1.341\ hp \tag{2.50}$$

发动机功率从小型航模发动机的几瓦到大型多缸固定式发动机和船舶用发动机的每缸几兆瓦不等。其中,功率为 1.5~5 kW 的发动机具有很大的商用市场,包括割草机发动机、油链锯发动机、吹雪机发动机等。图 2.11 所示为百力通公司(Briggs & Stratton Corporation)的 VANGUARD 700D 型直列 3 缸 4 冲程割草机柴油机。对于小型船舶发动机而言,其功率通常在 2~40 kW 范围内,当然也有采用更大功率发动机的船舶。现代汽车发动机的功率通常在 40~220 kW 范围内。值得注意的是,现代汽车只需要 5~6 kW 的功率就能保证汽车以 80 km/h 的速度在公路上行驶。

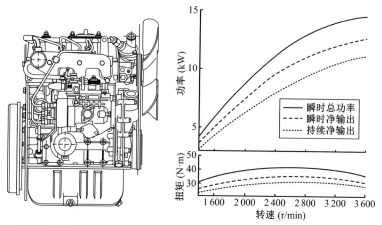

图 2.11　百力通公司的 VANGUARD 700D 型直列 3 缸 4 冲程割草机柴油机

许多大型船舶和电站发动机具有 4~20 个气缸,每个气缸的有效功率输出范围为 500~3 000 kW,发动机的转速范围为 500~1 000 r/min。有的大型发动机有多达 20 个气缸,有效功率高达 60 000 kW,工作转速为 70~140 r/min。2002 年,世界上最大的二冲程发动机是 MAN-B&W 的 12 缸 K98MC-C 型发动机,其功率为 68 640 kW。

扭矩、功率与发动机转速呈函数关系。在低转速时,扭矩随着发动机转速的升高而增大,随着发动机转速的继续升高,扭矩达到最大值后开始下降(图 2.10)。这是因为发动机在高速运转的情况下得不到充分的空气。指示功率随着转速的升高而增加,而有效功率增大到最大值后开始降低。这是因为摩擦损失随着转速升高而增大,渐渐地变为主要影响因素。对许多车用发动机而言,最大有效功率一般在转速为 6 000~7 000 r/min 时达到,此时的转速为额定扭矩点转速的 1.5 倍。

如果想获得更大的功率,可以通过增大活塞行程、平均有效压力和运行速度实现。但增大活塞行程会增大发动机的质量并且占用更大的空间,这与汽车的发展趋势相悖。目前,发动机正变得更小但转速更高,且配备涡轮或机械增压器来提高平均有效压力。

历史小典故 2.4:汽车风阻系数

现代中型汽车只需要 5~6 kW 的功率就可以克服在高速公路上以 80 km/h 行驶时的空气阻力。这主要是由于现代空气动力学设计将许多汽车的风阻系数降低到 0.25~0.30。20 世纪 30 年代,研究者建立了足够大的风洞。有一次,研究者对一辆模拟向后行驶汽车进行了测试,发现反向的风阻更小。这促使研究人员对更多车辆进行了额外的测试,发现那个时期的许多车型在向后行驶时比向前行驶具有更低的风阻系数。

有时也可以采用其他方式给发动机进行分类,如功率因数、升功率、体积功率和质量功率等,下面对其表达式分别进行介绍。

功率因数 SP 可表示为

$$SP = \frac{\dot{W}_b}{A_p}$$
（2.51）

升功率 OPD 可表示为

$$OPD = \frac{\dot{W}_b}{V_d} \tag{2.52}$$

体积功率 SV 可表示为

$$SV = \frac{V_d}{\dot{W}_b} \tag{2.53}$$

质量功率 SW 可表示为

$$SW = \frac{m_{engine}}{\dot{W}_b} \tag{2.54}$$

式中：$\dot{W}_b$ 表示有效功；A_p 表示所有活塞的面积；V_d 表示排量；m_{engine} 表示发动机质量。

这些参数对应用于交通运输工具的发动机是十分重要的，如船舶、汽车，尤其是飞机，必须将其质量控制得尽量小。而对于大型固定式发动机，质量就没那么重要。

现代汽车发动机的升功率可以达到 40~80 kW/L。本田(Honda)的单缸 8 气门 V4 发动机是高性能赛车发动机的一个极端的例子，它的升功率可以达到 130 kW/L。赛车发动机发展逐渐回到二冲程的一个主要原因是其每单位质量的输出功率比四冲程发动机高出 40%。

历史小典故 2.5：具有历史意义的 8 缸摩托车发动机

20 世纪 90 年代，本田公司生产出一款装备有 V4 发动机的摩托赛车。其装备的发动机每个气缸有 4 个进气门和 4 个排气门。这款发动机是通过改造 V8 发动机而得到的，为了使其符合 4 缸的比赛规则。研发人员移除了 4 气门 V8 发动机每两缸之间的金属隔板，并将活塞制成椭圆形来适应这种椭圆形的气缸。(这就形成了每缸 8 个气门和共用一个活塞销的双连杆活塞。)

该发动机采用 90° V 形夹角及铝制机体，排量为 748 cm³。该发动机的转速非常高，同时也非常昂贵。在 14 000 r/min 的情况下，其能够产生 96 kW 的功率；在 11 600 r/min 的情况下，能够产生 71 N·m 的扭矩。

2.5　测功机

测功机是用来测量发动机在不同工况下输出扭矩和功率的仪器，其通过各种方式吸收发动机输出的能量，最终都以热量的形式耗散掉。

一些测功机是通过机械摩擦制动的方式来吸收能量的，这种测功机最简单，但是相比更高级别的测功机而言不够灵活和精确。

水力测功机通过流经转子和定子之间的小孔的水或油来吸收发动机的能量。因为这种方式可以吸收大量的能量，所以这种测功机使用最广泛。

电涡流测功机中有一个由被测发动机驱动的磁盘，磁盘在可调节强度的磁场中旋转，并作为一个导体切割磁力线产生涡流。由于没有外接电路，感应电流中的能量都被磁盘吸收。

电力测功机是目前最好的测功机，其吸收的能量来自与之相连的发电机。该方法能较为准确地测量吸收的能量，还可以通过简单地改变连接到发动机的电阻来改变负载。大部分电力测功机是可以反向运行的,此时电机能够带动不点火的发动机,进而可以测量发动机的机械摩擦损失和泵吸损失,具体测试方法详见第 11 章。

【例题 2.2】

接例题 2.1,将该排量为 3 L 的 V6 四冲程点燃式发动机连接到一台测功机上,测功机测得该发动机转速为 3 600 r/min 时的有效输出扭矩为 205 N·m。在这个转速下,空气进入气缸的压力为 85 kPa,温度为 60 ℃,发动机的机械效率是 85%。试计算:有效功率、指示功率、平均有效压力、平均指示压力、平均摩擦压力、摩擦功率损失、气缸内单位质量气体的有效功、有效比功率、单位排量的有效输出、发动机比容积。

解

根据例题 2.1 的结果可知该发动机的气缸直径 $B=86$ mm,气缸工作容积 $V_d = 0.000\ 5\ \text{m}^3$,余隙容积 $V_c = 0.000\ 059\ \text{m}^3$,且空气的气体常数 $R = 0.287\ \text{kJ/(kg·K)}$。

1)使用式(2.43)计算有效功率:

$$\dot{W}_b = 2\pi N\tau = 2 \times 3.14 \times \frac{3\ 600}{60} \times 205 = 77\ 244\ \text{N·m/s} = 77.2\ \text{kW}$$

2)使用式(2.47)计算指示功率:

$$\dot{W}_i = \frac{\dot{W}_b}{\eta_m} = \frac{77.2}{0.85} = 90.9\ \text{kW}$$

3)使用式(2.41)计算平均有效压力:

$$bmep = \frac{4\pi\tau}{V_d} = \frac{4 \times 3.14 \times (205/6)}{0.000\ 5} = 858\ \text{kPa}$$

4)使用式(2.37c)计算平均指示压力:

$$imep = \frac{bmep}{\eta_m} = \frac{858}{0.85} = 1\ 009\ \text{kPa}$$

5)使用式(2.37d)计算平均摩擦压力:

$$fmep = imep - bmep = 1\ 009 - 858 = 151\ \text{kPa}$$

6)使用式(2.15)和式(2.44)计算摩擦功率损失,对于单个气缸,有

$$A_p = \frac{\pi}{4}B^2 = \frac{\pi}{4}0.086^2 = 0.005\ 81\ \text{m}^2$$

$$\dot{W}_f = \frac{1}{2n}fmep A_p \bar{U}_p = \frac{1}{4} \times 151 \times 0.005\ 81 \times 10.32 \times 6 = 13.6\ \text{kW}$$

或者,使用式(2.49)计算摩擦功率损失:

$$\dot{W}_f = \dot{W}_i - \dot{W}_b = 90.9 - 77.2 = 13.7\ \text{kW}$$

7)计算单个气缸在 1 个循环内的制动功:

$$W_b = bmep \cdot V_d = 858\ \text{kPa} \times 0.000\ 5\ \text{m}^3 = 0.43\ \text{kJ}$$

假设下止点时进入气缸的都是空气,其质量为

$$m_a = \frac{PV_{BDC}}{RT} = \frac{P(V_d + V_c)}{RT} = \frac{85 \times (0.000\ 5 + 0.000\ 059)}{0.287 \times (273 + 60)} = 0.000\ 5\ \text{kg}$$

则单位质量气体的有效功为

$$w = \frac{W_b}{m_a} = \frac{0.43}{0.000\ 5} = 860\ \text{kJ/kg}$$

8）使用式（2.51）计算有效比功率（功率因数）：

$$SP = \frac{\dot{W}_b}{A_p} = \frac{77.2}{0.005\ 81 \times 6} = 2\ 215\ \text{kW/m}^2 = 0.22\ \text{kW/cm}^2$$

9）使用式（2.52）计算单位排量的有效输出（升功率）：

$$OPD = \frac{\dot{W}_b}{V_d} = \frac{77.2}{3} = 25.7\ \text{kW/L}$$

10）使用式（2.53）计算比容积（体积功率）：

$$SV = \frac{V_d}{\dot{W}_b} = \frac{1}{OPD} = \frac{1}{25.7} = 0.039\ \text{L/kW}$$

【例题 2.3】

当某 3 缸 4 冲程点燃式发动机以 4 000 r/min 运行并连接到电涡流测功机时,测功机消耗的功率为 70.4 kW。该发动机的总排量为 2.4 L，4 000 r/min 时的机械效率为 82%。由于热量和机械损失,测功机的效率为 93%,其中 η_{dyno} =（由测功机记录的功率）/（来自发动机的实际功率）。试计算:发动机内部摩擦损失、平均有效压力、转速为 4 000 r/min 时发动机扭矩、发动机比容积。

解

1）计算有效功率：

$$\dot{W}_b = \frac{70.4}{0.93} = 75.7\ \text{kW}$$

用式（2.47）计算指示功率：

$$\dot{W}_i = \frac{\dot{W}_b}{\eta_m} = \frac{75.7}{0.82} = 92.3\ \text{kW}$$

用式（2.49）计算摩擦损失功率：

$$\dot{W}_f = \dot{W}_i - \dot{W}_b = 92.3 - 75.7 = 16.6\ \text{kW}$$

2）根据式（2.29）、式（2.31）和式（2.42）计算平均有效压力：

$$bmep = \frac{W_b}{V_d} = \frac{\dfrac{\dot{W}_b}{N/n}}{V_d} = \frac{\dfrac{\dfrac{75.7}{\dfrac{4\ 000}{60}}}{2}}{0.002\ 4} = 946\ \text{kPa}$$

或

$$bmep = \frac{1\ 000 \times 75.7 \times 2}{2.4 \times \dfrac{4\ 000}{60}} = 946\ \text{kPa}$$

3）使用式（2.43）计算发动机扭矩：

$$\tau = \frac{\dot{W}_b}{2\pi N} = \frac{75.7 \times 1\ 000}{2\pi \dfrac{4\ 000}{60}} = 181\ \text{N} \cdot \text{m}$$

或

$$\tau = \frac{159.2 \times 75.7}{4\,000/60} = 181\ \text{N·m}$$

4)使用式(2.53)计算发动机比容积:

$$SV = \frac{V_\text{d}}{\dot{W}_\text{b}} = \frac{2.4}{75.7} = 0.031\ 7\ \text{L/kW}$$

2.6 空燃比和燃空比

燃料通过燃烧变成能量 Q_in。空气为这个化学反应提供所需的氧气。为了发生燃烧反应,空气(氧气)和燃料需要适量配比。

空燃比(Air Fuel ratio,AF)和燃空比(Fuel Air ratio,FA)是描述空气和燃料这两种物质混合比率的参量,表达式分别为

$$AF = m_\text{a}/m_\text{f} = \dot{m}_\text{a}/\dot{m}_\text{f} \tag{2.55}$$

$$FA = m_\text{f}/m_\text{a} = \dot{m}_\text{f}/\dot{m}_\text{a} = 1/AF \tag{2.56}$$

式中:m_a 为空气的质量;$\dot{m}_\text{a}$ 为空气的质量流量;m_f 为燃料的质量;$\dot{m}_\text{f}$ 为燃料的质量流量。

对于汽油类碳氢燃料,理想的空燃比在 15:1 左右,满足燃烧的空燃比一般在 6~25。空燃比小于 6 对于维持燃烧来说燃料太多了,空燃比大于 25 则燃料太少了。发动机在起动或加速时,使用较浓的混合气,这是因为浓混合气更容易点燃。当发动机处于高速低负荷工况时,使用稀混合气可节省燃料。如果采用稀燃策略,需要在火花塞周围形成一个小的浓混合区,以确保点火。对于发动机的燃料供给系统(如喷油器或化油器)而言,必须能够在不同空气量下控制燃料量。对于使用汽油类碳氢燃料的发动机,其在运行状态下,空燃比可以在 12~18 范围内变化,对应如加速、正常行驶、点火等状态。稀燃发动机的空燃比高达 25~40,但是需要特殊的进气和混合条件才能正常点火。

柴油机的空燃比通常在 18~70,其有时使用超出平常着火条件的空燃比。因为柴油机不像汽油机的气缸采用均质混合气,其空气与燃料的混合过程非常不均匀,燃烧反应只发生在混合均匀的区域,其他区域不是太浓就是太稀,无法燃烧。图 2.12 所示为康明斯(Cummins)公司生产的 QSK60-2700 型四冲程 V16 柴油机,其功率和扭矩曲线如图 2.13 所示。

用当量比 ϕ 定义实际的燃空比与理想的燃空比的比率关系:

$$\phi = (FA)_\text{act}/(FA)_\text{stoich} = (AF)_\text{stoich}/(AF)_\text{act} \tag{2.57}$$

在某些情况下,空燃比和燃空比以摩尔分数的形式给出。除非另有说明,空燃比和燃空比始终视为质量比。一些文献使用当量比的倒数 λ 表示,即

$$\lambda = 1/\phi = (FA)_\text{stoich}/(FA)_\text{act} = (AF)_\text{act}/(AF)_\text{stoich} \tag{2.58}$$

图 2.12　康明斯 QSK60-2700 型四冲程 V16 柴油机

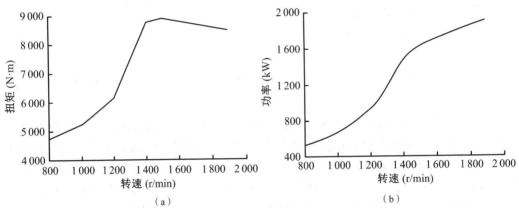

（a）　　　　　　　　　　　　　　（b）

图 2.13　康明斯 QSK60-2700 型四冲程 V16 柴油机的扭矩与功率曲线

（a）扭矩曲线　（b）功率曲线

2.7　燃油消耗率

燃油消耗率的表达式为

$$sfc = \dot{m}_f / \dot{W} \tag{2.59}$$

式中：$\dot{m}_f$ 为进入发动机的燃油的质量流量；$\dot{W}$ 为发动机的功率。

通过有效功率给出的有效燃油消耗率为

$$bsfc = \dot{m}_f / \dot{W}_b \tag{2.60}$$

通过指示功率给出的指示燃油消耗率为

$$isfc = \dot{m}_f / \dot{W}_i \tag{2.61}$$

其他形式的燃油消耗率包括摩擦燃油消耗率 $fsfc$、总指示燃油消耗率 $igsfc$、净指示燃油消耗率 $insfc$、高压泵燃油消耗率 $psfc$。

有效燃油消耗率和指示燃油消耗率存在以下关系：

$$\eta_{\mathrm{m}} = \dot{W}_{\mathrm{b}} / \dot{W}_{\mathrm{i}} = \frac{\dot{m}_{\mathrm{f}} / \dot{W}_{\mathrm{i}}}{\dot{m}_{\mathrm{f}} / \dot{W}_{\mathrm{b}}} = \frac{isfc}{bsfc} \tag{2.62}$$

式中：η_{m} 为发动机的机械效率。

　　当发动机的转速较低时,有效燃油消耗率随着发动机转速的升高而降低并逐渐达到最小值;之后,有效燃油消耗率随着发动机转速的升高而增大,如图 2.14 所示。这是因为转速越高,发动机各部件之间的摩擦损耗越大;而转速越低,每个工作循环所需的时间越长,散热损失越大,油耗也越高。

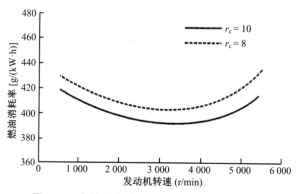

图 2.14　有效燃油消耗率与发动机转速的关系

　　图 2.15 所示为有效燃油消耗率与燃油当量比的关系。压缩比越高,热效率越高,燃油消耗率越低。当燃油与空气的当量比接近 1 时,有效燃油消耗率最低;而燃油与空气的当量比远离 1 时,无论是浓燃还是稀燃,有效燃油消耗率都逐渐升高。

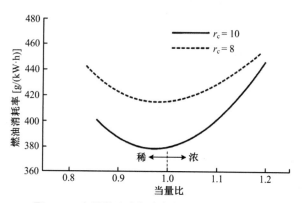

图 2.15　有效燃油消耗率与燃油当量比的关系

　　有效燃油消耗率通常随着发动机的尺寸(排量)的增大而减小,大型发动机燃油消耗率最低,如图 2.16 所示。

　　燃油消耗率的单位通常为 g/(kW·h)。运输车辆通常按照单位油耗的行驶里程来表示其燃油经济性,如 L/km。而在国际单位制中,则通常用 L/100 km 来表示燃油经济性。为了降低空气污染和化石燃料的消耗,许多国家和地区出台了很多相关法律,要求车辆具有更好的燃油经济性。从 20 世纪 70 年代以来,在提高汽车燃油经济性方面取得了较大进展,目前多数汽车的油耗降低到 15.7 L/100 km 以下,许多现代汽车的油耗为 5.9~7.8 L/100 km,一些小型汽车的的油耗可达 3.9 L/100 km。近年来,研制燃油经济性达到 3 L/100 km 的低排放混合动力汽车成为业界公认的目标。图 2.17 所示为铃木(Suzuki)的三缸二冲程微型发动机的性能曲线。

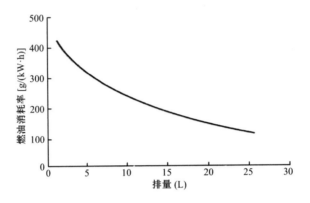

图 2.16　有效燃油消耗率与发动机排量的关系

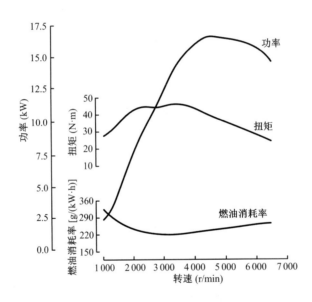

图 2.17　铃木(Suzuki)的三缸二冲程微型车发动机的性能曲线

当发动机转速较低时,随着转速增加,每个循环中热损失时间变短,因此发动机有效燃油消耗率降低,更高的摩擦损失使有效燃油消耗率上升。在相同转速下,压缩比增大可使热效率提高,有效燃油消耗率降低。

一般而言,大型发动机的平均燃油消耗较低。其原因之一是大型发动机具有较高的燃烧室体积与表面积之比,导致热损失较少。此外,大型发动机在较低的速度下运行可以减少摩擦损失。图 2.18 所示为福特的四冲程 V8 汽油机剖面图。

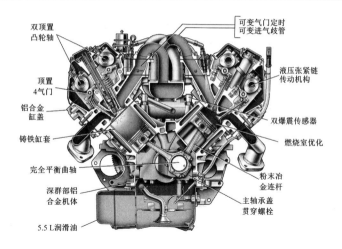

双顶置
凸轮轴

可变气门定时
可变进气歧管

液压张紧链
传动机构

顶置
4气门

铝合金
缸盖

双爆震传感器

铸铁缸套

燃烧室优化

完全平衡曲轴

粉末冶
金连杆

深群部铝
合金机体

主轴承盖
贯穿螺栓

5.5 L润滑油

图 2.18　福特的四冲程 V8 汽油发动机剖面图

历史小典故 2.6：超里程挑战赛，0.178 L/100 km 的车辆

　　在 2000 年的 SAE 学会超里程挑战赛上，来自美国明尼苏达州圣托马斯学院（Saint Thomas Academy）的高中物理课程学生团队赢得了冠军，其获胜车辆使用 0.208 L 的汽油行驶了 100 km。其所用的赛车质量轻，单乘客结构，具有良好的空气动力学性能。该车由 2.6 kW 的单缸 90 cm³ 排量的化油器发动机提供动力，通过发动机间歇工作模式获得高里程，即发动机将车辆加速到 40 km/h 后关闭，然后车辆开始滑行，直到速度降至 16 km/h 再次起动发动机。这种操作方式满足了大赛规定的平均 16 km/h 的速度要求。

　　之后，该团队在明尼苏达州职业技术教育协会（MTEA）的超里程挑战赛中再次使用该车辆，在采用 90% 汽油和 10% 乙醇的混合燃料条件下，获得了 0.178 L/100 km 的新纪录。

　　1999 年，全球车辆的平均油耗为 8.6 L/100 km。

2.8　发动机效率

　　内燃机在一个工作循环中燃烧过程持续时间非常短，并不是所有的燃油分子都能与氧气分子发生反应，或者发动机内有些位置温度过低，也不能够发生反应。因此，一小部分未反应的燃油会随着尾气排出。燃烧效率用来表征燃料的利用率。工作正常的内燃机的燃烧效率通常为 0.95~0.98。在一个气缸中，一个工作循环产生的热量为

$$Q_{in} = m_f Q_{HV} \eta_c \tag{2.63}$$

　　对于稳态来说，热量产生率为

$$\dot{Q}_{in} = \dot{m}_f Q_{HV} \eta_c \tag{2.64}$$

　　热效率为

$$\eta_t = W / Q_{in} = \dot{W} / \dot{Q}_{in} = \dot{W} / \dot{m}_f Q_{HV} \eta_c = \eta_f / \eta_c \qquad (2.65)$$

式中：W 为一个循环做的功；$\dot{W}$ 为功率；$\dot{m}_f$ 为一个循环供油的流量；Q_{HV} 为燃油热值；η_f 为燃油转化率。

热效率分为指示热效率 η_{ti} 和有效热效率 η_{tb}，这取决于所用功率是指示功率还是有效功率。指示热效率、有效热效率与机械效率的关系为

$$\eta_m = \eta_{tb} / \eta_{ti} \qquad (2.66)$$

内燃机的指示热效率在 0.4~0.5，而有效热效率大约是 0.3。一些大型低速柴油机的有效热效率可以超过 0.5。

燃油转化率的表达式为

$$\eta_f = W / m_f Q_{HV} = \dot{W} / \dot{m}_f Q_{HV} \qquad (2.67)$$

$$\eta_f = \frac{1}{sfc \cdot Q_{HV}} \qquad (2.68)$$

对于单缸发动机而言，热效率可以写为

$$\eta_t = \frac{W}{m_f Q_{HV} \eta_c} \qquad (2.69)$$

式（2.67）就是在基础热力学课本中介绍的热效率，有时也被称作焓效率。

图 2.19、图 2.20 和图 2.21 分别为马自达（Mazada）R26B 型四转子发动机结构图、剖面图和性能曲线。使用这款发动机的赛车赢得了 1991 年在法国举办的勒芒 24 小时拉力赛。这款发动机的排量为 2.62 L，压缩比为 10∶1，水冷散热，每个转子由 3 个火花塞点火，且进气管为叠套结构，长度可变。该发动机的管理系统可控制喷油时刻、喷油量、点火时刻和进气管长度等参数。该发动机优点很多，如高功率 - 容积比、质量轻、振动小等，但缺点是油耗高、效率低。

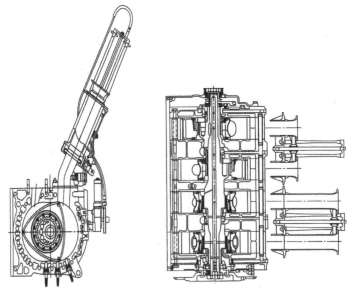

图 2.19　马自达 R26B 型四转子发动机结构图

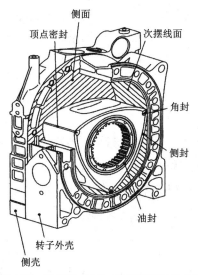

图 2.20 马自达 R26B 型四转子发动机剖面图

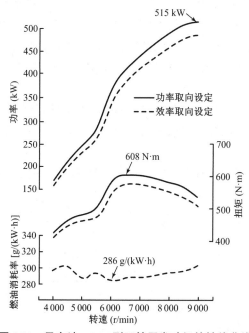

图 2.21 马自达 R26B 型四转子发动机的性能曲线

2.9 容积效率

能够决定发动机输出功率和性能的最重要过程之一就是在一个工作循环中使进入气缸的空气量达到最大。空气越充足,燃油燃烧越充分,转化的输出功也就越大。进入气缸的燃油量要比空气量更容易控制。在理想情况下,每个工作循环中气缸中应该充满与大气密度相同的空气。然而,由于工作循环时间短,并且空气滤清器、化油器(如果存在)、进气歧管、进气门都会产生进气阻力,使进入气缸的空气量要比理想状态少。因此,定义容积效率为实际进入气缸的空气量与理想情况下进入气缸的空气量的比值,表示为

$$\eta_v = \frac{m_a}{\rho_a V_d} \tag{2.70}$$

$$\eta_v = \frac{n\dot{m}_a}{\rho_a V_d N} \tag{2.71}$$

式中:m_a 为一个工作循环中进入气缸的空气量;$\dot{m}_a$ 为稳态下进入气缸的空气流量;ρ_a 为内燃机外部空气的密度;V_d 为气缸容积;N 为发动机转速;n 为每次工作循环转数。

在标准大气压 P_0=101 kPa 和环境温度 T_0=25 ℃下的空气密度为

$$\rho_a = \frac{P_0}{RT_0} = \frac{101}{0.287 \times (273 + 25)} = 1.181 \text{ kg/m}^3 \tag{2.72}$$

式中:R 为气体常数,R=0.287 kJ/(kg·K)。

因此,在上述标准状况下,空气的密度 ρ_a = 1.181 kg/m³;在非标准状况下,通过实验测量容积效率时,可以通过经验公式对空气密度进行修正。

有时,式(2.70)和式(2.71)中的空气密度需要根据进气歧管内的气体状态进行计算。在这种情况下,进气管内的气体比大气温度更高,但压力却小于大气压。在节气门全开情况下,容积效率一般可达 75%~90%,节气门开度减小时,其值也随之降低。对于点燃式发动机而言,控制进入气缸的空气量是控制发动机功率输出的基本方式。

【例题 2.4】

例题 2.2 中的发动机空燃比为 15,燃料热值为 44 000 kJ/kg,燃烧效率为 97%。试计算:燃料进入发动机的质量流量、有效热效率、指示热效率、容积效率、有效燃油消耗率。

解

1)由例题 2.2 可知,该发动机 1 个气缸单次循环的空气量为 m_a=0.000 5 kg,则 1 个气缸单次循环的质量流量为

$$m_f = \frac{m_a}{AF} = \frac{0.000 5}{15} = 0.000 033 \text{ kg}$$

因此,燃料进入发动机(6 个气缸)内部的质量流量为

$$\dot{m}_f = 6 \times \frac{m_f \times N}{n} = 6 \times \frac{0.000 033 \times 3 600 / 60}{2} = 0.006 \text{ kg/s}$$

2)使用式(2.65)计算有效热效率:

$$\eta_{tb} = W_b / Q_{in} = \frac{W_b}{m_f Q_{HV} \eta_c} = \frac{0.43}{0.000 033 \times 44 000 \times 0.97} = 0.305$$

3)使用式(2.66)计算指示热效率:

$$\eta_{ti} = \frac{\eta_{tb}}{\eta_m} = \frac{0.305}{0.85} = 0.359$$

4)利用空气密度计算容积效率:

$$\eta_v = \frac{m_a}{\rho_a V_d} = \frac{0.000 5}{1.181 \times 0.000 5} = 0.847$$

5)使用式(2.60)计算有效燃油消耗率:

$$bsfc = \frac{\dot{m}_f}{\dot{W}_b} = \frac{0.006}{77.2} = 77.72 \times 10^{-6} \text{ kg/(kW·s)} = 280 \text{ g/(kW·h)}$$

2.10 排放

发动机尾气中主要包含以下四种污染物：NO_x、CO、HC 和固体颗粒物。两种用来衡量排放污染的方式是比排放量（Specific Emission，SE）和排放因子（Emission Factor，EI）。比排放量的单位为 g/(kW·h)，而排放因子的单位为单位燃油的排放量。

比排放量的表达式为

$$\begin{cases} SE_{NO_x} = \dot{m}_{NO_x} / \dot{W}_b \\ SE_{CO} = \dot{m}_{CO} / \dot{W}_b \\ SE_{HC} = \dot{m}_{HC} / \dot{W}_b \\ SE_{part} = \dot{m}_{part} / \dot{W}_b \end{cases} \tag{2.73}$$

式中：$\dot{m}$ 为排放物的质量流量；$\dot{W}_b$ 为有效功。

排放因子的表达式为

$$\begin{cases} EI_{NO_x} = \dot{m}_{NO_x} / \dot{m}_f \\ EI_{CO} = \dot{m}_{CO} / \dot{m}_f \\ EI_{HC} = \dot{m}_{HC} / \dot{m}_f \\ EI_{part} = \dot{m}_{part} / \dot{m}_f \end{cases} \tag{2.74}$$

式中：$\dot{m}$ 为排放物的质量流量（g/s）；$\dot{m}_f$ 为燃料的质量流量（kg/s）。

【例题 2.5】

一台 12 缸的二冲程压燃式发动机使用当量比的燃料，当转速为 550 r/min 时，能够产生 2 440 kW 的有效功率。已知该发动机的缸径为 24 cm、行程为 32 cm、容积效率为 97%、机械效率为 88%、燃烧效率为 98%、空燃比为 14.5；空气密度为 1.181 kg/m³。试计算：燃料进入发动机的质量流量；有效燃油消耗率；指示燃油消耗率；由于未燃燃料导致的 HC 比排放量；由于未燃燃料导致的 HC 排放因子。

解

1）由式（2.8）计算发动机的总排量：

$$V_d = \frac{\pi}{4} N_c B^2 S = \frac{\pi}{4} \times 12 \times 0.24^2 \times 0.32 = 0.174 \text{ m}^3$$

由式（2.71）计算空气进入发动机的质量流量：

$$\dot{m}_a = \frac{\eta_v \rho_a V_d N}{n} = \frac{0.97 \times 1.181 \times 0.174 \times (550/60)}{2} = 0.914 \text{ kg/s}$$

由式（2.55）计算燃料进入发动机的质量流量：

$$\dot{m}_f = \dot{m}_a / AF = 0.914 / 14.5 = 0.063 \text{ kg/s}$$

2）根据式（2.60）计算有效燃料消耗率：

$$bsfc = \dot{m}_f / \dot{W}_b = \frac{0.063 \times 3\,600 \times 1\,000}{2\,400} = 94.5 \text{ g/(kW·h)}$$

3)根据式(2.62)计算指示燃油消耗率:

$$isfc = \eta_{\mathrm{m}} \cdot bsfc = 0.88 \times 94.5 = 83.16 \ \mathrm{g/(kW \cdot h)}$$

4)未燃燃料的质量流量为

$$\dot{m}_{\mathrm{ub}} = (1 - \eta_{\mathrm{c}})\dot{m}_{\mathrm{f}} = (1 - 0.98) \times 0.063 = 0.001\ 26 \ \mathrm{kg/s} = 1.26 \ \mathrm{g/s}$$

根据式(2.73)计算来自未燃燃料中的HC比排放量:

$$SE_{\mathrm{HC}} = \dot{m}_{\mathrm{ub}} / \dot{W}_{\mathrm{b}} = \frac{1.26 \times 3\ 600}{2\ 400} = 1.89 \ \mathrm{g/(kW \cdot h)}$$

5)根据式(2.74)计算来自未燃燃料中的HC排放因子:

$$EI_{\mathrm{HC}} = \dot{m}_{\mathrm{ub}} / \dot{m}_{\mathrm{f}} = \frac{1.26}{0.063} = 20$$

2.11　降低噪声

近年来,针对发动机和发动机排气系统噪声,研究者开展了大量的研究。虽然过高的噪声被认为是污染,但车辆制造商的目标并不总是彻底消除所有噪声。有些人认为发动机的某些"隆隆声"是值得保留的。欧洲超小型"城市汽车"的某些型号的消声系统的设计使车辆听起来像一辆昂贵的豪华轿车。几款具有怀旧车身设计的现代车辆,它们的排气系统也经过"调谐",听起来像20世纪50年代的车辆。摩托车爱好者有时会拒绝新款的哈雷摩托车,因为"它们听起来不像是摩托车",如果听起来不像哈雷摩托车,那这种摩托车是很难售出的。保时捷公司曾经付出巨大的努力使新款水冷发动机听起来像原有的风冷发动机。

而另一方面,在许多车辆上,噪声控制非常成功,一些现代汽车在点火开关上配备了安全装置。因为在怠速时,这些发动机非常安静,需要安全开关以防止驾驶员在发动机运转时试图再次启动发动机。

2.12　42 V电气系统

进入21世纪,汽车的电力系统发生了革命性的变化,即开始从12 V逐步发展为42 V。该变化是为了应对现代汽车日益增长的电力需求,现代汽车的照明系统、电控系统、大功率起动机、空调和电气配件等的电力需求均大幅增长。为了解决这种不断增长的电力需求,汽车和零部件供应商在20世纪90年代和21世纪初花费了数十亿美元的研发费用,将汽车电气系统由12 V标准逐步提高到42 V标准。在刚开始的几年,仅有原型车和部分汽车配置了高电压系统。未来,更多的汽车将会配备新的电气系统。可能在10年左右的时间里,这将会成为行业标准。

国际上将42 V作为新标准前,考虑了许多因素,而安全是其中一个重要的因素。电气行业认为60 V以上的电压有潜在的危险,对电线的绝缘、接插件的接头等有更高的要求。电气行业在42 V标准的应用上,通过多年研究已经形成大量的基础理论,并制造了适应42 V标准的大量产品,如电线、继电器、接头等。在传统的低电压汽车电气系统中,电池标准电压为12 V,而交流发电机电压为14 V。新电气系统将配备36 V电池和42 V发电机。电线尺寸将减小,所有机械继电器将被固态开关所替代,并且许多部件的尺寸将变小。预计使用 42 V 电气系统的汽车,其电器总质量将减少约 25%。

最早使用高电压的汽车将配备 2 个电力系统,分别是 42 V 和 12 V。这是因为一些组件(主要是灯)在较低的电压下运行得更好。主电力系统是 42 V,变压器将电压转换至 12 V,提供给低电压系统。大多数车辆将会配有两个电池,分别为 36 V 和 12 V。未来 12 V/14 V 系统是否会被淘汰尚不确定。

高电压系统可将多余的电力为发动机和车辆的电气部件提供更多使用途径,如取消凸轮轴以及将起动电机和发电机整合在一起。其他可能的用途包括取消皮带、高压燃油喷射系统、电动水泵、电动燃油泵、电动油泵、玻璃快速除霜、挡风玻璃加热、电动转向电热催化器、电动悬架控制、高压静电微粒捕集器、座椅加热、娱乐系统、导航系统、网络通信设备、高科技安全系统、电动刹车、座舱环境控制、电动门窗等。

高电压的好处之一就是在发动机气门控制系统中,使用机电执行器代替凸轮轴。这不仅可以提高发动机的工作效率,而且还可以实现气门定时和升程的可变。在发动机电控系统的支持下,可变气门系统通过对气门定时和升程的控制,可使发动机在所有速度和负荷条件下更有效地运行。气门可以更快地打开和关闭,并可以实现柔性开闭,这将使陶瓷气门的应用成为可能。

大多数使用高电压系统的车辆,可以将起动机和发电机与发动机飞轮整合在一起。这种多用途飞轮安装在发动机和变速箱之间,与普通飞轮功能一样,但省去了起动机和发电机。在热机状态下,安装起动器的飞轮可以最快在 0.3 s 内起动发动机。这可以使车辆停止时(如等红灯时)停止发动机运转,节省燃油并减少排放。当踩下油门踏板时,发动机将会在起动器的带动下非常快速且平稳地重新起动。当车辆减速或停车时,此装置也会回收一些车辆动能来节省能量,而在传统的制动系统中,这些能量通常会以热的方式而耗散掉。飞轮发电机可以回收一部分电能,并将其回送到电池。将起动器和发电机合并到一起是一项重大的技术成果,因为起动器通常以低速运行,而发电机只适合于高速运转。

发动机冷却系统中的电动水泵和控制装置可以根据需要调节流量,从而节省能量,并且不再需要节温器。电动水泵和控制装置可使发动机更快地升温,并能在发动机停止后,继续为驾驶舱供热。燃油泵和机油泵采用电动控制以后,工作效率会更高。高效的机油系统会提供良好的润滑控制(如在冷起动时),将有效减少发动机磨损。电子制动和转向将最终取代现在使用的液压机械系统,使车辆变得更安全。电子转向装置将可能不再需要转向柱,为发动机舱设计提供更大的空间和自由度。方向盘可以用操纵杆来代替。在需要空调和风扇时,不再使用发动机皮带驱动风扇,而是使用电机驱动,减少噪声,并提高机械效率。

在 42 V 电力系统的支持下,混合动力汽车和全电动燃料电池汽车将更高效地运行。而高电压带来的潜在问题是汽车的电化学腐蚀、电火花打火和起步前窜。

2.13　可变排量 – 停缸技术

当需要低输出功率时,大排量点燃式发动机变得非常低效。节气门部分关闭,产生较低的入口压力,导致较大的泵吸损失。入口压力降低使得整个循环的压力降低,导致燃烧不良和平均有效压力降低,从而导致循环效率较低。为了弥补这一点,一些汽车制造商已经开发出在低负荷下停掉部分气缸的发动机,并用剩余的气缸维持功率输出。这通常在大排量 V8 发动机上采用,其在低负载下以四缸形式运转,整个系统类似小型发动机的高速高效运转,而不像大型发动机的低速低效运转。

当部分气缸停止工作时,气门停止工作,切断燃油并停止点火。通常,V8 发动机某一列的两个外部气缸和另一列的两个内部气缸会被停掉。电子控制系统决定何时停缸,然后调整油门、点火定时等。在 20 世纪 80 年代和 90 年代早期,有些制造商曾尝试使用停缸技术,却由于系统控制的缺陷而不能取得令人满意的结果。现代电子控制系统已经具备了所需的复杂功能,一些顶级的汽车(如梅塞德斯汽车)也已经开始使用停缸技术。

当 V8 发动机停缸后并作为四缸发动机运行时,节气门打开,泵吸损失减少,发动机转速提高,较高的循环压力允许以较低的空燃比和较高的废气再循环率使发动机稳定运转。这些措施提高了效率,从而实现了节油 5% ~15%。

日本三菱公司(Mitsubishi)甚至开发了一款可以停掉第 1 缸和第 4 缸两个气缸的四缸发动机,其在不需要全部功率的情况下以双缸的方式运行。

当功率输出需求较小时,发动机可以采用另一种方式运行,即将四冲程循环转换成六冲程循环。虽然目前还没有一款发动机以这种方式运转,但在未来采用这种方式运转是可能的。对于采用 42 V 电力系统和可变气门技术的发动机,可以考虑采用这种方式。在传统的排气冲程之后,可以增加两个额外的冲程,没有燃油喷入并打开所有的气门。在这种情况下,发动机运行速度更高,效率也更高,每个气缸只有在每个工作循环的第三个冲程时才输出较少的功率。

【例题 2.6】

一辆质量为 1 600 kg 的混合动力汽车以 120 km/h 的速率行驶。该汽车装配有起动机 - 发电机 - 飞轮的组合机构,当汽车缓慢停止时,58% 的动能转换成汽车电池内的电能。当汽车给电池充电时,化学能转化为电能的效率为 28%,发动机始终以当量比状态运转。试计算:汽车减速后电池中恢复的电能;通过减速给电池充电而节省的汽油质量(汽油的热值 Q_{HV}=43 kJ/g)。

解

1)汽车速度为 120 km/h 时的动能为

$$E_k = \frac{mv^2}{2} = \frac{1\ 600 \times (120 \times 1\ 000 / 3\ 600)^2}{2} = 888.89\ \text{kJ}$$

由于动能转换为储存在电池中的电能的效率为 58%,所以电池中恢复的电能为

$$E = 0.58E_k = 0.58 \times 888.89 = 515.56\ \text{kJ}$$

2)为电池充相同电量需要消耗汽油的能量为

$$E = m_g Q_{HV} \theta_{conv}$$

所以,需要消耗汽油的质量为

$$m_g = \frac{E}{Q_{HV} \theta_{conv}} = \frac{515.56}{43 \times 0.28} = 42.8\ \text{g}$$

2.14　公式总结

在这一章,推导了与发动机工作过程有关的参数公式,这为发动机的设计和特性描述提供了依据。结合这一章中已推导的公式,可以推导出一些另外的公式。这些通用公式和特殊公式既有使用国际单位制的,也有使用英制单位的(本书均统一为国际单位制)。

(1)扭矩

$$\tau = \eta_f \eta_v V_d Q_{HV} \rho_a (FA) / 2\pi n \tag{2.75}$$

国际单位制:

$$\tau[\text{N·m}] = 159.2 \dot{W}[\text{kW}] / N[\text{r/s}] \tag{2.76}$$

(2)功率

$$\dot{W}_b = \dot{m}_f / (bsfc) = (FA)\dot{m}_a / (bsfc) \tag{2.77}$$

$$\dot{W}_b = \eta_f \eta_v N V_d Q_{HV} \rho_a (FA) / n \tag{2.78}$$

国际单位制:

$$\dot{W}_b[\text{kW}] = N[\text{r/s}] \cdot \tau[\text{N·m}] / 159.2 \tag{2.79}$$

$$\dot{W}_b[\text{kW}] = bmep[\text{kPa}] \cdot V_d[\text{L}] \cdot N[\text{r/s}] / 1\,000n[\text{r/cycle}] \tag{2.80}$$

(3)机械效率

$$\eta_m = \dot{W}_b / \dot{W}_i = bmep / imep = 1 - \dot{W}_f / \dot{W}_i \tag{2.81}$$

(4)平均有效压力

$$bmep = 2\pi n\tau / V_d \tag{2.82a}$$

$$mep = n\dot{W} / V_d N \tag{2.83a}$$

国际单位制:

$$bmep[\text{kPa}] = 6.28n[\text{r/cycle}] \cdot \tau[\text{N·m}] / V_d[\text{L}] \tag{2.82b}$$

$$mep[\text{kPa}] = 1\,000\dot{W}[\text{kW}] \cdot n[\text{r/cycle}] / V_d[\text{L}] \cdot N[\text{r/s}] \tag{2.83b}$$

(5)功率系数

$$\dot{W} / A_p = \eta_f \eta_v N S Q_{HS} \rho_a (FA) / n \tag{2.84}$$

$$\dot{W} / A_p = \eta_f \eta_v \bar{U}_p Q_{HP} \rho_a (FA) / 2n \tag{2.85}$$

习题 2

2.1　一辆家用旅行车在驾驶了 1.7×10^5 km 后,发动机报废。这辆汽车使用四冲程 V8 发动机,排量为 5 L。假设发动机在使用寿命范围内平均转速为 1 700 r/min,汽车行驶速度为 60 km/h。试计算:

①发动机总转数;

②发动机火花塞点火次数;

③一次循环中进气量。

2.2　一台缸径为 10.9 cm,行程为 12.6 cm 的二冲程四缸压燃式发动机,在转速为 2 000 r/min 时的有效功率为 88 kW,压缩比为 18∶1。试计算:

①发动机排量(L);

②平均有效压力(kPa);

③扭矩(N·m);

④单个气缸的余隙容积(cm³)。

2.3　一台四冲程四缸发动机以 2 500 r/min 的转速运转。该发动机的排量为 2.4 L,压缩比为 9.4∶1,连杆长度为 18 cm,缸径(B)和冲程(S)的关系满足 $S=1.06B$。试计算:

①计算单个气缸的余隙容积(cm³);

②冲程长度和缸径大小(cm);

③活塞平均速度(m/s)。

2.4　短行程发动机有什么优点?长行程发动机有什么优点?

2.5　在习题 2.3 中,当曲轴转角 $\theta=90°$ ATDC 时,活塞平均速度以及活塞速度各是多少?(m/s)

2.6　一台四冲程五缸点燃式发动机,排量为 3.5 L,当在 2 500 r/min 的转速下运转时,发动机的机械效率是 62%,每个气缸每个工作循环的指示功是 1 000 J。试计算:

①平均指示压力(kPa);

②平均有效压力(kPa);

③平均摩擦压力(kPa);

④有效功率(kW);

⑤扭矩(N·m)。

2.7　工作条件与习题 2.6 相同的等行程发动机,缸径(B)和冲程(S)的关系满足 $S=B$。试计算:

①比功率(kW/cm²);

②单位排量的输出功率;

③比容积(kW/cm³);

④摩擦功率损失(kW)。

2.8　工作条件与习题 2.4 相同的发动机,热效率为 97%。试计算:

①未燃碳氢进入排气系统的速率(kg/h);

②未燃碳氢比排放量(g/(kW·h));

③未燃碳氢排放因子。

2.9　一辆施工车辆装有四冲程八缸压燃式发动机,该发动机的缸径为 13.65 cm,冲程为 20.32 cm。当发动机转速为 1 000 r/min 时,可提供 113.3 kW 的输出功率,此时发动机的机械效率为 60%。试计算:

①发动机总排量(cm³);

②平均有效压力(kPa);

③扭矩(N·m);

④指示功率(kW);

⑤摩擦功率(kW)。

2.10 一台四冲程四缸的压燃式发动机,容积为 1 500 cm³。当它以 3 000 r/min 转速运转时,有效功率为 48 kW,容积效率为 92%,空燃比为 21∶2。试计算:

①空气进入发动机的速率(kg/s);

②燃油消耗率(g/(kW·h));

③排气质量流量(kg/h);

④单位排量功率输出(kW/L)。

2.11 一辆自卸卡车装配有一台四冲程 V6 压燃式发动机,该发动机在 2 400 r/min 转速下工作,压缩比为 10.2,容积效率为 0.91,缸径(B)和冲程(S)的关系满足 $S=0.92B$。试计算:

①行程距离(cm);

②活塞平均速度(m/s);

③单个气缸余隙容积(cm³);

④空气进入发动机流量(kg/s)。

2.12 某人驾驶汽车 12.5 h 行驶了 805 km,消耗了 30 L 的汽油,该过程平均 CO 排放指示为 $EI_{CO}=28$(g/s)/(kg/s),且液态汽油的密度为 0.692 kg/L。试计算:

①燃油经济性;

②行驶 100 km 的燃油消耗量;

③行驶过程 CO 排放。

2.13 一台四冲程 V10 卡车柴油机,排量为 5.6 L,在 3 600 r/min 转速下产生 162 kW 的有效功率,缸径(B)和冲程(S)的关系满足 $S=1.12B$。试计算:

①活塞平均速度(m/s);

②扭矩(N·m);

③平均有效压力(kPa)。

2.14 一台四冲程 V8 汽油机,排量为 4.8 L。该发动机连续工作 5 d,每天工作 24 h。工作时,发动机转速为 2 000 r/min,燃料为汽油,空燃比为 14.6,容积效率为 92%,缸径(B)和冲程(S)的关系满足 $B=1.06S$。试计算:

①行程距离(cm);

②活塞平均速度(m/s);

③每个火花塞点火次数;

④空气进入发动机的质量流量(kg/s);

⑤燃料进入发动机的质量流量(kg/s)。

2.15 一台二冲程小型单缸汽油机,当转速为 8 000 r/min 时,容积效率为 0.85。该发动机为等行程发动机($B=S$),排量为 6.28 cm³,燃空比为 0.067。试计算:

①活塞平均速度(m/s);

②空气进入发动机的流速(kg/s);

③燃料进入发动机的流速(kg/s);

④每个工作循环燃料输入(kg/cycle)。

2.16 一台四冲程单缸柴油机,缸径为 12.9 cm,行程为 18.0 cm。该发动机在 800 r/min 转速下工作时,4 min 内使用燃料 0.113 kg,此时发动机扭矩为 76 N·m。试计算:

①有效燃油消耗率(g/(kW·h));

②平均有效压力(kPa);

③有效功率(kW);

④比功率(kW/cm²);

⑤单位排量功率输出(kW/L);

⑥比体积排量(L/kW)。

2.17 一台排量为 4.8 L 的四冲程 V8 汽油机与一台水力测功机相连,当发动机转速为 4 050 r/min 时,测得输出功率为 53 kW。测功机使用水来吸收发动机的能量输出,测功机的水流速为 136.4 L/min,测功机的效率为 93%,进水温度为 7.7 ℃。试计算:

①出水温度(℃);

②该工况下发动机扭矩输出(N·m);

③该工况下发动机平均有效压力(kPa)。

2.18 一台排量为 3.1 L 的二冲程四缸点燃式发动机与一台电力测功机相连。当发动机在 1 200 r/min 转速下工作时, 220 V 交流发电机的输出电流为 54.2 A,此时发动机的效率为 87%。试计算:

①发动机功率输出(kW);

②发动机扭矩(N·m);

③发动机平均有效功率(kPa)。

2.19 一台排量为 6 L 的四冲程 V8 赛车发动机以节气门全开方式在 6 000 r/min 转速下工作,燃料为硝基甲烷,燃料进入发动机的质量流量为 0.198 kg/s,燃烧效率为 99%。试计算:

①发动机的容积效率(%);

②空气进入发动机的质量流量(kg/s);

③排气中未燃燃料的化学能(kW)。

2.20 一台排量为 4.6 L 的四冲程 V8 大型点燃式发动机,该机配有停缸装置,在发动机需要较低功率时,可以转换成 2.3 L 四冲程 V4 发动机。当转速为 1 750 r/min 时,发动机采用 V8 形式运转,容积效率为 51%,机械效率为 75%,空燃比 14.5,有效功率为 32.4 kW,燃料为汽油。当使用停缸技术后,发动机以 V4 形式运转,发动机转速提高,容积效率为 86%,机械效率为 87%,空燃比为 18.2。假设在任何转速下发动机的指示热效率相同,燃烧效率为 100%。试计算:

①在 1 750 r/min 转速下,空气进入 V8 发动机的质量流量(kg/s);

②在 1 750 r/min 转速下,燃料进入 V8 发动机的质量流量(kg/s);

③在 1 750 r/min 转速下,V8 发动机燃油消耗率(g/(kW·h));

④输出相同的功率 V4 发动机需要的转速(r/min);

⑤V4 发动机在更高转速时的燃油消耗率(g/(kW·h))。

2.21 一辆质量为 1 900 kg 的混合动力汽车,使用乙醇燃料,配有多用途电动机 - 发电机 - 飞轮。当汽车减速或者停车时, 51% 的动能转化为电能储存在电池中。当使用发动机为电池充电时,化学能转化为储存在电池中的电能时的转化效率为 24%。当汽车从 112 km/h 减速到 32 km/h 时,试计算:

①电池中增加的电能(kJ)；
②产生相同的电能需要的燃料的质量(kg)。

设计题 2

D2.1　设计一台排量为 6 L 的四冲程赛车发动机。自主决定发动机的转速，然后设计在该转速下气缸数、缸径、行程、活塞杆长度、活塞平均速度、平均指示压力、有效扭矩、燃料消耗率、空燃比和有效功率。所有的参数数值应在合理的数值范围内，且与其他数值相匹配。请陈述你做出的各种假设(如机械效率、容积效率等)。

D2.2　为吹雪机设计一台 4.5 kW 的发动机。需要设计发动机转速、冲程数量、化油器或喷油器、总排量。此外，还需给出气缸数、缸径、行程、连杆长度、活塞平均速度、有效扭矩和有效功率。已知该发动机在温度很低的环境下运行。设计时所有的参数数值应在合理的数值范围内，且与其他数值相匹配。请陈述为应对低温环境需要哪些特殊考虑，并陈述你做出的各种假设。

D2.3　设计一台小型四冲程的用于小型皮卡的柴油发动机，该发动机在设计速度下可提供 50 kW 的有效功率。在设计过程中，活塞平均速度要低于 8 m/s。需要给出设计转速、排量、气缸数、缸径、行程、平均有效压力、扭矩。所有的参数数值应在合理的数值范围内，且与其他数值相匹配。请陈述你做出的各种假设。

第3章 发动机工作循环

本章介绍四冲程和二冲程往复式内燃机的基本循环。对最常见的四冲程火花点火和压缩点火循环进行详尽分析,并简要介绍一些历史上著名的循环方式。

3.1 空气标准循环

内燃机气缸中的工作过程很复杂。首先,气体(压燃式发动机)或者气体与燃料混合物(点燃式发动机)进入气缸并和上一个循环的残余气体混合。然后,混合物被压缩、燃烧,演变为包含大量 CO_2、H_2O、N_2 以及少量其他组分的尾气。接着,在膨胀过程以后,排气门打开,尾气就被排到内燃机外。因此,想要分析这个成分不断改变的开口循环系统比较困难。为了能更加简明扼要地分析发动机循环,将实际循环近似为理想的空气标准循环。与实际循环相比,空气标准循环有以下特点。

1)在整个循环过程中,气缸中气体混合物会被当作空气,并采用空气的属性参数值。这种近似假设在循环前半段很合理,因为此阶段气缸中的气体大部分是空气,只有 7% 左右的燃料蒸气。即使在循环后半段中,气缸中的气体大部分变为 CO_2、H_2O 和 N_2,直接采用空气的参数值分析计算也不会造成太大的错误。进行分析计算时,假设空气为一种定比热的理想气体。

2)假设所有的排气会返回到进气系统,那么实际的开口循环将变为闭口循环。在理想气体循环中,这种假定是可行的,因为在此循环中进排气都是空气。采用闭口系统能够简化分析计算过程。

3)由于只有空气不能发生燃烧反应,所以用一个等量的热值增量 Q_{in} 来代替燃烧过程。

4)开口系统中的排气过程会从系统内部带走大量的焓,而在闭口系统中可用等能量值的热量释放 Q_{out} 来替代。

当发动机的实际循环过程被近似假设为空气标准循环过程后,有以下特点。

1)假定进气、排气过程是等压过程。在节气门全开的状态,假定进气压力为大气压,即 P_0。在节气门部分关闭或者增压过程中,进气道压力是一个与大气压不同的恒定值。另外,假定排气压力恒等于大气压。

2)压缩和膨胀过程近似为一个等熵过程。实际上,等熵过程要求所有过程都是可逆绝热的。然而,活塞和气缸壁之间不可避免地存在摩擦,但实际上缸壁表面经过精加工且有润滑油润滑,摩擦力保持在一个很小的范围内,因此可以认为这个过程是无摩擦的绝热过程。否则的话,汽车就会在远未达到设计里程之前就因磨损过重而无法工作。在每个冲程过程中,由于缸内气体流动,工作循环过程中也存在流体摩擦,但摩擦损耗非常小;同样,由于每个冲程的持续时间很短,其传热损耗也可以忽略不计。因此,这种近乎可逆且绝热的工作过程可以近似为等熵过程。

3)燃烧过程被理想化地看作等容(SI 循环)、等压(CI 循环)或者二者结合(混合循环)

过程。

　　4）排气过程近似被看作等容过程。

　　5）所有过程都被看作可逆过程。

　　在空气标准循环中,空气被看作理想气体,因此下列关于理想气体的关系式均适用:

$$
\begin{cases}
Pv = RT \\
PV = mRT \\
P = \rho RT \\
dh = c_\mathrm{p} dT \\
du = c_\mathrm{v} dT \\
Pv^k = 常数 & （等熵过程） \\
Tv^{k-1} = 常数 & （等熵过程） \\
TP^{(1-k)/k} = 常数 & （等熵过程） \\
w_{1-2} = \dfrac{P_2 v_2 - P_1 v_1}{1-k} = \dfrac{R(T_2 - T_1)}{1-k} & （等熵过程） \\
c = \sqrt{kRT}
\end{cases}
\tag{3.1}
$$

式中:P 为气缸气体压力;V 为气缸体积;v 为气缸比体积;R 为气体常数;T 为温度;m 为气缸中气体质量;ρ 为密度;h 为比焓;u 为比内能;c_p、c_v 分别为定压比热和定容比热;w 为比功;c 为声速。

　　除此之外,在本章中分析循环过程时,用到的其他变量包括:空燃比 AF、质量流量 $\dot{m}$、单位质量传热量 q、单位质量传热速率 $\dot{q}$、单次循环传热量 Q、单次循环传热速率 $\dot{Q}$、燃料热值 Q_{HV}、压缩比 r_c、单次循环功 W、单次循环功率 $\dot{W}$、燃烧效率 η_c。所用到的下标的含义:a 代表空气;f 代表燃料;ex 代表尾气;m 代表气体混合物。

　　进行热力学分析时,实际上空气的比热是温度的函数,为了简化计算过程也可以稍微损失一些精度将其看作定值。在本书中,将比热视为定值来分析。然而,由于发动机的整个工作过程表现出高温和大温差的特点,气体的比热和热容比 k 有较大的浮动。在进气过程结束、压缩过程开始时,循环温度低,取 $k=1.4$;而当燃烧结束、温度很高时,取 $k=1.3$ 可能会更准确。因此,尽管初级热力学教科书中常采用前者,但与取标准状况（25 ℃）下的定值相比,取上述两种极端情况的平均值所得出的结果更准确。按代数平均值算 $k = \dfrac{k_1 + k_2}{2} = 1.35$;按几何平均值算 $k = \sqrt{k_1 k_2} = 1.35$。

　　当需要分析工作循环过程和排气气流时,本书中采用的空气参数值如下:

　　　　$c_\mathrm{p} = 1.108 \ \mathrm{kJ/(kg \cdot K)}$

　　　　$c_\mathrm{v} = 0.812 \ \mathrm{kJ/(kg \cdot K)}$

　　　　$k = c_\mathrm{p} / c_\mathrm{v} = 1.35$

　　　　$R = c_\mathrm{p} - c_\mathrm{v} = 0.287 \ \mathrm{kJ/(kg \cdot K)}$

　　通常在进入发动机之前,空气的温度接近于标准温度。对这种情况,取 $k=1.35$ 是没问题的。而对于进气流经机械增压器、涡轮增压器和化油器以及空气流经散热器等情况,可以

采用如下参数值:

$$c_{p} = 1.005 \text{ kJ/(kg·K)}$$

$$c_{v} = 0.718 \text{ kJ/(kg·K)}$$

$$k = c_{p}/c_{v} = 1.40$$

$$R = c_{p} - c_{v} = 0.287 \text{ kJ/(kg·K)}$$

历史小典故 3.1:六冲程循环

　　在 19 世纪下半叶,现代往复式内燃机的发展还处于早期研究阶段。那时的研究者试制了很多种采用不同工作循环的内燃机。这其中包括二冲程、四冲程甚至六冲程式循环发动机。六冲程循环和四冲程循环很相似,多余的两个冲程用于尾气的排出,即每个循环有 3 次往复运动而不是 2 次。由于燃料质量差、压缩率低、余隙容积大等问题,早期的发动机通常有排气残余过多的问题。研究者在排气冲程后增加了一个只吸入空气的进气冲程,这样新鲜空气就能和残余废气混合,然后再被排出。这与现代汽车发动机的废气再循环(EGR)有概念上的不同,EGR 过程是把废气加入到进气气体当中。

3.2　奥托循环

3.2.1　奥托循环介绍

　　第 2 章中图 2.6 展示的是在节气门全开状态下,自然吸气式四冲程火花点火式发动机的工作循环。该循环应用于很多现代发动机以及其他四冲程点燃式发动机。为了便于分析,把这个循环近似认为是如图 3.1 所示的空气标准循环,这一理想的循环被称为奥托循环。奥托循环是以采用这种循环的发动机的几位早期发明者之一奥托(Otto)的名字命名的。奥托循环模型是近 140 多年来,大多数四冲程点燃式发动机(包括许多现代发动机)的标准循环模型。

　　在奥托循环中,进气冲程是从活塞位于上止点时开始,是进气压力等于大气压的等压过程,即图 3.1(a)中的 6 → 1 过程。奥托循环的进气冲程与节气门全开状态下发动机的实际工作过程很接近。实际上,由于进气气流的压力损失,节气门全开时的进气压力会稍微低于大气压。在进气过程中,气流温度因流经热的进气歧管而有所升高。因此,图 3.1(b)中点 1 的处的温度通常会比周围空气温度高 25~35 ℃。

　　奥托循环中的第二个冲程是压缩冲程,是活塞从下止点到上止点的等熵过程,即图 3.1(a)中的 1 → 2 过程。除了在压缩冲程开始和结束的地方,这个过程和实际发动机的压缩过程很接近。与奥托循环有所不同,在实际发动机循环中,压缩冲程的起始阶段会因进气门直到下止点后才完全闭合,而压缩冲程末期的缸内压力状态又会因活塞到达上止点前就开始点火。压缩冲程不仅导致缸内压力升高,还会引起气缸温度升高。

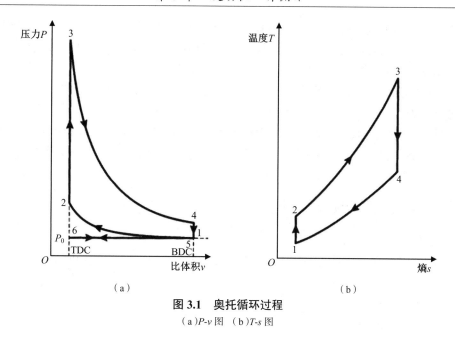

图 3.1 奥托循环过程

(a)P-v图 (b)T-s图

在奥托循环中,压缩冲程之后是活塞在上止点时的等容放热过程,即图3.1(a)中的 2→3过程。这个过程用来代替实际发动机循环中的燃烧冲程,后者发生在很接近等容的 环境中。在实际发动机循环中,燃烧在活塞到达上止点前开始,然后在活塞靠近上止点位置 时达到最快速度,最后在活塞经过上止点稍后的时刻结束。在燃烧或称为热量输入的过程 中,气缸中的空气获得了大量能量。这个能量使空气的温度达到一个很高的值,并在图3.1 (b)中的点3达到整个循环的峰值温度。在闭口等容的变化过程中,温度升高也会导致压 力升高。因此,整个循环的压力峰值也出现在点3。

系统内很高的压力和焓值使发动机在燃烧过程之后进入做功冲程(膨胀冲程),即图 3.1(a)中的3→4过程。高压气体作用在活塞表面并使其回到下止点,并同时向发动机外 部输出动力做功。在实际发动机循环中,做功冲程很接近奥托循环中的等熵过程。与进气 冲程类似,做此近似需要假设该过程无摩擦损失且是绝热的。在实际发动机循环中,做功冲 程开始时会受最后一部分燃烧过程影响。做功冲程结束时也会因排气门在下止点前就开启 而与奥托循环有所不同。在做功冲程中,气缸中的温度和压力都会随体积的增大(从上止 点到下止点)而降低。

在实际发动机循环中,做功冲程快结束的时候,排气门打开,气缸开始排气。大量废气 被排出气缸,缩小了缸内与进气歧管的压力差。通常排气门在下止点前就开启是为了留有 充足的时间排出尾气。理想情况是自由排气在下止点之前结束,这样在排气冲程中气缸中 就不会有很高的压力作用于活塞。实际发动机循环中的排气过程是近似等容的,但并不是 完全等容的。在这一过程中,大量的热量随尾气排出,进而限制了发动机的热效率。在奥托 循环中,用等容闭口系统压力降低过程代替实际发动机开口系统中的排气过程,即图3.1 (a)中的4→5过程。在发动机热力学分析中,用热量的散失来替代实际排气过程中的焓 降。排气过程结束时的压力降低到大气压附近,温度也会因膨胀冷却显著降低。

奥托循环的最后一个冲程发生在活塞从下止点移动到上止点的过程中,为强制排气冲程,即图 3.1(a)中的 5 → 6 过程。该过程是一个等压过程,压力等于大气压,这是因为排气门处于打开状态。这与实际排气冲程很相似。实际排气冲程的压力略高于环境压力,这是因为气体在经过排气门进入尾气系统时压力会略微降低。

在排气冲程结束的时候,发动机已经经历了两次往复运动。这时,活塞又一次到达上止点处,排气门关闭,进气门开启,开始新的循环。

当对奥托循环进行分析时,简单的做法是采用参数除以缸内空气质量得到的比值进行分析。通常,奥托循环图中会省略 6 → 1 和 5 → 6 过程。这是因为,从热力学角度来看,这两个过程恰好相互抵消。

3.2.2 节气门全开时奥托循环的热力学分析

(1)过程 6 → 1

图 3.1(a)中的 6 → 1 过程是压力为 P_0 的定压吸气过程,此时发动机的进气门开启,排气门关闭。相关表达式为

$$P_1 = P_6 = P_0 \tag{3.2}$$

$$w_{6-1} = P_0(v_1 - v_6) \tag{3.3}$$

(2)过程 1 → 2

图 3.1(a)中的 1 → 2 过程是等熵压缩过程,此时发动机的所有气门关闭。相关表达式为

$$T_2 = T_1(v_1 / v_2)^{k-1} = T_1(V_1 / V_2)^{k-1} = T_1 r_c^{k-1} \tag{3.4}$$

$$P_2 = P_1(v_1 / v_2)^k = P_1(V_1 / V_2)^k = P_1 r_c^k \tag{3.5}$$

$$q_{1-2} = 0 \tag{3.6}$$

$$w_{1-2} = \frac{P_2 v_2 - P_1 v_1}{1-k} = \frac{R(T_2 - T_1)}{1-k} = u_1 - u_2 = c_v(T_1 - T_2) \tag{3.7}$$

(3)过程 2 → 3

图 3.1(a)中的 2 → 3 过程是等容加热(燃烧)过程,此时发动机的所有气门关闭。相关表达式为

$$v_3 = v_2 = v_{TDC} \tag{3.8}$$

$$w_{2-3} = 0 \tag{3.9}$$

$$Q_{2-3} = Q_{in} = m_f Q_{HV} \eta_c = m_m c_v(T_3 - T_2) = (m_a + m_f)c_v(T_3 - T_2) \tag{3.10}$$

$$Q_{HV} \eta_c = (AF + 1)c_v(T_3 - T_2) \tag{3.11}$$

$$q_{2-3} = q_{in} = c_v(T_3 - T_2) = u_3 - u_2 \tag{3.12}$$

$$T_3 = T_{max} \tag{3.13}$$

$$P_3 = P_{max} \tag{3.14}$$

(4)过程 3 → 4

图 3.1(a)中的 3 → 4 过程是等熵做功 / 膨胀冲程,此时发动机的所有气门关闭。相关表达式为

$$q_{3-4} = 0 \tag{3.15}$$

$$T_4 = T_3(v_3/v_4)^{k-1} = T_3(V_3/V_4)^{k-1} = T_3(1/r_c)^{k-1} \tag{3.16}$$

$$P_4 = P_3(v_3/v_4)^k = P_3(V_3/V_4)^k = P_3(1/r_c)^k \tag{3.17}$$

$$w_{3-4} = \frac{P_4 v_4 - P_3 v_3}{1-k} = \frac{R(T_4 - T_3)}{1-k} = u_3 - u_4 = c_v(T_3 - T_4) \tag{3.18}$$

（5）过程 4 → 5

图 3.1（a）中的 4 → 5 过程为等容放热（排气）过程，此时发动机的排气门开启，进气门关闭。相关表达式为

$$v_5 = v_4 = v_1 = v_{BDC} \tag{3.19}$$

$$w_{4-5} = 0 \tag{3.20}$$

$$Q_{4-5} = Q_{out} = m_m c_v(T_5 - T_4) = m_m c_v(T_1 - T_4) \tag{3.21}$$

$$q_{4-5} = q_{out} = c_v(T_5 - T_4) = u_5 - u_4 = c_v(T_1 - T_4) \tag{3.22}$$

（6）过程 5 → 6

图 3.1（a）中的 5 → 6 过程是压力为 P_0 的定压排气冲程，此时发动机的排气门开启，进气门关闭。相关表达式为

$$P_5 = P_6 = P_0 \tag{3.23}$$

$$w_{5-6} = P_0(v_6 - v_5) = P_0(v_6 - v_1) \tag{3.24}$$

（7）奥托循环的热效率

奥托循环的热效率为

$$(\eta_t)_{OTTO} = \frac{|w_{net}|}{|q_{in}|} = 1 - \frac{|q_{out}|}{|q_{in}|} = 1 - \frac{c_v(T_4 - T_1)}{c_v(T_3 - T_2)} = 1 - \frac{T_4 - T_1}{T_3 - T_2} \tag{3.25}$$

因此，只要知道循环的温度就可以确定循环的热效率。可以利用等熵压缩和等熵膨胀条件下的理想气体热力学方程和 $v_1 = v_4, v_2 = v_3$ 进一步简化方程：

$$\frac{T_2}{T_1} = \left(\frac{v_1}{v_2}\right)^{k-1} = \left(\frac{v_4}{v_3}\right)^{k-1} = \frac{T_3}{T_4} \tag{3.26}$$

重新改写温度方程得到：

$$\frac{T_4}{T_1} = \frac{T_3}{T_2} \tag{3.27}$$

式（3.25）可以改写为

$$(\eta_t)_{OTTO} = 1 - \frac{T_1}{T_2}\frac{T_4/T_1 - 1}{T_3/T_2 - 1} \tag{3.28}$$

将式（3.27）代入式（3.28）得

$$(\eta_t)_{OTTO} = 1 - T_1/T_2 \tag{3.29}$$

将式（3.29）和式（3.4）联立得

$$(\eta_t)_{OTTO} = 1 - \frac{1}{(v_1/v_2)^{k-1}} \tag{3.30}$$

将 $v_1/v_2 = r_c$ 代入式（3.30）得

$$(\eta_t)_{OTTO} = 1 - \frac{1}{r_c^{k-1}} \tag{3.31}$$

在节气门全开的奥托循环中,只需要知道压缩比就可以确定其热效率。随着压缩比的增大,热效率也相应增高,如图 3.2 所示。这个热效率就是指示热效率,主要表征的是燃烧室内气体的热力学状态。图 3.2 用于描述节气门全开时运行循环近似为奥托循环的火花点火式发动机($k=1.35$)。

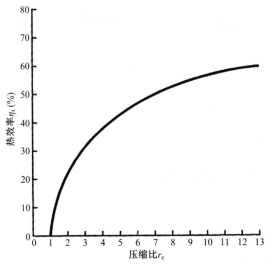

图 3.2　指示热效率随压缩比变化关系

【例题 3.1】

一台排量为 2.5 L 的四冲程四缸汽油发动机在节气门全开的奥托循环条件下,以 3 000 r/min 的转速运行。该发动机的压缩比为 8.6,机械效率为 86%,冲程(S)和缸径(B)的比值为 1.025,燃料为异辛烷,空燃比为 15,异辛烷的热值为 44 300 kJ/kg,燃烧效率为 100%。在压缩冲程开始时,燃烧室内压力为 100 kPa,温度为 60 ℃。假设缸内还有 4% 的上一循环的排气残余。请对该发动机进行完整的热力学分析。

解

对于一个气缸来说,它的工作容积是

$$V_d = 2.5 / 4 = 0.625 \text{ L} = 625 \text{ cm}^3$$

计算余隙容积:

$$r_c = V_1 / V_2 = (V_c + V_d) / V_c = 8.6 = (V_c + 0.000\ 625) / V_c$$

$$V_c = 0.000\ 082\ 2 \text{ m}^3 = 0.082\ 2 \text{ L} = 82.2 \text{ cm}^3$$

计算缸径和行程:

$$V_d = (\pi / 4) B^2 (1.025B) = 625 \text{ cm}^3$$

$$B = 9.19 \text{ cm}$$

$$S = 1.025B = 9.42 \text{ cm}$$

1)状态 1。

已知 $T_1 = 60$ ℃ $= 333$ K, $P_1 = 100$ kPa,且有

$$V_1 = V_d + V_c = 625 + 82.2 = 707.2 \text{ cm}^3$$

可求出状态 1 下缸内混合气体的质量,且缸内的气体质量在整个循环当中保持不变。

$$m_m = P_1 V_1 / R T_1 = (100\ \text{kPa})(0.000\ 707\ 2\ \text{m}^3) / [0.287\ \text{kJ/(kg·K)}](333\ \text{K})$$
$$= 0.000\ 740\ \text{kg}$$

2)状态 2。

压缩冲程 $1 \to 2$ 是定熵的,联立式(3.4)和式(3.5)可求出压力和温度:

$$P_2 = P_1 r_c^k = (100\ \text{kPa})(8.6)^{1.35} = 1826\ \text{kPa}$$

$$T_2 = T_1 r_c^{k-1} = (333\ \text{K})(8.6)^{0.35} = 707\ \text{K} = 434\ ℃$$

$$V_2 = m R T_2 / P_2 = (0.000\ 740\ \text{kg})[0.287\ \text{kJ/(kg·K)}](707\ \text{K}) / (1\ 826\ \text{kPa})$$
$$= 0.000\ 082\ 2\ \text{m}^3 = V_c$$

可见单缸的余隙容积与前面的结果一致。另一种得出该值的方法是

$$V_2 = V_1 / r_c = 0.000\ 707\ \text{m}^3 / 8.6 = 0.000\ 082\ 2\ \text{m}^3$$

缸内混合气体的质量由空气 m_a,燃料 m_f 以及排气残余 m_{ex} 组成,其质量分别为

$$m_a = (15/16)(0.96)(0.000\ 740) = 0.000\ 666\ \text{kg}$$

$$m_f = (1/16)(0.96)(0.000\ 740) = 0.000\ 044\ \text{kg}$$

$$m_{ex} = (0.04)(0.000\ 740) = 0.000\ 030\ \text{kg}$$

因此,混合物总质量为

$$m_m = 0.000\ 740\ \text{kg}$$

3)状态 3。

使用式(3.10)计算一个循环内热量的增加:

$$Q_{in} = m_f Q_{HV} \eta_c = m_m c_v (T_3 - T_2)$$
$$= (0.000\ 044\ \text{kg})(44\ 300\ \text{kJ/kg})(1.00)$$
$$= (0.000\ 740\ \text{kg})[0.821\ \text{kJ/(kg·K)}](T_3 - 707\ \text{K})$$

求出 T_3 为

$$T_3 = 3\ 915\ \text{K} = 3\ 642\ ℃ = T_{max}$$

$$V_3 = V_2 = 0.000\ 082\ 2\ \text{m}^3$$

对于定容系统,有

$$P_3 = P_2 (T_3 / T_2) = (1\ 826\ \text{kPa})(3\ 915\ \text{K} / 707\ \text{K}) = 10\ 111\ \text{kPa} = P_{max}$$

4)状态 4。

做功冲程 $3 \to 4$ 是等熵的,联立式(3.16)和式(3.17)求出温度和压力:

$$T_4 = T_3 (1/r_c)^{k-1} = (3\ 915\ \text{K})(1/8.6)^{0.35} = 1\ 844\ \text{K} = 1\ 571\ ℃$$

$$P_4 = P_3 (1/r_c)^k = (10\ 111\ \text{kPa})(1/8.6)^{1.35} = 554\ \text{kPa}$$

$$V_4 = m R T_4 / P_4 = (0.000\ 740\ \text{kg})[0.287\ \text{kJ/(kg·K)}](1\ 844\ \text{K}) / (554\ \text{kPa})$$
$$= 0.000\ 707\ \text{m}^3 = V_1$$

这与前面求出的 V_1 一致。

一个循环内单个气缸定熵做功冲程内产生的有用功为

$$W_{1-2} = mR(T_2 - T_1)/(1-k)$$
$$= (0.000\ 740\ \text{kg})\big[0.287\text{kJ}/(\text{kg}\cdot\text{K})\big](707\ \text{K}-333\ \text{K})/(1-1.35)$$
$$= -0.227\ \text{kJ}$$

$$W_{3-4} = mR(T_4 - T_3)/(1-k)$$
$$= (0.000\ 740\ \text{kg})\big[0.287\ \text{kJ}/(\text{kg}\cdot\text{K})\big](1\ 844\ \text{K}-3\ 915\ \text{K})/(1-1.35)$$
$$= 1.257\ \text{kJ}$$

进气冲程需要的功与排气冲程产生的功相互抵消。

一个循环内单个气缸产生的净指示功为

$$W_{\text{net}} = W_{1-2} + W_{3-4} = (-0.227\ \text{kJ}) + (1.257\ \text{kJ}) = 1.030\ \text{kJ}$$

使用式(3.10)可求出一个循环内单个气缸热量的增加为

$$Q_{\text{in}} = m_f Q_{\text{HV}}\eta_c = (0.000\ 044\ \text{kg})(44\ 300\ \text{kJ/kg})(1.00) = 1.949\ \text{kJ}$$

指示热效率为

$$\eta_t = W_{\text{net}}/Q_{\text{in}} = 1.030/1.949 = 0.529 = 52.9\%$$

或者联立式(3.29)和式(3.31)得

$$\eta_t = 1 - \frac{T_1}{T_2} = 1 - (1/r_c)^{k-1} = 1 - (333/707) = 1 - (1/8.6)^{0.35} = 0.529$$

平均有效指示压力为

$$imep = W_{\text{net}}/(V_1 - V_2) = (1.030\ \text{kJ})/(0.000\ 707\ \text{m}^3 - 0.000\ 082\ 2\ \text{m}^3) = 1\ 649\ \text{kPa}$$

转速为 3 000 r/min 时的发动机指示功为

$$\dot{W}_i = W_{\text{net}} N/n$$
$$= (4)(1.030\ \text{kJ/cycle})[(3\ 000\ \text{r/min})/(60\ \text{s/min})]/(2\ \text{cycle/r})$$
$$= 103\ \text{kW}$$

活塞平均速度为

$$\bar{U}_p = 2SN = 2(0.009\ 42\ \text{m})[(3\ 000\ \text{r/min})/(60\ \text{s/min})] = 9.42\ \text{m/s}$$

一个循环内单个气缸的净有效功率为

$$W_b = \eta_m W_{\text{net}} = (0.86)(1.030\ \text{kJ}) = 0.886\ \text{kJ}$$

转速为 3 000 r/min 时的有效功率为

$$\dot{W}_b = [(3\ 000\ \text{r/min})/(60\ \text{s/min})](0.5\ \text{cycle/r})(0.886\ \text{kJ/cycle})(4) = 88.6\ \text{kW}$$

或

$$\dot{W}_b = \eta_m \dot{W}_i = (0.86)(103\ \text{kW}) = 88.6\ \text{kW}$$

扭矩为

$$\tau = \dot{W}_b/2\pi N = (88.6)/2\pi(3000/60) = 0.282\ \text{kN}\cdot\text{m}$$

摩擦损失为

$$\dot{W}_f = \dot{W}_i - \dot{W}_b = 103\ \text{kW} - 88.6\ \text{kW} = 14.1\ \text{kW}$$

平均有效压力为

$$bmep = \eta_m (imep) = (0.86)(1\ 649\ \text{kPa}) = 1\ 418\ \text{kPa}$$

也可用另一种方法求出转矩（其结果与上述结果一致），即

$$\tau = (bmep) V_d / 4\pi = (1\ 418\ \text{kPa})(0.002\ 5\ \text{m}^3) / 4\pi = 0.282\ \text{kN} \cdot \text{m}$$

比有效功率为

$$BSP = \dot{W}_b / A_p = (88.6\ \text{kW}) / \left\{ \left[(\pi/4)(9.19\ \text{cm})^2 \right](4) \right\} = 0.334\ \text{kW/cm}^2$$

单位排量输出为

$$OPD = \dot{W}_b / V_d = (88.6\ \text{kW}) / (2.5\ \text{L}) = 35.4\ \text{kW/L}$$

有效燃油消耗率为

$$bsfc = \dot{m}_f / \dot{W}_b$$
$$= (0.000\ 044\ \text{kg/cycle})(50\ \text{r/s})(0.5\ \text{cycle/r})(4) / (88.6\ \text{kW})$$
$$= 0.000\ 050\ \text{kg/(kW} \cdot \text{s)} = 180\ \text{g/(kW} \cdot \text{h)}$$

由式（2.70）可求得在标准空气密度下单个缸的容积效率：

$$\eta_v = m_a / \rho_a V_d$$
$$= (0.000\ 666\ \text{kg}) / (1.181\ \text{kg/m}^3)(0.000\ 625\ \text{m}^3)$$
$$= 0.902 = 90.2\%$$

3.3　实际空气–燃料循环

在实际情况下，内燃机的实际循环并不是理想的热力学循环。理想的空气标准循环是在一个组分恒定的封闭系统内进行的，然而这并不是内燃机工作的实际情况。因此，对空气标准循环进行分析在最好的情况下也只能是实际情况的近似分析，其中存在的差别主要包括以下几点。

1）在真实情况下，发动机是在组分变化的开口循环中运转的。不只是进入的气体组分与排出的不同，质量流量也不一样。在空气进入气缸后才加入燃料的那些发动机（压燃式发动机和部分点燃式发动机）会改变循环中气体组分的比例。排气过程中排出的气体质量比进气过程中进入的更多，两者的差别可以达到几个百分点。再者，发动机在进气中带入了燃料小液滴，这在理想化的空气标准循环分析中被视为空气的一部分。在燃烧过程中，总的质量不变，然而摩尔质量却发生了改变。最终，由于活塞与气缸间运动时的缝隙流动和窜漏现象，质量也会有一定的损失。气缸内大多数缝隙流动存在一个短暂的质量损失，但由于往往在做功冲程刚开始时的泄漏量较大，在膨胀过程中会损失一些输出功。窜漏可在压缩冲程和做功冲程中导致缸内质量损失约 1%。在第 6 章中将会对此进行详尽的讨论。

2）在空气标准循环分析中，把流体在整个发动机中的流动视为气体，并且把汽油视为理想状态下的气体。在真实的发动机中，进气流可能全部是空气，也可能是空气混合了 7% 燃油的混合气，这些燃油可能是气态或者小液滴或者两者皆有。在燃烧过程中，燃料组分会转变为混杂着大量 CO_2、H_2O 以及少量 CO、碳氢化合物蒸气的混合气体。在压燃式发动机

中,燃烧产物的气体混合物中还会存在固态的颗粒。如果将排气产物近似为空气可以简化分析,但会带来一定的误差。即使发动机循环中所有的流体都是空气,在空气标准循环分析时假设为比热恒定的理想气体也会导致一些误差。在低压情况下的进气和排气冲程,空气可以视为理想气体,但在燃烧过程的高压下,空气与理想气体的物性会有较大区别。假设定比热的分析会导致显著的误差,因为空气的比热在很大程度上取决于温度,尤其在发动机工作温度范围下,比热可上下浮动30%。例如,对于空气,在300 K的温度下,其c_p=1.004 kJ/(kg·K),而在3 000 K的温度下,其c_p=1.292 kJ/(kg·K)(参考习题3.5)。

3)在实际循环中存在热量损失,而这些损失在空气标准循环分析中被忽略。燃烧过程中的热量损失会降低预期的温度和压力峰值。因此,实际的做功冲程开始时的气缸压力相对理想的空气标准循环较低,膨胀过程中的输出功也会减少。而且,膨胀过程中热交换也会持续发生,进而使做功冲程最终的温度和压力相较于理想的等熵过程都会有所下降。热交换的结果就是指示热效率低于空气标准循环的预测值。实际上,在压缩冲程中也存在热交换,这也使该过程偏离等熵过程。然而,由于此时温度较低,偏离程度会比在膨胀冲程中低很多。

4)燃烧过程需要在有限且短暂的时间内完成,并且上止点处热量的增加并不会如奥托循环中那样瞬间完成。理想的发动机燃烧过程应该是快速并可控的。这可以使气缸中的压力在有限速率下增加,活塞受到的作用力也平稳增加,发动机工作过程就会平稳。燃烧速度过快导致的爆震或者超级爆震会给循环带来近乎于瞬间的热量增加,从而使循环波动变大,对发动机构成破坏。因为反应时间有限,燃烧过程通常在上止点之前开始,在上止点之后就结束,而并非如空气标准循环那样在定容的条件下进行。燃烧过程发生在上止点之前,气缸压力会在压缩冲程末期迅速增加,造成大量的负功。由于燃烧直到上止点之后才结束,在膨胀冲程刚开始就有一些功损失(图2.6)。另外,由于燃烧效率小于100%,真正的发动机燃烧过程也有部分能量损失,这是由实际发动机的油气不完全混合、温度的局部变化及涡流、熄火导致的油气局部变化等造成的。点燃式发动机的燃烧效率大约是95%,压燃式发动机的燃烧效率大约是98%。

5)自由排气过程需要一定的时间完成,并不像空气标准循环分析的那样在定容条件下进行。所以,排气阀会在下止点前40°~60°提前打开,导致一些输出功会在膨胀冲程末期损失掉。

6)在实际的发动机中,进气门会在进气过程的最后也就是下止点之后关闭。由于气体流速的限制,空气在下止点时仍然会进入气缸,如果此时气门关闭,容积效率会下降。因此,实际压缩过程不在下止点处开始,而是在进气门关闭之后开始。同时,点火发生在上止点之前,导致在燃烧之前温度和压力会比空气标准循环分析中的低。

7)气门需要一定的时间开启和关闭,在理想情况下,气门可以瞬间打开和关闭,但凸轮轴无法完成这样的动作。凸轮的轮廓要保证与驱动触点平稳配合,并确保在一定的时间内迅速完成。为确保进气门在进气过程开始时完全打开,必须在上止点之前开始开启。同样,排气门要在排气过程结束之前保持充分开启,最后在上止点之后关闭。因此,气门的重叠阶段会与理想状态有偏差。当使用电子气门驱动替代凸轮轴时,打开或关闭气门的时间将大大减少。

8)使用燃料低热值作为空气标准循环分析的输入参数时,计算过程也会产生一些误差。任何燃料的热值都是在 25 ℃的输入 / 输出条件下计算得出的。但真实发动机的热力学循环并非如此,发动机实际能量输入将小于由低热值计算得到的结果。

由于实际循环与理想循环之间存在这些不同点,空气标准循环分析得到的结果会与真实情况有一些偏差。然而有意思的是,这些偏差并不大。针对不同结构参数和运行工况的发动机,空气标准循环下运行参数的近似值(如温度和压力),基本上能很好地反映实际情况。通过改变空气标准循环的运行参数,如进气口温度和压力、压缩比、峰值温度等,能够获得与实际发动机改变上述参数情况下近似的结果,如输出功率、热效率、平均有效压力等。

真实的四冲程发动机的指示热效率总是比空气标准循环预测值低。这是由于实际发动机中的热损失、摩擦、点火定时、气门定时、有限的燃烧和排气时间以及与理想气体物性参数有偏差等造成的。研究表明,将一系列运行参数考虑在内时,点燃式四冲程发动机的热效率可以近似为

$$(\eta_t)_{\text{actual}} \approx 0.85(\eta_t)_{\text{OTTO}} \tag{3.32}$$

上式适用于各个参数如当量比、点火定时、转速、压缩比、进气压力、排气压力、气门定时等在几个百分点范围内变化时的情况。

3.4　点燃式发动机节气门部分开启循环

当四冲程点燃式发动机在节气门部分打开条件下运行时,由于进气系统中节气门的节流使进入缸内的油气混合气相应地减少,如图 3.3 所示。同时也增加了气流的流动阻力,进而造成进气压力有所下降,随之燃油喷油量为了保持空燃比而有所降低。进气总管的气体压力较低时,压缩冲程起始阶段的缸内压力也随之降低。尽管空气在通过节气门时因压降而发生膨胀冷却,但其进入气缸时的温度与节气门全开时并无多大差异,这是因为在此之前进气气流总会首先流经高温的进气歧管。

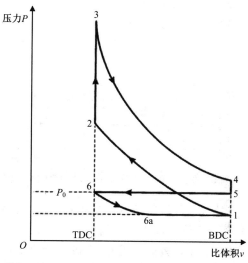

图 3.3　节气门部分开启状态的四冲程点燃式发动机的奥托循环

如图 3.3 所示,在节气门部分开启状态下的奥托循环的净指示功会比节气门全开状态

下的少一些。图3.3的上半部分由压缩冲程和做功冲程构成,表示输出正功;而下半部分则由排气冲程和进气冲程构成,表示作用在曲轴上的负功。节气门关闭程度越大,进气冲程中的压力就越小,泵吸功损失也越大。在节气门部分开启时,有两个主要因素会导致净输出功减少。一是在压缩冲程初始阶段的低压会导致除了排气冲程外的整个循环过程的压力变低,这使得平均有效压力和净输出功降低。二是由于压力的降低,在吸气冲程中吸入气缸的空气变少,喷油器和化油器供给的燃油量也成比例的降低,进而导致气缸中燃烧产生的热量变少和净输出功降低。但需要注意的是,尽管输入热量降低了,图3.3中2→3过程产生的温升基本没有变化,这是由于被加热的燃油和空气的质量也同比例减少了。

装配了涡轮增压系统或机械增压系统的发动机的奥托循环如图3.4所示。此时,进气压力高于环境大气压力,这将导致在循环中有更多的空气和燃油进入燃烧室,净指示功也将增加。更高的进气压力会增加整个循环的压力水平,进而空气和燃油会在2→3过程中释放更多的热量。当空气通过涡轮增压器或机械增压器被压缩至有更高的压力时,温度也会由于压缩而随之升高。这会使压缩冲程开始时的温度升高,继而使余下的过程中的温度也依次升高,从而在压缩过程末期或燃烧过程中引发自燃和爆震问题。出于这个原因,可以给发动机配备一个中冷器,给压缩空气降温。中冷器是一种用外部空气作为冷却源的热交换器。理论上中冷器是必要的,但是由于成本和空间的限制,通常在汽车发动机上使用很不现实。为了代替中冷器,配备机械增压器或涡轮增压器的发动机通常会采用更小的压缩比以减少爆震问题。压缩比越低,压缩冲程中的压缩热就越少,这可以补偿压缩冲程开始时较高温度带来的问题。

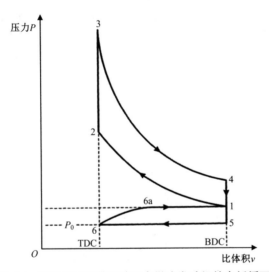

图3.4 配备增压器的四冲程点燃式发动机的奥托循环

当一台没有增压器的发动机在节气门全开工况下运行时,可以假定进气管道中的空气压力P_0等于大气压力。在部分节流过程中,节气门的部分关闭增加流动阻力,进而使进气管道中气体压力P_i(图3.3中的点6a)较低。因此,在进气冲程做的功为

$$W_{6-1} = P_i(V_1 - V_6) = P_i V_d \tag{3.33}$$

式中:V_d为气缸容积。

当压力近似稳定在大气压时,排气冲程做的功为

$$W_{5-6}=P_{ex}(V_6-V_5)=-P_{ex}V_d \tag{3.34}$$

当节气门部分开启时,泵气过程的净指示功为

$$(W_{pump})_{net}=(P_i-P_{ex})V_d \tag{3.35}$$

如果泵吸功为负值,则表明它使循环的净指示功降低。

如果发动机加装了机械增压器或者涡轮增压器,进气压力会大于大气压,如图 3.4 所示。该循环中的泵吸功由式(3.35)得出,但是由于 $P_i > P_{ex}$,泵吸功为正值,所以净指示功有所增加。

由式(3.35)计算平均泵吸压力,可得

$$P_{mep}=(W_{pump})_{net}/V_d=P_i-P_{ex} \tag{3.36}$$

该计算结果可能为正也可能为负。

3.5　排气过程

排气过程由两部分组成:自由排气和强制排气。如图 3.5 所示,在膨胀冲程快结束时(点 4),排气门打开,高温废气突然减压,从而开始自由排气(4 → 7 过程)。在自由排气过程中,由于排气门打开造成燃烧室内外产生压差,大量废气从燃烧室中自由排出。当压差平衡以后,排气管道内压力约等于大气压,但是燃烧室内依然充满了废气。接下来活塞从下止点运行到上止点,在强制排气冲程中将燃烧室内剩余的废气通过打开的排气门排出气缸。

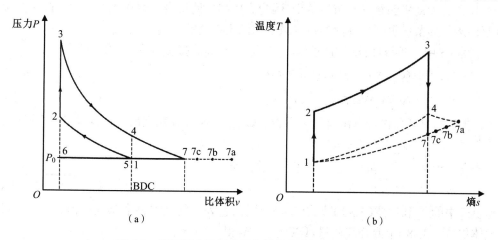

（a）　　　　　　　　　　　　　　（b）

图 3.5　节气门全开四冲程点燃式发动机的奥托循环

（a）*P-v* 图　（b）*T-s* 图

由于自由排气过程中的压力骤降,废气因膨胀冷却而温度降低。虽然该膨胀过程是不可逆的,但是理想气体的压力与温度间的等熵关系模型可以用来预测图 3.5 中 4 → 1 中过程中的温度(T_7)。

$$T_7=T_4(P_7/P_4)^{\frac{k-1}{k}}=T_3(P_7/P_3)^{\frac{k-1}{k}}=T_4(P_{ex}/P_4)^{\frac{k-1}{k}}=T_4(P_0/P_4)^{\frac{k-1}{k}} \tag{3.37}$$

式中:P_7 是排气系统压力,通常总是近似等于大气压, $P_7=P_{ex}=P_0$;P_{ex} 是废气压力,通常可

认为等于大气压。

在自由排气过程中,由于废气通过排气门时的速度很快,离开燃烧室的气体仍然具有一些动能。这些动能会在排气管道里快速耗散掉,带来废气焓值和温度的上升。最先离开燃烧室的废气会有最高的动能,因而动能消散后废气能达到的温度也最高(图 3.5 中点 7a)。随后排出的废气速度会小一些,转化后的温度增加也相对少一些(图 3.5 中点 7b、点 7c 等)。最后离开燃烧室的废气拥有的动能相对很小,动能耗散后温度会非常接近 T_7。在排气刚开始时,废气通过排气门时连接达到声速,所以这个位置的废气速度和温度是最高的。如果可能的话,在尽量靠近排气口的位置安装涡轮增压器,这样做能够充分地利用废气的动能。

在排气冲程中,废气的状态可以近似认为处于大气压下,温度等于由式(3.37)计算得到的 T_7 的温度,比体积等于图 3.5 中的点 1 位置处的比体积。值得注意的是,这与图 3.5 中的排气过程 $5 \to 6$ 是不一致的。$5 \to 6$ 过程中,比体积 v 是不断变化的。导致不一致的原因是图 3.5 所示的循环是使用闭口系统来分析一个开口系统的排气过程。同时,值得注意的是,图 3.5 中的点 7 是假设的状态,无法与实际运行中活塞的位置状态相对应。

在排气冲程结束时,仍然有一些残留的废气滞留在气缸的余隙容积中。残留废气会与新进来的空气和燃料混合,然后被带入下一个循环,废气残留量定义为

$$x_r = m_{ex} / m_m \tag{3.38}$$

式中:m_{ex} 是被携带进入下一个循环的废气质量;m_m 是整个循环中气缸内的混合气质量。在全负荷状态下,废气残留量在 3%~7%;在部分节流、轻负荷的状态下,其上升到 20% 以上。通常,压燃式发动机的废气残留量更少,因为高压缩比使得余隙容积相对减少。除了余隙容积以外,废气残留量也受到气门的位置以及气门重叠角的影响。

在图 3.5 中,如果自由排气过程($4 \to 7$)是一个等熵膨胀过程,则有

$$P_4 / P_7 = (v_7 / v_4)^k = P_4 / P_{ex} = P_4 / P_0 \tag{3.39}$$

$$P_3 / P_7 = (v_7 / v_3)^k = P_3 / P_{ex} = P_3 / P_0 \tag{3.40}$$

在排气门打开并进行自由排气之后,在强制排气冲程开始之前,气缸内的废气质量为

$$m_7 = V_5 / v_{ex} = V_5 / v_7 = V_1 / v_7 \tag{3.41}$$

排气冲程结束后残留在气缸内的废气质量为

$$m_{ex} = V_6 / v_7 = V_2 / v_7 \tag{3.42}$$

上式中的 v_7 利用式(3.39)或式(3.40)计算,它表示气缸内整个排气冲程 $5 \to 6$ 的废气的比体积,式(3.38)中混合气质量可以从下式获得:

$$m_m = V_1 / v_1 = V_2 / v_2 = V_3 / v_3 = V_4 / v_4 = V_7 / v_7 \tag{3.43}$$

联立式(3.38)、式(3.42)和式(3.43),可得:

$$x_r = (V_2 / v_7) / (V_7 / v_7) = V_2 / V_7 \tag{3.44}$$

V_7 是 m_m 燃烧之后膨胀到 P_0 时的假设体积,利用式(3.42)和式(3.43),废气残留量也可用下式表达:

$$\begin{aligned} x_r &= (V_6 / v_7) / (V_4 / v_4) = (V_6 / V_4)(v_4 / v_7) \\ &= (1 / r_c)(v_4 / v_7) \\ &= (1 / r_c) \left[(RT_4 / P_4) / (RT_7 / P_7) \right] \end{aligned} \tag{3.45}$$

$$x_r = (1/r_c)(T_4/T_{ex})(P_{ex}/P_4) \tag{3.46}$$

式中：r_c 为压缩比；$P_{ex}=P_7=P_0$，数值为大气压（大多数情况下）；$T_{ex}=T_7$，可由式（3.37）求得；T_4 和 P_4 分别为排气门打开时气缸内气体的温度和压力。

当进气门打开时，新进来的空气 m_a 与上一个循环剩下的废气混合。混合后的总焓保持不变，且有

$$m_{ex}h_{ex} + m_a h_a = m_m h_m \tag{3.47}$$

式中：h_{ex}，h_a 和 h_m 分别是废气、空气和混合气的比焓。在空气标准循环分析中，这些气体都会被当作空气，如果比焓以绝对零度下的焓值为零值，则有 $h=c_p T$，且有

$$m_{ex}c_p T_{ex} + m_a c_p T_a = m_m c_p T_m \tag{3.48}$$

上式中消去 c_p，并在等号两端除以 m_m 得

$$(m_{ex}/m_m)T_{ex} + (m_a/m_m)T_a = T_m \tag{3.49}$$

将式（3.49）和式（3.38）联立，根据废气残留量 x_r 可以求出压缩开始时气缸内混合气的温度：

$$(T_m)_1 = x_r T_{ex} + (1-x_r)T_a \tag{3.50}$$

式中：$T_{ex}=T_7$；T_a 是进气歧管中的空气温度。

新鲜空气进入气缸后，与少量的残留废气混合，空气被加热，密度也随之减小。这进而使发动机的容积效率下降。同时，少量的残留废气冷却会增加气体的密度，来弥补部分容积效率的损失。这个过程导致余隙容积有部分真空由新鲜进气填充。

【例题 3.2】

一台发动机在例题 3.1 所述的工况下运行，它的排气压力为 100 kPa。试计算：①排气温度；②废气残余量；③进入气缸的空气温度。

解

1）计算排气温度。

结合图 3.6 和式（3.37）求得排气温度：

$$T_{ex} = T_7 = T_3(P_7/P_3)^{\frac{k-1}{k}} = 3\,915(100/10\,111)^{\frac{1.35-1}{1.35}} = 1\,183\,\text{K}$$

2）计算废气残余量。

利用式（3.46）可求得废气残余量：

$$x_r = \frac{1}{r_c}\frac{T_4}{T_{ex}}\frac{P_{ex}}{P_4} = \frac{1}{8.6}\frac{1\,844}{1\,183}\frac{100}{554} = 0.033$$

在例题 3.1 中分析计算时，假定 $x_r=0.04$。现在应该使用更准确的取值 $x_r=0.033$ 重新计算。重新计算以后，就可得出以下修正数据：$P_3=10\,300$ kPa，$T_3=3\,988$ K；$P_4=564$ kPa，$T_4=1\,878$ K；$T_{ex}=1\,199$ K；$x_r=0.033$。

对于废气残余量前后一致的情况，不需要重复迭代。刚开始计算时，选取一个近似合理的废气残余量，则计算分析中 2 次迭代计算就足够了。对其他参数，如功率、平均有效压力等，也要重新计算，但在数值上的变化不会太大。

3）计算进入气缸的空气温度。

利用式（3.50）可求得从进气歧管进入气缸的空气温度：

$$T_a = \frac{T_1 - x_r T_{ex}}{1 - x_r} = \frac{333 - 0.033 \times 1\,199}{1 - 0.033} = 303\text{ K}$$

【例题 3.3】

当例题 3.1 与例题 3.2 中的发动机在部分节气门开度的条件下运行时,进气压力为 50 kPa。试计算:压缩冲程初始时气缸内的温度。

解

进气通过节气门后会有压降,但是前后的进气温度基本不变。这是由于在节气门后气流还要流经炽热的进气歧管。然而,当进气门打开,缸内压力降到 50 kPa 时,残余废气由于进气的冷却而导致温度下降。残余废气的温度可用式(3.37)以及等熵膨胀模型近似求得:

$$T_{6a} = T_{ex}(P_{6a}/P_6)^{\frac{k-1}{k}} = 1\,199(50/100)^{\frac{1.35-1}{1.35}} = 1\,002\text{ K}$$

利用式(3.50)可求得压缩冲程开始时的温度:

$$T_1 = x_r T_{6a} + (1 - x_r)T_a = 0.033 \times 1\,002 + (1 - 0.033) \times 303 = 326\text{ K}$$

利用此温度和 50 kPa 的压力作为初始值来对循环进行完整的热力学迭代计算,直到得出一致的结果(这部分留给同学们练习)。

3.6　狄塞尔循环

3.6.1　狄塞尔循环介绍

早期的压燃式发动机直到压缩冲程末期才将燃料喷入燃烧室中,产生如图 3.6 所示的示功图。由于滞燃期的存在以及需要一定时间来喷油,燃烧过程会持续到膨胀冲程。这使压力峰值会持续到上止点之后。这个燃烧过程可以很好地近似为标准空气循环中的定压吸热过程,即狄塞尔循环,如图 3.7 所示。整个循环的其余部分和标准空气循环下的奥托循环类似。狄塞尔循环有时也被称为定压循环。

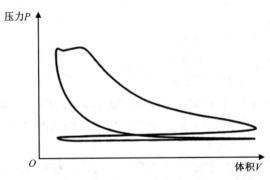

图 3.6　早期的四冲程压燃式发动机循环示功图

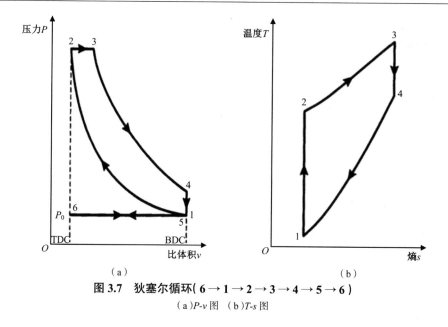

图 3.7　狄塞尔循环(6 → 1 → 2 → 3 → 4 → 5 → 6)

(a)P-v 图　(b)T-s 图

3.6.2　狄塞尔循环的热力学分析

(1)过程 6 → 1

图 3.7(a)中的 6 → 1 过程是气压为 P_0 的定压吸气过程,此时发动机的进气门开启,排气门关闭。相关表达式为

$$w_{6-1} = P_6(v_1 - v_6) \tag{3.51}$$

(2)过程 1 → 2

图 3.7(a)中的 1 → 2 过程是等熵压缩过程,此时发动机的所有气门关闭。相关表达式为

$$T_2 = T_1(v_1 / v_2)^{k-1} = T_1(V_1 / V_2)^{k-1} = T_1 r_c^{k-1} \tag{3.52}$$

$$P_2 = P_1(v_1 / v_2)^k = P_1(V_1 / V_2)^k = P_1 r_c^k \tag{3.53}$$

$$V_2 = V_{TDC} \tag{3.54}$$

$$q_{1-2} = 0 \tag{3.55}$$

$$w_{1-2} = \frac{P_2 v_2 - P_1 v_1}{1-k} = \frac{R(T_2 - T_1)}{1-k} = u_1 - u_2 = c_v(T_1 - T_2) \tag{3.56}$$

(3)过程 2 → 3

图 3.7(a)中的 2 → 3 过程是定压吸热(燃烧)过程,此时发动机的所有气门关闭。相关表达式为

$$Q_{2-3} = Q_{in} = m_f Q_{HV} \eta_c = m_m c_p(T_3 - T_2) = (m_a + m_f) c_p(T_3 - T_2) \tag{3.57}$$

$$Q_{HV} \eta_c = (AF+1) c_p(T_3 - T_2) \tag{3.58}$$

$$q_{2-3} = q_{in} = c_p(T_3 - T_2) = h_3 - h_2 \tag{3.59}$$

$$w_{2-3} = q_{2-3} - (u_3 - u_2) = P_2(v_3 - v_2) \tag{3.60}$$

$$T_3 = T_{max} \tag{3.61}$$

定压膨胀比用燃烧过程中体积的变化来定义:

$$\beta = V_3 / V_2 = v_3 / v_2 = T_3 / T_2 \tag{3.62}$$

(4)过程 3→4

图 3.7(a)中的 3→4 过程是等熵做功/膨胀冲程,此时发动机的所有气门关闭。相关表达式为

$$q_{3-4} = 0 \tag{3.63}$$

$$T_4 = T_3(v_3 / v_4)^{k-1} = T_3(V_3 / V_4)^{k-1} \tag{3.64}$$

$$P_4 = P_3(v_3 / v_4)^{k} = P_3(V_3 / V_4)^{k} \tag{3.65}$$

$$w_{3-4} = \frac{P_4 v_4 - P_3 v_3}{1-k} = \frac{R(T_4 - T_3)}{1-k} = u_3 - u_4 = c_v(T_3 - T_4) \tag{3.66}$$

(5)过程 4→5

图 3.7(a)中的 4→5 过程为定容放热(自由排气冲程),此时发动机的排气门开启,进气门关闭。相关表达式为

$$v_5 = v_4 = v_1 = v_{BDC} \tag{3.67}$$

$$w_{4-5} = 0 \tag{3.68}$$

$$Q_{4-5} = Q_{out} = m_m c_v(T_5 - T_4) = m_m c_v(T_1 - T_4) \tag{3.69}$$

$$q_{4-5} = q_{out} = c_v(T_5 - T_4) = u_5 - u_4 = c_v(T_1 - T_4) \tag{3.70}$$

(6)过程 5→6

图 3.7(a)中的 5→6 过程是压力为 P_0 的定压排气冲程,此时发动机的排气门开启,进气门关闭。相关表达式为

$$w_{5-6} = P_0(v_5 - v_6) = P_0(v_6 - v_1) \tag{3.71}$$

(7)狄塞尔循环的热效率

狄塞尔循环的热效率为

$$(\eta_t)_{DIESEL} = \frac{|w_{net}|}{|q_{in}|} = 1 - \frac{|q_{out}|}{|q_{in}|} = 1 - \frac{c_v(T_4 - T_1)}{c_p(T_3 - T_2)} = 1 - \frac{T_4 - T_1}{k(T_3 - T_2)} \tag{3.72}$$

整理后可得

$$(\eta_t)_{DIESEL} = 1 - \left(\frac{1}{r_c}\right)^{k-1} \frac{\beta^k - 1}{k(\beta - 1)} \tag{3.73}$$

式中:r_c 为压缩比;$k = c_p / c_v$;β 为定压膨胀比。

把式(3.73)与式(3.31)作比较,会发现在给定的压缩比下奥托循环的热效率会比狄塞尔循环的热效率高。然而,必须说明的是压燃式发动机(r_c=12~24)相比点燃式发动机(r_c= 8~11)有更高的压缩比,因此其热效率更高(图 3.8)。

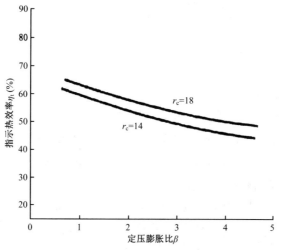

图 3.8　狄塞尔循环中指示热效率与定压膨胀比的关系（ k=1.35 ）

【 例题 3.4 】

一台大型直列 6 缸压燃式发动机使用柴油运行在狄塞尔循环下,它的燃烧效率是 98%,压缩比为 16.5,压缩冲程初始缸内的温度和压力分别为 55 ℃和 102 kPa,循环最高温度为 2 410 ℃。试计算:①各循环状态下的温度、压力和比容;②缸内气体混合物的空燃比;③排气门打开时的缸内温度;④发动机指示热效率。

解

1)计算各循环状态下的温度、压力和比容。

①状态 1 的各参数如下。

$R=0.287$ kJ/(kg·K)(理想气体)

$$v_1 = \frac{RT_1}{P_1} = \frac{0.287 \times (273 + 55)}{102} = 0.922\ 9\ \text{m}^3/\text{kg}$$

②状态 2 的各参数如下。

由式(3.52)和式(3.53)可求得定熵压缩后的温度和压力(k=1.35):

$$T_2 = T_1 r_c^{k-1} = 328 \times 16.5^{1.35-1} = 875\ \text{K}$$

$$P_2 = P_1 r_c^{k} = 102 \times 16.5^{1.35} = 4\ 490\ \text{kPa}$$

$$v_2 = \frac{RT_2}{P_2} = \frac{0.287 \times 875}{4\ 490} = 0.055\ 9\ \text{m}^3/\text{kg}$$

或由式(2.12)计算:

$$v_2 = \frac{v_1}{r_c} = \frac{0.929}{16.5} = 0.055\ 9\ \text{m}^3/\text{kg}$$

③状态 3 的各参数如下。

$$T_3 = T_{\max} = 2\ 410\ ℃ = 2\ 683\ \text{K}$$

$$P_3 = P_2 = 4\ 490\ \text{kPa}$$

$$v_3 = \frac{RT_3}{P_3} = \frac{0.287 \times 2\ 683}{4\ 490} = 0.171\ 5\ \text{m}^3/\text{kg}$$

由式（3.62）可求得定压膨胀比：

$$\beta = v_3 / v_2 = \frac{0.171\ 5}{0.055\ 9} = 3.07$$

④状态 4 的各参数如下。

$$v_4 = v_1 = 0.922\ 9\ \text{m}^3/\text{kg}$$

由式（3.64）和式（3.65）可得等熵压缩后的温度和压力：

$$T_4 = T_3 (v_3 / v_4)^{k-1} = 2\ 683(0.171\ 5 / 0.922\ 9)^{0.35} = 1\ 489\ \text{K}$$

$$P_4 = P_3 (v_3 / v_4)^k = 4\ 490(0.171\ 5 / 0.922\ 9)^{1.35} = 463\ \text{kPa}$$

2）计算缸内气体混合物的空燃比。

由式（3.58）可求得空燃比（Q_{HV}=41 400 kJ/kg；c_p=1.108 kJ/(kg·K)）：

$$AF = \frac{Q_{HV}\eta_c}{c_p(T_3 - T_2)} - 1 = \frac{41\ 400 \times 0.98}{1.108(2\ 683 - 875)} - 1 = 19.25$$

3）计算排气门打开时的缸内温度。

在狄塞尔循环中，图 3.7 中的状态 4，排气门打开，此时

$$T_{EVO} = T_4 = 1\ 489\ \text{K}$$

4）计算发动机指示热效率。

由式（3.56）可求得压缩冲程中产生的功为

$$w_{1-2} = \frac{R(T_2 - T_1)}{1 - k} = \frac{0.287(875 - 328)}{1 - 1.35} = -448.5\ \text{kJ/kg}$$

由式（3.60）可求得燃烧过程中产生的功为

$$w_{2-3} = P_2(v_3 - v_2) = 4\ 490(0.171\ 5 - 0.055\ 9) = 519.0\ \text{kJ/kg}$$

由式（3.66）可求得做功冲程中产生的功为

$$w_{3-4} = \frac{R(T_4 - T_3)}{1 - k} = \frac{0.287(1\ 489 - 2\ 683)}{1 - 1.35} = 979.1\ \text{kJ/kg}$$

定容自由排气阶段产生的功为

$$w_{4-1} = 0$$

一个循环缸内单位质量的气体产生的净功为

$$w_{net} = w_{1-2} + w_{2-3} + w_{3-4} = -448.5 + 519.0 + 979.1 = 1\ 049.6\ \text{kJ/kg}$$

由式（3.59）可求出一个循环内单位质量热量的增加值为

$$q_{in} = c_p(T_3 - T_2) = 1.108(2\ 683 - 875) = 2\ 003.3\ \text{kJ/kg}$$

由式（2.65）可求得单位数量的指示热效率为

$$\eta_t = w / q_{in} = 1\ 049.6 / 2\ 003.3 = 0.524 = 52.4\%$$

也可用式（3.72）或式（3.73）求得指示热效率：

$$\eta_t = 1 - \frac{T_4 - T_1}{k(T_3 - T_2)} = 1 - \frac{1\ 498 - 328}{1.35(2\ 683 - 875)} = 0.524$$

$$\eta_t = 1 - \left(\frac{1}{r_c}\right)^{k-1} \frac{\beta^k - 1}{k(\beta - 1)} = 1 - \left(\frac{1}{16.5}\right)^{1.35-1} \frac{3.07^{1.35} - 1}{1.35(3.07 - 1)} = 0.524$$

3.7　复合循环

3.7.1　复合循环介绍

对比式(3.31)和式(3.73)可知,如果将奥托循环和狄塞尔循环的优点相结合,理想的发动机循环是压缩点火的奥托循环。因为压缩点火可以实现更高的压缩比,而对于一个给定的压缩比,定容燃烧的奥托循环可以实现更高的效率。

现代的高速压燃式发动机通过简单地改变,可以实现这一循环。现代高速压燃式发动机在大约上止点前 20° 供给燃料,而不是像早期发动机一样在接近于上止点的压缩冲程末期供给燃料。最先喷入气缸的燃料在压缩冲程末期开始燃烧,其余部分则在上止点附近开始燃烧,此时近似于定容燃烧,这一点很像奥托循环。典型的现代压燃式发动机示功图如图 3.9 所示。由于燃料喷射需要一定的时间,直到膨胀做功阶段压力峰值仍保持在较高水平。这是由于最后的燃料在上止点附近喷入,这部分燃料的燃烧使高压状态持续到气缸膨胀冲程。图 3.9 所示的示功图介于点燃式发动机循环和早期的压燃式发动机循环之间。用于分析这种现代压燃式发动机的空气标准循环被称为复合循环,或者有时被称为有限压力循环如图 3.10 所示。复合循环之所以称为复合循环,是因为燃烧热量的输入过程可近似认为是一个包含先定容、后定压两个过程的循环。它也可以被认为是一种经过改良的具有恒定峰值压力的奥托循环。

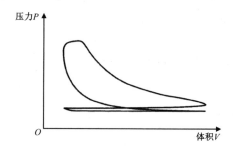

图 3.9　现代四冲程压燃式发动机循环示功图

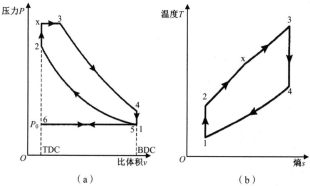

（a）　　　　　　　　　　（b）

图 3.10　近似现代四冲程压燃式发动机循环的标准复合循环(6 → 1 → 2 → x → 3 → 4 → 5 → 6)

（a）P-v 图　（b）T-s 图

3.7.2　复合循环的热力学分析

除了吸热过程(燃烧)$2 \rightarrow x \rightarrow 3$ 外,复合循环的热力学分析过程与狄塞尔循环是相同的。

(1)过程 $2 \rightarrow x$

图 3.10(a)中的 $2 \rightarrow x$ 过程是定容吸热过程(燃烧的第 1 阶段),此时发动机的所有气门关闭。相关表达式为

$$V_x = V_2 = V_{TDC} \tag{3.74}$$

$$w_{2-x} = 0 \tag{3.75}$$

$$Q_{2-x} = m_m c_v (T_x - T_2) = (m_a + m_f) c_v (T_x - T_2) \tag{3.76}$$

$$q_{2-x} = c_v (T_x - T_2) = u_x - u_2 \tag{3.77}$$

$$P_x = P_2 \left(\frac{T_x}{T_2} \right)_{max} \tag{3.78}$$

压力升高比定义为燃烧过程中压力的上升,以比值形式给出:

$$\alpha = \frac{P_x}{P_2} = \frac{P_3}{P_2} = \frac{T_x}{T_2} = \left(\frac{1}{r_c} \right)^k \frac{P_3}{P_1} \tag{3.79}$$

(2)过程 $x \rightarrow 3$

图 3.10(a)中的 $x \rightarrow 3$ 过程是定压吸热过程(燃烧的第 2 阶段),此时发动机的所有气门关闭。相关表达式为

$$P_3 = P_x = P_{max} \tag{3.80}$$

$$Q_{x-3} = m_m c_p (T_3 - T_x) = (m_a + m_f) c_p (T_3 - T_x) \tag{3.81}$$

$$q_{x-3} = c_p (T_3 - T_x) = h_3 - h_x \tag{3.82}$$

$$w_{x-3} = q_{x-3} - (u_3 - u_x) = P_x (v_3 - v_x) = P_3 (v_3 - v_x) \tag{3.83}$$

$$T_3 = T_{max} \tag{3.84}$$

定压膨胀比为

$$\beta = \frac{v_3}{v_x} = \frac{v_3}{v_2} = \frac{V_3}{V_2} = \frac{V_3}{V_x} \tag{3.85}$$

吸收的热量为

$$Q_{in} = Q_{2-x} + Q_{x-3} = m_f Q_{HV} \eta_c \tag{3.86}$$

$$q_{in} = q_{2-x} + q_{x-3} = (u_x - u_2) + (h_3 - h_x) \tag{3.87}$$

复合循环的热效率为

$$(\eta_t)_{DUAL} = \frac{|w_{net}|}{|q_{in}|} = 1 - \frac{|q_{out}|}{|q_{in}|}$$

$$(\eta_t)_{\text{DUAL}} = \frac{|w_{\text{net}}|}{|q_{\text{in}}|} = 1 - \frac{|q_{\text{out}}|}{|q_{\text{in}}|}$$

$$= 1 - \frac{c_v(T_4 - T_1)}{c_v(T_x - T_2) + c_p(T_3 - T_x)} \tag{3.88}$$

$$= 1 - \frac{(T_4 - T_1)}{(T_x - T_2) + k(T_3 - T_x)}$$

重新整合可以得到：

$$(\eta_t)_{\text{DUAL}} = 1 - (\frac{1}{r_c})^{k-1} \frac{\alpha \beta^k - 1}{k\alpha(\beta-1) + \alpha - 1} \tag{3.89}$$

式中：r_c 为压缩比；$k = c_p/c_v$；α 为压力升高比；β 为定压膨胀比。

与奥托循环一样，使用式（3.73）或式（3.89）求出的压燃式发动机热效率略高于实际空气 - 燃料循环。这是由组分改变、热量损失、气门重叠和循环过程都需要一定时间才能完成导致的。

$$(\eta_t)_{\text{actual}} \approx 0.85(\eta_t)_{\text{DIESEL}} \tag{3.90}$$

$$(\eta_t)_{\text{actual}} \approx 0.85(\eta_t)_{\text{DUAL}} \tag{3.91}$$

3.8　奥托循环、狄塞尔循环和复合循环的比较

在相同入口边界条件和相同压缩比条件下，奥托循环、狄塞尔循环和复合循环的比较如图 3.11 所示。每个循环的热效率可以写成：

$$\eta_t = 1 - |q_{\text{out}}|/|q_{\text{in}}| \tag{3.92}$$

在 T-s 图上，曲线下方区域的面积等于传热量，所以在图 3.11（b）中可以比较热效率。对于每个循环，q_{out} 是相同的（过程 $4 \rightarrow 1$），但是每个循环的 q_{in} 是不同的，通过图 3.11（b）可得出：

$$(\eta_t)_{\text{OTTO}} > (\eta_t)_{\text{DUAL}} > (\eta_t)_{\text{DIESEL}} \tag{3.93}$$

然而，这不是比较这三种循环最好的方式，因为实际上三种循环是在不同压缩比下运行的。运行复合循环或狄塞尔循环的压燃式发动机比运行奥托循环的点燃式发动机具有更高的压缩比。所以，更贴近实际情况的比较三种循环的方式是保持峰值压力相同，这在实际发动机设计时是很难实现的。图 3.12 展示了这种情况，结合式（3.92）对比，可得出：

$$(\eta_t)_{\text{DSESEL}} > (\eta_t)_{\text{DUAL}} > (\eta_t)_{\text{OTTO}} \tag{3.94}$$

通过比较式（3.93）和式（3.94），可以发现最高效的发动机应尽可能实现定容燃烧过程，而且是高压缩比的压缩点火。针对这个领域，还需要更多的研究和技术开发。

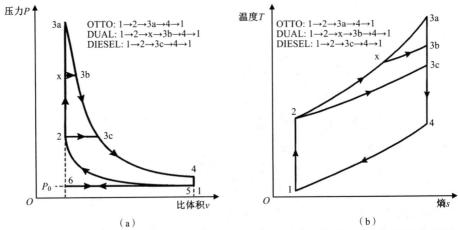

图 3.11 在相同入口边界条件和相同压缩比下的空气标准奥托循环与狄塞尔循环及复合循环对比

(a)P-v图　(b)T-s图

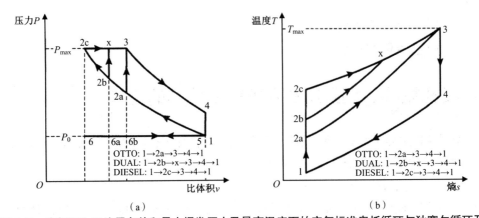

图 3.12 在相同入口边界条件和最大爆发压力及最高温度下的空气标准奥托循环与狄赛尔循环及复合循环对比

(a)P-v图　(b)T-s图

【例题 3.5】

一台排量为 4 L 的小型四缸卡车发动机,燃料为轻柴油,空燃比为 18,压缩比为 16,缸径为 10.0 cm,在标准复合循环条件下运行,如图 3.10 所示。在压缩冲程初期,缸内温度为 60 ℃,压力为 100 kPa,废气残余量为 2%。假定燃烧输入的热量一半来自定容燃烧,另一半来自定压燃烧。试计算:①循环每阶段的温度和压力;②循环每阶段的指示热效率;③排气温度;④进气歧管空气温度;⑤发动机的容积效率。

解

1)计算循环每阶段的温度和压力。

对于单个缸来说,有

$$V_d = (4L)/4 = 1 \text{ L} = 0.001 \text{ m}^3 = 1\,000 \text{ cm}^3$$

由式(2.12),得

$$r_c = V_{BDC}/V_{TDC} = (V_d + V_c)/V_c = 16 = (1\,000 + V_c)/V_c$$

因此

$$V_c = 66.7 \text{ cm}^3 = 0.066\ 7 \text{ L} = 0.000\ 066\ 7 \text{ m}^3$$

由式（2.8），得

$$V_d = (\pi/4)B^2 S = 0.001 \text{ m}^3 = (\pi/4)(0.10 \text{ m})^2 S$$

因此

$$S = 0.127 \text{ m} = 12.7 \text{ cm}$$

①求出状态 1 时的温度和压力。

$$T_1 = 60 \ ℃ = 333 \text{ K（已知量）}$$

$$P_1 = 100 \text{ kPa（已知量）}$$

$$V_1 = V_{TDC} = V_d + V_c = 0.001 + 0.000\ 066\ 7 = 0.001\ 066\ 7 \text{ m}^3$$

压缩初期缸内气体质量为

$$m_m = P_1 V_1 / R T_1$$

$$= (100 \text{ kPa})(0.001\ 066\ 7 \text{ m}^3) / [0.287 \text{ kJ}/(\text{kg}\cdot\text{K})](333 \text{ K})$$

$$= 0.001\ 12 \text{ kg}$$

单次循环每缸内喷入的燃油质量为

$$m_f = (0.001\ 12)(0.98)(1/19) = 0.000\ 057\ 8 \text{ kg}$$

②求出状态 2 时的温度和压力。

由式（3.52）和式（3.53）可求得压缩之后的温度和压力：

$$T_2 = T_1 (r_c)^{k-1} = (333 \text{ K})(16)^{0.35} = 879 \text{ K} = 606 \ ℃$$

$$P_2 = P_1 (r_c)^k = (100 \text{ kPa})(16)^{1.35} = 4\ 222 \text{ kPa}$$

$$V_2 = mRT_2 / P_2$$

$$= (0.001\ 12 \text{ kg})[0.287 \text{ kJ}/(\text{kg}\cdot\text{K})](879 \text{ K}) / (4\ 222 \text{ kPa})$$

$$= 0.000\ 067 \text{ m}^3 = V_c$$

或由式（2.12）得，

$$V_2 = V_1 / r_c = (0.001\ 066\ 7)/(16) = 0.000\ 066\ 7 \text{ m}^3$$

③求出状态 x 时的温度和压力。

由相关资料可知轻柴油的热值为 42 500 kJ/kg，则燃烧放热量为

$$Q_{in} = m_f Q_{HV} = (0.000\ 057\ 8 \text{ kg})(42\ 500 \text{ kJ/kg}) = 2.46 \text{ kJ}$$

如果 Q_{in} 的一半来自定容燃烧，则由式（3.76），得

$$Q_{2-x} = 1.23 \text{ kJ} = m_m c_v (T_x - T_2)$$

$$= (0.001\ 12 \text{ kg})[0.821 \text{ kJ}/(\text{kg}\cdot\text{K})](T_x - 879 \text{ K})$$

因此

$$T_x = 2\ 217 \text{ K} = 1\ 944 \ ℃$$

$$V_x = V_2 = 0.000\ 066\ 7 \text{ m}^3$$

$$P_x = mRT_x / V_x$$
$$= (0.001\ 12\ \text{kg})[0.287\ \text{kJ/(kg·K)}](2\ 217\ \text{K}) / (0.000\ 066\ 7\ \text{m}^3)$$
$$= 10\ 650\ \text{kPa} = P_{\max}$$

或者
$$P_x = P_2(T_x / T_2) = (4\ 222\ \text{kPa})(2\ 217 / 879) = 10\ 650\ \text{kPa}$$

④求出状态 3 时的温度和压力。
$$P_3 = P_x = 10\ 650\ \text{kPa} = P_{\max}$$

由式(3.81),得
$$Q_{x-3} = 1.23\ \text{kJ} = m_m c_p (T_3 - T_x)$$
$$= (0.001\ 12\ \text{kg})[1.108\ \text{kJ/(kg·K)}](T_3 - 2\ 217\ \text{K})$$

因此
$$T_3 = 3\ 208\ \text{K} = 2\ 935\ ℃ = T_{\max}$$
$$V_3 = mRT_3 / P_3 = (0.001\ 12\ \text{kg})[0.287\ \text{kJ/(kg·K)}](3\ 208\ \text{K}) / (10\ 650\text{kPa})0.000\ 097\ \text{m}^3$$

⑤求出状态 4 时的温度和压力。
$$V_4 = V_1 = 0.001\ 066\ 7\ \text{m}^3$$

由式(3.64)和式(3.65)可求出膨胀以后的温度和压力:
$$T_4 = T_3(V_3 / V_4)^{k-1} = (3\ 208\ \text{K})(0.000\ 097 / 0.001\ 066\ 7)^{0.35} = 1\ 386\ \text{K} = 1\ 113\ ℃$$
$$P_4 = P_3(V_3 / V_4)^k = (10\ 650\ \text{kPa})(0.000\ 097 / 0.001\ 066\ 7)^{1.35} = 418\ \text{kPa}$$

2)计算循环每阶段的指示热效率。

由式(3.83)可得一个循环内单个气缸在 x→3 过程阶段的输出功为
$$W_{x-3} = P_x(V_3 - V_x) = (10\ 650\ \text{kPa})(0.000\ 097\ \text{m}^3 - 0.000\ 066\ 7\ \text{m}^3) = 0.323\ \text{kJ}$$

由式(3.66)可求得 3→4 过程的输出功为
$$W_{3-4} = mR(T_4 - T_3) / (1-k)$$
$$= (0.001\ 12\ \text{kg})[0.287\ \text{kJ/(kg·K)}](1\ 386\ \text{K} - 3\ 208\ \text{K}) / (1-1.35)$$
$$= 1.673\ \text{kJ}$$

由式(3.56)可求得 1→2 过程的输入功为
$$W_{1-2} = mR(T_2 - T_1) / (1-k)$$
$$= (0.001\ 12\ \text{kg})[0.287\ \text{kJ/(kg·K)}](879\ \text{K} - 333\ \text{K}) / (1-1.35)$$
$$= -0.501\ \text{kJ}$$

整个过程的净功为
$$W_{net} = (0.323\ \text{kJ}) + (1.673\ \text{kJ}) + (-0.501\ \text{kJ}) = 1.495\ \text{kJ}$$

由式(3.88)可求得指示热效率为
$$(\eta_t)_{DUAL} = |W_{net}| / |Q_{in}| = (1.495\ \text{kJ}) / (2.46\ \text{kJ}) = 0.607 = 60.7\%$$

也可用另一种方法计算指示热效率。

压力升高比为

$$\alpha = P_x / P_2 = (10\ 650\ \text{kPa}) / (4\ 222\ \text{kPa}) = 2.52$$

定压膨胀比为

$$\beta = V_3 / V_x = (0.000\ 097\ \text{m}^3) / (0.000\ 066\ 7\ \text{m}^3) = 1.45$$

由式(3.89)可求得热效率为

$$
\begin{aligned}
(\eta_t)_{\text{DUAL}} &= 1 - (1/r_c)^{k-1} \left[\{ \alpha \beta^k - 1 \} / \{ k\alpha(\beta-1) + \alpha - 1 \} \right] \\
&= 1 - (1/16)^{0.35} \left\{ \left[(2.52)(1.45)^{1.35} - 1 \right] / \left[(1.35)(2.52)(1.45-1) + 2.52 - 1 \right] \right\} \\
&= 0.607 = 60.7\%
\end{aligned}
$$

3)计算排气温度。

假定排气压力和进气压力相同,则由式(3.37)可求得排气温度:

$$T_{ex} = T_4 (P_{ex} / P_4)^{(k-1)/k} = (1\ 386\ \text{K})(100 / 418)^{(1.35-1)/1.35} = 957\ \text{K} = 684\ ℃$$

由式(3.46)可求得排气残余:

$$x_r = (1/r_c)(T_4 / T_{ex})(P_{ex} / P_4) = (1/16)(1\ 386 / 957)(100 / 418) = 0.022 = 2.2\%$$

4)计算进气歧管空气温度。

由式(3.50)可求得进入气缸时的空气温度,即进气歧管空气温度为

$$(T_m)_1 = x_r T_{ex} + (1 - x_r) T_a$$

因此

$$T_a = \frac{(333\ \text{K}) - (0.022)(957\ \text{K})}{1 - 0.022} = 319\ \text{K} = 46\ ℃$$

5)计算发动机的容积效率。

吸气过程中进入一个缸内的空气质量为

$$m_a = (0.001\ 12\ \text{kg})(0.98) = 0.001\ 10\ \text{kg}$$

由式(2.70)可得容积效率为

$$
\begin{aligned}
\eta_v &= m_a / \rho_a V_d \\
&= (0.001\ 10\ \text{kg}) / (1.181\ \text{kg/m}^3)(0.001\ \text{m}^3) \\
&= 0.931 = 93.1\%
\end{aligned}
$$

历史小典故 3.2:阿特金森循环(Atkinson Cycle)

在奥托循环和狄塞尔循环中,当排气门在膨胀冲程接近结束时打开,气缸内的压力仍然为 3~5 个大气压。当排气门打开时,压力会下降到大气压,造成在做功冲程中潜在的额外功损失掉。如果排气门直到气体压力膨胀下降至大气压时再开启,那么在膨胀冲程中将会获得更多的功,进而提升发动机的热效率。这种循环被称为阿特金森循环或过度膨胀循环、完全膨胀循环,如图 3.13 所示。

从 1885 年开始,研究者试图利用系列曲柄和阀杆机构去实现这一循环,主要手段是使膨胀冲程比压缩冲程长。然而,市场上并没有大量出现这样的发动机,也意味着这些探索仍在继续。

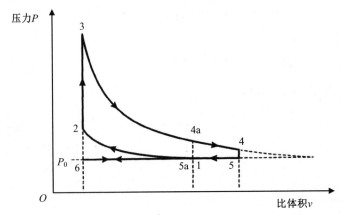

图 3.13　阿特金森循环(6→1→2→3→4→5→6)和奥托循环(6→1→2→3→4a→5a→6)的对比

3.9　米勒循环

米勒循环是以 R. H. 米勒(R. H. Miller，1890—1967)的名字来命名的。它是对阿特金森循环的现代化改良,其膨胀比高于压缩比。然而,这种改良是通过另一种截然不同的方式来实现的。为了实现阿特金森循环,发动机需要采用一种形式复杂的机械联动系统,而米勒循环则采用一种独特的气门定时装置来达到和阿特金森循环相似的效果。

在米勒循环中,进气口没有节流作用。进入各气缸的空气量是通过在下止点之前适当的时间关闭进气门来控制的(在图 3.14 中标注为点 7)。在进气冲程的末期,活塞继续向下止点运动,气缸压力像过程 7→1 所示逐渐降低。当活塞达到下止点重新向上止点运动时,此时气缸压力再次升高,即过程 1→7。过程 6→7→1→7→2→3→4→5→6 即为整个循环。在进气过程 6→7 所产生的功被排气冲程 7→6 所抵消。过程 7→1 所产生的功由过程 1→7 所抵消。净指示功是循环 7→2→3→4→5→7 所表示的区域面积,且这一过程基本没有泵吸功。压缩比为

$$r_c = \frac{V_7}{V_2} \tag{3.95}$$

膨胀比为

$$r_e = \frac{V_4}{V_2} = \frac{V_4}{V_3} \tag{3.96}$$

米勒循环在较短的压缩冲程中吸收功,然后在较长的膨胀冲程输出功,可以在每个循环中得到更多的净指示功。此外,取消会对进气产生节流作用的节气门,可以消除大多数点燃式发动机都有的泵气损失。因为在奥托循环中的部分负荷工况下,发动机的进气歧管处于低压状态,设置节气门会产生很大的泵气损失。而米勒循环发动机基本上没有泵气损失(在理想的情况下),这一点更像压燃式发动机,因此有更高的热效率。米勒循环的机械效率和奥托循环的机械效率大致相同,因为它们具有相似的机械联动系统。而要实现阿特金森循环,则需要发动机装备更为复杂的机械联动系统,这将导致机械效率较低。

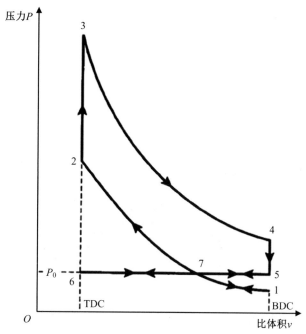

图 3.14　无节气门自然吸气四冲程点燃式发动机米勒循环

　　如果吸入的空气是未经节流的,并且进气门在下止点之后关闭,那么循环将会发生变化。做这样的改进,虽然在整个进气冲程中都将会有空气吸入,但是部分空气将会在进气门关闭之前被倒推回到进气歧管中,这将导致如图 3.15 所示的循环 6 → 7 → 5 → 7 → 2 → 3 → 4 → 5 → 6。净指示功为图中的 7 → 2 → 3 → 4 → 5 → 7 围成区域的面积,而压缩比和膨胀比可以通过式(3.95)和式(3.96)得出。

　　不管采用哪种措施提高循环效率,最重要的是能够在十分精确的时刻(点 7)关闭进气门。然而,这个时刻会随着发动机的转速或载荷的变化而发生变化。因此,不采用完备的可变气门定时系统是很难实现的。在 20 世纪 90 年代后半期,采用米勒循环的发动机首次进入市场。典型的米勒循环发动机的压缩比约为 8：1,膨胀比约为 10：1。

　　第一批采用米勒循环的汽车发动机分别使用了进气门早关和晚关两种方法,同时也有几种不同类型的可变气门定时系统得到应用。该部分内容将在第 5 章中介绍。在不使用凸轮轴的情况下使用电子执行器打开和关闭气门,可提升可变定时和可变升程的灵活性,这种方法将在汽车转变为 42 V 电气系统后更为普及。

　　如果在下止点前关闭进气门,空气只占据气缸的部分容积。如果进气门在下止点后关闭,气缸的全部容积都会充满空气,但是部分空气将会在进气门关闭前被再次挤出(图 3.14 中的过程 5 → 7)。在这两种情况下,气缸中较少的空气和燃料将会导致升功率降低以及指示平均有效压力降低。为了解决这一问题,工作在米勒循环的发动机通常采用机械增压器或涡轮增压器,以保证进气歧管峰值压力在 150~200 kPa。图 3.15 显示了增压发动机的米勒循环。

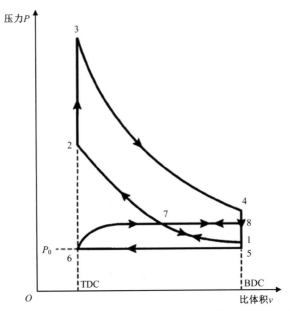

图 3.15　配有涡轮增压器或机械增压器的四冲程点燃式发动机的米勒循环

【例题 3.6】

一台如例题 3.1 所述的四缸 2.5 L 点燃式发动机转变为在米勒循环下运行(图 3.15)。此时发动机的压缩比为 8:1,膨胀比为 10:1。加装增压器以后,当进气门关闭时缸内压力为 160 kPa,设该点温度为 60 ℃。燃油和空燃比没有变化,燃烧效率为 100%。试计算:①循环中所有点的温度和压力;②指示热效率;③平均指示压力;④排气温度。

解

1)计算循环中所有点的温度和压力。

从例题 3.1 可知,对于 1 个气缸来说,

$$V_d = 0.000\ 625\ \mathrm{m}^3$$

由式(3.95)可知膨胀比为

$$r_c = V_4/V_3 = (V_d + V_c)/V_c = 10 = (0.000\ 625 + V_c)/V_c$$

因此

$$V_c = 0.000\ 069\ \mathrm{m}^3 = V_2 = V_3 = V_6$$

$$V_1 = V_4 = V_5 = V_d + V_c = 0.000\ 625\ \mathrm{m}^3 + 0.000\ 069\ \mathrm{m}^3 = 0.000\ 694\ \mathrm{m}^3$$

$$V_7 = V_2 r_c = (0.000\ 069\ \mathrm{m}^3)(8) = 0.000\ 552\ \mathrm{m}^3$$

①求出状态 7 时的温度和压力。

$$T_7 = 60\ ℃ = 333\ \mathrm{K}(已知)$$

$$P_7 = P_8 = 160\ \mathrm{kPa}(已知)$$

②求出状态 1 时的温度和压力。

$$P_1 = P_7(V_7/V_1)^k = (160\ \mathrm{kPa})(0.000\ 552\ \mathrm{m}^3/0.000\ 694\ \mathrm{m}^3)^{1.35} = 117\ \mathrm{kPa}$$

$$T_1 = T_7(V_7/V_1)^{k-1} = (333\ \mathrm{K})(0.000\ 552\ \mathrm{m}^3/0.000\ 694\ \mathrm{m}^3)^{0.35} = 307\ \mathrm{K} = 34\ ℃$$

③求出状态 2 时的温度和压力。

$$T_2 = T_7 (r_c)^{k-1} = (333 \text{ K})(8)^{0.35} = 689 \text{ K} = 416 \text{ °C}$$

$$P_2 = P_7 (r_c)^k = (160 \text{ kPa})(8)^{1.35} = 2\ 650 \text{ kPa}$$

④求出状态 3 时的温度和压力。

缸内气体质量为

$$m_1 = P_1 V_1 / R T_1$$
$$= (117 \text{ kPa})(0.000\ 694 \text{ m}^3) / [0.287 \text{ kJ/(kg·K)}](307 \text{ K})$$
$$= 0.000\ 922 \text{ kg}$$

假定空燃比为 15，排气残余 x_r=4%，则燃油量为

$$m_f = (1/16)(0.96)(0.000\ 922 \text{ kg}) = 0.000\ 055 \text{ kg}$$

$$Q_{in} = m_f Q_{HV} \eta_c = (0.000\ 055 \text{ kg})(44\ 300 \text{ kJ/kg})(1.00) = 2.437 \text{ kJ}$$

$$Q_{in} = m_1 c_v (T_3 - T_2)$$
$$= (0.000\ 922 \text{ kg})[0.821 \text{ kJ/(kg·K)}](T_3 - 689 \text{ K})$$
$$= 2.437 \text{ kJ}$$

因此

$$T_3 = 3\ 908 \text{ K} = 3\ 635 \text{ °C}$$

$$P_3 = P_2 (T_3 / T_2) = (2\ 650 \text{ kPa})(3\ 908 \text{ K} / 689 \text{ K}) = 15\ 031 \text{ kPa}$$

⑤求出状态 4 时的温度和压力。

$$T_4 = T_3 (V_3 / V_4)^{k-1} = T_3 (1 / r_e)^{k-1}$$
$$= (3\ 908 \text{ K})(1/10)^{0.35} = 1\ 746 \text{ K} = 1473 \text{ °C}$$

$$P_4 = P_3 (1/r_e)^k = (15\ 031 \text{ kPa})(1/10)^{1.35} = 671 \text{ kPa}$$

$$V_4 = mRT_4 / P_4$$
$$= (0.000\ 922 \text{ kg})[0.287 \text{ kJ/(kg·K)}](1\ 746 \text{ K}) / (671 \text{ kPa})$$
$$= 0.000\ 694 \text{ m}^3$$

⑥求出状态 5 时的温度和压力。

$$P_5 = P_{ex} = 100 \text{ kPa}$$

$$T_5 = T_4 (P_5 / P_4) = (1\ 746 \text{ K})(100 \text{ kPa}) / (671 \text{ kPa}) = 260 \text{ K}$$

2）计算指示热效率。

$$W_{3-4} = mR(T_4 - T_3) / (1 - k)$$
$$= (0.000\ 922 \text{ kg})[0.287 \text{ kJ/(kg·K)}](1\ 746 \text{ K} - 3\ 908 \text{ K}) / (1 - 1.35)$$
$$= 1.635 \text{ kJ}$$

$$W_{7-2} = mR(T_2 - T_7) / (1 - k)$$
$$= (0.000\ 922 \text{ kg})[0.287 \text{ kJ/(kg·K)}](689 \text{ K} - 333 \text{ K}) / (1 - 1.35)$$
$$= -0.269 \text{ kJ}$$

$$W_{6-7} = P_7 \left(V_7 - V_6\right) = (160 \text{ kPa}) \left(0.000\,552 \text{ m}^3 - 0.000\,069 \text{ m}^3\right) = 0.077 \text{ kJ}$$

$$W_{5-6} = P_5 \left(V_6 - V_5\right) = (100 \text{ kPa}) \left(0.000\,069 \text{ m}^3 - 0.000\,694 \text{ m}^3\right) = -0.063 \text{ kJ}$$

$$W_{\text{net}} = (1.635 \text{ kJ}) + (-0.269 \text{ kJ}) + (0.077 \text{ kJ}) + (-0.063 \text{ kJ}) = 1.380 \text{ kJ}$$

$$\left(\eta_t\right)_{\text{MILLER}} = |W_{\text{net}}| / |Q_{\text{in}}| = (1.380 \text{ kJ}) / (2.437 \text{ kJ}) = 0.566 = 56.6\%$$

3)计算平均指示压力。

由式(2.29)可求出平均指示压力为

$$imep = W_{\text{net}} / V_d = (1.380 \text{ kJ}) / \left(0.000\,625 \text{ m}^3\right) = 2\,208 \text{ kPa}$$

4)计算排气温度。

$$T_{\text{ex}} = T_4 \left(P_{\text{ex}} / P_4\right)^{(k-1)/k} = (1\,746 \text{ K})(100 \text{ kPa} / 671 \text{ kPa})^{(1.35-1)/1.35} = 1\,066 \text{ K} = 793\ ℃$$

3.10　奥托循环和米勒循环的比较

　　将例题3.1中运行在奥托循环的发动机和例题3.6中运行在米勒循环的发动机进行比较,可见米勒循环的优势是显而易见的,表3.1中列出了两者之间的各项参数。

　　除了排气温度之外,两种循环的各项温度参数大致是相同的。不论是哪种循环,保证较低的燃烧初始温度很重要,可以有效避免燃料自燃和爆震。米勒循环的排气温度较低,虽然与其他循环相比其最高燃烧温度相同,但膨胀过程更充分。排气温度低意味着随尾气损失的能量少,因而可在长行程的膨胀冲程中输出更多的有用功。由于采用进气增压,整个米勒循环的压力曲线都要比奥托循环高。米勒循环的平均指示压力、热效率和做功能力都比奥托循环强,这充分说明了米勒循环的优势。如果采用机械增压器,米勒循环会损失一些有效指示功和指示热效率。即使这样,米勒循环发动机的有效功和有效热效率仍然优于奥托循环。如果采用涡轮增压器,有效输出功将会更高。

表 3.1　奥托循环和米勒循环的比较

参数	米勒循环	奥托循环
燃烧开始的温度(K)	689	707
燃烧开始的压力(kPa)	2 650	1 826
最高温度(K)	3 908	3 915
最大压力(kPa)	15 031	10 111
排气温度(K)	1 066	1 183
Q_{in} 相同时的每循环每缸净指示功(kJ)	1.318	1.030
指示热效率(%)	56.6	52.9
指示平均压力(kPa)	2 208	1 649

3.11　二冲程循环

第一个实用的二冲程循环发动机出现在 1887 年左右,从那时起各生产厂商制造了许多二冲程的压燃和点燃式发动机。最小的发动机和最大的发动机几乎都是以二冲程循环运行的。对于大多数小型发动机(油锯、吹扫机发动机等)来说,消费者希望其质量轻、价格低。通过取消发动机的气门机构可以满足这两个要求,正如二冲程循环发动机一样。大型发动机通常以非常低的速度运行,需要采用二冲程循环以实现平稳运行。因此,在非常低的转速下,需要每个气缸的每个循环中都有输出功。

在汽车工业发展史上,二冲程发动机在汽车上的应用断断续续,最后两台应用于汽车上的二冲程发动机于 1990 年在德国生产。由于各国的排放法律不同,现代汽车已不再采用二冲程循环发动机。由于其功重比较高、运行平稳,在汽车上使用二冲程发动机仍然是非常有吸引力的。然而,到目前为止,排放法规仍是一个不可逾越的障碍。从 20 世纪 80 年代后期到 90 年代,世界上主要的汽车公司发起了一项大型计划,即开发一种二冲程循环汽车发动机。澳大利亚轨道公司(Orbital)开发了一种用于二冲程循环发动机的空气辅助燃料直喷系统,虽然大大减少了碳氢化合物的排放,但更严格的排放法规仍然使二冲程发动机在汽车上应用很难被推广,大多数开发项目也就都被置于了次要地位。然而,许多现代二冲程发动机在非道路动力机械方面得到推广应用。

由于二冲程发动机没有排气冲程,扫气过程也不完善(参见本书第 5 章),导致在下一个循环开始时,有大量的排气残留在气缸中,这会稀释气缸中的空气 - 燃料混合物,并使燃烧温度降低,并减少 NO_x 的产生,但较低的排气温度会导致尾气催化系统发生其他问题。

> **历史小典故 3.3：二冲程发动机汽车**
> 最后两款采用二冲程发动机的汽车是 1990 年在德国制造的。这两款汽车分别采用两缸风冷的 0.6 L 特拉贝特(Trabant)发动机和三缸水冷的 1.0 L 瓦特堡(Wartburg)发动机。

3.11.1　二冲程点燃式发动机

典型的二冲程点燃式发动机的空气标准循环如图 3.16 所示。
(1)过程 1 → 2
图 3.16 中的 1 → 2 是膨胀做功或等熵过程,此时所有进排气口关闭。相关表达式为

$$T_2 = T_1 \left(\frac{V_1}{V_2} \right)^{k-1} \tag{3.97}$$

$$P_2 = P_1 \left(\frac{V_1}{V_2} \right)^{k} \tag{3.98}$$

$$q_{1-2} = 0 \tag{3.99}$$

$$w_{1-2} = \frac{P_2 v_2 - P_1 v_1}{1-k} = R \frac{T_2 - T_1}{1-k} \tag{3.100}$$

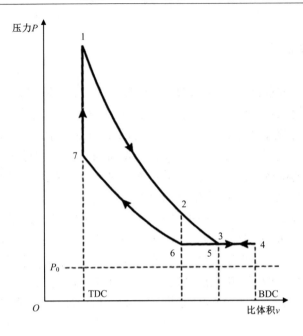

图 3.16　二冲程点燃式发动机的空气标准循环示意图（1→2→3→4→5→6→7→1）

（2）过程 2→3

图 3.16 中的 2→3 是自由排气过程，此时排气口打开，进气口关闭。

（3）过程 3→4→5

图 3.16 中的 3→4→5 是进气和扫气过程，此时排气口打开，进气口打开，发动机进气以 140~180 kPa 的绝对压力进入气缸和实现扫气。扫气过程是新鲜气体将大部分上一循环残留的废气通过排气口排到尾气系统的过程，排气管内的压力大约为一个大气压。活塞在状态 3 时进气口打开，在状态 4 时达到下止点，然后反向运动，在状态 5 时将进气口关闭。在一些发动机中，燃料是和空气混合后进入气缸的；在另外一些发动机中，燃料是在排气口关闭后喷入的。

（4）过程 5→6

图 3.16 中的 5→6 是排气和扫气过程，此时排气口打开，进气口关闭。扫气过程直到状态 6 排气口关闭时结束。

（5）过程 6→7

图 3.16 中的 6→7 是等熵压缩过程，此时进排气口关闭。相关表达式为

$$T_7 = T_6 \left(\frac{V_6}{V_7}\right)^{k-1} \tag{3.101}$$

$$P_7 = P_6 \left(\frac{V_6}{V_7}\right)^{k} \tag{3.102}$$

$$q_{6-7} = 0 \tag{3.103}$$

$$w_{6-7} = (P_7 v_7 - P_6 v_6)/(1-k) = R(T_7 - T_6)/(1-k) \tag{3.104}$$

在有些发动机中，在压缩过程的早期即喷入燃料。过程 6→7 结束时开始火花点火。

（6）过程 7 → 1

图 3.16 中的 7 → 1 是等容加热（燃烧）过程，此时所有气门关闭，相关表达式为

$$V_7 = V_1 = V_{TDC} \tag{3.105}$$

$$w_{7-1} = 0 \tag{3.106}$$

$$Q_{7-1} = Q_{in} = m_f Q_{HV} \eta_c = m_m c_v (T_1 - T_7) \tag{3.107}$$

$$T_1 = T_{max} \tag{3.108}$$

$$P_1 = P_{max} = P_7 \left(\frac{T_1}{T_7} \right) \tag{3.109}$$

3.11.2　二冲程压燃式发动机

许多压燃式发动机，尤其是大型发动机，采用二冲程循环。此工作循环可近似为如图 3.17 所示的空气标准循环。除了燃料供给方式和燃烧过程不同外，它与二冲程点燃式发动机的空气标准循环是一样的。此循环没有采用燃料与空气一同进入气缸或者在压缩早期喷入气缸的方式，而是与四冲程压燃式发动机一样，在压缩晚期将燃料喷入气缸。热量释放过程或者燃烧过程也可以近似认为是两步过程或者复合循环过程。

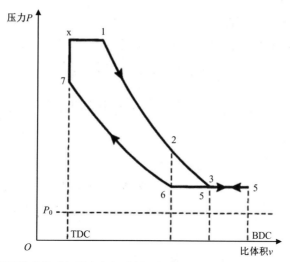

图 3.17　二冲程压燃式发动机的空气标准循环（ 1 → 2 → 3 → 4 → 5 → 6 → 7 → x → 1 ）

（1）过程 7 → x

图 3.17 中的 7 → x 是定容加热过程（燃烧的第一部分），此时所有进排气口关闭。相关表达式为

$$V_7 = V_x = V_{TDC} \tag{3.110}$$

$$W_{7-x} = 0 \tag{3.111}$$

$$Q_{7-x} = m_m c_v (T_x - T_7) \tag{3.112}$$

$$P_x = P_{max} = P_7 (T_x / T_7) \tag{3.113}$$

(2)过程 x → 1

图 3.17 中的 x → 1 是定压加热过程(燃烧的第二部分),此时所有进排气口关闭。相关表达式为

$$P_1 = P_x = P_{max} \tag{3.114}$$

$$W_{x-1} = P_1 (V_1 - V_x) \tag{3.115}$$

$$Q_{x-1} = m_m c_p (T_1 - T_x) \tag{3.116}$$

$$T_1 = T_{max} \tag{3.117}$$

【例题 3.7】

一台舷外机以二冲程点燃式 4 缸发动机的空气标准循环在 3 100 r/min 的转速下运行。这台发动机的缸径和冲程分别为 5.2 cm 和 5.8 cm,机械效率为 77%,压缩比为 12,连杆长度和曲柄半径的比值 $R = r/a = 3.2$;排气门在上止点后 105° 打开,进气门在下止点前 50° 打开;在曲轴箱压缩后,进入缸内的空气 - 燃料混合气的压力为 145 kPa;与排气残余混合后,在压缩初始缸内温度为 48 ℃,缸内最高温度为 2 250 ℃。试计算:①有效压缩比;②自由排气开始时的缸内温度;③指示功率;④净功率;⑤平均指示压力。

解

1)计算有效压缩比。

由图 3.16 可以看出,实际压缩过程当排气门在状态 6、上止点前 105° 关闭时开始,此时曲轴转角为 255°。有效压缩比可由式(2.14)得出:

$$(r_c)_{eff} = \frac{V}{V_c} = 1 + 1/2(r_c - 1)\left[R + 1 - \cos\theta - \sqrt{R^2 - \sin^2\theta} \right]$$

$$= 1 + 1/2(12 - 1)\left[3.2 + 1 - \cos 255° - \sqrt{(3.2)^2 - \sin^2 255°} \right]$$

$$= 8.74$$

2)计算自由排气开始时的缸内温度。

当排气门在状态 2 打开时的自由排气阶段,缸内温度为

$$T_2 = T_1 \left[1/(r_e)_{eff} \right]^{k-1} = (2\ 523\ \text{K})(1/8.74)^{1.35-1} = 1\ 181\ \text{K} = 908\ ℃$$

3)计算指示功率。

由式(2.8)可求得单个气缸的排量为

$$V_d = (\pi/4)B^2 S = (\pi/4)(5.2\ \text{cm})^2 (5.8\ \text{cm}) = 123.2\ \text{cm}^3 = 0.000\ 123\ 2\ \text{m}^3$$

由式(2.12)可求得在上止点的余隙容积:

$$r_c = (V_d + V_c)/V_c = 12 = (123.2 + V_c)/V_c$$

$$V_c = 11.20\ \text{cm}^3 = 0.000\ 011\ 2\ \text{m}^3$$

压缩结束时的温度和压力分别为

$$T_7 = T_6 \left[(r_c)_{eff} \right]^{k-1} = (321\ \text{K})(8.74)^{1.35-1} = 686\ \text{K} = 413\ ℃$$

$$P_7 = P_6 \left[(r_c)_{eff} \right]^{k} = (145\ \text{kPa})(8.74)^{1.35} = 2\ 707\ \text{kPa}$$

压缩结束时的缸内气体质量为

$$m = P_7 V_c / R T_7$$

$$= (2\,707 \text{ kPa})(0.000\,011\,2 \text{ m}^3)/[0.287 \text{ kJ/(kg·K)}](686 \text{ K})$$

$$= 0.000\,154 \text{ kg}$$

由式(3.7)得做功冲程产生的功为

$$W_{1-2} = mR(T_2 - T_1)/(1-k)$$

$$= (0.000\,154 \text{ kg})[0.287 \text{ kJ/(kg·K)}](1\,181 \text{ K} - 2\,523 \text{ K})/(1-1.35)$$

$$= 0.169\,5 \text{ kJ}$$

压缩冲程所需要的功为

$$W_{6-7} = mR(T_7 - T_6)/(1-k)$$

$$= (0.000\,154 \text{ kg})[0.287 \text{ kJ/(kg·K)}](686 \text{ K} - 321 \text{ K})/(1-1.35)$$

$$= -0.046\,1 \text{ kJ}$$

由式(2.14)可求得当状态 3 进气门在下止点前 50° 或曲轴转角为 130° 打开时的缸内容积：

$$V_3 / V_1 = 1 + 1/2(12-1)\left[3.2 + 1 - \cos 130° - \sqrt{(3.2)^2 - \sin^2 130°}\right] = 10.547$$

$$V_5 = V_3 = 10.547 V_1 = 10.547(0.000\,011\,2 \text{ m}^3) = 0.000\,118 \text{ m}^3$$

使用有效压缩比可求得状态 6 时缸内容积为

$$V_6 = V_2 = V_1 (r_c)_{\text{eff}} = (0.000\,011\,2 \text{ m}^3)(8.74) = 0.000\,097\,9 \text{ m}^3$$

过程 5 → 6 产生的功为

$$W_{5-6} = P(V_6 - V_5) = (145 \text{ kPa})(0.000\,097\,9 \text{ m}^3 - 0.000\,118 \text{ m}^3) = -0.002\,9 \text{ kJ}$$

W_{3-4} 和 W_{4-5} 的功相互抵消。

一个循环内单个气缸产生的净功为

$$W_{\text{net}} = (0.169\,5 \text{ kJ}) + (-0.046\,1 \text{ kJ}) + (-0.002\,9 \text{ kJ}) = 0.120\,5 \text{ kJ}$$

由式(2.42)可求得指示功率为

$$\dot{W}_i = WN/n = (0.120\,5 \text{ kJ})(3\,100/60)/(1 \times 4) = 24.9 \text{ kW}$$

4)计算净功率。

由式(2.47)可求得净功率为

$$\dot{W}_b = \eta_m \dot{W}_i = (0.77)(24.9 \text{ kW}) = 19.17 \text{ kW}$$

5)计算平均指示压力。

因此,平均指示压力为

$$imep = \left[(1\,000)(24.9)(1)\right]/\left[(4)(0.123\,2)(3\,100/60)\right] = 978 \text{ kPa}$$

3.12 斯特林循环

近几年来,研究者开展了大量针对斯特林循环(Stirling Cycle)的发动机实验研究,其循环图如图 3.18 所示。自从 1816 年以来,斯特林发动机的概念就已经广为流传,然而它不是真正的内燃机。本节对此发动机进行简要介绍,主要是因为它是驱动汽车的一种热力发动机。斯特林发动机有一个自由移动的双作用活塞,在其两侧各有一个气体燃烧室。在气缸内不发生燃烧,但是伴随着外部的燃烧过程,缸内的工作气体被加热。加热气体的能量可以来自太阳能或核能,该发动机采用一根旋转轴对外输出功。

斯特林发动机采用一个蓄热式回热器作为热量传递载体。在理想情况下,回热器将 $4 \to 1$ 的定容放热过程释放出来的热量传递给内部工作流体,使工作流体在 $2 \to 3$ 过程中实现定容加热。只有当发动机达到最高温度后,开始等温放热过程 $3 \to 4$ 和最低温度的等温吸热过程 $1 \to 2$,才会发生热交换。如图 3.18 所示,如果循环过程是可逆的,该循环的热效率为

$$(\eta_t)_{\text{STIRLING}} = 1 - T_{\text{low}} / T_{\text{high}} \tag{3.118}$$

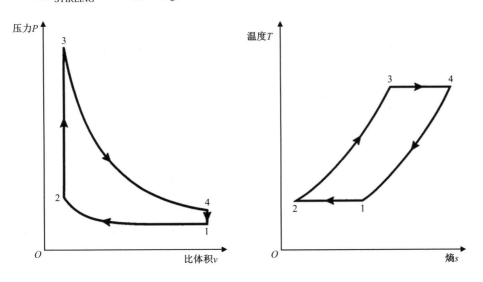

(a) (b)

图 3.18 理想状态的标准斯特林循环($1 \to 2 \to 3 \to 4 \to 1$)

(a)P-v图 (b)T-s图

这和卡诺循环的热效率一样,而且是理论上限。尽管真实发动机的工作循环是不可逆的,设计精良的斯特林发动机仍具有很高的热效率。这也是这种类型的发动机能够引起人们兴趣的原因之一,其他的优点还包括低排放和燃料灵活等。其热源来自一个温度大约为 1 000 K 的连续稳定燃烧的外部燃烧器,能使用的燃料包括汽油、柴油、航空煤油、酒精和天然气。而且在一些发动机中,改变燃料不需要做任何调整。

斯特林发动机的问题主要是密封难、热机时间长以及成本高。其可能的应用范围包括制冷、固定电站、建筑供暖等。

历史小典故 3.4:勒努瓦发动机(Lenoir Engine)

在 19 世纪下半叶,勒努瓦发动机是最成功的内燃机之一,如图 3.19 所示。19 世纪 60 年代,一共生产了几百台勒努瓦发动机,这些发动机采用二冲程模式运行,热效率达 5%,能量输出达到 4.5 kW,这款发动机采用活塞两侧燃烧的双作用做功方式,从而使每一个气缸在一转中都有两个做功行程。

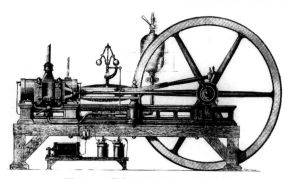

图 3.19 勒努瓦非压缩式发动机

3.13 勒努瓦循环

3.13.1 勒努瓦循环介绍

勒努瓦循环可以采用如图 3.20 所示的循环来表示。第一个冲程的前半段是进气过程,空气和燃料混合,并以一个大气压的压力进入气缸(过程 1→2)。当第一个冲程进行大约一半时,进气门关闭,空气和燃料的混合物在未被压缩条件下点燃。在燃烧作用下,活塞缓慢移动,但基本保持定容(过程 2→3),气缸内的温度和压力逐渐升高。第一冲程后半段是做功和膨胀过程(过程 3→4),在下止点附近,排气门打开进行自由排气,然后气体在排气冲程(过程 5→1)被排出气缸,从而完成了二冲程循环。这种发动机基本上没有余隙容积。

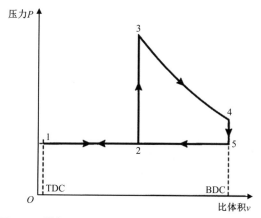

图 3.20 勒努瓦循环(1→2→3→4→5→2→1)

3.13.2 标准勒努瓦循环的热力学分析

(1)过程 1 → 2 和过程 2 → 1

图 3.20 中的 1 → 2 是进气过程,2 → 1 是排气冲程的后半部分,二者在 P-v 图上是相互抵消的热力学过程,因而能够在循环分析中忽略,然后该循环就变成了 2 → 3 → 4 → 5 → 2。

(2)过程 2 → 3

图 3.20 中的 2 → 3 是定容加热(燃烧)过程,此时所有进排气口关闭。相关表达式为

$$P_2 = P_1 = P_0 \tag{3.119}$$

$$v_3 = v_2 \tag{3.120}$$

$$w_{2\text{-}3} = 0 \tag{3.121}$$

$$q_{2\text{-}3} = q_{in} = c_v\left(T_3 - T_2\right) = u_3 - u_2 \tag{3.122}$$

(3)过程 3 → 4

图 3.20 中的 3 → 4 是定熵膨胀冲程,此时所有的进排气口关闭。相关表达式为

$$q_{3\text{-}4} = 0 \tag{3.123}$$

$$T_4 = T_3\left(v_3 / v_4\right)^{k-1} \tag{3.124}$$

$$P_4 = P_3\left(v_3 / v_4\right)^{k} \tag{3.125}$$

$$w_{3\text{-}4} = \left(P_4 v_4 - P_3 v_3\right) / (1-k) = R\left(T_4 - T_3\right) / (1-k) = u_3 - u_4 = c_v\left(T_3 - T_4\right) \tag{3.126}$$

(4)过程 4 → 5

图 3.20 中的 4 → 5 是定容放热过程(自由排气),此时排气口打开,进气口关闭。相关表达式为

$$v_5 = v_4 = v_{BDC} \tag{3.127}$$

$$w_{4\text{-}5} = 0 \tag{3.128}$$

$$q_{4\text{-}5} = q_{out} = c_v\left(T_5 - T_4\right) = u_5 - u_4 \tag{3.129}$$

(5)过程 5 → 2

图 3.20 中的 5 → 2 是定压排气冲程(压力为 P_0),此时排气口打开,进气口关闭。相关表达式为

$$P_5 = P_2 = P_1 = P_0 \tag{3.130}$$

$$w_{5\text{-}2} = P_0\left(v_2 - v_5\right) \tag{3.131}$$

$$q_{5\text{-}2} = q_{out} = h_2 - h_5 = c_p\left(T_2 - T_5\right) \tag{3.132}$$

勒努瓦循环的热效率为

$$\begin{aligned}\left(\eta_t\right)_{LENOIR} &= |w_{net}| / |q_{in}| = 1 - \left(|q_{out}| / |q_{in}|\right) \\ &= 1 - \left[c_v\left(T_4 - T_5\right) + c_p\left(T_5 - T_2\right)\right] / \left[c_v\left(T_3 - T_2\right)\right] \\ &= 1 - \left[\left(T_4 - T_5\right) + k\left(T_5 - T_2\right)\right] / \left(T_3 - T_2\right)\end{aligned} \tag{3.133}$$

3.14 小结

本章介绍了在内燃机中使用的几种基本循环。尽管研究者开发了许多内燃机循环,但一个多世纪以来,大多数汽车的发动机仍采用 19 世纪 70 年代奥托等所提出的点火式四冲程发动机循环——奥托循环。奥托循环能够使用理想的空气标准循环来近似和分析。一些汽车厂商曾在 20 世纪 90 年代做了大量工作,尝试发明一种二冲程循环汽车发动机,但由于无法满足排放法规,以失败告终。许多小型点火式发动机采用二冲程模式,称为二冲程奥托循环。

早期的四冲程压燃式发动机的工作循环可以近似为狄塞尔循环。这一循环在汽车和卡车所使用的现代压燃式发动机中得到发展。通过改变燃料喷入的时刻可使发动机效率得到提高,更像是复合循环。由于具有更高的热效率,四冲程循环的小型发动机产量日益增加,尤其在欧洲。但大部分小型和大型压燃式发动机则采用二冲程循环。

现在大部分的汽车发动机使用四冲程循环,基本上可近似为奥托循环或更先进的米勒循环。米勒循环是在奥托循环基础上发展而来的,主要是通过可变气门定时实现的。对气门的控制减少了泵气损失,提供了比有效压缩比更大的膨胀比,从而得到更高的效率。

习题 3

3.1 一台点燃式发动机在节气门全开的条件下工作在奥托循环下,压缩初期缸内条件为 60 ℃、98 kPa。发动机的压缩比为 9.5,燃料的空燃比为 15.5,燃烧效率为 96%,假定没有排气残余。试计算:

①循环中所有状态的温度(℃);

②循环中所有状态的压力(kPa);

③做功冲程产生的比功(kJ/kg);

④燃烧期间热量的增加值(kJ/kg);

⑤净比功(kJ/kg);

⑥指示热效率(%)。

3.2 习题 3.1 中的发动机是一台转速为 2 400 r/min、排量为 3 L 的 V6 发动机,且此转速下机械效率为 84%。试计算:

①有效功(kW);

②转矩(N·m);

③平均有效压力(kPa);

④摩擦损失(kW);

⑤有效燃油消耗率 [g/(kW·h)];

⑥容积效率(%);

⑦升功率(kW/L)。

3.3 习题 3.2 中的发动机排气压力为 100 kPa。试计算:

①排气温度(℃);

②实际排气残余(%);

③进气歧管进入缸内的空气温度(℃)。

3.4　习题3.2和3.3中的发动机在部分节气门开度条件下运行,其进气压力为75 kPa。进气歧管温度、机械效率、排气残余和空燃比均与前面一致。试计算:

①压缩冲程开始时缸内温度(℃);

②燃烧开始时缸内温度(℃)。

3.5　一台四冲程点燃式发动机在节气门全开条件下以空气标准循环运行,压缩冲程开始时缸内条件为37.8 ℃和101.4 kPa。发动机压缩比为10,燃烧期间热量增加值为1 860.9 kJ/kg。压缩期间在温度变化范围内,$k=1.4$;做功冲程期间在温度变化范围内,$k=1.3$。用以上取值分别分析压缩和膨胀冲程,且燃烧期间比热容为0.904 kJ/(kg·K)。试计算:

①循环中每个状态的温度(℃);

②循环中每个状态的压力(kPa);

③在分析①和②时,当指示热效率相同的情况下,k的平均值。

3.6　一台压燃式发动机运行在狄塞尔循环下,压缩初始缸内条件为65 ℃和130 kPa。这台发动机使用的是当量比为0.8,燃烧效率为0.98的柴油,压缩比为19。试计算:

①循环中每个状态的温度(℃);

②循环中每个状态的压力(kPa);

③定压膨胀比;

④指示热效率(%);

⑤排气损失的热量(kJ/kg)。

3.7　一台小型压燃式卡车发动机以复合循环运转,压缩比为18。由于结构的限制,缸内最大允许压力为9 000 kPa。该发动机所使用的柴油的燃空比为0.054,燃烧效率为100%。压缩初始的缸内条件为50 ℃和98 kPa。试计算:

①在这些条件下能够达到的最大指示热效率(%);

②在①的条件下缸内循环的峰值温度(℃);

③在①和②条件下可能的最小指示热效率(%);

④在③的条件下缸内循环的峰值温度(℃)。

3.8　一台排量为3.3 L的直列六缸压燃式发动机,使用空燃比为20的柴油以复合循环运转。其中一半的燃烧是在定容条件下进行的,另一半是在燃烧效率为100%的定压条件下进行的。压缩初始的缸内条件为60 ℃和101 kPa,压缩比为14。试计算:

①循环中每个状态的缸内温度(K);

②循环中每个状态的缸内压力(kPa);

③定压膨胀比;

④压升比;

⑤指示热效率(%);

⑥燃烧期间热量的增量(kJ/kg);

⑦净指示功(kJ/kg)。

3.9　习题3.8中的发动机在2 000 r/min转速下能产生57 kW的有效功。试计算:

①扭矩(N·m);

②机械效率(%);

③平均有效压力(kJ/kg);

④有效燃油消耗率(g/(kW·h))。

3.10　一台运行在奥托循环的点燃式发动机,压缩比为 9,其循环峰值温度和压力分别为 2 800 K 和 9 000 kPa。排气门打开时,缸内压力为 460 kPa,排气歧管的压力为 100 kPa。试计算:

①排气阶段的排气温度(℃);

②循环结束后的排气残余(%);

③排气门刚打开时排气速度(m/s);

④排气中理论能达到的瞬时最大温度(℃)。

3.11　一台点燃式发动机在配备涡轮增压器后运行在四冲程奥托循环下。空气燃料混合气进入缸内时的温度和压力分别为 70 ℃和 140 kPa。使用增压器后,发动机在燃烧期间热量的增量为 1 800 kJ/kg。发动机压缩比为 8,排气压力为 100 kPa。试计算和分析:

①循环中每个状态的缸内温度(℃);

②循环中每个状态的缸内压力(kPa);

③膨胀冲程产生的功(kJ/kg);

④压缩冲程需要的功(kJ/kg);

⑤净泵吸功(kJ/kg);

⑥指示热效率(%);

⑦比较本题、习题 3.12 和习题 3.13 中的发动机。

3.12　一台压燃式发动机配备涡轮增压器后运行在四冲程米勒循环下,且进气门晚关,循环过程如图 3.16 所示,即 6 → 7 → 1 → 2 → 3 → 4 → 5 → 6。燃料 – 空气混合气进入缸内的温度和压力分别为 70 ℃和 140 kPa,燃烧期间热增量为 1 800 kJ/kg,且压缩比为 8,膨胀比为 10,排气压力为 100 kPa。试计算和分析:

①循环中每状态下的缸内温度(℃);

②循环中每状态下的缸内压力(kPa);

③膨胀冲程产生的功(kJ/kg);

④压缩冲程需要的功(kJ/kg);

⑤净泵吸功(kJ/kg);

⑥指示热效率(%);

⑦比较本题、习题 3.11 和习题 3.13 中的发动机。

3.13　一台压燃式发动机配备涡轮增压器后运行在四冲程米勒循环下,且进气门早关,循环过程如图 3.16 所示,即 6 → 7 → 1 → 2 → 3 → 4 → 5 → 6。燃料 – 空气混合气进入缸内的温度和压力分别为 70 ℃和 140 kPa,燃烧期间热增量为 1 800 kJ/kg,且压缩比为 8,膨胀比为 10,排气压力为 100 kPa。试计算:

①循环中每状态下的缸内温度(℃);

②循环中每状态下的缸内压力(kPa);

③膨胀冲程产生的功(kJ/kg);

④压缩冲程需要的功(kJ/kg);

⑤净泵吸功(kJ/kg);

⑥指示热效率(%);

⑦比较本题、习题 3.11 和习题 3.12 中的发动机。

3.14　一台压缩比为 10.5 的六缸点燃式发动机以 3 000 r/min 运行于四冲程循环下。空气进入缸内时的温度和压力分别为 43.3 ℃和 88.253 kPa,进气门在下止点前 20° 关闭,在上止点前 15° 火花塞点火开始燃烧。连杆长度为 16.87 cm,曲柄半径为 4.22 cm。试计算:

①使用奥托循环时,燃烧开始时的缸内温度(℃);

②假定火花塞点火后直到进气门关闭才开始燃烧,此时的缸内温度(℃)。

3.15　一台没有配备机械增压器的四冲程点燃式发动机运行于米勒循环下,进气门早关(循环过程如图 3.15 所示,即 6 → 7 → 1 → 7 → 2 → 3 → 4 → 5 → 6)。压缩比为 8.2,膨胀比为 10.2。进气门关闭时缸内条件为 57 ℃和 100 kPa。循环中的缸内最大温度和压力分别为 3 427 ℃和 9 197 kPa。试计算:

①循环中的最小缸内压力(kPa);

②每循环中单个缸的泵吸功(kJ);

③排气门打开时的缸内压力(kPa)。

3.16　一台实验用的两冲程点燃式发动机运行于如图 3.17 所示的空气标准循环下,其压缩比为 10.5。当进气门在下止点前 52° 打开时,机械增压器将燃料 - 空气混合物送入气缸,此时缸内压力为 122.7 kPa。排气门在下止点前 70° 打开。循环中的缸内最大温度和压力分别为 2 316 ℃和 7 839 kPa。连杆长度为 24.13 cm,曲柄半径为 6.35 cm。试计算:

①排气口打开时的缸内温度(℃);

②有效压缩比;

③压缩冲程结束时的温度(℃)和压力(kPa)。

3.17　一台六缸二冲程压燃式船舶柴油机缸径为 35 cm,冲程为 105 cm。该机在 210 r/min 时产生 3 600 kW 的有效功率。试计算:

①该转速下的转矩(kN·m);

②总排量(L);

③平均有效压力(kPa);

④活塞平均速度(m/s)。

3.18　一台单缸两冲程飞机模型发动机排量为 7.54 cm³,其在 23 000 r/min 下的有效功率为 1.42 kW。该发动机采用等程径比(连杆长度等于冲程长度)设计,使用空燃比为 4.5 的蓖麻油 - 甲醇 - 硝基甲烷燃料,燃料消耗速率为 31.7 g/min。扫气过程中, 65% 的燃料 - 空气混合物进入气缸, 35% 的混合气在排气口关闭前随排气排出,且燃烧效率为 0.94。试计算:

①有效燃油消耗率 [g/(kW·h)];

②活塞平均速度(m/s);

③排到大气中的未燃燃料(g/min);

④转矩(N·m)。

3.19　一台老式单缸发动机的热效率为 5%,在 140 r/min 转速条件下运行如图 3.20 所

示的勒努瓦循环。该机的双作用活塞直径为 30.5 cm,冲程为 91.4 cm。发动机使用的是空
燃比为 18 的燃料,燃料的热值为 27 913.5 kJ/kg。燃烧发生在进气做功冲程半程的定容条
件下,此时缸内条件为 21.1 ℃ 和 101.4 kPa。试计算:
　　①循环中每个状态下的温度(℃);
　　②循环中每个状态下的压力(kPa);
　　③指示热效率(%);
　　④有效功率(kW);
　　⑤活塞平均速度(m/s)。

　　3.20　一台四冲程压燃式发动机在压缩开始时缸内条件为 27 ℃ 和 100 kPa。压缩比为
8,燃烧期间的热增量为 2 000 kJ/kg。试计算:
　　①以定容的奥托循环运行时,循环中每个状态下的温度(℃)和压力(kPa);
　　②在①条件下的指示热效率(%);
　　③在文献中查找比热容与温度的函数关系及相关数据,计算循环中每个状态下的温度
(℃)和压力(kPa);
　　④在③条件下的指示热效率(%)。

设计题 3

　　D3.1　设计一台六冲程点燃式发动机。循环前四冲程与四冲程奥托循环一致。另外是
两个额外冲程:一个是只允许空气进入的吸气冲程;另一个只允许气体排出的排气冲程。简
要绘制原理图,并阐释当气门打开和关闭时凸轮轴的速度和运动以及点火过程的控制。

　　D3.2　设计一个四冲程循环的机械连杆机构系统,使连杆机构的往复运动能让发动机
运行于阿特金森循环(正常的压缩冲程和一个缸压膨胀到和环境压力相等的做功冲程),并
使用简要的原理图阐述。

　　D3.3　设计一台点燃式发动机在四冲程空气标准循环下运行,在节气门全开条件下其
最大缸压为 11 000 kPa。该发动机的燃料为汽油,以化学当量比燃烧。在不使用机械增压
器时,该发动机的进气压力为 100 kPa;使用机械增压器时,进气压力可达 150 kPa。分别选
取能使发动机达到最大指示热效率的压缩比和进气压力值,能使发动机有最大的平均有效
压力的压缩比和进气压力量。

第4章 热化学和燃料

本章主要介绍内燃机中涉及的基本热化学定律,包括发动机内的点火特性和燃烧特征、点燃式内燃机燃料的辛烷值和压燃式内燃机燃料的十六烷值等概念。此外,本章还将介绍汽油、柴油及其他替代燃料。

4.1 热化学

4.1.1 燃烧反应

内燃机主要通过燃料与空气的混合燃烧,将化学能转化为缸内气体的内能。这些内能通过发动机中的联动机构传递给旋转的曲轴,并转换成动能输出。燃料中有成千上万种不同的碳氢化合物组分,主要包含碳元素和氢元素,同时也有可能包含氧元素(醇类燃料)、氮元素和硫元素等。当燃料与化学当量比的氧气混合并燃烧时,能以热量的形式释放出最多的化学能。具有化学当量比(有时又叫理论当量比)的氧气刚好能够将燃料中所有的碳元素转化为 CO_2,将氢元素转化为 H_2O,并且没有氧气剩余,这种反应称为化学当量比燃烧反应。例如,作为最简单的碳氢燃料,甲烷(CH_4)与理论当量比的氧气燃烧的化学反应平衡方程式为

$$CH_4 + 2O_2 \rightarrow CO_2 + 2H_2O$$

该化学反应平衡方程式的含义是 1 mol 的甲烷需要 2 mol 的氧气与之反应,产生 1 mol 的二氧化碳及 2 mol 的水蒸气。如果是异辛烷,那么其与理论当量比的氧气燃烧的化学反应平衡方程式为

$$C_8H_{18} + 12.5O_2 \rightarrow 8CO_2 + 9H_2O$$

由于在化学反应中实际上是分子与分子之间的反应,因而在配平方程式时采用摩尔量(代表一定量的分子数),而不使用质量。1 mol 物质的质量(以 g 计)在数值上等于该物质的摩尔质量。

$$m = N \cdot M \tag{4.1}$$

式中:m 为质量(g);N 为摩尔数;M 为摩尔质量(g/mol)。

在国际单位制中,1 mol 的 CH_4 为 16.04 g;1 mol 的 O_2 为 32 g;1 mol 等于 6.02×10^{23} 个分子。

化学反应平衡方程式左侧的组分是反应开始前的成分,称为反应物;右侧的组分则是发生反应后的物质,称为生成物或排放产物。

如果采用纯氧与燃料燃烧,即使体积很小的内燃机,动力仍然很强大。但是,使用纯氧的成本非常高,所以绝大多数内燃机并没有采取这种方式,而是采用空气作为氧气的来源与燃料反应。空气主要由以下几种成分组成:78% 的氮气,21% 的氧气,1% 的氩气,少量的 CO_2、N_2、CH_4、H_2O 等。

氮气和氩气为惰性气体,在燃烧过程中不参与反应。但是它们的存在会对燃烧室的温度和压力产生影响。在不引起较大误差的前提下,简化计算的方法是将空气中的惰性气体(氩气和氮气)视为同一体。这样一来空气就可以看作是由 21% 的氧气和 79% 的氮气组成的气体。也就是说,空气中每 0.21 mol 的氧气对应 0.79 mol 的氮气,或是说每 1 mol 的氧气对应 0.79/0.21=3.76 mol 的氮气。燃烧反应每需要消耗 1 mol 的氧气,就必须提供 4.76 mol 的空气,其中包含 1 mol 的氧气和 3.76 mol 的氮气。

此时,甲烷与空气的化学当量比燃烧的化学反应平衡方程式为

$$CH_4 + 2O_2 + 2(3.76N_2) \rightarrow CO_2 + 2H_2O + 2(3.76N_2)$$

异辛烷与空气的化学当量比燃烧的化学反应平衡方程式为

$$C_8H_{18} + 12.5O_2 + 12.5(3.76N_2) \rightarrow 8CO_2 + 9H_2O + 12.5(3.76N_2)$$

由此类方程式可得到每 1 000 mol 燃料的燃烧化学反应所需的空气。进而,化学反应释放的能量就可以用 1 000 mol 燃料释放的能量为单位来表示。所以,当知道燃料的流量时就可以很容易计算其燃烧释放出的化学能。本书中,将统一采用这种方法表示。不同物质的相对分子质量可以在表 4.1 和相关文献中查到。例如,空气的相对分子质量均为 29。

在一定范围内,对于给定的燃料,当空气量在一定范围内高于或低于化学当量比时,燃烧也可以发生,分别称为贫油燃烧(稀燃)和富油燃烧(浓燃)。例如,当甲烷与 150% 化学当量比的空气发生燃烧反应时,就会在产物中出现多余的氧气,其化学反应平衡方程式为

$$CH_4 + 3O_2 + 3(3.76)N_2 \rightarrow CO_2 + 2H_2O + 3(3.76)N_2 + O_2$$

当异辛烷与 80% 化学当量比的空气发生燃烧反应时,由于没有足够的氧气将所有的碳转化为二氧化碳,在产物中就会产生一氧化碳 CO,其化学反应平衡方程式为

$$C_8H_{18} + 10O_2 + 10(3.76)N_2 \rightarrow 3CO_2 + 9H_2O + 5CO + 10(3.76)N_2$$

表 4.1　不同物质的相对分子质量

物质名称	化学符号	相对分子质量
空气	—	28.97
氩气	Ar	39.95
碳	C	12.01
一氧化碳	CO	28.01
二氧化碳	CO_2	44.01
氢气	H_2	2.02
水蒸气	H_2O	18.02
氦气	He	4.00
氮气	N_2	28.01

CO 是无色无味且有毒的气体,可以进一步燃烧生成 CO_2。当燃油在燃烧过程中氧气供应量不足时,就会生成 CO,而且很有可能导致部分燃油无法燃烧。这部分未燃的燃油就会成为尾气中的有害排放物。

人们用多种不同的术语来描述燃烧过程中空气或氧气的量,如:80% 化学当量比空气

=80% 理论空气 =80% 空气 =20% 空气缺乏量；133% 化学当量比氧气 =133% 理论氧气 =133% 氧气 =33% 氧气富余量。

对于内燃机中的实际燃烧过程，当量比 ϕ、是实际燃空比（FA）$_{act}$ 与理论化学当量燃空比（FA）$_{stoich}$ 的比值，定义为

$$\phi = (FA)_{act} / (FA)_{stoich} = (AF)_{stoich} / (AF)_{act} \qquad (4.2)$$

式中：$FA = m_f / m_a$；$AF = m_a / m_f$。其中，m_a 为空气质量，m_f 为燃料质量。

当 $\phi < 1$ 时，为贫油燃烧（稀燃），尾气中会出现多余氧气。

当 $\phi > 1$ 时，为富油燃烧（浓燃），废气中会包含 CO 和燃料。

当 $\phi = 1$ 时，为化学当量比燃烧，燃料释放出最多的热量。

点燃式发动机的当量比通常控制在 0.9~1.2 范围内，具体数值随所运行的工况而变化。

【例题 4.1】

在一台小型三缸增压汽车发动机中，异辛烷与 120% 理论空气燃烧。试计算：空燃比、燃空比、当量比。

解

当量比反应的化学反应平衡方程式为

$$C_8H_{18} + 12.5O_2 + 12.5(3.76)N_2 \rightarrow 8CO_2 + 9H_2O + 12.5(3.76)N_2$$

在 20% 空气富余量的情况下，化学反应平衡方程式为

$$C_8H_{18} + 15O_2 + 15(3.76)N_2 \rightarrow 8CO_2 + 9H_2O + 15(3.76)N_2 + 2.5O_2$$

在 20% 空气富余量的情况下，所有燃料都会完全燃烧，生成物中有相同数量的 CO_2 和 H_2O。此外，产物中还含有一些 O_2 和额外的 N_2（过量的空气）。

1）使用式（2.55）和式（4.1）求出空燃比：

$$AF = m_a / m_f = N_a M_a / N_f M_f = [15 \times (1 + 3.76) \times 29] / (1 \times 114) = 18.16$$

2）使用式（2.56）求出实际燃空比：

$$(FA)_{act} = m_f / m_a = 1 / AF = 0.055$$

3）计算化学当量燃烧的燃空比：

$$(FA)_{stoich} = (1 \times 114) / [12.5 \times (1 + 3.76) \times 29] = 0.066$$

使用式（4.2）求出当量比：

$$\phi = (FA)_{act} / (FA)_{stoich} = 0.055 / 0.066 = 0.833$$

然而实际情况是，即使进入内燃机的空气和燃料的比例恰好是化学当量比，燃烧也不会是完全的，废气中还会出现除 CO_2、H_2O、N_2 之外的成分。其中一个重要的原因就是内燃机的每一个循环时间非常短，这就意味着燃料和空气无法完全混合。有些燃料分子并没有遇到氧气分子并与之反应，因此在废气中会残存少量的燃料和空气。本书第 7 章将详细讲述这个现象，并介绍其他无法实现理想燃烧的原因。在稀燃的情况下，点燃式内燃机的燃烧效率为 95%~98%；而在浓燃的情况下，燃烧效率则会相对较低，这是因为没有足够的空气与燃料发生反应（图 4.1）。总体来说，采用稀薄燃烧技术的内燃机的燃烧效率可达 98% 左右。

4.1.2 化学平衡

一般的化学反应可以用下面的通用表达式表示：

$$\nu_A A + \nu_B B \rightarrow \nu_C C + \nu_D D \tag{4.3}$$

式中：A 和 B 代表反应物，可以是一种、两种或是更多种物质；C 和 D 则代表反应产物；ν_A、ν_B、ν_C、ν_D 分别为物质 A、B、C、D 的化学当量系数。

　　当知道化学反应平衡常数时，就可以知道这个反应平衡后的组分。化学反应平衡常数的表达式为

$$K_e = \frac{N_C^{\nu_C} N_D^{\nu_D}}{N_A^{\nu_A} N_B^{\nu_B}} \left(\frac{P}{N_t} \right)^{\Delta \nu} \tag{4.4}$$

式中：$\Delta \nu = \nu_C + \nu_D - \nu_A - \nu_B$；$N_i$ 为组分 i 在平衡时的摩尔数；N_t 为平衡时总摩尔数；P 为以 atm 为单位的绝对压强。

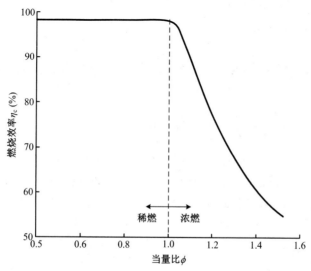

图 4.1　燃烧效率随当量比变化曲线

　　对于在贫油条件下运行的内燃机，其燃烧效率一般在 98% 左右；而其在富油条件下运行时，因为没有足够的氧气与燃料燃烧，燃烧效率随当量比的升高逐步下降。压燃式内燃机总是在贫油条件下工作，所以其通常具有较高的燃烧效率。

　　许多反应的化学反应平衡常数 K_e 可以在热力学教材或化学手册中找到，其常以对数坐标的形式（ln 或 log10）列在表格之中。

　　K_e 随温度的变化而变化，在内燃机缸内的温度场内，其数值会有几个数量级的变化。当 K_e 较大时，反应平衡趋向于向右（产物方向）进行，这是一个熵增的过程。在内燃机中，碳氢燃料和空气在高温下燃烧的化学反应平衡常数很大，这意味着在最终平衡时剩余的反应物极少。但是，在这样的高温下会发生另外一种化学现象，这个反应会影响整个反应过程及最终的反应产物。

　　观察文献中的化学反应平衡常数，可以发现，在内燃机中的高温作用下，许多通常很稳定的物质将会发生分解，如 CO_2 会分解成为 CO 和 O，O_2 会解离成为单原子 O，N_2 会解离成为单原子 N 等。这不仅影响到化学平衡，也是造成内燃机尾气排放问题的重要原因。双原子 N_2 通常不与其他物质反应，但是在高温下会分解为单原子 N，而 N 原子会与氧气反应，

生成氮氧化物(NO 和 NO_2),这些是汽车的主要排放污染物。为了避免排放大量的氮氧化物,必须降低内燃机内的燃烧温度,以减少氮气的分解,但这也同时降低了内燃机的热效率。

【例题 4.2 】

发动机尾气中含有氮氧化物的主要原因是 N_2 在高温下分解成了极易发生反应的 N 原子。一台遵循复合循环的现代发动机中,燃烧后期缸内的温度和压力分别为 3 500 K 和 10 500 kPa。通过式(4.4)可以大概计算出 N_2 分子分解成 N 原子的数量级。

该反应中的反应物只有氮气,所以式(4.4)中只有成分 A 代表反应物,而成分 C 代表唯一的生成物(N 原子)。

反应环境中的绝对压强为

$$P = (10\ 500\ \text{kPa})/(101\ \text{kPa/atm}) = 104\ \text{atm}$$

1 mol 氮气的实际分解反应为

$$N_2 \rightarrow 2x\text{N} + (1-x)N_2$$

其中,x 为反应进度。

化学反应平衡常数 K_e 可由相关文献查到,即当 T=3 500 K 时, $\log_{10}K_e = -7.346$, $K_e = 4.508 \times 10^{-8}$。式(4.4)就变成

$$K_e = \frac{2x^2}{1-x} \left(\frac{104}{2x + (1-x)} \right)^{2-1} = 4.508 \times 10^{-8}$$

可求得反应进度 $x = 0.000\ 010\ 41 = 0.001\ 041\%$。

这一数值只是发动机缸内生成 NO 和 NO_2 的一个粗略的估计,而化学动力学及时间 - 温度和压力之间的关系也要考虑进来,即反应时间只有毫秒级别,且化学反应不会达到平衡态。所以,反应进度只能表示 N 原子反应生成发动机的主要污染物 NO_x 量的下限值。

4.1.3 废气露点温度

当内燃机排出的废气冷却到其露点温度之下时,其中的水蒸气将冷凝为液体。当汽车刚起动时,排气管温度比较低,常常可以看到水从汽车的排气管中滴出来。很快排气管被加热到了露点温度之上,当高温排气被外围的空气冷却时,冷凝的水只能以蒸汽的形式出现,这一现象在冬天尤为明显。

【例题 4.3 】

在例题 4.1 中,在什么温度下水会从发动机的废气中冷凝出来? 初始条件 1:排气压力为 1 个大气压、干燥进气。初始条件 2:排气压力为 1 个大气压、进气的相对湿度为 55%。

解

1)求初始条件 1 下的露点。

列出例题 4.1 中的化学反应平衡方程式:

$$C_8H_{18} + 15O_2 + 15(3.76)N_2 \rightarrow 8CO_2 + 9H_2O + 15(3.76)N_2 + 2.5O_2$$

排气产物中水蒸气的摩尔分数为

$$x_v = N_v / N_{total} = 9 / [8 + 9 + 15(3.76) + 2.5] = 0.119$$

水蒸气的分压为

$$P_v = x_v P_{total} = 0.119 \times 101\ \text{kPa} = 12.019\ \text{kPa}$$

露点 T_{DP} 是水蒸气压力变为饱和时的温度。查蒸气表可知，$T_{DP} = 49\ ℃$。

2) 求初始条件 2 下的露点。

如果进气的相对湿度（ rh ）在 $T = 25\ ℃$ 时为 55%，则蒸气压力为

$$P_v = (rh)P_{sat} = 0.55 \times 3.169\ kPa = 1.743\ kPa$$

由热力学教科书中的湿度方程和蒸气表，可查到比湿度为

$$w_v = \frac{m_v}{m_a} = \frac{0.622 P_v}{P - P_v} = \frac{0.622 \times 1.743}{101 - 1.743} = 0.010\ 9\ kg_v / kg_a$$

因为空气和水蒸气的相对分子质量分别为 29 和 18，可将上述质量比变为摩尔比，从而求出每摩尔燃料所需的空气中携带的水蒸气的摩尔数：

$$N_v = N_{air}\ w_v\ (M_{air} / M_v) = 15 \times (1+3.76) \times 0.010\ 9 \times (29/18) = 1.25$$

因此，化学反应平衡方程式可写为：

$$C_8H_{18} + 15O_2 + 15(3.76)N_2 + 0.99H_2O \rightarrow 8CO_2 + 9.99H_2O + 15(3.76)N_2 + 2.5O_2$$

排气中水蒸气的摩尔分数为

$$x_v = 9.99 / [8 + 9.99 + 2.5 + 15(3.76)] = 0.130$$

水蒸气分压为

$$P_v = x_v P_{total} = 0.130 \times 101\ kPa = 13.13\ kPa$$

露点温度为

$$T_{DP} = 52\ ℃$$

4.1.4　燃烧温度

碳氢燃料与空气燃烧反应放出的热量是生成物总的焓值与反应物总的焓值的差值。被称为反应热、燃烧热或反应焓，其表达式为

$$Q = \sum_{prod} N_i h_i - \sum_{react} N_i h_i \tag{4.5}$$

式中：N_i 为组分 i 的摩尔数；h_i 为组分 i 的焓值。

$$h_i = (h'_j)_i + \Delta l h_i$$

式中：h'_j 为生成焓，是在 25 ℃ 和 1 个大气压下形成 1 mol 物质所需要的焓值；Δh_i 为组分 i 在标准温度下焓值的变化量；h'_j 和 ilh 是单位摩尔值，可以在热力学教科书中查到。

因为内燃机中的反应为气体放热反应，所以反应热 Q 为负值。热值是单位燃料的反应热的负数，即是一个正值。Q_{HV} 是假设反应物和生成物在 25 ℃ 情况下反应而计算出的。当使用热值时要注意，通常热值是以单位质量给出的（ kJ/kg ），而式（4.5）中的反应热则是用摩尔量计算的。在热值表中，会给出两种热值：高热值和低热值。当产物中的水为液态形式时，采用高热值；当产物中的水为气态形式时，采用低热值。其差值就是水的汽化潜热。

$$\Delta h_{vap} = Q_{HHV} - Q_{LHV} \tag{4.6}$$

通常在燃料容器上给出的是燃料的高热值，但对于内燃机的热分析而言，通常使用低热值，这是因为燃烧室中的能量交换都是在高温条件下进行的。尾气当且仅当在排放系统下游区域时才会被冷却到露点之下，冷凝为水珠，而此时的状态已经对内燃机的运行没有影响了。由此，内燃机中的热功转换可以表示为

$$Q_{in} = \eta_c m_f Q_{LHV} \qquad\qquad (4.7)$$

式中：Q_{LHV} 为燃料的低热值；η_c 为燃烧效率；m_f 为燃料的质量。

内燃机中可达到的最高温度可以通过计算可燃混合物的绝热火焰温度来估算。使用式（4.5）并将 Q 设为 0，则有

$$\sum_{prod} N_i h_i = \sum_{react} N_i h_i \qquad\qquad (4.8)$$

如果反应物的入口状况已知，想要使等式成立，需要知道其产物的温度，这就是绝热火焰温度。

绝热火焰温度是在给定的可燃混合物理想情况下所能达到的最高温度。内燃机中实际的最高温度可能会比这个值低几百度。即便每个循环的时间极短，也会有热损失，燃烧效率会低于 100%，导致少量的燃料没有燃烧及一些组分在高温下被分解。所有这些因素导致了实际最高温度低于其绝热火焰温度。

【例题 4.4】

有一台以丙烷为燃料且工作在当量空燃比下的点燃式发动机，其每个工作循环消耗 0.05 g 燃料，燃烧效率为 95%。当在压缩终点处燃烧开始时，缸内的温度 $T = 700$ K，缸内压力 $P = 2\,000$ kPa；燃烧过后，排出气缸的废气温度 $T_{ex} = 1\,200$ K。试计算：分别基于式（4.5）和式（4.7）的单个气缸单次循环的燃烧放热量。

解

1）用式（4.5）计算单个气缸单次循环的燃烧放热量。

燃烧反应的平衡方程式为

$$C_3H_8 + 5O_2 + 5(3.76)N_2 \rightarrow 3CO_2 + 4H_2O + 5(3.76)N_2$$

燃烧开始之前，$T = 700$ K，通过引用相关文献中的数据，可计算得到反应物的焓值为

$$\sum_{react} N_i h_i = 1 \times (-103\,850 + 29\,771)_{C_3H_8} + 5 \times (0 + 12\,499)_{O_2} + 5(3.76) \times (0 + 11\,937)_{N_2}$$
$$= 212\,832 \text{ kJ/(kg·mol)}$$

燃烧结束后，$T = 1\,200$ K，燃烧产物的焓值为

$$\sum_{prod} N_i h_i = 3 \times (-393\,522 + 44\,473)_{CO_2} + 4 \times (-241\,826 + 34\,506)_{H_2O} +$$
$$5(3.76) \times (0 + 28\,109)_{N_2}$$
$$= -1\,347\,978 \text{ kJ/(kg·mol)}$$

已知丙烷的相对分子质量为 44.1，则根据式（4.5），可得单个气缸单次循环的燃烧放热量为

$$Q_{in} = \left[\left(\sum_{prod} N_i h_i - \sum_{react} N_i h_i \right) / 44.1 \right] (0.000\,05 \text{ kg})$$
$$= \left[(-1\,347\,978 - 212\,832) / 44.1 \right] \times 0.000\,05$$
$$= 1.770 \text{ kJ}$$

2）用式（4.7）计算单个气缸单次循环的燃烧放热量。

已知丙烷的热值为 46.190×10^3 kJ/kg，则单个气缸单次循环的燃烧放热量为

$$Q_{in} = \eta_c m_f Q_{LHV} = (0.95)(0.000\,05 \text{ kg})(46.190 \times 10^3 \text{ kJ/kg}) = 2.194 \text{ kJ}$$

由式(4.7)得出的结果(2.194 kJ)与标准空气循环分析得出的结果一致,而由式(4.5)得出的结果(1.770 kJ)与实际的热量输入更接近。这也说明了为什么一个循环的实际热效率与使用标准空气循环计算的奥托循环的热效率有如式(3.32)所示的关系。

$$(\eta_t)_{actual} \approx 0.85(\eta_t)_{OTTO}$$

【例题 4.5】

在例题 4.1 的增压汽车发动机中,当量比为 0.83。假设在压缩冲程后反应物的温度为 427 ℃(700 K)。试计算与干燥空气中反应时的绝热火焰温度。

解

当量比为 0.83 时的化学反应平衡方程式为

$$C_8H_{18} + 15O_2 + 15(3.76)N_2 \rightarrow 8CO_2 + 9H_2O + 15(3.76)N_2 + 2.5O_2$$

式(4.5)和式(4.8)用于计算绝热燃烧。焓值可以从大多数热力学教科书中查得,具体计算如下:

$$\sum_{prod} N_i(h_f^0 + \Delta h)_i = \sum_{react} N_i(h_f^0 + \Delta h)_i$$

$$8(-393\ 522 + \Delta h_{CO_2}) + 9(-241\ 826 + \Delta h_{H_2O}) + 15(3.76)(0 + \Delta h_{N_2}) + 2.5(0 + \Delta h_{O_2})$$

$$= (-259\ 280 + 73\ 473) + 15(0 + 12\ 499) + 15(3.76)(0 + 11\ 937)$$

简化可得

$$8\Delta h_{CO_2} + 9\Delta h_{H_2O} + 56.4\Delta h_{N_2} + 2.5\Delta h_{O_2} = 5\ 999\ 535$$

通过反复试验,找到满足该等式的温度。例如,当 $T = 2\ 400$ K 时,

$$8(115\ 779) + 9(93\ 741) + 2.5(74\ 453) + 56.4(70\ 640) = 5\ 940\ 130$$

这太低了;然后设定 $T = 2\ 600$ K,此时

$$8(128\ 074) + 9(104\ 520) + 2.5(82\ 225) + 56.4(77\ 963) = 6\ 567\ 948$$

这太高了;最终通过插值得到绝热火焰温度 $T_{max} = 2\ 419$ K $= 2\ 146$ ℃。

4.1.5 内燃机废气分析

在实际运行过程中少不了对内燃机排气进行检测分析,尤其是现代汽车发动机的控制系统包含各种传感器,可以不断地对发动机排出的废气进行检测。这些传感器通过化学、电子或热方法检测高温废气中的组分。这些信息和其他传感器检测到的信息一起,由发动机管理系统(EMS)接收,并以此来调节发动机的运行参数,如空燃比、点火定时、进气量、气门定时等。

汽修店和车辆检验站通常也会检测汽车尾气,来判断发动机的运行状况或排放水平。进行这样的检查一般首先要提取废气样本,然后将其通入一个外部分析仪进行分析。采用这种方法时,废气的温度很有可能在完成分析之前就降到露点温度之下,冷凝的水分会改变所测得的废气组分。为了消除这种影响,一般通过热化学方法先将水蒸气从废气中除去,以实现"干分析"。

【例题 4.6】

一辆轻型卡车的四缸发动机已经改装使用丙烷燃料。通过干式分析方法测得发动机排气成分的体积百分比:CO_2 为 4.90%;CO 为 9.79%;O_2 为 2.45%。试计算此时发动机的当

量比。

解

发动机排气中 CO_2、CO、O_2 这三种成分的体积百分比为 $4.90\% + 9.79\% + 2.45\% = 17.14\%$，因此剩余的气体（氮气）的体积百分比为 82.86%。体积百分比等于摩尔百分比，因此如果未知量的燃料与未知量的空气燃烧，则化学反应平衡方程式为

$$xC_3H_8 + yO_2 + y(3.76)N_2 \rightarrow 4.90CO_2 + 9.79CO + zH_2O + 82.86N_2 + 2.45O_2$$

式中:z 为在干分析之前除去的水蒸气的摩尔数。

根据氮原子守恒，可知:

$$y = 82.86/3.76 = 22.037$$

根据碳原子守恒，可知:

$$x = (4.90 + 9.79)/3 = 4.897$$

根据氢原子守恒，可知:

$$z = (8x)/2 = 4(4.897) = 19.588$$

所以，实际的化学反应平衡方程式为

$$4.897C_3H_8 + 22.037O_2 + 22.037(3.76)N_2 \rightarrow$$
$$4.90CO_2 + 9.79CO + 19.588H_2O + 82.86N_2 + 2.45O_2$$

等式两边同时除以 4.897 后，得到:

$$C_3H_8 + 4.5O_2 + 4.5(3.76)N_2 \rightarrow CO_2 + 2CO + 4H_2O + 16.92N_2 + 0.5O_2$$

实际的空燃比为

$$(AF)_{act} = m_a/m_f = [(4.50)(4.76)(29)]/[(1)(44)] = 14.12$$

理论化学当量空燃比为

$$(AF)_{stoich} = m_a/m_f = [(5)(4.76)(29)]/[(1)(44)] = 15.69$$

用式（4.2）计算得到的实际当量比为

$$\phi = (AF)_{stoich}/(AF)_{act} = 15.69/14.12 = 1.11$$

4.2　碳氢燃料（汽油）

汽油是从石油中提取的一种含多种碳氢化合物的混合物，主要适用于点燃式内燃机。自石油被发现以来，以石油为原料的燃料产品生产线随着内燃机的发展一同发展起来。石油主要由碳和氢组成，除此以外，还包括一些其他微量元素。对于石油的组成，按质量分数区分，其中包括 83%~87% 的碳，11%~14% 的氢。碳和氢能够以多种组合方式形成许多不同的分子化合物。对石油样本的分析表明，其含有的碳氢化合物组分种类超过了 25 000 种。

在炼油厂中，开采出的石油通过裂化和分馏等物理或化学手段，分离为不同的混合物产品。裂化过程是将大分子成分转化为许多有用的小分子化合物的过程;分馏则是将混合物分离为相对分子质量较小的单种组分或含少量组分的混合物的过程。通常来说，碳氢化合物的相对分子质量越大，其沸点也越高。因此，低沸点成分常常用作有机溶剂或是燃料，而相对分子质量较大的高沸点组分常被当作沥青或焦油使用，或再做进一步裂化精炼。石油

通过精炼生成的产物有多个种类,包括汽油、柴油、航空煤油、家用取暖燃料、工业加热燃料、天然气、润滑油、沥青、酒精、橡胶、涂料、塑料、炸药等。

　　在与其他燃料的竞争中,汽油因其较好的性能价格比而得到了广泛的应用。随着地球的石油储量越来越少,不同燃料之间的竞争将更加激烈。

　　世界各地开采出的石油的碳氢化合物组分不同。在美国,主要有两种类型:宾夕法尼亚石油和西部石油。宾夕法尼亚石油含有高浓度的石蜡,却几乎没有沥青;而西部石油则含有大量沥青及少量的石蜡。在中东的某些采油区产的石油富含可以直接使用到内燃机中的成分,因而只需简单的或甚至不需要精炼即可使用。

　　图 4.2 是典型的汽油汽化率与温度的关系曲线。不同相对分子质量的组分在不同的温度下汽化,相对分子质量较小的组分在较低的温度下即可汽化,而相对分子质量较大的组分的汽化温度较高。因为低温环境下需要燃料能在开始燃烧前就实现良好的汽化,这让汽油成为令人满意的燃料。汽油在低温下就能汽化,保证了内燃机的低温起动性能。但过多的轻馏分会导致燃料过快汽化,进而带来一些问题。一方面,燃料过快汽化会过早地替代缸内的空气,降低内燃机的容积效率;另一方面,过多的燃料汽化会导致气阻的发生,这通常会在机舱温度较高时的进油管路或化油器中形成。一旦形成气阻,燃料供给会中断,发动机就会停止运行。因此,一种良好的燃料应该是大部分组分能够在正常的进气温度下且在有限的进气过程内完成汽化。为了提高容积效率,有些燃料组分应该直到压缩冲程末期甚至是燃烧开始时才开始汽化,这也是在汽油燃料中加入重馏分组分的原因。然而,如果重馏分组分过多会导致有些燃料最终也无法汽化,成为污染物排放或凝结在气缸壁上,导致机油稀释。

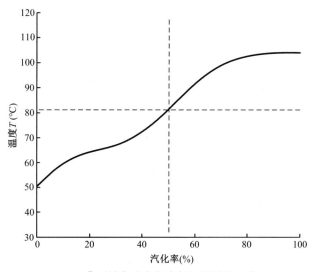

图 4.2　典型的汽油汽化率与温度的关系曲线

　　在低温下汽化的燃料组分称为轻馏分挥发性组分,其对于内燃机的冷起动有利;而在较高温度下汽化的燃料组分称为重馏分挥发性组分,其有利于提高内燃机的容积效率。

　　通常用三个特征温度来描述汽油,即 10% 的汽油汽化的温度, 50% 的汽油汽化的温度和 90% 的汽油汽化的温度。因而,图 4.2 中的汽油也可称为 57-81-103 汽油。

　　如果比较不同品牌的汽油,在给定季节和相同地区的情况下,汽油的挥发曲线也有稍许差异。例如,夏天生产的汽油同冬天生产的汽油相比,其汽化曲线会上移 5 ℃。

如果汽油用一种单组分碳氢化合物来表示,可以近似表示为 C_8H_{15},近似相对分子质量为 111,在本书中的分析和描述过程中多采用这种近似。有时候,汽油可以用异辛烷 C_8H_{16} 表示,因为异辛烷具有与汽油相似的组分结构和热力学性质。

4.3　常见的碳氢化合物组分

碳原子在分子结构上具有四个键,氢原子只有一个键。饱和的碳氢化合物没有碳碳双键或三键,从而可以最大限度地与氢原子结合;不饱和的分子会有碳碳双键或三键。

下面介绍一些碳氢分子的同系物的分子结构,也介绍其他一些常见分子。

4.3.1　烷烃

烷烃的分子表达式为 C_nH_{2n+2},其中 n 为任意数。烃类物质中最简单的也是所有稳定烃类物质中最简单的物质即为甲烷 CH_4,甲烷是天然气的主要成分。甲烷的结构如下:

$$
\begin{array}{c}
H \\
| \\
H-C-H \\
| \\
H
\end{array}
$$

甲烷的同系物丙烷(C_3H_8)的结构如下:

$$
\begin{array}{c}
H \quad H \quad H \\
| \quad\; | \quad\; | \\
H-C-C-C-H \\
| \quad\; | \quad\; | \\
H \quad H \quad H
\end{array}
$$

甲烷的同系物丁烷(C_4H_{10})的结构如下:

$$
\begin{array}{c}
H \quad H \quad H \quad H \\
| \quad\; | \quad\; | \quad\; | \\
H-C-C-C-C-H \\
| \quad\; | \quad\; | \quad\; | \\
H \quad H \quad H \quad H
\end{array}
$$

表 4.2 给出了根据分子结构中碳原子数区分链烷烃和其他碳氢化合物的前缀。链烷烃的同系物使用烷表示,如甲烷、丙烷等。

表 4.2　碳氢化合物燃料的前缀

碳原子数	前缀词
1	甲
2	乙
3	丙
4	丁
5	戊

碳原子数	前缀词
6	己
7	庚
8	辛
9	壬
10	癸
11	十一
12	十二

有些分子的碳链存在分支,与同族分子有相同的碳原子数和氢原子数。例如,异丁烷就是丁烷的同分异构体,与丁烷(C_4H_{10})的化学式相同,但结构不同。异丁烷(C_4H_{10})的结构如下:

```
    H   H   H
    |   |   |
H — C — C — C — H
    |   |   |
    H   C   H
       /|\
      H H H
```

异丁烷也叫甲基丙烷。其主链上有 3 个碳原子,还有 1 个甲基(CH_3)替代了其中的一个氢原子。分子结构式中没有支链的也称为正某烷,所以丁烷有时候也被称为正丁烷。正丁烷和异丁烷具有相同的化学式和相对分子质量,但它们的热力学和物理性质却不尽相同。这同样适用于其他各种不同的同分异构体,即使分子式相同亦是如此。

化学链上的分支可以有许多种分支方法,从而产生许多种不同的化学物质。异辛烷(C_8H_{18})的分子结构如下:

```
    H   CH3  H   CH3  H
    |   |    |   |    |
H — C — C — C — C — C — H
    |   |    |   |    |
    H   CH3  H   H    H
```

异辛烷也可以被称为 2,2,4- 三甲基戊烷,其主链上有 5 个碳原子,支链上有 3 个甲基(CH_3)。值得注意的是,2,4,4- 三甲基戊烷也有相同的结构式。异辛烷的其他同分异构体还有 2- 乙基戊烷(C_5H_{16})和 2- 甲基,3- 乙基壬烷(C_9H_{20})。

2- 乙基戊烷(C_5H_{16})的分子结构如下:

```
    H    H   H   H   H
    |    |   |   |   |
H — C  — C — C — C — C — H
    |    |   |   |   |
    H   C2H5 H   H   H
```

2- 甲基,3- 乙基壬烷(C_9H_{20})的分子结构如下:

```
     H   H   H   H   H   H
     |   |   |   |   |   |
 H — C — C — C — C — C — C — H
     |   |   |   |   |   |
     H  CH₃ C₂H₅ H   H   H
```

4.3.2　烯烃

烯烃的同系物具有一个碳碳双键,因此是不饱和的。烯烃的化学表达式为 C_nH_{2n}。为烯烃命名时,也使用表 4.2 中的前缀。常见的烯烃有乙烯(C_2H_4)、1-丁烯(C_4H_8)、2-丁烯(C_4H_8)、异丁烯或 2-甲基丙烯(C_4H_8)。

乙烯(C_2H_4)的分子结构如下:

```
     H   H
     |   |
 H — C = C — H
```

1-丁烯(C_4H_8)的分子结构如下:

```
         H   H
         |   |
 H — C = C — C — C — H
     |   |   |   |
     H   H   H   H
```

2-丁烯(C_4H_8)的分子结构如下:

```
     H           H
     |           |
 H — C — C = C — C — H
     |   |   |   |
     H   H   H   H
```

异丁烯或 2-甲基丙烯(C_4H_8)的分子结构如下:

```
     H       H
     |       |
 H — C = C — C — H
         |   |
        CH₃  H
```

4.3.3　二烯烃

二烯烃的结构类似于烯烃,但是二烯烃有 2 个碳碳双键。二烯烃为不饱和化合物,其化学表达式为 C_nH_{2n-2},名字常以"二烯"作为后缀。2,5-庚二烯的分子结构如下:

```
     H           H           H
     |           |           |
 H — C — C = C — C — C = C — C — H
     |   |   |   |   |   |   |
     H   H   H   H   H   H   H
```

4.3.4　炔烃

炔烃的同系物有不饱和的链式结构,有一个碳碳三键,其化学表达式为 C_nH_{2n-2}。炔烃中,最为人们所熟知的是乙炔,其分子结构如下:

$$H - C \equiv C - H$$

4.3.5　环烷烃

环烷烃是汽车燃料的主要组分。环烷烃也是不饱和化合物,有一个单键组成的环,其化学表达式为 C_nH_{2n}。环烷烃中,碳氢分子可以产生多种变化,其中一个或更多的氢原子可被不同的侧链基团或链替换。

环丁烷(C_4H_8)的分子结构如下:

```
        H   H
        |   |
   H — C — C — H
        |   |
   H — C — C — H
        |   |
        H   H
```

环戊烷(C_5H_{10})的分子结构如下:

```
      H H  H H
       \|  |/
        C — C
   H —  /    \  — H
       C      C
      / |    | \
     H  H    H  H
        C — C
        |   |
        H   H
```

4.3.6　芳香烃

芳香烃的分子结构具有不饱和环状结构,同时具有碳碳双键,其化学表达式为 C_nH_{2n-6}。芳香烃的同系物中最简单的是苯(C_6H_6),其分子结构如下:

```
        H   H
        |   |
        C — C
       //    \\
  H — C        C — H
       \\      /
        C  =  C
        |    |
        H    H
```

在芳香烃中,用不同的基团替换氢原子可以产生不同的物质,如甲苯和乙苯。甲苯(C_7H_8)的结构简式如下:

乙苯(C_8H_{10})的结构简式如下:

多于 1 个氢原子被替代时,则会产生多种乙苯的同分异构体,如邻二甲苯(C_8H_{10})、间二甲苯(C_8H_{10})、对二甲苯(C_8H_{10}),其结构简式如下:

邻二甲苯　　　　　间二甲苯　　　　　对二甲苯

当 1 个大分子中有超过 1 个环状结构时,会产生许多其他种类的物质,如:

$C_{10}H_8$ 　　　　　$C_{11}H_{10}$ 　　　　　$C_{14}H_{10}$

通常情况下,芳香烃也是汽油燃料中的主要组分,但由于排放污染问题,燃料中不能含有芳香烃。液态芳香烃的密度较高,所以单位体积的能量密度较大,而且芳香烃具有溶胀性,会使一些垫圈材料膨胀或使之溶解。因此,要注意选用燃料输送系统的材料。相比于其他碳氢化合物,芳香烃会溶解较多的水,因此当温度过低时水分会析出并导致管路结冰。从这点看,芳香烃不适合作为压燃式内燃机的燃料。

4.3.7　醇类

醇类与烷烃相似,只是烷烃的氢原子被替换成为羟基(OH),常见的醇类有甲醇(CH_3OH)、乙醇(C_2H_5OH)、丙醇(C_3H_7OH)。

甲醇(CH_3OH)的分子结构如下:

乙醇(C_2H_5OH)的分子结构如下:

$$
\begin{array}{ccccc}
 & H & & H & \\
 & | & & | & \\
H & - C & - & C & - O - H \\
 & | & & | & \\
 & H & & H &
\end{array}
$$

丙醇（ C_3H_7OH ）的分子结构如下：

$$
\begin{array}{ccccccc}
 & H & & H & & H & \\
 & | & & | & & | & \\
H & - C & - & C & - & C & - O - H \\
 & | & & | & & | & \\
 & H & & H & & H &
\end{array}
$$

4.4　自燃和辛烷值

4.4.1　燃料的自燃特性

如果温度足够高，空气和燃料的混合物不需要火花塞或外部物质点燃就可以自行燃烧。燃料自燃发生时的温度称为自燃温度。压燃式内燃机着火的基本原理：当压缩比足够高时，在压缩行程中缸内气体温度高于自燃温度，当燃料被喷入燃烧室时就会发生自燃。而在点燃式内燃机中并不需要自燃（预燃或早燃），而是使用火花塞在恰当的时候来点燃混合物，所以点燃式内燃机的压缩比常限制在 11 以下，以防止燃料发生自燃。点燃式内燃机发生自燃时，会产生压力脉冲，这种压力脉冲会损坏内燃机，而且通常在人耳可听见的频率范围内，这种现象被称为爆震。

图 4.3 显示了自燃发生的基本过程。如果可燃混合气的温度低于自燃温度，就不会发生自燃，然后混合物逐渐冷却。如果混合物被加热到自燃温度之上，在经过短暂的着火延迟时间（滞燃期）之后就会发生自燃。初始温度超出自燃温度越高，滞燃期就越短。受温度、压力、密度、湍流、涡流、空燃比、惰性气体等的影响，可燃混合物的自燃温度和滞燃期并不是固定不变的。

如果燃料的温度升高到自燃温度之上，燃料将在短暂的着火延迟（滞燃期）之后自燃。温度超过自燃温度越高，滞燃期越短，滞燃期通常在 0.001 s 左右。

滞燃期一般时间很短，在此期间，会发生低温预燃反应，主要包括一些燃料组分的氧化，甚至一些大的烃类组分也会裂化成更小的碳氢分子。这些低温反应会使局部温度升高，促进其他反应发生，直到最终的燃烧反应发生。

图 4.4 显示了典型点燃式发动机一个气缸内的压力－时间曲线。在没有自燃的情况下，缸内压力是一条平滑的曲线，发动机运转平稳。当发生自燃时，缸内压力出现高频振荡，发动机会发生爆震。在火花塞刚开始点火时，可燃混合物均匀分布，其正常燃烧；当火焰在燃烧室中传播时，火焰前方的未燃混合物被压缩，其进行轻微爆震的燃烧；随着燃烧的进行，火焰前端继续压缩未燃气体，温度升高到自燃温度之上，就会发生自燃和爆震。

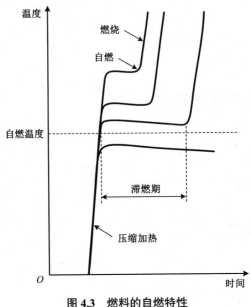

图 4.3　燃料的自燃特性

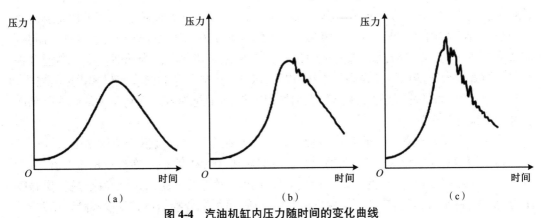

图 4-4　汽油机缸内压力随时间的变化曲线

(a)正常燃烧　(b)轻微爆震的燃烧　(c)严重爆震的燃烧

　　为便于演示,可以将燃烧室看作一个空心长筒,如图 4.5 所示。很明显,这并不是实际内燃机燃烧室的形状,但是它可以让我们直观地看到燃烧过程中发生了什么。这个思路可以外推到真实的内燃机中。在燃烧之前,燃烧室被均分为四个部分,每部分占据的体积相同。燃烧从左边的火花塞处开始,火焰从左向右传播,如图 4.5(a)所示。当燃烧发生时,可燃混合物的温度迅速升高,同时可燃混合物的压力上升、体积膨胀,如图 4.5(b)所示。火焰前端的未燃气体被压缩,压缩产生的温度使可燃混合物的温度上升,在火焰辐射的作用下,未燃混合物的温度进一步升高,并进一步提升了未燃混合物的压力。在这一过程中,由于反应时间非常短,导热和对流传热几乎可以忽略。由于相比于第一区域的压力和温度更高,燃烧反应速率增加,火焰前端以较快的速度通过第二区域。这样一来,火焰前端的未燃混合物会被进一步压缩和加热,如图 4.5(c)所示。同时,燃烧过程产生的能量通过压缩加热和辐射加热的方式,进一步提升了火焰后端已燃气体的温度和压力。进而,火焰断面持续穿越温度和压力越来越高的未燃混合物区域。当火焰前锋面移动到未燃混合物末端时,末端混合物的温度和压力上升到很高的水平。此时,这些末端混合物有可能发生自燃和爆震。为了避免爆震,在滞燃期阶段的未燃混合物达到自燃温度之前,就应该让火焰将混合物点燃。这要通过改变燃烧室形状的设计和控制燃料的成分来实现。

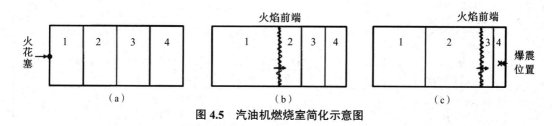

图 4.5　汽油机燃烧室简化示意图

在燃烧过程的后期,缸内温度最高的区域是靠近火花塞附近的点火区。这一区域在点火开始时温度就比较高,在火焰通过燃烧室其余部分时,由于压缩产生的热量以及热辐射作用,此处的温度不断升高。

通过降低点燃式内燃机的压缩比,可以控制压缩行程后期开始燃烧时的温度。降低初始燃烧温度,可降低整个燃烧过程的温度,从而避免爆震。而高压缩比会导致较高的初始燃烧温度,从而导致整个燃烧过程的温度都会很高,此时末端气体在高温下滞燃期将会变短,从而产生爆震。

4.4.2　辛烷值和内燃机爆震

能够描述燃料发生自燃的特性的物性参数为燃料的辛烷值(Octane Number,ON)。这是特定的内燃机在特定的运行条件下,通过比较燃料和标准参照燃料的自燃特性而得出的数值。两种标准的参照燃料是异辛烷(2,2,4-三甲基戊烷)和正庚烷,异辛烷的辛烷值为100,正庚烷的辛烷值为 0。燃料的辛烷值越高,越不容易发生自燃。低压缩比的内燃机可以使用低辛烷值的燃料,也可以使用高辛烷值的燃料;而高压缩比的内燃机必须使用高辛烷值的燃料,以防止发生爆震。

有多种方法可以测定辛烷值,每一种方法给出的辛烷值都略有不同。测试汽油和其他点燃式内燃机燃料的两个最重要方法是马达法和研究法,测出的结果分别是马达法辛烷值(Motor Octane Number,MON)和研究法辛烷值(Research Octane Number,RON)。另一种不太常用的方法是航空辛烷值测定法,用来测定航空燃料的辛烷值(Aviation Octane Number,AON)。20 世纪 30 年代,研究者研制出了测定 MON 和 RON 的测试设备,其是一个单缸顶置气门的四冲程奥托循环内燃机,压缩比可变范围为 3~30。表 4.3 给出了测定 MON 和 RON 的工况条件。

为了测定燃料的辛烷值,采用表 4.3 中的测试条件,测试过程如下:首先,使用待测燃料,并使测试设备在特定的条件下运行,不断调整设备的压缩比直到发生标准水平的爆震现象;然后,将待测燃料替换为两种标准参照燃料的混合物,特制的进气系统可实现两种标准参照燃料混合比例在 0~100% 变化;最后,不断调节混合物的混合比例,直到爆震程度与使用被测燃料时的爆震程度相同,这样混合物中异辛烷的比例即为被测燃料的辛烷值。例如,含 87% 的异辛烷和 13% 的正庚烷的燃料的爆震程度和待测燃料相同,则待测燃料的辛烷值为 87。

表 4.3   MON 和 RON 测量的工况条件

参数	RON	MON
转速(r/min)	600	900
进气温度(℃)	52	149
冷却液温度(℃)	100	100
润滑油温度(℃)	57	57
点火时刻	13° BTDC	19° ~26° BTDC
火花塞间隙(mm)	0.508	0.508
进气压力 空燃比 压缩比	大气压 调整到最大爆震水平 调整到标准爆震水平	

在加油站的加油机上可以找到抗爆震指数:

$$AKI = (MON+RON)/2 \qquad (4.9)$$

抗爆震指数通常用来指代燃料的辛烷值。由于上述测试设备的燃烧室是 20 世纪 30 年代设计的,并且测试是在低速下进行的,其所得的辛烷值与现代高速运行的内燃机并不完全相匹配。对同一台发动机而言,不能用辛烷值作为预测其爆震特性的绝对依据。如果两个机器有相同的压缩比,但是燃烧室几何形状不同,当使用相同的燃料时,一个可能不会产生爆震,而另一个则可能会产生严重的爆震。

测试 MON 的运行条件比测试 RON 的运行条件更加严苛。因而,有些燃料的 RON 值会比 MON 值大,二者之间的差值称为燃料敏感度(Fuel Sensitivity,FS):

$$FS = RON - MON \qquad (4.10)$$

燃料敏感度可有效表示该燃料爆震特性对燃烧室形状设计的敏感程度。低 FS 值意味着燃料的爆震特性对燃烧室几何形状不敏感。FS 值通常为 0~10。

为了测量辛烷值超过 100 的燃料,需要将燃料添加剂与异辛烷混合,便出现了高于 100 的辛烷值点。一种广泛应用多年的添加剂便是四乙基铅。

汽车中使用的汽油的抗爆震指数(辛烷值)一般为 87~95,用于特殊的高性能车和赛车的燃料的辛烷值会更高。往复式点燃航空发动机使用的低铅燃料的辛烷值一般为 85~100。

燃料的辛烷值取决于很多因素,有些因素目前还没有完全弄清楚其影响,这些因素包括燃烧室容积、湍流、涡流、惰性气体等。这些因素的影响可从使用某些具有不同 RON 和 MON 值的燃料时发动机表现出的差异看出。但是,有些燃料具有相同的 RON 和 MON 值。可燃混合物火焰速度越高,其辛烷值高。这是因为火焰速度变快,被加热到超过自燃温度的可燃混合气还没有来得及自燃,就在滞燃期内被消耗掉了,也就避免了爆震。

如果将已知辛烷值的几种燃料混合,那么混合物的辛烷值可近似计算得出:

$$ON_{mix} =(A\%)(ON_A)+(B\%)(ON_B)+(C\%)(ON_C) \qquad (4.11)$$

式中:A%、B%、C% 分别表示组分 A、B、C 的质量分数;ON_A、ON_B、ON_C 分别表示组分 A、B、

C 的辛烷值。

早期的车用燃料的辛烷值非常低,这就要求压缩比也比较低,如图 4.6 所示。这对于当时的发动机来说并不是一种限制,因为受当时技术和材料的限制,发动机无法在较高的压缩比下运行。因为较高的压缩比会导致零部件之间的压力和拉力增大,这对早期发动机的材料来说是无法承受的。

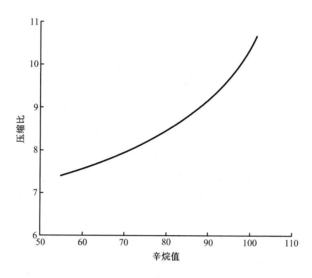

图 4.6　发动机的临界压缩比与燃料辛烷值的关系

长链分子的燃料组分通常具有较低的辛烷值,即链越长,辛烷值越低;而分子支链越多,辛烷值越高。对于给定碳原子数和氢原子数的化合物,连接在支链上的元素个数越多,链长方向的元素个数越少,辛烷值越高。具有环状分子结构的燃料组分具有较高的辛烷值。醇类燃料具有较高的火焰速度,所以它的辛烷值也比较高。

为了提高燃料的辛烷值,人们使用了多种多样的添加剂,如加氢脂肪族、甲基环戊二烯基三羰基锰(MMT)等。多年以来,标准的辛烷值提升剂是四乙基铅(TEL),其化学式为 $Pb(C_2H_5)_4$。在几升汽油中加入几毫升的 TEL 就能有效地提升辛烷值,如图 4.7所示。

最开始使用 TEL 时,其是在加油站与汽油混合在一起使用的。其过程是先将液态的TEL 倒入燃料箱中,然后再加入汽油。这样汽油就会由于倾倒产生的自然湍流和 TEL 混合在一起。这样操作 TEL 并不安全,因为 TEL 会蒸发并产生有毒的蒸气,如果其接触皮肤也会产生危害。因此,后来都是在精炼厂将 TEL 与汽油进行混合,这样操作起来更加安全。然而这样一来,加油站需要为不同辛烷值的燃料配置不同的储油箱和油泵。现在,高辛烷值和低辛烷值汽油是两种不同的汽油燃料,而不是在加油站用普通汽油进行现场调配。图 2.5为点燃式汽车发动机的平均压缩比变化历程,可见在 20 世纪 20 年代,燃料中加入 TEL 后,汽车发动机的压缩比快速增大。

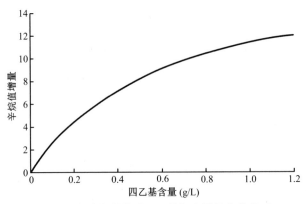

图 4.7　辛烷值增量随四乙基铅含量的变化关系

　　使用 TEL 的最大问题是环境污染, TEL 在使用后,其中的铅元素存留在发动机废气中。铅是一种毒性非常大的有害排放物。在很长一段时间里,由于汽车数量很少,人们并没有认识到铅排放问题的严重性。但是,在 20 世纪 40 至 50 年代,人们首先在美国加利福尼亚州的洛杉矶盆地认识到了汽车废气污染的问题。当地高密度的汽车与盆地独特的气候条件使污染问题尤为严重。在 20 世纪 60 至 70 年代,随着美国和世界各地汽车数量的激增,人们就汽油中不使用铅达成共识。20 世纪 70 年代,低铅和无铅汽油开始上市,至 90 年代初期,美国全面停止使用含铅汽油。

　　然而,去除汽油中的铅给一些老旧的汽油机带来了问题。当燃料中的 TEL 在气缸中参与燃烧时,铅会附着在燃烧室壁上,然后与气缸壁发生热反应并形成非常坚硬的表面。早期发动机的气缸壁、气缸顶部、排气门座等用的是较软的钢材,该设计是设想当这些发动机使用含铅的燃料时,这些部位会因为铅反应而被硬化。当这些发动机使用无铅燃料时,这些部位不会经历铅反应的热硬化处理,就会带来长期使用后的磨损问题。其中,气门座上发生的磨损是最严重的,且曾经出现过因气门座磨破导致的严重事故。现在已有多种铅的替代物,以供仍然使用早期发动机并且希望延长其使用期限的人使用。现在汽油中用来提高辛烷值的添加剂有酒精、有机锰化合物等。

　　随着发动机使用年限的增加,沉积物会逐渐在燃烧室壁面上积累。这从两个方面增加了爆震倾向:第一,气缸余隙容积减小,导致压缩比增加;第二,沉积物作为一种阻隔热量传播的物质,提升了发动机的循环温度,包括最高温度。随着发动机使用年限增加,对燃料辛烷值的要求也会增加,对于旧的发动机来说,所需的燃料辛烷值会平均增加 3~4。

　　爆震通常会发生在发动机节气门全开的大负荷工况下,如快速起动或爬坡时。严重的爆震问题能够通过将点火时刻推迟到压缩冲程后期来抑制。很多现代电控发动机有爆震检测装置,能够帮助确定最佳的操作状态。这些装置通常是用传感器来检测缸内压力脉动,如一些火花塞内装配有压力传感器来监测爆震。此外,人耳也可以很好地监听到爆震异响。

　　发动机爆震也可能由表面点火引起。如果燃烧室壁面存在多个热点,就能够点燃可燃混合物,从而导致发动机的燃烧过程在某种程度上发生失控。这种热点一般在旧发动机燃烧室内表面的沉积物所在处,如排气门、火花塞电极、燃烧室的尖锐拐角处。最糟糕的表面点火是提前点火,即在一个循环中过早地开始燃烧过程。这会造成发动机循环过热,从而形成更多的热点,造成更大面积的表面点火。在极端情况下,当燃烧室内表面的温度过热时,表面点火现象持续发生。这意味着即使关闭了火花塞,发动机还会继续运行。

【例题 4.7】

某燃料是由质量百分比为 15% 的 1- 丁烯、70% 的正丁烷和 15% 的异癸烷混合而成。试确定如下参数:①抗爆震指数;② TEL 的添加量为 0.4 g/L 时的抗爆震指数;③燃料敏感度。

解

1)计算抗爆震指数。

从文献中查得各组分的 RON 和 MON 数据,并根据式(4.11)求出混合物的 MON 和 RON。

研究法辛烷值为

$$RON = (15\%)(99) + (70\%)(112) + (15\%)(113) = 110.2$$

马达法辛烷值为

$$MON = (15\%)(80) + (70\%)(101) + (15\%)(92) = 96.5$$

由式(4.9)求得混合物的抗爆震指数为

$$AKI = (MON + RON)/2 = (96.5 + 110.2)/2 = 103.4$$

2)计算添加 TEL 时的抗爆震指数。

根据图 4.7,TEL 的含量为 0.4 g/L 时,辛烷值的增量约为 7,因此添加 TEL 后混合物的抗爆震指数为

$$AKI_{TEL} = 110$$

3)计算燃料敏感度。

根据式(4.10),计算燃料敏感度:

$$FS = RON - MON = 110.2 - 96.5 = 13.7$$

这是一个相当大的数字,这表明这种燃料的爆震特性对燃烧室的几何形状非常敏感。

4.5　柴油机燃料

4.5.1　柴油机燃料介绍

柴油机燃料(柴油或重油)的相对分子质量和物理性质范围很广。这种燃料的分类方法也很多,有些采用数字标号来分类,有些按用途来分类。一般来说,柴油的精炼度越高,它的相对分子质量就越小,黏度就越低,价格也越高。柴油的标号通常是从 1 到 5 或 6 不等,它的子类用字母来表示,如 1A,2D 等。小标号的柴油具有较小的相对分子质量和较低的黏度,一般用在压燃式发动机上;较大标号的柴油一般用在住宅的供热锅炉和工业锅炉中;更高标号的柴油通常黏度非常高,只能在大规模的供热系统中使用。每种柴油都有一个在各种物理性质方面可接受的限度,如黏度、闪点、倾点、十六烷值、含硫量等。

另一种柴油机燃料的分类方法是根据其用途来分类,包括公共汽车燃料、货车燃料、铁

路机车燃料、船舶燃料、军备燃料等,这些燃料的相对分子质量从低到高不等。

　　为了简便起见,压燃式发动机使用的柴油分为两大类:轻柴油和重柴油。轻柴油的相对分子质量约为170,能够近似用分子式 $C_{12.3}H_{22.2}$ 表示。重柴油的相对分子质量约为200,能近似用分子式 $C_{14.6}H_{24.8}$ 表示。绝大多数的柴油都在上述范围内。轻柴油黏度低,容易用泵输送,喷射形成的液滴较小,价格也会更贵些;而重柴油则常用于拥有较高喷射压力和燃油加热系统的发动机中。通常一辆汽车或轻型货车可以在夏天使用较便宜的重柴油,但是在寒冷天气中由于冷起动和燃料泵问题,必须改用轻柴油。

　　柴油燃料在燃烧时,会产生一个环境问题,该问题是由燃料中的硫元素引起的,即硫在废气中最终与水蒸气结合形成酸。因此,各种排放法规对柴油中的硫含量要求越来越严格。2006年,美国市场上柴油中允许的硫含量500 ppm(体积分数为 5×10^{-4})降至150 ppm(体积分数为 1.5×10^{-5})。这也使消费者的燃料成本每升大约上升0.1美元。

4.5.2　十六烷值

　　在压燃式发动机中,可燃混合物必须能够自燃才可以工作。所以,要选择能够在循环的恰当时间发生自燃的燃料,因此也必须了解和控制燃料的着火延迟时间(滞燃期)。能够表征柴油自燃特性的参数是十六烷值(Cetane Number,CN)。十六烷值越大,滞燃期越短,燃料在燃烧室内的自燃越快;十六烷值越小,意味着燃料具有较长的滞燃期。

　　与辛烷值的测试方法一样,十六烷值是通过将测试燃料与两种标准的参考燃料进行比较来确定的。两种参考燃料分别为正十六烷(n-hexadecane,$C_{16}H_{34}$)和七甲基壬烷(HMN,$C_{12}H_{34}$),其中正十六烷的十六烷值为100,而七甲基壬烷的十六烷值为15。一种燃料的十六烷值可通过比较该燃料的着火延迟时间与具有一定组成的参考燃料的着火延迟时间来确定。

$$CN = (100\%)(正十六烷体积分数) + (15\%)(七甲基壬烷体积分数) \qquad (4.12)$$

　　在测试过程中,使用的是一台可变压缩比的特制压燃式发动机。在上止点前,曲轴转角为13°时,将一定量的测试燃料喷入气缸中,然后改变压缩比直到燃烧在上止点处开始,得到的着火延迟时间为曲轴转过13°的时间。在不改变压缩比的情况下,将测试燃料替换为混合燃料。通过采用两个燃料箱和两个流量控制器,不断地调整参考燃料的配比,直到混合燃料再次在上止点处开始燃烧,就可以得到用来计算测试燃料十六烷值的两种参考燃料的体积分数。

　　该方法除了需要昂贵的测试发动机外,主要困难在于精确地确定燃烧开始时刻。这是因为在燃烧初期的压力增长缓慢,造成检测上有较大难度。

　　常见车用燃料的十六烷值范围是40~60。当发动机的喷油定时和速率一定时,如果燃料的十六烷值较低,则滞燃期将会较长,如图4.8所示。此时,在第一滴燃料开始着火前,会有比预期更多的燃料喷入气缸,进而在燃烧开始时,压力增长非常迅猛。这将导致热效率降低,发动机运转不平稳。这是由于当燃料的十六烷值低于40时,滞燃期长,导致最终开始燃烧时油气混合物较浓,尾气中会有大量的黑烟。排放法规的限制使得这些燃料无法应用于发动机。然而,如果燃料的十六烷值过高,燃烧将在循环中过早地开始,并导致缸内压力在上止点前就迅速升高,发动机在压缩冲程会对气体做更多的负功。

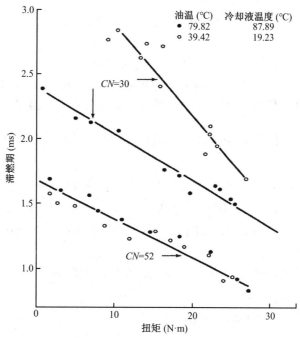

图 4.8　压燃式发动机燃用两种不同燃料时的滞燃期随负荷及润滑油和冷却液温度的变化关系

燃料的十六烷值可通过向燃料中添加特定的添加剂来提高,常用的添加剂包括一些硝酸盐或亚硝酸盐类物质。此外,如图 4.9 所示燃料的马达法辛烷值和其十六烷值的负相关性很强。

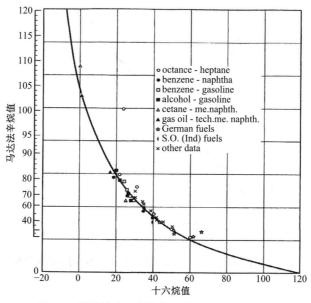

图 4.9　燃料的十六烷值与马达法辛烷值的关系

由于测定燃料十六烷值的费用很高,且难度大,人们提出了很多运用燃料的物理性质估算的经验方法。其中一种估算方法是十六烷指数(Cetane Index,CI)法:

$$CI = -420.34 + 0.016G^2 + 0.192G\left(\log_{10}T_{\text{mp}}\right) + 65.01\left(\log_{10}T_{\text{mp}}\right)^2 - 0.000\,180\,9T_{\text{mp}}^2$$
$$(4.13)$$

式中：$G = 141.5S_{\text{g}} - 131.5$，其中 S_{g} 是相对密度；T_{mp} 是沸点(℉)。

也有文献给出了一种用来估算滞燃期(Ignition Delay，ID)的半经验公式，在此公式中，滞燃期用对应的曲轴转角表示，其是十六烷值和其他运行参数的函数：

$$ID_{\text{ca}} = \left(0.36 + 0.22\overline{U}_{\text{p}}\right)\exp\left\{E_{\text{A}}\left[\left(1/R_{\text{u}}T_{\text{i}}r_{\text{c}}^{k-1}\right) - \left(1/17\,190\right)\right]\left[\left(21.2\right)/\left(P_{\text{i}}r_{\text{c}}^{k} - 12.4\right)\right]^{0.63}\right\}$$
$$(4.14)$$

式中：ID_{ca} 为滞燃期对应的曲轴转角；E_{A} 为活化能，其值为 618 840/(CN+25)；R_{u} 为气体常数，8.314 kJ/(kg·mol·K)；T_{i} 为压缩冲程开始时的温度(K)；$\overline{U}_{\text{p}}$ 为活塞平均速度；P_{i} 为压缩冲程开始时的压力(bar，1 bar =0.1 MPa)；r_{c} 为压缩比，其上标 $k=c_{\text{p}}/c_{\text{v}}$，空气标准循环中取值为 1.35。

对于一款转速为 N 的发动机而言，以毫秒为单位的滞燃期为

$$ID_{\text{ms}} = ID_{\text{ca}}/(0.006N) \qquad\qquad (4.15)$$

式(4.14)和式(4.15)的精确度如图 4.10 所示。

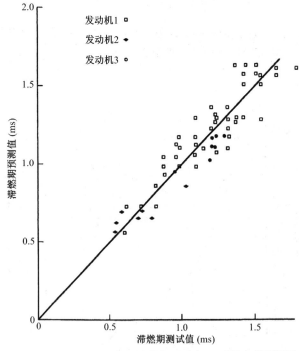

图 4.10　某种柴油的滞燃期测试值与用式(4.15)得出的预测值对比

【例题 4.8】

一台柴油机使用十六烷值为 45 的柴油，转速为 1 600 r/min，要求柴油从上止点前 15° 开始燃烧。该柴油机的缸径为 10.4 cm，冲程为 16.0 cm，压缩比为 14；气缸进口的空气状态为 T_{i}= 33 ℃、P_{i} =98 kPa。试计算：①燃油喷射时刻；②滞燃期(ms)。

解

1)计算燃油喷射时刻。

由式(2.2)计算转速为 1 600 r/min 时的活塞平均速度:

$$\overline{U}_p = 2SN = 2(0.160)(1\,600/60) = 8.53 \text{ m/s}$$

用式(4.14)可以求出以曲轴转角表示的滞燃期,其中活化能为

$$E_A = (618\,840)/(CN + 25) = (618\,840)/(45 + 25) = 8\,841$$

$$ID_{ca} = \left(0.36 + 0.22\overline{U}_p\right)\exp\left\{E_A\left[\left(1/R_u T_i r_c^{k-1}\right) - (1/17\,190)\right]\left[(21.2)/\left(P_i r_c^k - 12.4\right)\right]^{0.63}\right\}$$

$$= (0.36 + 0.22 \times 8.53) \cdot$$

$$\exp\left\{8\,841\left[\left(1/8.314 \times 306 \times 14^{0.35}\right) - (1/17\,190)\right]\left[(21.2)/\left(0.98 \times 14^{1.35} - 12.4\right)\right]^{0.63}\right\}$$

$$= 5.19°$$

因此,喷油时刻为

15° BTDC+ 5.19° BTDC=20.19° BTDC

2)计算滞燃期。

根据式(4.15)计算滞燃期:

$$ID_{ms} = ID_{ca}/(0.006N) = 5.19/(0.006 \times 1\,600) = 0.541 \text{ ms}$$

【例题 4.9】

正十六烷是测定压燃式发动机燃料十六烷值的标准燃料之一,它的十六烷值为 100。试根据式(4.13)求十六烷指数与给出的十六烷值之间的误差。

解

根据文献资料,正十六烷的相对密度为 0.773,沸点为 548° F。使用式(4.13)可求得

$$G = 141.5S_g^{-1} - 131.5 = 141.5/0.773 - 131.5 = 51.55$$

则十六烷指数为

$$CI = -420.34 + 0.016G^2 + 0.192G\left(\log_{10}T_{mp}\right) + 65.01\left(\log_{10}T_{mp}\right)^2 - 0.000\,180\,9T_{mp}^2$$

$$= -420.34 + 0.016(51.55)^2 + 0.192 \times 51.55\left(\log_{10}548\right) + 65.01\left(\log_{10}548\right)^2 -$$

$$0.000\,180\,9(548)^2$$

$$= 83$$

因此,十六烷指数与给出的十六烷值之间的百分比误差为

$$\Delta\% = (83 - 100)/100 = -17\%$$

4.6 替代燃料

在未来的某个时间段内,石油资源将变得十分稀缺,其寻找和开采的成本也显著增加。同时,汽车和其他内燃机的数量将会大量增长。尽管同过去相比,内燃机的燃油经济性已经大幅提升,而且在将来很有可能会被进一步提升,但是数据表明,接下来的数十年里人类对燃料的需求量将会大幅增长,汽油将变得稀少且昂贵。因而,替代燃料的探索和应用成为必

然,其应用也必将变得越来越普遍,主要有以下三方面原因。

1)尽管一直有些内燃机并未使用汽油、柴油,但是这些内燃机的数量很少。由于石油产品的价格高昂,某些发展中国家已经使用醇类作为车辆燃料很多年。许多天然气管道线上的泵站使用天然气发动机来为泵提供动力,这就解决了为天然气泵站运送燃料的问题,因为许多泵站处在十分偏远的地区。与此同时,人们也生产了许多大排量的发动机来满足管道输送的特殊要求,其中有些发动机的气缸和压缩机的气缸被做成一体,类似 V 型发动机一样,气缸和压缩机共用同一根曲轴。

2)促进替代燃料发展的原因是汽油发动机的排放污染。大量的汽车和其他污染源一起已成为全球大气污染的主要原因。人们对发动机做了大量的改进和提升,大大改善了汽车发动机的污染物排放水平。但是,如果在一段时间内虽然减排技术降低了30%的污染物排放,但同时汽车的数量增长了30%,那么污染物排放的净减小则为零。事实上,与汽车污染物排放问题开始变得明显的20世纪50年代的排放水平相比,汽车尾气减排与净化技术已经使污染物排放降低了95%。但是,在汽车数量不断增长的大背景下,人们在这方面还应该做更多的努力。

3)美国及其他工业化国家所需石油的很大一部分需要从石油储量丰富的产油国进口。近年来,美国对外贸易近三分之一的贸易逆差是为了购买石油,约为数百亿美元。

本节会对有可能在汽车发动机和其他种类的内燃机中大量使用的替代燃料进行介绍。这些燃料有的已经开始在少量的乘用车、货车中使用。很多车队车辆,如出租车、送货车、公共事业公司的卡车,被用来测试这些燃料的使用性能,并和其他使用汽油的车辆做对比。

必须注意的是,几乎所有替代燃料测试中使用的都是改进后的内燃机。进行改进前,这些内燃机是为燃烧汽油而设计的,所以这些内燃机对于其他燃料来说并不是最优设计。只有经过数年不断地改进和研究之后,这些发动机才能实现最优的性能和效率。但是,只有将这些替代燃料应用在大量的内燃机上,这些研究和改进才能被证明是可行的。

在市场上已经出现了一些使用双燃料的柴油机,这些柴油机使用甲醇或天然气以及少量的柴油,柴油的作用是在适当的时刻喷入缸内并引燃另一种燃料。

当然,替代燃料的应用也面临一些问题。第一个问题是大部分的替代燃料都十分昂贵,在很大程度上是因为其用量较少。如果替代燃料的使用量达到和汽油相近的水平,那么其生产、运输和销售的成本会降低,价格将会比现在低得多。第二个问题是可提供替代燃料的加油站的分布不均。一方面,只有提供替代燃料的服务站数量足够,人们可以很方便地补充所需燃料时,才会愿意购买和使用替代燃料汽车。另一方面,只有替代燃料汽车的数量足够让服务商赢利,它们才愿意建立数量足够的公共服务站。美国的一些城市已经建立了一些供应替代燃料的服务站,这些服务站可以提供丙醇、天然气、甲醇等燃料。总之,将一种主流燃料更换为另一种燃料的过程将是十分缓慢且成本巨大的,有时也是十分艰难的。例如,有些替代燃料在大规模使用后,其缺点将变得尤为显著。

4.6.1 醇类

醇类是一种很有吸引力的燃料,因为其可以通过多种途径获得,既可以从自然界中获得,也可以通过工业生产制取。甲醇和乙醇是两种主要的醇类,而且是最有前途且最有可能作为燃料的醇类。

醇类燃料的主要优点如下。

1)可以从多种途径获得,包括从自然界中获得和通过工业生产制取。

2)辛烷值高,醇类抗爆震指数超过 100,这是由于醇类燃料具有较高的火焰传播速度。使用高辛烷值燃料的内燃机可以在更高的压缩比条件下运行,从而获得更高的热效率。

3)与汽油相比,醇类的污染物排放减少。

4)醇类在燃烧时产生更多的生成物,在膨胀阶段可以提供更高的压力和能量。

5)蒸发后的冷却效果强,可以降低吸气和压缩行程中气缸的温度,从而提升内燃机的容积效率,降低压缩冲程的负压缩功。

6)含硫量低。

醇类燃料的主要缺点如下。

1)醇类燃料的热值较低。只有燃烧几乎两倍于汽油的醇类才能产生和汽油差不多的热量。在相同的热效率以及相似的输出功的条件下,必须使用两倍的燃料。在油箱容积一定的条件下,汽车所能行驶的距离就会减半。在汽车数量相同的条件下,要有两倍的燃料分配能力,两倍的燃料储存能力,服务站也要有两倍的储存容积,两倍的油罐车和输油管路才能满足醇类燃料的使用。虽然醇类燃料的热值低,在相同油量的情况下发动机的功率还是差不多的,因为醇类所需要的空燃比较低。且醇类中包含氧元素,所以在化学当量比条件下燃烧需要较少的空气,在相同空气量的情况下可以燃烧更多的醇类燃料。

2)在尾气中会有更多的醛类。如果消耗的醇类燃料量和汽油相同,醛类的排放将是一个很严重的尾气污染问题。

3)相对于汽油来说,醇类对铜、黄铜、铝、橡胶及多种塑料材料具有更强的腐蚀性。这就对使用这种燃料的发动机的设计和制造提出了挑战。原本设计使用汽油的内燃机在使用醇类燃料的时候也应该考虑这个问题,油路、油箱、垫片,甚至是发动机金属零件在长期使用醇类燃料后会产生腐蚀,导致油管破裂等故障,因此需要特制的油箱。

4)由于蒸气压较低,使用醇类燃料的车辆在寒冷天气下的起动性能较差。在温度低于 10 ℃时,发动机起动困难。通常在醇类燃料中加入一些汽油,会大幅度提升其起动性能,但这样做却极大地削弱了替代燃料的吸引力。

5)着火特性较差,不易被点燃。

6)醇类燃料的火焰几乎不可见,所以在接触醇类燃料的时候比较危险。但也可以采用在醇类燃料中加入一点汽油的方法解决该问题。

7)储存箱有起火的危险,因为醇类的蒸气压很低,空气容易进入油箱形成可燃混合气。

8)火焰温度低,产生 NO_x 较少,但是会导致排气温度不足,需要更长时间才能将催化转化器加热到合适的运行温度。

9)许多人非常厌恶醇类燃料强烈的刺激性气味,在给车辆加注醇类燃料的时候可能会产生头疼和头晕的问题。

10)在管路中易产生气阻。

11)易溶于水,因此发生泄漏会污染地下水。

(1)甲醇

在所有替代燃料中,甲醇是最有前途的,研究者对其开展了大量研究。许多年来,研究者将甲醇以及甲醇和汽油以不同比例混合而成的甲醇汽油在内燃机中进行了大量的测试研究。常见的混合燃料是 M85(85% 的甲醇和 15% 的汽油)和 M10(10% 的甲醇和 90% 的汽油)。研究者将使用这些燃料的发动机性能和排放结果与使用纯汽油和纯甲醇的发动机数据进行对比。有些电控发动机对燃料的要求比较灵活,可以使用从纯甲醇到纯汽油的任意混合比的燃料。其中,甲醇和汽油分别储存在两个油箱中,以不同的流量被输送到混合室进行混合,然后再喷入发动机;发动机电控系统通过进排气传感器获得必要的信息,然后调整合适的空燃比、点火定时、喷油定时和气门定时。在燃料混合时,应尽量避免混合比发生大幅度的变化,以便保证发动机能够平稳运行。

　　甲醇-汽油混合燃料存在的一个问题是甲醇能够与水互溶。当这种情况发生时,甲醇会部分地从汽油中分离出来,导致混合不均,空燃比出现波动,从而使发动机的运行不正常。

　　有汽车公司开发了使用三种燃料的内燃机,其可以使用汽油、甲醇、乙醇以任意比例混合的燃料。

　　甲醇由化石燃料或可再生资源获得,其来源渠道很多,包括煤、石油、天然气、生物质能、木材、垃圾填埋场,甚至是海洋。但是任何一种方式都需要对原料进行进一步的加工和处理,使甲醇的成本较高;而这些加工和处理都需要消耗能量,对能源节约也不友好。这两点都让甲醇不再那么吸引人。

　　某些地区的加油站将 M10 燃料(10% 的甲醇和 90% 的汽油)作为汽油的替代物出售。因此,最好加油前应先阅读燃油泵上的标签来决定使用什么样的燃油。使用 M10 燃料的发动机所排放的污染物和使用纯汽油时差不多。使用 M10 燃料的优点主要是减少了 10% 的汽油用量。而使用 M85 燃料时,发动机的 HC 和 CO 排放会显著的降低,但是氮氧化物会增加,尤其是甲醛的排放会大幅增加(≈500%)。

　　甲醇燃料在双燃料压燃式发动机中也有所应用。虽然甲醇本身因辛烷值较高并不适合作为压燃式内燃机的燃料,但是如果在其中加入少量的柴油来点燃,甲醇就可以在某些双燃料压燃式内燃机中使用且效果良好。这对一些发展中国家来说很有吸引力,因为甲醇比柴油更加便宜。例如,在美国的加利福尼亚州,公共汽车用压燃式发动机已开展使用甲醇燃料的示范运行,其与燃用柴油相比大大减少了有害气体的排放。

　　(2)乙醇

　　世界上的很多地区,在很多年前就已开始使用乙醇作为汽车燃料。巴西可能是世界上第一个大量使用乙醇作为燃料的国家。在 20 世纪 90 年代初,巴西就有 450 万辆汽车使用含 93% 乙醇和 7% 汽油的乙醇汽油作为燃料。在很长一段时间内,美国中西部的玉米产区很多加油站长期供应由 90% 的汽油和 10% 的乙醇混合而成的乙醇汽油。与甲醇一样,使用乙醇汽油的内燃机也在不断发展。在乙醇汽油中,比较重要的型号是 E85(含 85% 的乙醇)和 E10(含 10% 的乙醇)。E85 是以乙醇作为基础,通过加入 15% 的汽油来解决纯乙醇使用中的一些问题,如冷起动、油箱易起火等。使用 E10 乙醇汽油时,并不需要对汽车发动机进行改变。目前,可以使用任意混合比例的可变燃料发动机仍在开发中。

　　乙醇可以由乙烯制得,也可以由糖或作物发酵获得。大部分乙醇是由玉米、甜菜、甘蔗甚至是纤维素(树木和纸)制成的。在美国,玉米是乙醇的主要原料。现阶段由于生产和加工的原因,乙醇的价格较高,如果乙醇能够得到广泛使用,其价格将会降低。但是,如果大量使用乙醇的话,可能会产生粮食与燃料之间的竞争问题,会使两者价格都升高。有研究表明,在现阶段的美国,为了生产乙醇而种植的玉米,在耕作、种植、收获、发酵、运输过程中消耗的能量比乙醇本身提供的能量还多,这导致人们不准备将乙醇作为替代能源。

使用乙醇的内燃机的 HC 污染物排放比使用汽油的少,但是比使用甲醇的多。

【例题 4.10】

一辆出租车装备有一台使用可变燃料的四缸点燃式发动机,发动机以甲醇和汽油的混合物为燃料,当量比为 0.95。试问空燃比如何改变才能使发动机的燃料从使用 M10(含 10% 的甲醇)转变为使用 M85(含 85% 的甲醇)?

解

M10 燃料的各组分参数见表 4.5。

表 4.5　M10 燃料的各组分参数

燃料	质量(kg)	相对分子质量	摩尔质量(kg/mol)	摩尔质量比
CH_3OH	0.10	32	3.125×10^{-3}	0.278
C_8H_{15}	0.90	111	8.108×10^{-3}	0.722
合计	1.00		11.233×10^{-3}	1.00

M10 燃料与当量比空气燃烧的化学反应平衡方程式为

$$0.278CH_3OH+0.722C_8H_{15}+8.900\,5O_2+8.900\,5(3.76)N_2 \rightarrow$$
$$6.054CO_2+5.971H_2O+8.900\,5(3.76)N_2$$

M10 燃料在当量比为 0.95 情况下的化学反应平衡方程式为

$$0.278CH_3OH+0.722C_8H_{15}+(8.900\,5/0.95)O_2+(8.900\,5/0.95)(3.76)N_2 \rightarrow$$
$$6.054CO_2+5.971H_2O+(8.900\,5/0.95)(3.76)N_2+0.468O_2$$

空燃比为

$$AF_{M10}= \frac{m_a}{m_f} = \frac{(8.900\,5/0.95)\times(1+3.76)\times 29}{0.278\times 32+0.722\times 111} = 14.53$$

M85 燃料的各组分参数见表 4.6。

表 4.6　M85 燃料的各组分参数

燃料	质量(kg)	相对分子质量	摩尔质量(kg/mol)	摩尔质量比
CH_3OH	0.85	32	26.563×10^{-3}	0.952
C_8H_{15}	0.15	111	1.351×10^{-3}	0.048
合计	1.00		27.914×10^{-3}	1.00

M85 燃料与当量比空气燃烧的化学反应平衡方程式为

$$0.952CH_3OH+0.048C_8H_{15}+1.992O_2+1.992(3.76)N_2 \rightarrow$$
$$1.336CO_2+2.264H_2O+1.992(3.76)N_2$$

M85 燃料在当量比为 0.95 情况下的化学反应平衡方程式为

$$0.952CH_3OH+0.048C_8H_{15}+(1.992/0.95)O_2+(1.992/0.95)(3.76)N_2 \rightarrow$$
$$1.336CO_2+2.264H_2O+(1.992/0.95)(3.76)N_2+0.105O_2$$

空燃比为

$$AF_{M85} = \frac{m_a}{m_f} = \frac{(1.992/0.95) \times (1+3.76) \times 29}{0.952 \times 32 + 0.048 \times 111} = 8.09$$

因此,随着燃料组分的变化,发动机的控制系统需要将空燃比由 14.53 调整为 8.09。

【例题 4.11】

有一位老爷车收藏爱好者驾驶一辆 1950 年生产的别克轿车在路上行驶,他发现汽车没油了,就去了加油站加了一箱油。该车装备的是一台大排量八缸直列发动机,使用化油器以当量比供给汽油。他没有注意到所加汽油是否是 M10 燃料(含有 10% 的甲醇),但他注意到在接下来的几天里,车辆的动力略有下降。试计算假如化油器以当量比供给燃料,该车使用 M10 燃料时实际的当量比。

解

汽油的当量比燃烧的化学反应平衡方程式为

$$C_8H_{15} + 11.75O_2 + 11.75(3.76)N_2 \rightarrow 8CO_2 + 7.5H_2O + 11.75(3.76)N_2$$

化油器使汽油在当量比下燃烧,因此该发动机的空燃比为

$$AF = \frac{m_a}{m_f} = \frac{11.75 \times (1+3.76) \times 29}{1 \times 111} = 14.61$$

当使用 M10 燃料时,化学反应平衡方程式为

$$0.278CH_3OH + 0.722C_8H_{15} + 8.900\ 5O_2 + (8.900\ 5)(3.76)N_2 \rightarrow$$
$$6.054O_2 + 5.971H_2O + (8.900\ 5)(3.76)N_2$$

此时,该发动机的空燃比为

$$AF_{stoich} = \frac{m_a}{m_f} = \frac{8.900\ 5 \times (1+3.76) \times 29}{0.278 \times 32 + 0.722 \times 111} = 13.80$$

因此,使用 M10 燃料时,发动机的实际当量比为

$$\phi = \frac{AF_{stoich}}{AF} = \frac{13.80}{14.61} = 0.945$$

在例题 4.11 中,假设汽油和 M10 燃料的密度相同,但实际上 M10 燃料的密度略高。如果要广泛使用 M10 燃料,则应重新调整化油器到当量比燃烧状态。此外,在老旧汽油发动机上使用含乙醇的燃料还可能出现燃料和发动机部件之间的材料兼容性问题。

4.6.2　氢气

氢能被认为是未来可能取代汽油的主要能源形式。氢可以作为内燃机的燃料,也可用于燃料电池并取代内燃机为汽车提供动力。氢作为内燃机的燃料,具有高辛烷值,且不会产生 CO、CO_2 和 HC 排放的优点。但在将氢作为车辆燃料使用前,必须要解决两个重要的问题:氢燃料的存储、氢燃料的加注。

许多公司已经制造出搭载氢燃料发动机的相关样车或改装车,其中一些公司的中端商用车也使用了氢燃料发动机。德国宝马公司正在开发使用汽油 - 氢气的双燃料汽车。日本

马自达公司已经将氢燃料应用在转子发动机上,这是因为氢燃料较适用于转子发动机,其燃料入口位于发动机的一侧,而燃烧室位于另一侧,从而降低了发动机机体过热引发早燃的可能性,因为氢很容易被引燃。

汽车上使用的氢燃料能够以三种相态中的任意形式来储存:液态、气态或固态。目前,实验车辆主要采用低温液体形式储存氢燃料。在一个大气压下,液氢的储存温度必须在 -250 ℃ (23 K) 以下,这意味着需要体积庞大、隔热性能优越的燃料箱。如果对燃料箱加压,存储温度可以适当上升。140 L 液氢与 40 L 汽油具有相同的燃烧放热量。在汽车上向液氢罐加氢是很困难并且很危险的,因此不允许普通人进行液氢的加注。在 20 世纪初,世界上唯一可供公众使用的液氢加注站位于德国的慕尼黑机场。

氢气可以以压缩气体形态储存在压力最高为 35 MPa 的储罐中。然而,对大部分车辆而言,要携带足够的氢气,其储罐的大小是无法令人接受的。同时,普通民众也很难为其车辆自行加注压缩氢气燃料。

氢气可以储存在金属氢化物中,如氢化镧或氢化钛 - 铁。当金属氢化物冷却时,它会通过化学反应吸附氢气;当用发电机或电池向金属氢化物通电并稍微加热时,氢气会脱附释放并作为内燃机或燃料电池的燃料。但使用这种储存方法时,任何车辆都将面临质量过大的问题。目前,金属氢化物可以吸收其质量的 3.5% 的氢,行驶 480 km 的实验车辆需要配备 86 kg 的金属氢化物。随着技术发展,金属氢化物的吸附能力可能会增加到 7%~15%,但共性的问题是金属氢化物的吸附效率会随着循环次数的增加而下降。在未来,有可能用液体氢化物(硼、钠、钙)储存氢气。

氢作为内燃机燃料具有如下优点。

1)高辛烷值。当以 0.6 的当量比使用时,可以在压缩比 14 的状态下工作而不产生严重的爆震问题,热效率高。

2)低排放。由于氢燃料中不含碳元素,因此排气中基本不含 CO、CO_2 或 HC。如果发动机以低当量比运行,则可以将 NO_x 的排放保持在较低水平,从而不再需要催化转化器。使用氢燃料发动机的排放物主要是 H_2O 和 N_2。

3)来源广。氢气可以通过多种不同的途径获得,如采用天然气制氢或电解水制氢等。然而,如果将天然气转化为氢气时的能量消耗和环境影响一并考虑,将天然气直接用于发动机会更好。另外,电解水制氢中电的来源及其对能源和环境的影响也要考虑。采用太阳能制氢或提高燃料电池的技术水平可能是利用氢燃料的较好途径。

4)氢燃料即使泄漏也不会污染环境。

氢燃料存在如下缺点。

1)无论对于车辆还是加注服务站来说,氢的存储装置都过于笨重。但对于固定式发动机来说,这并不是一个大问题。

2)氢燃料的加注难度较大。

3)氢燃料内燃机的容积效率低。在内燃机中燃烧气体燃料时,气体燃料会减少进气量,从而降低容积效率。对于氢燃料尤其如此,氢燃料内燃机通常采用稀薄燃烧技术。

4)考虑到当前的技术水平,氢燃料的使用成本较高。

5)氢燃料易发生爆炸。

历史小典故 4.1:氢气悲剧

　　20 世纪,有两起重大悲剧事件都与氢有关。1986 年 1 月 28 日,挑战者号航天飞机(Challenger)在美国佛罗里达州的肯尼迪航天中心起飞不久后发生爆炸,机上 7 名宇航员全部遇难。事后查明,事故原因是密封环故障导致液氢燃料泄漏,引发航天飞机爆炸。1937 年 5 月 6 日,兴登堡号(Hindenburg)飞艇在美国新泽西州的莱克赫斯特着陆时发生爆炸,艇上 97 人中有 36 人遇难。在这场悲剧中,爆炸的氢气并没有被用作燃料,而是为飞艇提供升力。有人提出了几种可能的事故原因,包括静电、闪电或蓄意破坏。约 245 m 长的兴登堡号飞艇是迄今为止人类建造的最大的刚性结构飞艇。兴登堡号飞艇的坠毁促使了商业飞艇时代的结束。

4.6.3　天然气

　　天然气是一种混合物,成分包括甲烷(体积分数 60%~98%),少量的其他碳氢化合物,一定量的 N_2、CO_2、He,以及少量的其他气体。此外,天然气的硫含量变化范围很大。天然气在压力 16~25 MPa 下以压缩天然气(Compressed Natural Gas,CNG)形式储存,或在压力 70~210 kPa、温度 -160 ℃ 下以液化天然气(Liquefied Natural Gas,LNG)储存。天然气燃料应用在单点喷射式内燃机时效果最好,其中燃料的混合时间会得到延长,这正是使用氢气燃料时所不具备的。政府部门和企业以 CNG 为燃料对各种车辆进行了大量测试。

　　天然气作为燃料的优点如下。

　　1)辛烷值高。天然气的辛烷值为 120,这使其成为很好的点燃式发动机燃料。天然气辛烷值高的一个原因就是其火焰传播速度快,因此发动机可以在高压缩比条件下运行。

　　2)污染物排放少。相对于使用甲醇来说,使用天然气的内燃机的醛类物质排放很少,CO_2 的排放也少。

　　3)储量丰富。天然气在世界范围内都很容易获得;其也可以由煤炭制取,但是成本较高。

　　天然气作为燃料的缺点如下。

　　1)能量密度低,发动机性能略有下降。

　　2)容积效率下降,气体燃料会占据部分空气空间。

　　3)需要大的加压储存装置。大多数天然气燃料测试车的续航里程只有 200 km 左右。此外,加压储气罐也存在安全问题。

　　4)各地的天然气特性不一致。

　　5)燃料加注速度慢。

　　目前,业内正在开发用于卡车和固定位置的天然气-柴油双燃料压燃式发动机。出于经济因素和环境因素考虑,这些发动机以低硫天然气(某些情况下为纯甲烷)为主要燃料,并使用少量高品质的低硫柴油进行点火。天然气具有比柴油更低的燃烧温度,通过延迟喷射,燃烧温度还可以进一步降低,这大大减少了 NO_x 的生成量。此外,由于燃料中的碳含量较低,燃烧产生的二氧化碳较少,固体颗粒物排放也少。这些发动机使用同轴双燃料喷油器同时喷入两种燃料,天然气以接近声速喷入缸内并产生强烈湍流,从而加速火焰传播速度。

研究表明,双燃料发动机的着火延迟时间几乎与柴油机相同,或可能稍微长一些。燃烧过程可以概括为预混燃烧(如火花点火发动机)和扩散燃烧(如压燃式发动机)的复合燃烧过程(见本书第 7 章)。

还有一种以天然气/甲烷作为燃料的特殊内燃机——垃圾填埋气体发动机。这类大型固定式发动机的功能是发电,燃料来自垃圾填埋场释放的气体。在 2000 年,英国有 2% 的电力来源于由垃圾填埋气体发动机驱动的发电机。作为燃料的垃圾填埋气是一种"非常脏并且质量良莠不齐"的气体,其通常含有 45%~65% 的甲烷,杂质包括硅、氯、氟和固体颗粒等。因此,应该加强对这种气体的过滤净化,并将进气管道和工作气体维持在较高温度以避免杂质发生凝结。由于垃圾填埋气含有的酸性物质具有腐蚀性且发动机的运行温度高,相关发动机的部件,如活塞和气门等,应由特殊材料制成,并应配备特殊的润滑油。

历史小典故 4.2:使用天然气的公共汽车

在东亚和南亚的一些国家,有一些使用天然气作为燃料的公共汽车,其拥有独特的燃料储存系统。气体大约以一个大气压的压力储存在公共汽车顶部的大型可充气橡胶储气装置中。在燃料充满的情况下,这些公共汽车的高度约为无燃料时的两倍。另外,这些公共汽车不需要配备燃料计量器。

4.6.4 丙烷和丁烷

丙烷是继汽油和柴油之后,在美国使用率第三高的汽车燃料,已经在许多车队进行了多年的丙烷燃料测试。丙烷是一种良好的高辛烷值燃料($AKI > 100$),同时排放较低。与汽油内燃机的排放相比,丙烷内燃机的排放中,CO 减少约 60%,HC 减少 30%,NO_x 减少 20%。由于丙烷属于单组分燃料,发动机和催化系统可以进行高度优化。丙烷在常温常压下以液体形式储存,并通过高压管线输送,汽化后进入发动机中燃烧。

丙烷是天然气生产和石油精炼加工中的副产品,因此其生产受到限制,不太可能只是为了生产丙烷而加大其他产品的生产。同时,丙烷除了作为车辆燃料使用以外,在美国还有一个主要的用途是为家庭供暖。美国已经在全国范围内建立了大型的丙烷供应体系,但这些服务站中的大多数并非设计用于为车辆服务。

最近,有研究者开展了以丙烷-丁烷混合物作为车辆燃料的研究工作,研究了 20% 丁烷/80% 丙烷、30% 丁烷/70% 丙烷和 50% 丁烷/50% 丙烷等多种燃料。丁烷的来源更广,未来更有可能成为发动机的替代燃料。丁烷的辛烷值(约 92)略低于丙烷,但仍高于大多数汽油。当以液体储存时,其单位体积具有更大的能量密度,这大大增加了车辆的续航里程。

4.6.5 配方汽油

配方汽油是在普通汽油的基础上,通过改良配方以及加入添加剂来降低发动机的排放。燃料中的添加剂包括抗氧化剂、抗腐剂、金属钝化剂、清洁剂和沉积物抑制剂等。加入诸如甲基叔丁醚(MTBE)和醇类的氧化物,可使汽油中的氧的质量分数提升到 1%~3%,这有助于减少排气中的 CO 含量。降低汽油中的苯、芳烃和高沸点组分的含量,可以使汽油的蒸气压降低。考虑到发动机沉积物对排放的影响,也在汽油中加入沉积物抑制剂、清洁剂等。在这些添加剂中,某些会对化油器起清洁作用,有的则会清洁喷油器,还有一些会清洁气门。但通常这些添加剂都不会对其他部件起到清洁作用。最近,甲基叔丁醚的使用受到了质疑,因为这种添加剂一旦泄漏会造成地下水的污染。

使用配方汽油的另一个好处是所有汽油发动机,无论新旧,都无须进行改装。不利的一面是配方汽油的减排幅度有限,但成本会上升,同时石油产品的使用量也没有减少。

4.6.6　水煤浆

在 19 世纪下半叶,石油燃料在发动机上的应用尚不完美,人们在内燃机上尝试应用了许多其他燃料。当狄塞尔研制发动机时,水煤浆就是备选燃料之一。水煤浆就是将煤炭的细颗粒分散在水中,其可以在早期的柴油机中进行喷射和燃烧。虽然水煤浆最终没有成为一种常用的燃料,但是对使用这种燃料的发动机的研究却已持续了近百年。目前,降低煤炭平均粒径的燃料开发技术仍在继续研究中。1894 年,煤炭粉末的平均粒径约为 100 μm;从20 世纪 40 年代到 70 年代,该数字逐步减小至 75 μm;到 20 世纪 80 年代初,该数字进一步减小到约 10 μm。典型的水煤浆中,煤炭和水的质量分数均为 50%。这种燃料的一个主要问题是固体颗粒对喷油器和活塞环的磨损。

由于来源充足,煤炭是一种很有吸引力的燃料。然而,从环境的角度来看,煤炭燃烧后会生成大量 CO_2,导致其吸引力下降。如果作为发动机燃料,将煤液化或气化后再使用似乎比使用水煤浆更可行。

【例 4.12】

假设以化学当量比燃烧水煤浆,其中煤炭的质量分数为 50%。试计算:①空燃比;②燃料的热值。

解

1)计算空燃比。

假设煤只由碳构成,单位摩尔的水煤浆燃料,将由 1 mol 碳和(12/18)mol 水组成。

该水煤浆发生化学计量燃烧时的化学反应平衡方程式为

$$C(s)+(12/18)H_2O + O_2 +(3.76)N_2 \rightarrow CO_2 +(12/18)H_2O +(3.76)N_2$$

空燃比为

$$AF = \frac{m_a}{m_f} = \frac{1\times(1+3.76)\times 29}{1\times 12+(12/18)\times 18} = 5.75$$

2)计算水煤浆的热值。

由相关参考书查得,碳的热值 $(Q_{LHV})_C$=33 800 kJ/kg,水的热值 $(Q_{LHV})_W = 0$。

因此,由 50% 碳和 50% 水组成的水煤浆的热值为

$$(Q_{LHV})_{mix} = 33\ 800/2 = 16\ 900\ kJ/kg$$

相比于普通碳氢化合物(Q_{LHV}=40 000~50 000 kJ/kg)而言,水煤浆的热值较低。然而,较低的空燃比意味着在相同的进气量下可以提供更多的燃料,从而可以使发动机的输出功率与其他燃料的发动机相媲美,只是此时的比燃料消耗会非常高。

4.6.7　其他燃料

在内燃机的发展历程中,出于发展的需要或某些集团的利益驱动,人们一直在尝试使用各种各样的燃料。目前,欧洲研究人员正在对许多生物质燃料开展研究,这些燃料包括由木材、大麦、大豆、油菜籽、棉花籽、向日葵籽、玉米油甚至牛脂或猪粪制成的生物柴油。这些燃料通常成本低、含硫量低,并且排放较低,但这些燃料也有缺点,如热值低、燃油消耗率高等。另外,使用生物柴油还可能导致内燃机和人类争夺粮食,使粮食的价格上涨。

历史小典故 4.3：汽车用炭来行驶

在 20 世纪 30 年代末到 40 年代初的第二次世界大战期间,石油产品变得非常稀缺,尤其在欧洲,几乎所有的汽油产品都被德国军方占有。虽然普通居民无法获得汽油,给他们的生活造成不便,但这并没有阻止人们使用所钟爱的汽车。

瑞典和德国的几家企业开发了一种使用木炭、木材或煤炭等固体燃料来驱动汽车的方法。他们利用 20 年前的技术,在汽车后备箱或拉动的小型拖车上搭建了一个燃烧室(CO 发生器)。将煤炭、木材或其他固体以及废弃燃料在限制供应氧气(空气)的情况下燃烧,这样就会产生一氧化碳,然后通过管道将一氧化碳输送到发动机中。由于煤基本上是碳,所以燃烧室中发生的理想反应为

$$C+O_2+(3.76)N_2 \rightarrow CO+(3.76)N_2$$

CO 通过管道输送到发动机气缸中,缸内的理想反应为

$$CO+(3.76)N_2+O_2+(3.76)N_2 \rightarrow CO_2+(3.76)N_2$$

其中,$CO+(3.76)N_2$ 是燃料包含的成分。

显然,需要对发动机上的化油器进行调整才能维持正确的空燃比。当化油器调整后,汽车就可以开动了,只是功率和寿命要低得多,因为燃烧室中产生的杂质很快就会污染发动机的燃烧室,即使进行过滤后也会如此。另一个问题就是 CO 中毒,CO 是一种有毒且无味无色的气体。当 CO 进入车内时,司机和其他乘客就有中毒和死亡的危险。CO 中毒后,司机的行为反应会像酒驾司机一样,导致发生驾驶事故。

直到 20 世纪 70 年代末期,瑞典仍在致力于开发这种使用固体燃料的汽车。

【例题 4.13】

在第二次世界大战期间,瑞典的一位汽车爱好者发现自己无法获得汽油来驾驶车辆。像他的许多邻居一样,他自己制造了一辆拖车,上面安装了一个使用木炭的 CO 发生器。然后他将产生的 CO(包含 N_2)用管道输送到发动机并用作汽车的燃料。试估算这台车采用 CO 作为燃料后的功率损失,这辆车的化油器是为燃烧当量比汽油而设计的。

解

汽油与空气进行化学计量燃烧时的化学反应平衡方程式为

$$C_8H_{15}+11.75O_2+11.75(3.76)N_2 \rightarrow 8CO_2+7.5H_2O+11.75(3.76)N_2$$

因为汽油的热值 $Q_{HV}=43.01$ MJ/kg,所以 1 mol 汽油的放热量为

$$Q_{in}=m_fQ_{HV}=1\times111\times43.0=4\,773 \text{ MJ}$$

燃烧汽油时,1 mol 氧气(对应 4.76 mol 空气)对应的汽油放热量为

$$Q'_{in} = 4\,773 / 11.75 = 406.2 \text{ MJ}$$

CO-N_2 混合燃料(来自 CO 发生器)与空气进行化学计量燃烧时的化学反应平衡方程式为

$$2CO + (3.76)N_2 + O_2 + (3.76)N_2 \rightarrow 2CO_2 + 2(3.76)N_2$$

因为 CO 的热值$(Q_{HV})_{CO} = 10.1$ MJ/kg,所以 2 mol 的 CO 放热量为

$$(Q_{in})_{CO} = m_f(Q_{HV})_{CO} = 2 \times 28 \times 10.1 = 565.6 \text{ MJ}$$

然而,因为 CO-N_2 混合燃料是一种气体燃料,其取代了进气系统中的一部分空气。在进气系统中,1 mol 氧气(对应 4.76 mol 空气)对应的 CO-N_2 混合燃料为 2+3.76 = 5.76 mol。由于总气体体积流量相同,因此燃烧混合燃料时,1 mol 氧气对应的燃料放热量为

$$(Q_{in})'_{CO} = \frac{565.6}{1} \frac{4.76}{4.76 + 5.76} = 255.7 \text{ MJ}$$

热量损失为

$$\Delta(Q_{in}) = \frac{406.2 - 255.7}{406.2} = 37.1\%$$

假设两种燃料的燃烧效率相同且发动机机械效率相同,则使用混合燃料后,有效功率下降为原来的 62.9%。

上述结果是在理想条件下得到的。在实际的发动机-CO 发生器体系中,还有很多额外的损失,如固体杂质、过滤器、燃料输送等都会造成损失,其会显著降低实际发动机的功率输出。

4.7 小结

截至目前,用于内燃机的两种主要燃料是汽油和柴油。随着时间推移,发动机技术的改进和使用环境的不同,汽油和柴油的组分和添加剂都有了很大变化。21 世纪以来,由各种农产品和其他途径制成的乙醇燃料变得越来越重要。随着空气污染问题日益严重以及即将出现的石油短缺问题,世界各地正在开展寻找合适的替代燃料以满足未来几十年的需求。

习题 4

4.1 C_4H_8 燃料在发动机中浓燃,对排气干燥后进行分析,各组分的体积分数如下:CO_2 为 14.95%,C_4H_8 为 0.75%,CO 为 0%,H_2 为 0%,O_2 为 0%,其余为 N_2。C_4H_8 燃料的高热值 $Q_{HHV} = 46.9$ MJ/kg。试写出在此条件下 1 mol 燃料燃烧时的化学反应平衡方程式,并计算:

①空燃比;

②当量比;

③燃料的低热值(MJ/kg);

④当 1 kg 这种燃料在发动机中燃烧且燃烧效率为 98% 时,所释放的能量(MJ)。

4.2 画出 2-甲基-2, 3-乙基丁烷的化学结构式,说明其是什么族的异构体? 写出当量比 $\phi = 0.7$ 时,1 mol 这种燃料燃烧时的化学反应平衡方程式,并计算此燃料的化学当量空

燃比。

4.3　画出 3,4- 二甲基己烷、2,4- 二乙基戊烷、3- 甲基 -3- 乙基戊烷的化学结构式,并使用这些物质是哪些分子的异构体?

4.4　氢在实验发动机中与化学当量的氧气燃烧,反应物的初始温度为 25 ℃,并在恒定压力下完全燃烧。试写出化学反应平衡方程式,并计算:

①燃空比;

②当量比;

③该燃烧的理论最高温度(K)(使用来自热力学教科书的焓值);

④排气压力为 101 kPa 时,排气的露点温度(℃)。

4.5　异辛烷在发动机中在当量比为 0.833 3 的情况下燃烧。假设完全燃烧,试写出化学反应平衡方程式,并计算:

①空燃比;

②使用多少空气(%);

③这种燃料的 AKI 值和 FS 值。

4.6　一辆赛车使用硝基甲烷燃料,并在当量比为 1.25 的情况下运行。除未燃烧的燃料外,氮气未发生反应。试写出化学反应平衡方程式,并计算:

①化学当量空气的百分比(%);

②空燃比。

4.7　甲醇在发动机中在当量比为 0.75 的情况下燃烧,排气压力和入口压力均为 101 kPa。试写出化学反应平衡方程式,并计算:

①空燃比;

②入口空气干燥条件下,排气的露点温度(℃);

③入口空气为 25 ℃,相对湿度为 40% 时,排气的露点温度(℃);

④甲醇的抗爆震指数。

4.8　一台排量为 3 L 的四缸四冲程点燃式发动机,计算其节气门全开时产生的指示功率,该发动机以汽油或甲醇为燃料,在 4 800 r/min 的转速下运行。发动机运转过程中,对进气歧管进行加热,使所有燃料在进气口之前完成蒸发,并且空气 - 燃料混合物以 60 ℃ 和 100 kPa 的条件进入气缸。发动机的压缩比 r_c = 8.5,燃料当量比 ϕ = 1.0,燃烧效率 η_c = 98%,容积效率 η_v = 100%。试计算:每种燃料的指示燃料消耗量 [g/(kW·h)]。

4.9　压缩比 r_c = 10 的四缸点燃式发动机在奥托循环条件下以 3 000 r/min 转速和乙醇作为燃料进行燃烧。压缩冲程开始时,气缸内的条件是 60 ℃ 和 101 kPa。发动机的燃烧效率 η_c = 97%。试写出这种燃料的化学平衡反应方程式,并计算:

①发动机在当量比为 1.10 的条件下运行时的空燃比;

②循环①中的峰值温度(℃);

③循环①中的峰值压力(kPa)。

4.10　一台六缸四冲程点燃式发动机在节气门全开工况下以奥托循环运行,其喷油器可以实现多点喷射。通过控制喷油器参数使汽油在化学当量条件下燃烧。试计算:

①空气 - 汽油混合物的当量比;

②使用乙醇代替汽油且不重新调整喷油器时的当量比;

③假设空气流量和热效率不变,乙醇和汽油具有相同的燃烧效率,使用乙醇燃料后,有效功率的变化情况(%)。

4.11 空气流量相同时,用化学当量的硝基甲烷代替化学当量的汽油,且热效率和燃烧效率不变。试计算发动机功率增加的百分比(%)。

4.12 对比使用化学当量比的汽油、化学当量比的甲醇和化学当量比的硝基甲烷时,发动机的指示功率。假设所有燃料具有相同的燃烧效率、热效率和空气流量。

4.13 一台发动机以异癸烷作为燃料,异癸烷密度 ρ_{isod}=768 kg/m³, 1- 丁烯密度 ρ_{but}=595 kg/m³。试计算:

①燃料的抗爆震指数;

②将四乙基铅(TEL)以 0.2 g/L 的量加入燃料后,燃料的 MON 值;

③应在 10 L 异癸烷中加入多少升 1- 丁烯,可以得到 MON 值为 87 的混合物。

4.14 排量为 6 L 的八缸四冲程循环点燃式赛车发动机使用化学当量比的硝基甲烷作为燃料,以 6 000 r/min 运行。发动机的燃烧效率为 99%,燃料输入率为 0.198 kg/s。试计算:

①发动机的容积效率(%);

②进入发动机的空气流量(kg/s);

③每个循环中,每个气缸产生的热量(kJ);

④废气中未燃燃料中的化学能(kW)。

4.15 写出甲醇是汽车的良好替代燃料的三个理由;写出甲醇不是一种好的替代燃料的三个理由。

4.16 当在 5 000 kPa 的压力下将 0.5 mol 的氧气和 0.5 mol 的氮气一起加热至 3 000 K 时,一些混合物将通过反应形成 NO,化学反应平衡方程式为 $O_2+N_2 \rightarrow 2NO$,并假设只发生这一种反应。试计算:

①在上述条件下的化学反应平衡常数;

②平衡时 NO 的摩尔数;

③平衡时 O_2 的摩尔数;

④如果总压力增加一倍,平衡时 NO 的摩尔数;

⑤在 5 000 kPa 的总压力下,如果最初有 0.5 mol 氧气, 0.5 mol 氮气和 1 mol 氩气,平衡时 NO 的摩尔数。

4.17 一个实验用的卡车发动机燃用氢气,空燃比为 30。假设反应物和生成物的温度为 25 ℃,且尾气中的水为蒸汽状态,试计算:

①当量比;

②λ 值;

③消耗 1 mol 氢气时的放热量(kJ)。

4.18 一种用于内燃机的新型燃料,每 mol 燃料中含有 50% 的甲醇和 50% 的丙烷。试计算:

①燃料的化学当量比;

②燃料的 AKI 值。

4.19 当 1 mol 的氢气(H_2)在 101 kPa 下加热时,发生反应,化学反应平衡方程式为

$H_2 \rightarrow 2H$。在某温度下,每 $2x$ mol 的氢气中有 x mol 的 H 原子。试计算:

①此温度下 H 原子的摩尔数 x;

②此温度下的化学平衡系数;

③此时的温度(K)。

4.20　某混合燃料由摩尔分数为 20% 的异辛烷、20% 的三氯乙烷、20% 的异癸烷和 40% 的甲苯组成。试写出化学当量燃烧 1 mol 这种燃料的化学反应平衡方程式,并计算:

①空燃比;

② RON 值;

③混合燃料的低热值(kJ/kg)。

4.21　一辆可变燃料汽车使用由质量分数为 33.3% 的异辛烷、33.3% 的乙醇和 33.3% 的甲醇组成的混合燃料,该燃料在化学当量比条件下燃烧。试计算:

①空燃比;

② MON、RON、FS 和 AKI 值。

4.22　为获得密度为 860 kg/m³ 并且中点沸点(50% 将蒸发的温度)为 229 ℃的燃料油的十六烷值。当在标准测试发动机中测试时,发现该燃料与由质量分数为 23% 十六烷和 77% 七甲基壬烷组成的混合燃料具有相同的点火特性。试计算:

①燃料的十六烷值;

②使用十六烷指数来近似十六烷值时的误差百分比(%)。

4.23　以 2 400 r/min 运行的压燃式发动机的滞燃期为 15° 曲轴转角。试计算着火延迟的时长。

4.24　压燃式发动机以正己烷(C_6H_{14})作为燃料,燃料的空燃比为 25、相对密度为 0.659、沸点为 69 ℃。试计算:

①当量比;

② λ 值;

③正己烷的十六烷值指数。

4.25　一台 10 缸压燃式内燃机用来驱动发电机发电,内燃机的转速为 1 295 r/min、压缩比为 16,活塞平均速度为 9.5 m/s。压缩冲程开始时,缸内的温度和压力分别为 47 ℃和 110 kPa。发动机使用的燃料的十六烷值为 51。为了使燃料在上止点前 12° 曲轴转角时开始燃烧,试计算:

①喷射燃料的曲轴转角(°BTDC);

②滞燃期(ms)。

4.26　混合燃料的密度为 720 kg/m³,中点沸点温度(50% 将蒸发的温度)为 91 ℃。试计算十六烷指数。

4.27　用以煤为燃料的 CO 发生器为汽车发动机提供燃料,燃料由 CO+(3.76)N_2 组成。试计算:

①燃料的高热值和低热值(kJ/kg);

②化学当量空燃比;

③排气的露点温度(℃)。

设计题 4

D4.1 根据相关文献和化学手册中燃料的物性数据,设计一种三组分汽油混合燃料。对混合燃料进行三温度分级,绘制出类似于图 4.2 的汽化曲线,并求出混合燃料的 RON、MON 和 AKI 值。

D4.2 汽车将使用氢气作为燃料,试设计燃料箱以及将燃料从燃料箱输送到发动机的方法。

D4.3 汽车将使用丙烷作为燃料,试设计燃料箱以及将燃料从燃料箱输送到发动机的方法。

第5章　进气和燃料供给系统

本章介绍发动机的进气和燃料供给系统,讲述空气和燃料是如何进入气缸的。进气和燃料供给系统的作用是在每个循环中,在适当的时间向气缸提供适量的空气和燃料。随着进气门间歇性地打开和关闭,发动机的进气具有脉动特性,但一般可视为准稳态流动。

进气和燃料供给系统包括进气歧管、节气门、进气门,以及用于燃料喷射的燃料喷射器或化油器。燃料喷射器可安装在各个气缸(进气道多点喷射)的进气门附近,或者安装在进气歧管入口前的进气总管上(节气门体喷射),或者安装在气缸盖上(柴油发动机、现代二冲程发动机和一些四冲程汽油发动机)。

5.1　进气歧管

进气歧管通过流道把空气输送到发动机的各个气缸,因此进气歧管又称为进气流道。一方面,进气歧管的内径必须足够大,以保证不会产生较大的流动阻力而造成容积效率降低;另一方面,其直径必须足够小,以确保较高的空气流速和形成较强的湍流,从而增强其携带燃料液滴的能力,促进燃料蒸发和混合。

进气歧管的直径和长度应该从整体出发进行设计,尽可能使输送到每个气缸的空气和燃料的量一致。某些发动机带有可变进气歧管,可以在不同的发动机转速下改变流道的长度和直径。低速时,空气通过较长且较细的流道,以保持较高的速度,确保空气和燃料的均匀混合;高速时,使用较短和较粗的流道,可最大限度地减少流动阻力并提高混合效率。每一段进气歧管内空气和燃料的量约等于每个循环中需要供给一个气缸的量。

为了最大限度地减少流动阻力,流道应该避免较大的弯曲,并确保内壁光滑,且不存在像垫片边缘那样的凸起表面。

为加速燃料－空气混合物中燃料液滴的蒸发,有些发动机的进气歧管具有加热功能,其中有的利用发动机较热的冷却液加热,也有的将进气歧管与排气管靠近一些以实现热交换,或者通过电加热的方式来实现。

点燃式发动机中的进气量是由位于进气道前端的节气门控制的。在有化油器的发动机上,往往将节气门和化油器整合在一起。

对于燃料供给系统来说,燃料往往在进气系统的某一位置与进气混合,有的在进气歧管前,有的在进气歧管内或者是在缸内。喷射燃料的位置越靠前,燃料液滴蒸发的时间越长,与空气混合越好。然而,由于燃料蒸气取代了部分新鲜空气,会使发动机的容积效率降低;而且过早地燃料供给会使气缸之间的空燃比不一致,这是由于各缸的歧管结构不对称且长度各不相同。

过早地将燃料喷入进气系统时,燃料会呈现三种不同的状态:第一种,燃料蒸发汽化与空气混合并随之流动;第二种,燃料以小液滴的形态由进气流携带流动,此时小液滴燃料的追随性比大液滴要好,这是由于大液滴自身具有较大的惯性,不能总是以与空气相同的速度运动,尤其是在拐角处容易偏离气流轨迹,液滴越大偏离越厉害;第三种,燃料呈液膜状附着在流道的内壁上,这主要是由于部分液滴因重力而从气流中分离出来并在拐角处撞击壁面形成的。燃料的后两种状态使各个气缸难以获得相同的空燃比。在保持进气量一致的情况下,由于某一气缸的进气歧管长度和弯曲度存在不同,将影响进入气缸的燃料量。另外,进气歧管内壁上存在的液膜使节气门的控制很难精确,这是由于当节气门位置快速改变时,空气流量也随即发生变化,而液膜的存在使燃料流动变化速率滞后于空气流量变化速率。

　　汽油中的不同组分在不同温度下具有不同的蒸发速率。正因为如此,燃料汽化蒸发的成分与气流中的液滴和歧管壁上的油膜相比会有所不同。因此,最终进入各气缸的燃料 - 空气混合物在组成成分和空燃比上都不一样,从而使每个气缸发生爆震问题的可能性都不同。燃料辛烷值的最低限值是由最差的气缸(爆震问题最严重的气缸)来决定的。考虑到发动机实际工作时还有节气门进行调控,这个问题便更加复杂了。因为节气门部分开启时,进气歧管内的压力较低,会改变各燃料组分的蒸发速度。通过使用多点气道喷射技术,实现向每个气缸中喷射燃料量的独立控制,可以减少或消除这些不均匀性。

5.2　汽油发动机的容积效率

　　对于任何发动机来说,最理想的情况是拥有最高的进气容积效率。图 5.1 所示为往复式发动机的容积效率曲线,可见容积效率与发动机的转速密切相关。容积效率在某一特定转速下达到最大值,而在其他转速都会低于此值。容积效率曲线受到多方面物理因素和运行状态的影响,本书后续章节将会讨论这些影响因素。

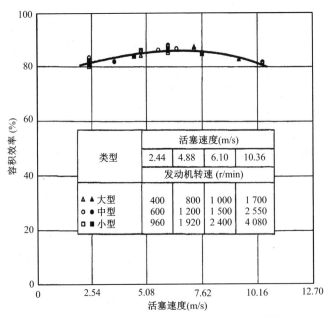

图 5.1　三种典型往复式发动机的容积效率曲线

5.2.1　燃料

对于一台自然吸气的发动机来说,容积效率总是小于100%,因为喷入燃料后,燃料蒸气势必会占用一部分空气的体积。燃料的类型以及喷入方式、喷射燃料时间都会影响容积效率。对于喷射燃料位置靠前的系统而言,如采用化油器或节气门体喷射的系统,发动机通常具有较低的容积效率。这是因为燃料喷入后立即开始蒸发,从而燃料蒸气将取代部分空气。在进气门附近喷射燃料的多点喷射系统的容积效率要高一些,这是因为整个进气歧管在到进气门之前都没有燃料混入空气中。对于缸内直喷发动机而言,不存在由于燃料的蒸发造成容积效率的损失。因此,对于在进气系统后段才喷入燃料的系统来说,可以通过扩大进气歧管的直径来进一步提高容积效率,不需要通过高速空气和湍流来促进燃料的蒸发。当然,也可以对进气进行冷却处理,提高入口空气的密度。

对于乙醇等空燃比较小的燃料来说,容积效率的损失会比较大。而高汽化潜热的燃料则可以在一定程度上挽回损失的容积效率,这是因为这些燃料在汽化时会对空气有一定的冷却作用。在给定压力下,冷却作用可以使更多的空气进入系统,从而能够提高空燃比。乙醇的汽化潜热高,所以由空燃比造成的容积效率损失又得到了一定程度的补偿。

对于气体燃料(如氢气和甲烷)来说,它们将比只有部分蒸发汽化的液体燃料占据更多的进气体积。因此,在汽油机改用气体燃料时,必须考虑这一点。当使用汽油类液体燃料时,燃料在进气系统的蒸发压力为总压的1%~10%。而当使用气体燃料或乙醇时,燃料蒸发压力往往是总压的10%以上。由于气体燃料不需要吸热来蒸发汽化,因此当使用这些燃料时,可以降低进气歧管的工作温度,这将弥补气体燃料导致的容积效率损失。

燃料在进气系统内蒸发汽化越晚,容积效率越高。但是从另一方面来说,燃料汽化越早,油气混合越均匀,不同气缸之间的循环波动越小。

对于采用化油器的老式汽油发动机来说,最佳的状况是60%左右的燃料在进气歧管中汽化,剩余的部分燃料则在压缩和燃烧冲程中汽化。如果燃料汽化太晚,一些大分子组分无法完全汽化,会附着在缸壁上,进而由活塞环带入曲轴箱,最终逐渐稀释润滑油。

5.2.2　高温传热

由于进气系统的温度比空气温度高,会在一定程度上提高进气的温度,导致进气密度降低,从而降低容积效率。对于采用化油器或节气门喷射的发动机,则是有意加热进气以促进燃料蒸发。在较低的发动机转速下,空气流动速度较慢,空气在进气系统中滞留的时间更长。因此,进气能被加热到较高的温度,从而在低速范围内降低容积效率,如图5.1所示。

曾有研究者尝试向进气歧管内喷入少量的水,以此来加强冷却,提高容积效率,并将此方法成功应用于第二次世界大战时期的一些高性能飞机发动机上。向这些发动机的进气歧管内喷入一定量的水时,其功率相应地有所增大。

5.2.3　气门重叠

在排气冲程后期和进气冲程早期的上止点附近,进气门和排气门会同时打开一段时间。在这个过程中,一些废气能通过进气门进入进气系统。这些废气随着燃料-空气混合物再次回到气缸,从而置换部分新鲜空气,降低了容积效率。这个问题在发动机转速较低时最明显,因为此时的气门重叠时间较长。这种效应降低了发动机在低转速工况下的容积效率,如图 5.1 所示。此外,进气门和排气门的位置以及发动机的压缩比也会影响发动机的容积效率。

5.2.4 流体摩擦损失

气体经过任何流道或任何节流装置时都会遇到阻力。因此,进入气缸的空气压力低于外界的大气压力,进入气缸的气体量也会少于理论值。气体经过空气过滤器、化油器、节气门、进气歧管和进气门时,黏性流动摩擦阻力会使发动机进气系统的充气效率降低。引起压力损失的黏性阻力与流速的平方成正比,这就导致高转速区域出现容积效率降低,如图 5.1 所示。为减少进气系统的压力损失,可以采用具有光滑壁面的进气歧管、避免采用角度过大的转弯、取消化油器、对齐贴合面、防止垫片凸起等措施。节流损失最大的位置是在进气门处,为了减小节流损失,可以采用多气门技术来增加流通面积,如每个气缸采用两个或三个进气门。

进入气缸的燃料－空气混合物通常呈现涡流状。这样做是为了增强蒸发和混合效果,以提高火焰速度,这部分将在第 6 章中进行解释。这种流动模式是通过改变流道的形状和进气门位置实现的,但这显然增加了进气阻力,降低了容积效率。

如果进气歧管流道直径增大,流动速度将减小,压力损失也将减少。然而,速度的降低会导致燃料和空气的混合效果变差,气缸之间的循环波动加大。因此,在设计时必须综合考虑。

对于一些性能差、油耗高的发动机,进气歧管内壁通常很粗糙,这样做可以增强湍流,促进燃料－空气的混合,因为这些发动机的容积效率对其性能影响很小。

5.2.5 阻流

在极端情况下,进气系统的某些位置会产生阻流,也就是气流达到极高的速度,并最终在系统的某个位置点高至声速。无论怎样改变进气条件,进气系统能达到的最大流速就是声速。因此,在如图 5.1 所示的高转速情况下,随着转速增加,容积效率会越来越低。阻流一般发生在系统流通截面面积最小的通道位置,通常在进气门和发动机化油器进口处。

5.2.6 进气门晚关(下止点后关闭进气门)

进气门关闭的时刻会影响进入气缸的空气量。当活塞从上止点向下运动到进气冲程将要结束的时候,进气门处于开启状态,活塞下行造成的负压将使空气通过打开的进气门被吸入气缸。活塞到达下止点时,该压力差仍然存在,所以空气会继续进入气缸。这也是为什么进气门总是设定在下止点后才关闭。当活塞到达下止点后开始向上止点行进时,活塞开始压缩缸内空气,但是在缸内空气压力与进气歧管内压力相等之前,空气仍然持续进入气缸。进气门关闭的理想时刻是缸内压力和进气歧管内压力刚好达到平衡之时。如果在这之前就关闭进气门,部分空气无法进入气缸,就会造成容积效率损失。如果在这之后关闭进气门,就会有部分空气被活塞压缩排出,也会导致容积效率损失。

进气门关闭的时刻,即缸内压力与进气歧管内压力相等的时刻,与发动机转速紧密相关。在发动机高速运转时,气体流量大,会导致流动过程中压力损失大;而且高速时的循环时间较短,所以此时应该将进气门晚一点关闭。而在发动机低转速时,进气门两端的压差较小,会在下止点后很快达到压力平衡;因而在理想情况下,此时进气门要早一些关闭。

在大多数发动机中,进气门的关闭时刻是由凸轮轴控制的,因此不随发动机转速的变化而变化。因此,实际的进气门关闭时刻是为某个特定转速设计的,这主要取决于发动机的主要用途。对于固定转速的工业发动机来说,这不是问题,但是对于在大转速范围工作的汽车发动机来说,设计时则需要考虑更多。这一设计会造成在发动机的高、低速时充气效率都会有所降低,这也是采用可变气门定时控制的一个主要原因。一些汽车发动机配备可变定时的凸轮轴以匹配不同转速。当采用 42 V 电气系统时,电动气门将取代传统凸轮轴,可以按需随时调整气门定时,从而提升容积效率。

5.2.7 进气调节

气体以脉动的方式进入发动机的进气歧管时,压力波是沿着流道传播的。这些波的波长取决于脉动频率和空气的流量或速度。当这些波到达流道末端或遇到阻力时,会反射出新的沿流道反向传播的压力波。初始的压力脉冲波和反射波可以彼此增强或互相抵消,这主要取决于它们是否在同一相位。

如果进气歧管的长度和进气流量恰好能够使空气在通过进气门进入气缸时的压力波得到加强,空气的压力就会略有升高,更多的空气就可以进入气缸。此时的进气过程就比较通畅,容积效率就会提高。然而,当脉冲气流的反射压力波与主脉冲的相位不一致时,推动空气进入气缸的压力就会降低,从而降低容积效率。所有老式发动机和许多现代发动机都有固定长度的进气流道,这是为某个特定转速(即流道长度是为某一特定的空气流量和脉冲相位)而设计的,而在其他转速工况下的进气过程就不那么通畅。所以,在这个特定转速以上或以下,发动机的容积效率都会有所降低。

一些现代发动机的进气系统能够调整进气歧管长度。有很多方法可以用来改变进气流道的长度,并使之与不同的发动机运行条件的空气流量相匹配。有些系统具有唯一的流道,但可以在运行过程中用机械方法改变长度。而有的系统则采用双流道,随着发动机转速的变化,通过控制阀或二次节流板将空气引入不同长度的流道,从而能够调整流量以匹配不同转速。所有可主动控制和调节的进气系统都是由发动机管理系统控制的。

5.2.8 残余废气

在排气过程中,不是所有的废气都被排出气缸,而是有一小部分残余废气存留在余隙容积中。废气残余量取决于压缩比,也在一定程度上与气门位置和气门重叠有关。除了会替代部分新鲜空气外,残余废气对新鲜进气还有另外两方面影响。一方面,当炽热的残余废气与进入的新鲜空气混合时,会加热空气使其密度降低,进而降低容积效率;另一方面,当新鲜空气将残余废气冷却时,废气体积会变小,从而部分抵消其对新鲜空气的加热作用。

5.2.9　废气再循环

在所有的现代汽车发动机和许多其他发动机中,会将一些废气再次引入进气系统,稀释进气。这样做可以降低燃烧时缸内温度,从而使 NO_x 的排放量降低。不同的发动机工况下的废气再循环率也不同,有的工况会使高达 20% 的废气进行再循环。废气不仅取代了部分进入的新鲜空气,也加热了空气并降低了其密度。这两种影响都降低了发动机的容积效率。

此外,发动机曲轴箱内的废气也会导入进气系统并替代部分新鲜空气,降低容积效率。通过曲轴箱通风系统进入进气系统的气体大约为发动机总气体流量的 1%。

【例题 5.1】

排量为 5.6 L、压缩比为 10.2 的 V8 发动机在低负荷工况下实行 50% 停缸策略,停缸运行后,该发动机相当于排量为 2.8 L 的四缸发动机。该发动机采用汽油燃料和奥托循环。当发动机以八缸状态运行时,其转速为 1 800 r/min、空燃比为 14.9、容积效率为 57%、燃烧效率为 91%、机械效率为 92%。当发动机停缸运行时,其转速会增大到产生相同有效功率对应的转速,此时的空燃比为 14.2、容积效率为 66%、燃烧效率为 99%、机械效率为 90%。试计算:①以四缸状态运行时,产生相同有效功率时的油耗变化(以百分比计);②以四缸状态运行时,产生相同有效功率时的发动机转速。

解

1)计算油耗变化。

使用式(3.31)中给出的奥托循环的指示热效率计算方法:

$$\eta_t = 1 - (1/r_c)^{k-1} = 1 - (1/10.2)^{1.35-1} = 0.556 = 55.6\%$$

利用式(2.71)计算八缸状态运行时的空气流量:

$$\begin{aligned}\dot{m}_a &= \eta_v \rho_a V_d N / n \\ &= (0.57)(1.181\,\mathrm{kg/m^3})(0.005\,6\,\mathrm{m^3/cycle})(1\,800/60)/(2\,\mathrm{r/cycle}) \\ &= 0.056\,5\,\mathrm{kg/s}\end{aligned}$$

利用式(2.55)计算八缸状态运行时的燃料流量:

$$\dot{m}_f = \dot{m}_a / AF = (0.056\,5\,\mathrm{kg/s})/(14.9) = 0.003\,79\,\mathrm{kg/s}$$

利用式(2.65)和式(2.47)可以计算八缸状态运行时的有效功率:

$$\begin{aligned}\dot{W}_b &= \eta_m \dot{W}_i = \eta_m \eta_t \dot{m}_f Q_{HV} \eta_c \\ &= (0.92)(0.556)(0.003\,79\,\mathrm{kg/s})(43\,000\,\mathrm{kJ/kg})(0.91) \\ &= 75.9\,\mathrm{kW}\end{aligned}$$

再次利用式(2.65)和式(2.47),反推出四缸状态运行时的燃料流量:

$$\dot{m}_f = \frac{75.9\,\mathrm{kW}}{(0.90)(0.556)(43\,000\,\mathrm{kJ/kg})(0.99)} = 0.003\,56\,\mathrm{kg/s}$$

油耗变化率为

$$\Delta\% = (0.003\,56 - 0.003\,79)/(0.003\,79) = -0.061 = -6.1\%$$

2)计算发动机转速。

利用式(2.55)计算四缸状态运行时所需空气流量:

$$\dot{m}_a = (AF)\dot{m}_f = (14.2)(0.003\,56\,\text{kg/s}) = 0.050\,6\,\text{kg/s}$$

由式（2.71）可以求出相同有效功率下的发动机转速：

$$N = n\dot{m}_a / \eta_v \rho_a V_d$$
$$\quad = [(2\,\text{r/cycle})(0.050\,6\,\text{kg/s})] / [(0.66)(1.181\,\text{kg/m}^3)(0.002\,8\,\text{m}^3/\text{cycle})]$$
$$\quad = 46.4\,\text{r/s} = 2\,782\,\text{r/min}$$

5.3　进气门

　　大多数内燃机采用锥形气门,其由弹簧的弹力关闭,并在适当的循环时刻由发动机凸轮轴推开,也有一些发动机采用旋转气门或套筒气门。

　　大多数气门和气门座由硬质合金钢制造,也有少数发动机的气门和气门座采用陶瓷材料。气门由液压装置或由凸轮轴相连的机械联动装置驱动。在理想情况下,气门应该是能瞬间打开和关闭的,但这对于一个机械系统来说是不可能的。为避免磨损、噪声和振动,需要缓慢地开启和关闭气门。通过合理设计凸轮轴的型线,可以实现快速且平稳地开启和关闭气门,避免气门在气门座接触面上出现碰撞。当用电子执行器替代凸轮轴时,气门将能够更快地打开和关闭,从而改善发动机的运行状况。

　　早期的发动机凸轮轴安装在曲轴附近,气门安装在发动机缸体上。随着燃烧室技术的进步,气门位置逐步转移到气缸盖上(顶置气门),其需要一个较长的机械联动装置(推杆、摇臂、气门挺杆)驱动。再后来,研究者将凸轮轴安装在发动机缸盖上(即顶置凸轮轴)以避免机械联动装置过长。大多数现代汽车发动机的缸盖上装有一根或两根凸轮轴。凸轮轴的安装位置越靠近气门,机械效率越高。

　　气门打开的高度称为气门升程 l,如图 5.2 所示。气门升程一般为几毫米到 1 cm,这主要取决于发动机的大小。常见汽车发动机的气门升程为 5~10 mm。

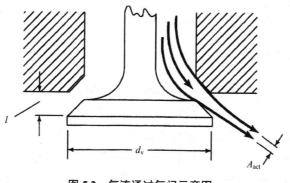

图 5.2　气流通过气门示意图

　　通常,气门全开时的气门升程(最大气门升程)为

$$l_{max} < d_v / 4 \tag{5.1}$$

式中: d_v 为气门直径。

　　设计气门与气门座的接触角时,目标是尽量减小气流的流动阻力。当空气流过转弯处时,气流从气门表面分离开来,因而气流的实际截面面积小于流道面积,如图 5.2 所示。实

际流动截面面积 A_{act} 和流道截面面积 A_{pass} 的比值称为气门流量系数:

$$C_{Dv} = A_{act}/A_{pass} \tag{5.2}$$

流道面积为

$$A_{pass} = \pi d_v l \tag{5.3}$$

通常,气门表面的形状和角度是针对一定的质量流量而设计的,目的是提高发动机的整体效率。

在大多数发动机中,空气在进气门处受到的流动阻力最大,在发动机转速较高时尤其如此。许多文献中给出了各种经验公式用于确定发动机进气门的尺寸。其中,满足现代发动机要求的最小进气门面积的计算公式为

$$A_i = CB^2(\bar{U}_p)_{max}/c_i = (\pi/4)d_v^2 \tag{5.4}$$

式中:A_i 为单个气缸的总进气门面积;C 为常数,$C=1.3$;B 为气缸直径;$(\bar{U}_p)_{max}$ 为发动机处于最大转速时,活塞的平均速度;c_i 为入口处声速;d_v 为气门直径。

在许多顶置气门和配有小型速燃型燃烧室的现代发动机中,通常燃烧室的壁面上没有足够的空间布置火花塞、排气门,因此不用式(5.4)计算进气门的面积。现在多数发动机采用多气门布置方式。相比于采用单气门的老旧发动机,发动机采用两气门或三气门时,能够形成更大的流动区域且产生更小的流动阻力。通常设置两个或三个进气门的同时,也还有足够的空间布置两个排气门,且剩余的间隙尺寸足以满足所要求的结构强度,如图5.3所示。其中,图5.3(a)所示为早期(20世纪50—80年代)的顶置气门发动机和一些现代发动机的气门布置方式(2气门);图5.3(b)所示为大多数现代汽车发动机的气门布置方式(4气门);图5.3(c)所示为一些现代高性能汽车发动机的气门布置方式(5气门)。

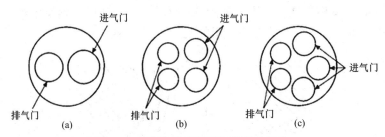

图5.3　现代发动机顶置气门排列方式

(a)2气门　(b)4气门　(c)5气门

多气门机构需要更多凸轮轴和机械连接,因此更加复杂。通常需要制造特殊结构的缸盖以及凹坑式的活塞表面,以避免气门-气门以及气门-活塞之间的碰撞。如果不使用计算机辅助设计(CAD),完成这些设计工作将困难重重。当采用多气门技术时,气门将更小、更轻。这就允许使用较轻的弹簧,从而降低接触力。较轻的气门也可以更快的开启和关闭。这些结构上的变化所提高的容积效率,可以弥补制造成本和因复杂度增加而使机械效率略有降低的弊端。

有一些具有多气门结构的发动机能够实现在低速时发动机每缸只有一个气门工作。随着速度的增加,每循环可用来进气的时间变少,为增加额外的流通区域,才启用其余的气门。这样就可以控制各种转速下的缸内空气流动,从而实现更有效地燃烧。在这些系统中,各气

门的正时各不相同。低转速时,气门将在下止点附近提前关闭。而在高速时,推迟气门关闭(最多下止点后 20°),以避免容积效率降低,该部分解释可参考本章 5.2 节。

可燃混合气流过进气门进入气缸的过程如图 5.4 所示。由图可知,上止点附近的气门重叠导致出现进气逆流现象。在发动机转速较低时,进气门在下止点后关闭,也会发生气体逆流,这一点在前文中已经解释过。

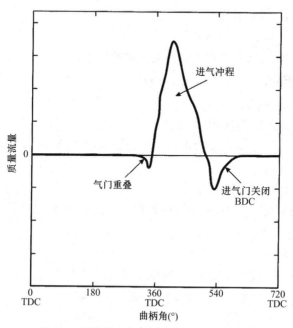

图 5.4　可燃混合气通过进气门的质量流量

进气门一般在上止点前 10° ~25° 开启,并在上止点前完全打开,以便在进气行程中使更多的空气进入气缸。发动机的转速越高,要求进气门打开的时间越早。大多数发动机的气门定时是为某一发动机转速而设计的,因此在其他较高或较低转速时容积效率会有所降低。低于该设计转速时,进气门开启过早,造成较大的气门重叠,此时的容积效率会因进气歧管压力较低而有更严重的损失。而高于该设计转速时,进气门打开过迟,到上止点时还没有形成有效的进气过程,造成容积效率损失。气门定时只能针对某个转速进行最优化标定,而实际上汽车发动机会在不同的转速下运行,从而导致出现容积效率损失的问题。但是一些工业用发动机只在某个固定转速下工作,则完全可以将气门定时按该设定工作转速进行优化。另外,现代汽车发动机通常在较高的转速下运行,因而其气门重叠角一般都比较大。

对于点燃式发动机而言,进气门通常在下止点后 40° ~50° 完全关闭。同样地,关闭时刻也只是针对某个转速进行标定,在高于或低于该转速时都将导致容积效率损失。

【例题 5.2】

一台排量为 2.8 L 的四缸发动机,其气缸直径与冲程相等,并且每个气缸配备两个进气门,最高转速为 7 500 r/min,进气温度为 60 ℃。试计算:①进气门面积;②进气门直径;③最大气门升程。

解

1)计算进气门面积。

进口处的声速为

$$c_i = \sqrt{kRT} = \sqrt{(1.40)[287 \text{ J}/(\text{kg} \cdot \text{K})](333 \text{ K})} = 336 \text{ m/s}$$

式中:R 为气体常数;T 为温度;$k = c_p / c_v = 1.40$。

对于其中一个气缸,其排量为

$$V_d = (2.8 \text{ L}) / 4 = 0.7 \text{ L} = 0.000\ 7 \text{ m}^3$$

通过式(2.8)及气缸直径与冲程相等的条件求得冲程:

$$V_d = (\pi / 4)B^2 S = (\pi / 4)S^3 = 0.000\ 7 \text{ m}^3$$

$$S = 0.096\ 2 \text{ m} = 9.62 \text{ cm} = B$$

通过式(2.2)求得最大活塞平均速度:

$$(\bar{U}_p)_{max} = 2SN = (2 \text{ stoke/r})(0.096\ 2 \text{ m/stoke})[(7\ 500 \text{ r/min}) / (60 \text{ s/min})]$$

$$= 24.1 \text{ m/s}$$

通过式(5.4)求得所需总进气门面积:

$$(A_i)_{total} = 1.3B^2 (\bar{U}_p)_{max} / c_i = (1.3)(0.096\ 2 \text{ m})^2 (24.1 \text{ m/s}) / (366 \text{ m/s})$$

$$= 0.000\ 792 \text{ m}^2 = 7.92 \text{ cm}^2$$

2)计算进气门直径。

根据发动机有两个进气门布置形式,得单个进气门的直径:

$$A_i = (A_i)_{total} / 2 = (7.92 \text{ cm}^2) / 2 = 3.96 \text{ cm}^2 = (\pi / 4)d_v^2$$

$$d_v = \sqrt{\frac{3.96}{\pi / 4}} = 2.25 \text{ cm}$$

3)最大气门升程。

通过式(5.1)计算最大气门升程:

$$l_{max} = d_v / 4 = (2.25 \text{ cm}) / 4 = 0.56 \text{ cm} = 5.6 \text{ mm}$$

5.4   可变气门控制

近年来,多种形式的可变气门定时系统已经应用在汽车发动机上。这些系统通过改变气门开启时间、持续时间和气门重叠时间来使发动机更高效地运行,如图 5.5 所示。可变气门定时系统在汽车广告和技术文献中有多种名称:可变气门控制(Variable Valve Control,VVC)、可变气门驱动(Variable Valve Actuation, VVA)、可变气门系统(Variable Valve System, VVS)、可变定时控制(Variable Timing Control, VTC)等。本书将使用可变气门控制(VVC)这一术语。VVC 系统除了可变气门定时外,最新的系统还可以改变气门升程。

100 多年来,绝大多数的汽车和卡车都使用汽油机或柴油机作为动力源。这些发动机中的气门是由凸轮轴控制的,而凸轮轴通常是为了均衡各个工况而设计的,并不能改变气门定时或升程。在中等速度和负载下,这些发动机可以很好地运行,但是并未针对高速或低速及怠速情况进行优化。

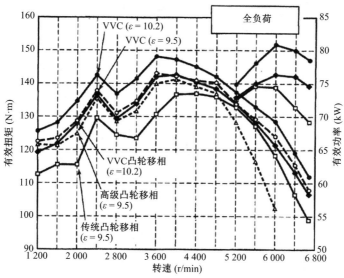

图 5.5　使用可变气门控制（VVC）系统的发动机有效扭矩随转速的变化

　　在发动机转速较高的情况下,一个循环的实际时间较短,每个循环里需要更多的空气和燃料。针对这种情况的优化需要进气门尽早打开,持续时间更长,并且如果可能的话要有更大的气门升程。排气门也应该提前打开并增大升程,以便拥有更多的实际排气时间,并在排气冲程结束之后关闭。由于进气压力高,气门重叠的时间较短,可以将气门重叠角适当增大。在发动机低速和怠速情况下,循环时间较长,并且需要较少的空气和燃料。因此,进气门和排气门都应该晚开并提前关闭。在低速时,进气系统中的压力非常低,所以较小的气门重叠角是理想的。如果重叠角太大,则大量的废气会回流到进气歧管并且会挤压新鲜空气。这也解释了为什么在低速情况下采用浓燃策略才能有更好的燃烧效率。进气门升程在低速下应较小,以保证有足够高的进气流速和适当的流动模式。

　　一些非常早期的发动机在连接凸轮轴和气门的机械部件上钻孔并通过机油压力来改变气门定时。在不同的发动机转速下,实际的循环时间会发生变化,机油的流量会轻微影响液压连接机构,从而改变气门定时。自 20 世纪 90 年代后期以来,使用可变气门控制系统的发动机采用了多种方法来实现这一目标。这些早期的系统大部分只改变进气门的定时,无法改变气门升程。

　　现代发动机可以同时控制进气门和排气门的定时和升程。一种方法是为每个气门安装一个带有双凸轮的凸轮轴,一个凸轮用于高速,另一个凸轮用于低速。凸轮轴可沿着其轴向移动。发动机在低速下,凸轮轴被固定在低速凸轮的位置。在某些预先设定的较高转速下,通过使用机械、液压或电子装置来移动凸轮轴,使高速凸轮与气门接触。这个系统虽然有所改进,但只能在两个发动机转速下进行优化。基于此方法,更先进的系统采用具有三维轮廓的宽凸轮。当发动机转速改变时,凸轮轴沿其轴向移动至该速度的最佳凸轮轮廓位置。该系统的气门定时和持续时间变化范围有限,并需要更复杂的控制系统。另一种方法是在标准凸轮轴的链条传动中增加一个可移动的惰轮。当发动机转速改变时,电子控制系统移动惰轮,改变凸轮轴相对于曲轴的相位。气门打开时间可以提前或延后,但是持续时间和气门升程是一样的。

　　最现代化的可变气门控制系统取消了凸轮轴,仅使用电磁阀、机电或电液装置直接打开和关闭气门。在没有气门弹簧的情况下,执行器可以非常快速地打开和关闭气门,并可以实现无冲击关闭。这也使采用能够承受更高温度的陶瓷气门成为可能。典型的可变气门控制系统使用电控双作用液压执行器来打开和关闭气门。采用这种系统时,必须考虑液压油的温度、黏度和可压缩性。通过使用电子控制系统中功能更强大的处理单元,这些系统在控制气门定时、持续时间和气门升程方面具有几乎无限可变的潜力,包括控制循环波动与各缸差异。这种技术的缺点是使用标准的 12 V 汽车电气系统时,这些部件的尺寸很大,对于大多数车辆来说是不切实际的。但当使用 42 V 电气系统时,这个缺点就消失了,因为此时可以使用更小的部件。另外,取消凸轮轴可以减少发动机摩擦,从而提高机械效率。这也是业内推进 42 V 电力标准的主要原因。

　　通过对气门定时、持续时间和气门升程的灵活控制,发动机性能得到改善,包括更好的低速扭矩、更大的功率、更低的排放和更好的燃料经济性等。通过控制进气门的定时和升程,可以调节进气,将奥托循环改为米勒循环,从而可以取消节气门,大大减少泵气损失,降低压缩功,并在所有转速下使气缸入口流速得到控制。如果对于采用多进气门的发动机中的每个气门都进行独立控制,将会使发动机的整体运行更完美。高速运转时,所有气门全部打开,升程最大,从而提供最大的进气容积效率和功率。低速运转时,有些气门保持关闭,通过控制升程以达到理想的入口速度和混合状态。在较低的速度下,较大的气门升程还可以改善低速扭矩。在多个进气门上采用不同的定时控制策略有助于在燃烧室中实现分层燃烧,这是非常理想的现代燃烧理念。当发动机在低功率状态运行时,电子控制系统可以将正常的四冲程循环更改为更有效的六冲程循环,即在正常的排气冲程后添加两个额外的虚拟冲程。在不喷射燃料和所有气门完全打开的情况下,这两个冲程对发动机循环不产生任何影响,唯一的区别是现在是每三转才做一次功。在相同的输出功率的情况下,发动机会在效率更高的高转速工况下运行。

　　通过多气门独立控制,可以在燃料消耗率和排放方面有重大提升。通过设定适当的点火定时、气门定时和气门升程,可以在所有转速下获得最佳的工作性能;通过调整湍流、涡流、滚流、空燃比和充量分层,可以使燃料消耗率和排放量最小。不幸的是,这些指标优化往往不能兼得。

【例题 5.3】

　　一台小型 5 缸压燃式汽车发动机采用 42 V 电气系统和无凸轮轴的可变气门控制系统。在 3 500 r/min 的工作转速下,该发动机的进气门在上止点前 32° 打开并在下止点后 57° 关闭,排气门在下止点前 52° 打开并在上止点后 21° 关闭。当发动机怠速(400 r/min)运行时,进气门在上止点前 12° 打开并在下止点后 18° 关闭,排气门在下止点前 21° 打开并在上止点后 8° 关闭。试计算:①在工作转速和怠速下的气门重叠角;②在工作转速和怠速下的气门重叠时间。

　　1)计算气门重叠角。

　　工作转速下的气门重叠角为

$$(\alpha+\delta)_{工作} = (\angle 进气门开启) + (\angle 排气门关闭) = (32°\ \text{BTDC}) + (21°\ \text{ATDC}) = 53°$$

　　怠速下的气门重叠角为

$$(\alpha+\delta)_{\text{怠速}} = (12° \text{ BTDC}) + (8° \text{ ATDC}) = 20°$$

2）计算气门重叠时间。

工作转速下的气门重叠时间为

$$t_{\text{工作}} = \left[(53°)/(360°/\text{r})\right]/\left[(3\,500 \text{ r/min})/(60 \text{ s/min})\right] = 0.002\,5 \text{ s}$$

怠速下的气门重叠时间为

$$t_{\text{怠速}} = (20°/360° \text{ r})/\left[(400 \text{ r/min})/(60 \text{ s/min})\right] = 0.008\,3 \text{ s}$$

5.5 燃料喷射系统

5.5.1 燃料喷射器

燃料喷射器是将液体燃料以雾状形式喷射到气体中的装置。其通常由电子控制,但也有由凸轮驱动的机械式燃料喷射器,如图 5.6 所示。机械压缩过程产生的高压使一定量的液体燃料聚集在燃料喷射器喷嘴内部。在适当的时间,喷嘴打开,燃料被喷入周围的空气中。每个循环喷射的燃料量由喷射器压力和喷射持续时间决定,如图 5.7 所示。

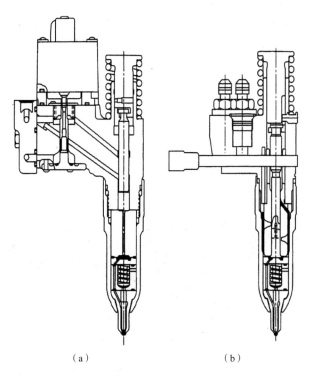

（a）   （b）

图 5.6 电控燃料喷射器和机械式燃料喷射器结构

（a）电控燃料喷射器 （b）机械式燃料喷射器

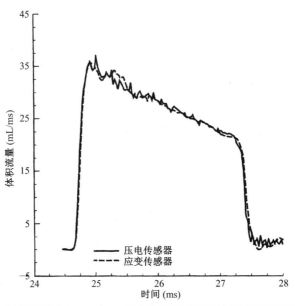

图 5.7　燃料喷射器在 140 MPa 压力作用下燃料的体积流量随时间的变化

　　电控燃料喷射器由针阀体、磁力轴针、电磁线圈、螺旋弹簧、燃料油道和针阀组成,如图 5.8 所示。当其未起动时,螺旋弹簧将轴针压紧在柱塞座上,这阻止了燃料流出。通电后,电磁线圈施加作用力给磁力轴针,轴针带动连接的针阀移动。这样,针阀就被打开并使来自油道的燃料从阀孔喷出。针阀可以通过作用在轴针上的液体压力打开,也可以通过连接到轴针上打开,针阀开启后,加压燃料就会被喷入外部气体中。一般喷嘴上有一个或多个喷孔,每个喷孔的直径为 0.2~1.0 mm。燃料以大于 100 m/s 的速度离开燃料喷射器,流量为 3~4 g/s。在机械式燃料喷射器中没有电磁线圈,其针阀通过凸轮轴的驱动而移动。

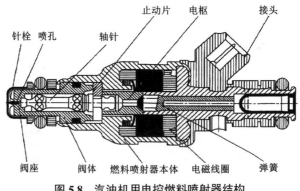

图 5.8　汽油机用电控燃料喷射器结构

　　有些燃料供给系统由一个高压泵给所有燃料喷射器供给所需的燃料,如高压共轨系统。此时,燃料泵只负责提供高压,燃料喷射器控制燃料喷射量。也有些采用泵喷嘴系统,燃料系统向燃料喷射器提供低压燃料,燃料喷射器将油压升高,然后将一定量的燃料喷入气缸。通常,在每个燃料喷射器上都安装有用于回油的油管。而有些发动机采用单体泵系统,即每个气缸均有一套独立的高压油泵和燃料喷射器。其中,电控单元根据发动机运行参数信息和来自发动机排气系统中传感器的信息连续调节空燃比、气门定时、喷射压力和喷射持续时间。单体泵系统具有比共轨系统更精细的调节能力。

对于使用气道喷射或节气门体喷射的点燃式发动机而言,仅需要较低的燃料喷射压力（200~300 kPa）即可将燃料喷入进气系统,如图 5.9 所示。然而,直喷系统（Direct Injection,DI）需要在高达 10 MPa 的高压下喷射,由于气缸压力高、蒸发时间短,因而需要更高的喷射压力和更细小的油滴。许多直喷汽油机（Gasoline Direct Injection, GDI）会向缸内直接喷射燃料和空气的混合物。这些喷射器会在燃料喷射期间和燃料喷射之后立即通过单独的孔喷射空气,在极短的时间之内（在 3 000 r/min 下小于 0.08 s）,极大地加速燃料液滴雾化、蒸发和混合,如图 5.10 所示。

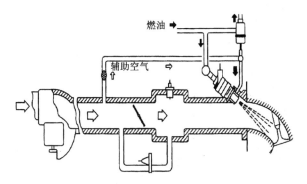

图 5.9   油气混合喷射系统示意图

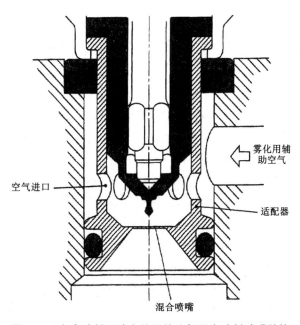

图 5.10   多点喷射系统中使用的油气混合喷嘴结构

由于高压油泵是基于体积流量向燃料喷射器泵送燃料的,因而要对其进行调整以补偿燃料在不同温度下的热胀冷缩和在不同压力下的体积变化。按均值比较的话,不同工况下泵送的燃料流量差异可高达 50 倍。

　　根据发动机的运转工况,每个循环向气缸内喷入的燃料量可以通过喷射燃料时间进行调整,喷射燃料持续期一般控制在 10°~30° 曲轴转角,换算成时间一般为 1.5~10 ms,如图 5.11 所示。喷射燃料持续时间是根据发动机和排气系统中传感器的反馈信号来确定的。其中,可依据排气中氧含量信号对喷射燃料持续时间进行调整,以达到合适的空燃比。可根据排气歧管中氧气的分压,确定排气中的氧含量。其他反馈参数主要包括发动机转速、温度、空气流量和节气门位置。可由冷却液温度和起动器开关的信号,确定发动机起动时是否需要浓燃工况;可根据压力损失式和热线式流量传感器的信号,确定进气流量;可根据空气流对热线式流量传感器上热电阻的冷却效应,确定空气流量。

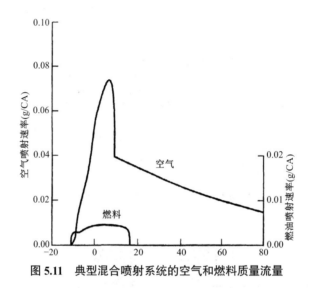

图 5.11　典型混合喷射系统的空气和燃料质量流量

5.5.2　多点喷射系统

　　大多数现代点燃式汽车发动机采用进气道多点燃料喷射系统。在这一系统中,在每个气缸的进气门附近安装一个或多个喷射器。它们将燃料喷射进该进气门正后方的区域,有时也会直接喷射在进气门的背面。燃料与相对较热的气门表面接触,从而增强了燃料的蒸发,并帮助冷却气门。燃料喷射器通常定时地把燃料喷射到进气门打开之前的准静态空气中。为了确保燃料蒸发并与空气均匀混合,需要较高的喷射速度。由于是在进气门打开前进行燃料喷射,所以燃料在空气中会存在短暂的停留,不能有效地与空气进行混合并蒸发。当进气门打开后,在外界压力作用下,空气携带燃料蒸气和液滴进入气缸,气缸内残余热废气的回流也会增强燃料液滴的蒸发。如果每个气缸都有独立的燃料喷射器或燃料喷射器组,可以实现在不同循环和不同气缸喷射不同燃料量的控制,其控制精度取决于燃料喷射器部件的制造精度。但是,即使能够完美地控制喷射燃料量,也会因不同循环和不同气缸间进气量的不同而引起空燃比的变化。与化油器或节气门体燃料喷射系统相比,多点电子喷射系统具有更高的油量控制精度。有些多点喷射系统会在进气歧管上游安装一个或多个额外的辅助燃料喷射器,以便实现进气加浓,以应对如起动、空转、加速、高转速工况等。

　　燃料喷射后仅有很短的时间来蒸发和混合,因此要保证燃料喷射器喷射出的燃料液滴直径非常小。当发动机转速提高时,实际循环时间更短,所以最理想情况是液滴的直径可以随发动机转速的提高而变小。

由于没有化油器的文丘里管造成的压降,所以多点喷射系统可以提高容积效率。同时,进气歧管中几乎不发生空气与燃料的混合过程,所以并不需要高流速,可以使用压力损失较小的大直径导流管。在进气歧管中也没有燃料蒸气挤占新鲜空气的现象。

历史小典故 5.1:燃油喷射系统

　　1957 年第一个在美国生产的配备燃油喷射系统汽车的是雪佛兰公司(Chevrolet)。那一年生产的 6 339 台发动机中有 240 台配备了节气门体燃料喷射系统,可以实现燃料的连续喷射。

5.5.3　点燃式发动机直喷系统

对点燃式发动机直喷系统的研究一直在持续,而且配备该系统的汽油发动机(直喷发动机)已经实现了批量生产,如图 5.12 所示。这种系统在进气冲程或者压缩冲程内将燃料喷入燃烧室。汽油直喷(GDI)系统目前有两种类型,一种是仅喷射汽油,另一种则喷射汽油与空气的混合物。仅喷射汽油的单纯燃料喷射系统有点类似压燃式发动机的燃料喷射系统,其只在压缩冲程喷入燃料。由于蒸发以及与空气混合的时间较短,因此需要燃料液滴有更小的直径以及燃烧室内有高湍流强度和高流动性。直喷系统的喷射压力大于气道喷射系统,其原因是直喷系统的喷射环境压力更高以及需要直径更小的燃料液滴。直喷系统有时会采用两次喷射,即在主喷前进行一次预喷。

最先进的 GDI 系统喷射的是燃料和空气的混合物。通过喷射混合物,缸内蒸发与混合时间被极大地缩短,这使分层燃烧也成为一种可能。在分层燃烧中,火花塞周围形成浓燃混合物,而燃烧室内其他空间则是稀燃混合物,总体的空燃比可以高达 50。如果高空燃比的混合物是均匀分布的,这是没法点燃的。通过分层燃烧,可以降低燃烧温度以及热量损失,减弱爆震和降低污染物排放。

火花塞附近的浓燃混合气被引燃后,其火焰传播会很快,进而使燃烧室内其他空间的稀燃混合物燃烧。要建立分层燃烧,需要控制喷射顺序。

1)部分燃料需要在进气冲程(如上止点后 120°)提前喷入燃烧室,以便其在燃烧室内形成均匀的稀燃混合物,此时喷射压力较低。

2)在压缩冲程中喷入另外的高喷射压力的燃料,以便在火花塞周围形成浓燃混合物,其喷射压力可达 10 MPa 或者更高,更高的喷射压力仍在测试中。

3)在第二次喷射期间或刚刚结束时喷入空气,通常由同一个燃料喷射器来完成。这可以增强喷入燃料的蒸发。

4)用火花塞点火,引燃混合物。

采用 GDI 系统的发动机通常有三种运行模式:在小负荷或节气门部分开启的情况下,发动机将会采用分层燃烧,总体空燃比约为 50;在中度负荷下,发动机仍采用分层燃烧,但是空燃比降低至 20;在大负荷或节气门全开时,燃料仅在进气冲程期间喷入,形成当量比混合气,以实现最大热效率,但此时需要配合大比例的 EGR。

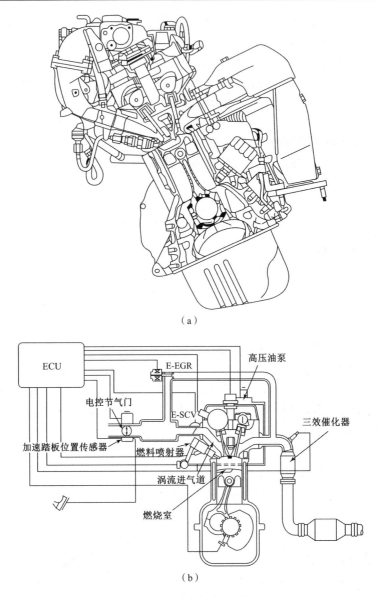

（a）

（b）

图 5.12　丰田公司的直喷汽油机
（a）剖面图　（b）系统构成图

　　为实现在不同模式下的平稳运行,需要对气门定时、气门升程和持续期以及可燃混合物的运动进行精确控制,这些参数的调整需要发动机管理系统(EMS)根据负荷调整进气来实现。另外,通常发动机每个气缸会配有多个燃料喷射器。

5.5.4　节气门体燃料喷射系统

　　大部分早期的燃料喷射系统都是节气门体燃料喷射系统,如图 5.13、图 5.14 和图 5.15所示。通常应用这种系统的发动机会在节气门之前安装至少一个燃料喷射器,节气门安装在节气门体上。节气门体的作用类似于化油器,安装在进气歧管的入口处,也采用类似的控制方法,如油门踏板拉线控制。依据工况和控制策略,发动机管理系统控制燃料喷射器,以实现瞬时燃烧、交替燃烧或持续燃烧。

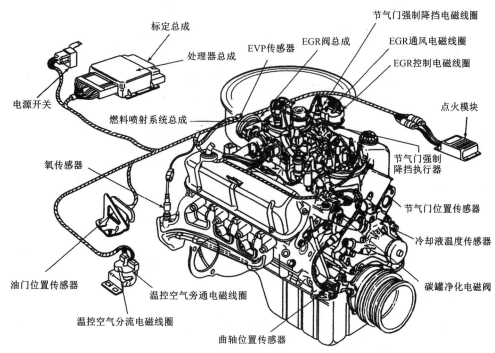

图 5.13　福特公司的节气门体双喷射电控汽油机

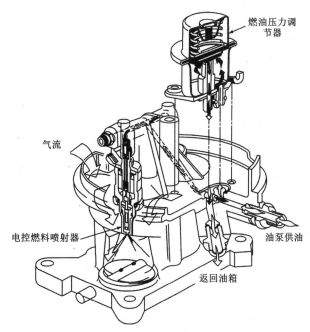

图 5.14　节气门体燃料喷射系统的燃料供给模块

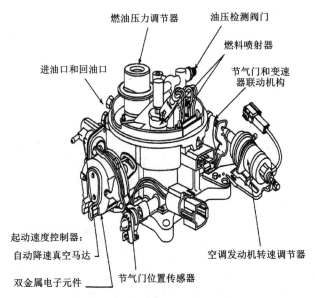

燃油压力调节器　油压检测阀门
燃料喷射器
进油口和回油口
节气门和变速器联动机构
起动速度控制器:
自动降速真空马达
空调发动机转速调节器
双金属电子元件　节气门位置传感器

图 5.15　节气门体燃料喷射系统图

节气门体燃料喷射系统中,燃料喷射器的喷射压力恒定,所以通过改变喷射持续时间来控制燃料喷射量。在该系统中,燃料通过燃料泵加压至 250~350 kPa,然后输送到燃料喷射器,电磁线圈通电后,开启针阀,实现燃料的喷射。

该系统通常包括多种控制模式,通过发动机转速、节气门位置以及冷却液温度等参数进行控制模式转换,如起动并设定最低转速、节气门关闭、节气门部分开启、节气门全开。

【例题 5.4】

一台排量为 4.8 L 的 V8 点燃式四冲程发动机,发动机转速为 4 200 r/min。该发动机配有 GDI 系统,每循环每缸喷射 2 次汽油,总空燃比为 28。第一次喷射是在进气冲程结束与压缩冲程开始之间(下止点前 10° 到下止点后 80°),会喷入每循环所需燃料的 25%;第二次喷射是在引燃前(上止点前 70° 到上止点前 30°),会将剩余 75% 的燃料喷射于火花塞附近。发动机配有机械增压器,将 4 200 r/min 下的容积效率提升至 98%。试计算:①准稳态下的发动机燃料质量流量;②第一次喷射的持续时间;③第一次喷射时,燃料喷射器内的质量流量;④第二次喷射时,燃料喷射器内的质量流量。

解

1)计算准稳态下燃料的质量流量。

由式(2.71)计算进气的质量流量:

$$\dot{m}_a = \eta_v \rho_a V_d N / n$$
$$= (0.98)(1.181\ kg/m^3)(0.004\ 8\ m^3/cycle)[(4\ 200\ r/min)/(60\ s/min)]/(2\ r/cycle)$$
$$= 0.194\ 4\ kg/s$$

由式(2.55)计算燃料的质量流量:

$$\dot{m}_f = \dot{m}_a / AF = (0.194\ 4\ kg/s)/(28) = 0.006\ 94\ kg/s$$

2)计算第一次喷射的持续时间。

第一次喷射期间,曲轴转动的周数为

$$r_1 = (90°)/(360°/r) = 0.25\ r$$

第一次喷射的持续时间为

$$t_1 = (0.25\ r)/[(4\ 200\ r/min)/(60\ s/min)] = 0.003\ 57\ s = 3.57\ ms$$

3）计算第一次喷射时，燃料喷射器内的质量流量。

由式（2.55）和式（2.70）可以求出一个循环内燃料的总质量：

$$m_f = m_a/AF = \eta_v \rho_a V_d/28$$
$$= (0.98)(1.181\ kg/m^3)(0.004\ 8\ m^3)/(28)$$
$$= 0.000\ 198\ kg$$

第一次喷射时，单个气缸内燃料的质量为

$$m'_{f\text{-}1} = (m_f/8)(0.25) = (0.000\ 198\ kg/8)(0.25) = 0.000\ 006\ 2\ kg$$

因此，燃料喷射器内的质量流量为

$$\dot{m}'_{f\text{-}1} = (0.000\ 006\ 2\ kg)/(0.003\ 57\ s) = 0.001\ 74\ kg/s$$

4）计算第二次喷射时，燃料喷射器内的质量流量。

第二次喷射期间，曲轴转动的周数为

$$r_2 = (40°)/(360°/r) = 0.111\ 1\ r$$

第二次喷射的持续时间为

$$t_2 = (0.111\ 1\ r)/[(4\ 200\ r/min)/(60\ s/min)] = 0.001\ 59\ s$$

第二次喷射时，单个气缸内燃料的质量为

$$m'_{f\text{-}2} = (m_f/8)(0.75) = (0.000\ 198\ kg/8)(0.75) = 0.000\ 018\ 6\ kg$$

因此，燃料喷射器内的质量流量为

$$\dot{m}'_{f\text{-}2} = (0.000\ 018\ 6\ kg)/(0.001\ 59\ s) = 0.011\ 7\ kg/s$$

5.6　化油器

5.6.1　化油器介绍

很长一段时间以来，化油器是大多数汽油发动机中将燃料与进气混合的装置，其工作基本原理非常简单。但是到了 20 世纪 80 年代，当燃料喷射器最终取代它成为主要的燃料供给系统时，化油器已经演变成一个复杂的、高级的、昂贵的系统。许多小型发动机，如割草机、飞机模型发动机仍然使用化油器，但这些化油器比 20 世纪 60 年代和 70 年代的汽车发动机化油器简单得多。这主要是为了降低成本，简单的化油器制造成本低廉，而燃料喷射器则需要更昂贵的控制系统。由于排放法规越来越严格，甚至在一些小型发动机上，化油器也被燃料喷射系统取代。

如图 5.16 所示，最简单的化油器由文丘里管、节气门和燃料喷管、浮子室、燃油计量阀、怠速调节螺钉、怠速喷口和阻风门等组成。化油器通常安装在进气歧管的最上游，所有空气进入发动机时首先通过化油器。大多数情况下，在化油器的上游会有一个空气过滤器。

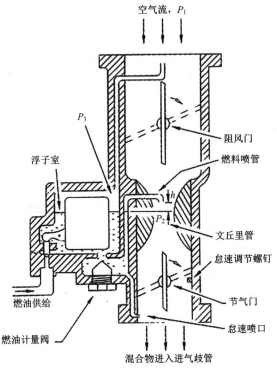

空气流, P_1

P_3

浮子室

阻风门

燃料喷管

P_2

h

文丘里管

怠速调节螺钉

节气门

燃油供给

怠速喷口

燃油计量阀

混合物进入进气歧管

图 5.16　汽车化油器的基本结构

　　在进气时段,由于大气和气缸内部之间存在压差,空气进入发动机进气歧管,在经过文丘里管时,因流通面积变小,空气会加速到较高的速度。根据伯努利方程可知,文丘里管喉部的气压 P_2 被降到小于周围空气的气压 P_1(P_1 大约等于一个大气压)。由于浮子室与周围环境相通,浮子室燃料上方的压力等于大气压($P_3=P_1>P_2$)。因此,燃料喷管两端产生压差,迫使燃料流入文丘里管。燃料流出燃料喷管时,会破碎成非常小的液滴,并被高速气流带走。然后,在进气歧管中这些液滴开始蒸发,并与空气混合。随着发动机转速的增加,较大流量的空气将在文丘里管的喉部产生更低的气压。所产生的更大的压差,会使燃料流量增大,以匹配更大的空气流量和发动机的需求。一个合理设计的化油器可以在所有发动机转速条件下,即从怠速到节气门全开工况,都保持恒定的空燃比。在燃料喷管路径上有一个燃油计量阀,用于调节燃油的流量。浮子室中燃油液面的高度由浮子控制。

　　大多数现代汽车由电动燃料泵输送燃料,而一些较老旧汽车通过机械燃料泵输送燃料,某些小型发动机(割草机)和年代久远的汽车发动机则靠重力输送燃料。

　　发动机通过节气门控制空气流量,进而控制发动机转速。在节气门关闭的位置有一个怠速调节螺钉,即使在完全关闭节气门的情况下也可以有一些空气流入。通常,调节螺钉设置在节气门开度为 5.15° 左右,用来控制发动机的怠速转速。因为在怠速工况下节气门关闭,通过文丘里管的空气流量微乎其微,其喉部的压力只略低于大气压,压差非常小,导致燃料流量太小以至于无法控制。怠速喷口可以在怠速和接近怠速时供给适量的燃料,维持发动机的运转。当节气门关闭或接近关闭时,节气门前后压差较大,怠速喷口在节气门前后的压差作用下,能够进行流量控制,并加大燃料供应。在低速和怠速运行时,发动机通常采用浓燃混合气,以避免因气门重叠产生的残余废气稀释而出现失火现象。

安装在文丘里管上游的另一个蝶阀为阻风门,这是为发动机冷起动做准备的。真正影响燃烧的不是空气与燃料的比例,而是空气与燃料蒸气的比例,在燃烧反应过程中只有蒸发的燃料会参与反应。当发动机处于比较冷的环境中时,只有很小一部分燃料会在进气和压缩过程中蒸发。低温燃料的黏度较大,燃料流速很低,且液滴较大,蒸发缓慢。金属发动机部件温度低,也会抑制燃料蒸发。即使在压缩冲程,燃料-空气混合物被加热,低温的气缸壁也会吸收热量从而影响燃料蒸发。当发动机的润滑油很冷且很黏稠时,也使发动机在起动过程中转速较低。此时,发动机在起动机的带动下缓慢转动,只有非常小的气流通过化油器。这将导致燃料喷管两端的压差非常小,从而导致燃料流量很小。在起动时,节气门是全开的,因此怠速喷口处没有明显的压差,仅有很少的燃料蒸发,并且如果仅使用普通化油器,气缸内就没有足够的燃料蒸气发生燃烧,从而发动机就无法起动。出于此原因,化油器中会设置阻风门。当发动机冷起动时,第一步是关闭阻风门,限制空气流动,即使在非常低的空气流量下起动发动机,也能在阻风门的下游形成真空。从而在燃料喷管的喷口处和怠速喷口处均产生较大压降,可以将大量燃料和空气混合,这就形成了冷起动需要的浓燃混合气,此时空燃比可达 1∶1。此时,仅需一小部分燃料发生蒸发,就可以形成可燃混合气,混合气燃烧后,发动机就能正常运转。此后,只需要几个工作循环就能将整机加热,随着发动机升温,阻风门打开,对最终稳态运行没有影响。

利用阻风门起动发动机不是只在温度低的冬季有用,任何一个曾经试图在 10 ℃条件下起动无阻风门的割草机的人都会同意这一点。

后来,大多数汽车化油器都配有自动阻风门。在冷起动之前,通常将节气门踏板踩到底,以关闭阻风门,然后再起动发动机。发动机起动后,阻风门会随着发动机温度的升高慢慢自动打开。小型割草机的发动机和老式汽车发动机配有手动控制的阻风门。

许多小型低成本发动机没有阻风门。一些恒速发动机,如航模发动机或工业用汽油机上没有阻风门。

现代汽车的化油器的另一个附加部件是加速泵。当需要快速加速时,油门迅速打开,节气门全开,空气和燃料的流量迅速增加。空气和燃料蒸气由于质量惯性小,很快进入气缸;而较大的液滴和附着在进气歧管壁面上的油膜则由于密度大和质量惯性大,混合较慢。此时,发动机会因为燃料的瞬时缺失和燃空比大幅度减小,导致发动机升速时出现喘振,甚至失速。为了避免这种情况,在节气门快速打开时,加速泵会向气缸内喷入额外的燃料。这样不仅没有瞬间稀燃的现象,反而在加速过程中形成浓燃混合气。

5.6.2 化油器中的空气和燃料流量

根据气体动力学,通过文丘里管的空气流量为

$$\dot{m}_a = \left(C_{Dt} A_t P_0 / \sqrt{RT_0}\right) \left(P_t / P_0\right)^{1/k} \left\{\left[2k/(k-1)\right]\left[1 - \left(P_t / P_0\right)^{(k-1)/k}\right]\right\}^{1/2} \quad (5.5)$$

式中:C_{Dt} 为文丘里管的流量系数;A_t 为文丘里管的过流截面面积;P_0 和 T_0 分别为环境压力和温度;P_t 为文丘里管喉部的压力;R 为气体常数。

文丘里管喉部的压差为

$$\Delta P_a = P_0 - P_t = P_1 - P_2 \quad (5.6)$$

式中:P_1 和 P_2 如图 5.16 所示。

燃料喷管的喷口处的压差为

$$\Delta P_{\mathrm{f}} = \Delta P_{\mathrm{a}} - \rho_{\mathrm{f}} g h \qquad (5.7)$$

式中:ρ_{f} 为燃料密度；g 为重力加速度；h 为燃料喷管的喷口与浮子室中燃料液面的高度差。

在汽车化油器中,h 为一个预先设定值,以避免车辆停放在斜坡上时燃料泄漏,h 通常为 1~2 cm。

通过燃料喷管的流量为

$$\dot{m}_{\mathrm{f}} = C_{\mathrm{Dc}} A_{\mathrm{c}} \sqrt{2 \rho_{\mathrm{f}} \Delta P_{\mathrm{f}}} \qquad (5.8)$$

式中:C_{Dc} 为燃料喷管流量系数；A_{c} 为燃料喷管的过流截面面积。

联立式(5.5)至式(5.8),化油器供给的空燃比可按下式计算:

$$AF = \dot{m}_{\mathrm{a}} / \dot{m}_{\mathrm{f}} = (C_{\mathrm{Dt}} / C_{\mathrm{Dc}})(A_{\mathrm{t}} / A_{\mathrm{c}})(\rho_{\mathrm{a}} / \rho_{\mathrm{f}})^{\frac{1}{2}} \Omega \Pi \qquad (5.9)$$

式中:$\Omega = \left[\Delta P_{\mathrm{a}} / (\Delta P_{\mathrm{a}} - \rho_{\mathrm{f}} g h) \right]^{1/2}$；$\Pi = \left\{ \dfrac{\left[k/(k-1) \right] \left[(P_{\mathrm{t}}/P_0)^{2/k} - (P_{\mathrm{t}}/P_0)^{(k+1)/k} \right]^{1/2}}{1 - (P_{\mathrm{t}}/P_0)} \right\}$。

文丘里管喉部的气流速度随着发动机转速增加而增大,达到声速时将有最大流量,此时

$$(P_{\mathrm{t}}/P_0) = \left[2/(k+1) \right]^{k/(k-1)} \qquad (5.10)$$

式中:$k = 1.4$,则

$$P_{\mathrm{t}} = 0.528\,3 P_0 = 53.4 \text{ kPa}(\text{在标准条件下})$$

因此,通过化油器的最大空气流量为

$$(\dot{m}_{\mathrm{a}})_{\max} = \rho_0 c_0 C_{\mathrm{Dt}} A_{\mathrm{t}} \sqrt{\left[2/(k+1) \right]^{(k+1)/(k-1)}} \qquad (5.11)$$

式中:c 为环境声速,$c_0 = \sqrt{k R T_0}$。

在标准条件下,$\rho_0 = 1.181 \text{ kg/m}^3$, $c_0 = \left[(1.4)[287 \text{ J/(kg·K)}](298 \text{ K}) \right]^{1/2} = 346 \text{ m/s}$, $k = 1.4$。此时,式(5.11)可表示为

$$(\dot{m}_{\mathrm{a}})_{\max} = 236.5 C_{\mathrm{Dt}} A_{\mathrm{t}} \qquad (5.12)$$

式中:$(\dot{m}_{\mathrm{a}})_{\max}$ 的单位为 kg/s；A_{t} 的单位为 m²。

式(5.12)可以用于确定发动机所需的文丘里管喉部(化油器喉管)的尺寸。式(5.8)可以用于确定燃料喷管的过流截面面积 A_{c}。

幸运的是,一旦确定了化油器喉管和燃料喷管的直径,就可以设计一个能在较大转速范围内精确供油的化油器,主要工况包括起动、节气门全开、正常行驶、突然减速等。化油器在发动机冷起动时的特性本节中已经介绍过。

在高速工况或加速过程中,节气门保持全开,化油器提供浓燃混合气,以较差的燃料经济性为代价提供最大功率。

在稳态行驶中,化油器供给的是稀燃混合气($AF \approx 16$),功率小,但燃料经济性好。一台现代化的中型汽车以 80 km/h 的速度在高速公路上行驶,只需要 5~6 kw 的功率。

化油器发动机在高速运转时突然减速,气门会突然关闭,化油器会形成浓燃混合气。此

时,突然关闭的节气门将在其下游的进气系统中产生高真空度,这将导致几乎没有燃料会通过文丘里管进入气缸,更多的是通过怠速喷口进入气缸。这些燃料将与较小流量的空气混合,形成浓燃混合气以保持良好的燃烧。进气系统的高真空度使在气门重叠时产生大量的废气残留,如果没有浓燃混合气维持燃烧,会经常发生失火现象。而燃料喷射系统则能够在快速减速中更好地控制空燃比,保证发动机平稳运转。

当空气流过文丘里管时,压力下降,空气加速通过喉部,然后气流减速,压力再上升。通过文丘里管的喉部时总有压力损失,导致上游压力总是高于下游压力,这种压力损失直接降低了发动机的容积效率。在流量一定的情况下,化油器喉管直径越小,压力损失越大,所以应该将化油器喉管的直径做得更大。然而,喉管直径变大将使空气流速降低,同时燃料通过燃料喷管的压差变小,从而导致燃料液滴变大,空气和燃料的混合变差,空燃比难以控制。在发动机低速运行和空气流量较低时,这种现象更明显。通常,高性能发动机尽量将化油器喉管直径做得较大,因为这些发动机通常运行在高速工况,燃料经济性是次要考虑的。而不需要有高功率的经济型发动机则最好配置小喉管直径的化油器。

避免喉部压力损失的一个方法是使用双腔式化油器(即两个独立的小直径的文丘里喷嘴平行安装在一个化油器中)。在发动机低速运行时,只有一个腔工作。这样可以提供一个更高的压差来更好地控制燃料与空气混合,也不会造成大的压力损失。而在较高的发动机转速和气流速度下,双腔同时工作,控制效果相同,但没有大的压力损失。

一种类型的化油器将次级文丘里管安装在主文丘里管中,如图 5.17 所示。大直径的主文丘里管避免了压力损失,而小直径的次级文丘里管获得更高的压差以便更好地控制燃料流量。另一种类型的化油器通过改变文丘里管喉部的空气过流截面面积来减小压力损失,其在高速时增加截面面积,而在低速时减小截面面积。虽然研究者已经试制了几款这种类型的化油器,但结果大多不太理想。也有研究者在变径燃料喷管方面取得了一些进展。将现代电子控制技术应用到化油器中,会制造出更加可靠、精确,且柔性更好的化油器系统,从而出现了更好的燃料供给系统——电子控制燃料喷射系统。

四冲程发动机在运行时,每个气缸的进气时间大约只占整个循环时间的 25%,且各循环是均匀分布的,一个化油器能够在不增加喉管直径的前提下给四个气缸提供稳定的燃料－空气混合物。对于两缸或三缸发动机,也可以采用相同大小的化油器,只是气流有时会中断。但如果有五个或五个以上气缸的发动机采用单化油器,则需要将喉管直径加大,以适应更高的流量,因为总会存在同时多于一个气缸需要进气与供油的时刻。

20 世纪 50—80 年代,汽车流行装备八缸发动机,所以那时普遍使用两腔或四腔化油器。两腔化油器的每个腔用于给四个气缸供应稳态的气流;四腔化油器则采用每两个腔供应四个气缸的模式。对于八缸发动机的四腔化油器,在发动机低速运行时,仅两个腔在运作,每组气缸(四个)对应一个腔;在高速运行时,所有四个腔都被使用。

下吸式化油器的文丘里管垂直布置,空气流动方向是由上至下,燃料液滴利用重力与气流同向运动。这种化油器采用较长的流道,以实现更有效的蒸发和混合过程。在早期的汽车上,这种设计是可接受的,因为当时的发动机机舱很大、高度很高。随着汽车高度的降低、发动机机舱变小,化油器设计趋向于小腔室和短流道。为进一步减小发动机机舱的体积及高度,研究者开发出了空气水平流动的平吸式化油器。通常需要更高的流速保持燃料液滴悬浮在气流中,但更高的速度也带来了更大的压力损失。由于空间和一些其他方面的原因,有些发动机配有上吸式化油器,这需要相当高的流速来抵消重力对燃料液滴的作用。

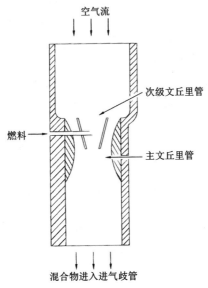

空气流

次级文丘里管

燃料

主文丘里管

混合物进入进气歧管

图5.17　具有次级文丘里管的化油器喉管结构

在设计飞机发动机的化油器时,必须考虑飞机不总是水平飞行的问题,如飞机可能倾斜飞行或甚至倒置飞行。空气除了有向上流动的可能性,也有向下或水平流动的可能性,有必要重新设计浮子室。飞机发动机与地面发动机的另一个区别在于,其进气压力将低于一个大气压,当然这取决于飞机的飞行高度,但这无疑增加了始终保持正确空燃比的难度。许多飞机发动机都配备机械增压器,以最大限度地解决这一问题。后来的汽车化油器也根据这一原理进行了重新设计,以避免汽车在突然转弯和浮子室摇晃时导致燃料供应中断,但使用电控燃料喷射系统就不存在这种问题。

有时,化油器遇到的另一个问题是结冰,这通常发生在节气门位置处。当空气温度降低至一定的温度时,空气中的水蒸气会凝结,发生凝结的原因有两个:一是空气通过化油器时减压膨胀冷却;二是文丘里管中燃料液滴蒸发冷却。解决此问题的两种方法分别是添加燃料添加剂和加热化油器。

使用化油器的另一个问题是燃料进入后,节气门后的空气气流会发生分流。这使燃料和空气很难实现均匀混合,从而导致输送到气缸的燃料 - 空气混合物的空燃比不稳定。这个问题在短腔、短流道的化油器中更加严重。

在节气门全开以外的工况下,主要压降会发生在化油器的节气门处,此处的压降可能高达总压降的90%以上。当节气门部分关闭时,可能会出现阻流现象(达到声速时);当节气门位置突然改变时,发动机需要几个循环的时间才能在化油器中重新建立稳态流动。

【例题 5.5】

一台排量为 3.6 L 的六缸点燃式发动机,其最大转速为 6 000 r/min,在此工况下容积效率为 92%,空燃比为 15.2。该发动机配备一个两腔化油器,低速时单腔运行,高速时两腔运行,汽油密度为 750 kg/m³。试计算:①化油器喉管直径(设流量系数 C_{Dt}=0.94);②燃料喷管直径(设流量系数 C_{Dc}=0.74)。

解

1）计算化油器喉管直径。

利用式（2.71）可以求出最大转速时的空气流量：

$$(\dot{m}_a)_{max} = \eta_v \rho_a V_d N / n$$
$$= (0.92)(1.181 \text{ kg/m}^3)(0.003\ 6 \text{ m}^3)[(6\ 000 \text{ r/min}) / (60 \text{ s/min})] / (2 \text{ r})$$
$$= 0.195\ 6 \text{ kg/s}$$

最大转速时的空气流量也可用式（5.12）计算：

$$(\dot{m}_a)_{max} = 236.5 C_{Dt} A_t = (236.5)(0.94) A_t = 0.195\ 6 \text{ kg/s}$$

因此最大转速时，所需喉管截面面积为

$$A_t = 0.000\ 88 \text{ m}^2 = 8.8 \text{ cm}^2$$

因为有两个腔室，所以单个腔室的直径为

$$d_t = \sqrt{\frac{A_t / 2}{\pi / 4}} = \sqrt{\frac{8.8 / 2}{3.14 / 4}} = 2.37 \text{ cm}$$

2）计算燃料喷管直径。

由式（5.10）可知，腔室达到最大流量时的喉管处压力：

$$P_t = 53.4 \text{ kPa}$$

利用式（5.6）可以求出空气压降：

$$\Delta P_a = P_0 - P_t = 101 \text{ kPa} - 53.4 \text{ kPa} = 47.6 \text{ kPa}$$

假定燃料喷管与浮子室内燃料液面的高度差为 1.5 cm，则可通过式（5.7）求出燃料喷管的压降：

$$\Delta P_f = \Delta P_a - \rho_f g h$$
$$= (47.6 \text{ kPa}) - (750 \text{ kg/m}^3)(9.8 \text{ m/s}^2)(0.015 \text{ m}) / 1\ 000$$
$$= 47.49 \text{ kPa}$$

因为空燃比为 15.2，可由式（5.9）求出燃料喷管的横截面面积 A_c：

$$AF = (C_{Dt} / C_{Dc})(A_t / A_c)(\rho_a / \rho_f)^{\frac{1}{2}} \Omega \Pi$$

其中

$$\Omega = \left[\Delta P_a / (\Delta P_a - \rho_f g h) \right]^{1/2} = \left[(47.6 \text{ kPa}) / (47.49 \text{ kPa}) \right]^{1/2} = 1.001\ 2$$

$$\Pi = \left\{ \left[k / (k-1) \right] \left[(P_t / P_0)^{2/k} - (P_t / P_0)^{(k+1)/k} \right] \Big/ \left[1 - (P_t / P_0) \right] \right\}^{1/2}$$

$$= \left\{ [1.4 / 0.4] \left[(53.4 / 101)^{2/1.4} - (53.4 / 101)^{2.4/1.4} \right] \Big/ \left[1 - (53.4 / 101) \right] \right\}^{1/2}$$

$$= 0.705\ 3$$

因此可知

$$15.2 = (0.94 / 0.74)(0.000\ 44 / A_c)(1.181 / 750)^{\frac{1}{2}}(1.001\ 2)(0.705\ 3)$$

因此最大转速时，所需燃料喷管截面面积为

$$A_c = 1.03 \times 10^{-6} \text{ m}^2 = 1.03 \times 10^{-2} \text{ cm}^2$$

因此所需的燃料喷管直径为

$$d_t = \sqrt{\frac{A_c}{\pi/4}} = \sqrt{\frac{1.03 \times 10^{-2}}{3.14/4}} = 0.115 \text{ cm}$$

5.7　机械增压与涡轮增压

5.7.1　机械增压器

机械增压器和涡轮增压器是安装在进气系统中用于提升进气压力的压缩机,其能使每个循环中有更多的空气和燃料进入气缸,进而提高发动机的净输出功率,如图 5.18 所示。增压器的增压幅度 ΔP 一般为 20~50 kPa,且大多数发动机的增压压力为该范围的低值。不过也有制造商生产出了高压机械增压器(ΔP=280 kPa),并将其用在可变压缩比发动机上,具体参见本书 7.7 节。

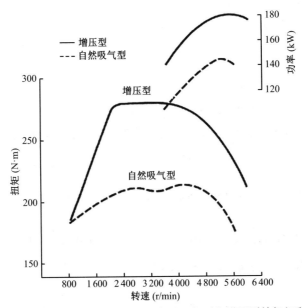

图 5.18　日产公司的 **280ZX** 型发动机的自然吸气型和增压型的扭矩和功率对比

机械增压器是由发动机曲轴直接驱动的一种容积式压缩机,其运行速度与发动机转速成正比,如图 1.8 所示。驱动机械增压器的能量是发动机的输出功率的一部分,这是机械增压器与涡轮增压器相比的一个主要缺点。其他的缺点还包括成本高、质量大、噪声高等。机械增压器的主要优势是能够快速响应油门变化,油门开度改变直接导致发动机转速改变,而发动机转速的变化通过机械连接结构会迅速地传递到增压器上。

一些高性能汽车发动机和几乎所有的大型柴油机都会采用增压系统。所有无曲轴箱压缩的二冲程发动机都必须配备机械增压器或涡轮增压器。

流经增压器的空气符合热力学第一定律,表达式为

$$\dot{W}_{sc} = \dot{m}_a (h_{out} - h_{in}) = \dot{m}_a c_p (T_{out} - T_{in}) \tag{5.13}$$

式中: $\dot{W}_{sc}$ 为驱动增压器所需要的能量; $\dot{m}_a$ 为空气进入发动机的质量流量; c_p 为空气的比热容; h 为比焓; T 为温度; 下标 out 和 in 分别表示出口和入口。

式(5.13)是在假设增压器的传热、动能、势能忽略不计的情况下得到的,这种假设适用于大多数增压器。但所有增压器的等熵效率不到100%,所以实际等熵压缩所需的能量大于理想值。通过增压器的气体的流动过程如图 5.19 所示,其中 $1 \to 2_S$ 过程是理想的等熵压缩过程,而 $1 \to 2_A$ 过程是伴随着熵增的实际压缩过程。

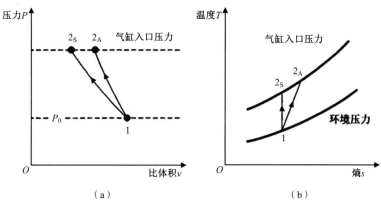

图 5.19　通过增压器时气体的理想过程($1 \to 2_S$)和实际过程($1 \to 2_A$)
(a)P-v 图　(b)T-s 图

机械增压器的等熵效率 η_s 的表达式为

$$
\begin{aligned}
(\eta_s)_{sc} &= \dot{W}_{isen} / \dot{W}_{act} \\
&= [\dot{m}_a(h_{2S} - h_1)] / [\dot{m}_a(h_{2A} - h_1)] \\
&= [\dot{m}_a c_p(T_{2S} - T_1)] / [\dot{m}_a c_p(T_{2A} - T_1)] = (T_{2S} - T_1) / (T_{2A} - T_1)
\end{aligned}
\tag{5.14}
$$

式中: $\dot{W}_{isen}$ 为理想等熵压缩所需的功率; $\dot{W}_{act}$ 为实际等熵压缩所需的功率; h 为比焓; T 为温度。

如果进气温度和压力以及设计的输出压力是已知的,则可以利用理想气体的等熵关系计算 T_{2S}:

$$
T_{2S} = T_1(P_2 / P_1)^{(k-1)/k}
\tag{5.15}
$$

如果等熵效率是已知的,实际出口温度 T_{2A} 可以由式(5.14)计算。当使用式(5.15)时,考虑到使用温度较低,取 $k = 1.40$。

发动机到增压器的能量传递机械效率也并不是100%,其表达式为

$$
\eta_m = (\dot{W}_{act})_{sc} / \dot{W}_{engine}
\tag{5.16}
$$

为了提升发动机的输出功率,理想的情况是增大增压器输出空气的压力。然而,从式(5.15)可以看出,增压器在提升压力的同时空气温度也会上升,这对点燃式发动机是不利的。如果空气在压缩行程开始时温度较高,在循环中的其他时刻会变得更高。通常,这将引起自燃并且产生爆震问题。为了避免这种情况,很多增压器配有一个中冷器将压缩空气冷却到一个较低的温度。中冷器可以采用以空气为冷却介质的换热器,也可以采用以冷却液为介质的换热器。有些增压系统由两个或两个以上的增压器构成,且每个增压器后都有一

个冷却器。然而,中冷器既提高了成本又占用空间,所以多数汽车的增压系统没有配置中冷器,而是采用降低压缩比的方法来避免自燃和爆震问题。压燃式发动机的增压器可以不加装冷却器,因为不用考虑爆震的问题。

中冷器的效率可以定义为

$$Eff = (T_1 - T_2) / (T_1 - T_{coolant}) \tag{5.17}$$

式中:T_1 为中冷器入口处的空气温度;T_2 为中冷器出口处的空气温度;$T_{coolant}$ 为冷却介质的温度。

5.7.2　涡轮增压器

涡轮增压器的压气机由串联安装在排气管道中的涡轮机供给能量,如图 1.9 和图 5.20 所示。涡轮增压器不由发动机曲轴驱动,这样做的好处是充分利用了发动机排气的能量,缺点是涡轮机会引起气缸排气背压增大,降低发动机的输出功率。通常,涡轮增压发动机的燃料消耗率较低,因为其能在保证摩擦损失变化不大的情况下,提供更大的功率。

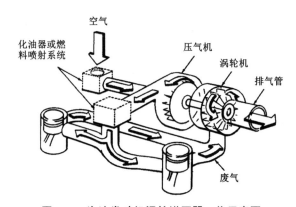

图 5.20　汽油发动机涡轮增压器工作示意图

发动机排气系统中的最高压力只是稍高于大气压,所以涡轮机前后的压降比较小。因此,涡轮机要以非常高的转速运行,才能产生足够的能量来推动压气机运行。一般情况下,涡轮机的转速为 100 000~130 000 r/min。在如此高的转速下,高温排气的腐蚀性对材料的可靠性和耐久性是非常大的考验。

涡轮增压器的另一个缺点是涡轮迟滞效应,尤其是在突然改变节气门开度的时候。当节气门快速打开时,涡轮增压器不能像机械增压器那样快速地做出响应,往往需要发动机运转几个循环改变废气流量后,涡轮机才开始加速。当采用质量较轻且能承受高温的陶瓷材料的转子时,由于质量惯性较小,涡轮迟滞效应得到改善。当然也可以通过采用较小的涡轮进口的管径来改善涡轮迟滞效应。

很多涡轮增压器配备有中冷器,以降低压缩空气的温度。也有部分增压器上有一个旁通支路,这样当不需要对进气进行增压时,则可以让废气绕过增压器。一些现代的涡轮机可以改变叶片角度,当发动机转速和负荷改变时,叶片的角度可以针对不同的流量进行调整以实现最优的效率。

离心式增压器的转速很高,常常用在车用发动机上。在一些大的发动机上则采用轴流

式增压器,因为其在较高的流量时有较高的效率。压气机的等熵效率可以表示为

$$(\eta_s)_{comp} = (\dot{W}_c)_{isen} / (\dot{W}_c)_{act} \tag{5.18}$$

式中: $(\dot{W}_c)_{act}$ 为压气机的实际功率; $(\dot{W}_c)_{isen}$ 为压气机的理想功率。

由图 5.21 可知,涡轮机的等熵效率可以表示为

$$
\begin{aligned}
(\eta_s)_{turb} &= (\dot{W}_t)_{act} / (\dot{W}_t)_{isen} \\
&= [\dot{m}_a(h_1 - h_{2A})] / [\dot{m}_a(h_1 - h_{2S})] \\
&= (T_1 - T_{2A}) / (T_1 - T_{2S})
\end{aligned}
\tag{5.19}
$$

式中: $(\dot{W}_t)_{isen}$ 为涡轮机的理想功率; $(\dot{W}_t)_{act}$ 为涡轮机的实际功率; h 为比焓; T 为温度。

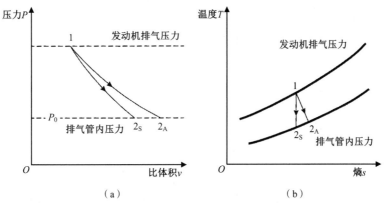

图 5.21　通过涡轮机时气体的理想过程(1 → 2ₛ)和实际过程(1 → 2ₐ)
(a)P-v 图　(b)T-s 图

排气气流的脉动特性使涡轮机的等熵效率比稳态时的低。涡轮机和压气机之间的机械效率表示为

$$\eta_m = (\dot{W}_c)_{act} / (\dot{W}_t)_{isen} \tag{5.20}$$

所以涡轮增压器的总效率可以表示为

$$\eta_{total} = (\eta_s)_{comp} (\eta_s)_{turb} \eta_m \tag{5.21}$$

一般来说,涡轮增压器的总效率可达 70%~90%。

【例题 5.6】

一台排量为 4.8 L 的六缸机械增压发动机工作在 3 500 r/min 的转速下,其容积效率为 158%。机械增压器的等熵效率为 92%,机械效率为 87%。输送进入气缸的空气温度和压力分别为 65 ℃ 和 180 kPa,环境温度和压力分别是 23 ℃ 和 98 kPa。试计算:①所需中冷器的冷却功率;②机械增压器消耗的发动机输出功率。

解

1)计算中冷器的冷却功率。

用式(2.71)求出空气的质量流量:

$$
\begin{aligned}
(\dot{m}_a)_{max} &= \eta_v \rho_a V_d N / n \\
&= (1.58)(1.181 \text{ kg/m}^3)(0.004\ 8 \text{ m}^3)[(3\ 500 \text{ r/min}) / (60 \text{ s/min})] / (2 \text{ r}) \\
&= 0.261 \text{ kg/s}
\end{aligned}
$$

通过图 5.19 及式（5.15）可得：

$$T_{2S} = T_1(P_2 / P_1)^{(k-1)/k} = (296\ \text{K})(180\ \text{kPa} / 98\ \text{kPa})^{(1.4-1)/1.4} = 352\ \text{K} = 79\ ℃$$

由式（5.14），机械增压器的等熵效率可表示为

$$(\eta_s)_{sc} = (T_{2S} - T_1) / (T_{2A} - T_1) = 0.92 = (352\ \text{K} - 296\ \text{K}) / (T_{2A} - 296\ \text{K})$$

则机械增压器出口的空气的实际温度为

$$T_{2A} = 357\ \text{K} = 84\ ℃$$

将空气温度从 84 ℃降低至 65 ℃所需中冷器功率为

$$\dot{Q} = \dot{m}_a c_p (T_{2A} - T_{in})$$
$$= (0.261\ \text{kg/s})[1.005\ \text{kJ/(kg · K)}](357\ \text{K} - 338\ \text{K}) = 5.0\ \text{kW}$$

2）计算机械增压器消耗的功率。

由式（5.13）和式（5.16）可以求出机械增压器消耗的发动机输出功率：

$$\dot{W} = \dot{m}_a c_p (T_{out} - T_{in}) / \eta_m$$
$$= (0.261\ \text{kg/s})[1.005\ \text{kJ/(kg · K)}](357\ \text{K} - 296\ \text{K}) / (0.87) = 18.4\ \text{kW}$$

5.8   双燃料发动机

由于技术和成本的原因，一些发动机能够使用两种燃料。例如，在一些发展中国家，因为柴油的价格较高，所以一些大型压燃式发动机可使用天然气和柴油两种燃料。其中，天然气为主要燃料，因为其价格更便宜。然而，天然气辛烷值较高，不易自燃，需要在适当时刻喷入少量柴油以点燃空气 - 天然气混合气。在这种类型的发动机上，需要配置两套燃料供给系统。

【例题 5.7】

一台大型 9 缸二冲程压燃式发动机以双燃料模式运行，转速为 257 r/min。该发动机以天然气作为主燃料，并用柴油来引燃。进气量的 95% 用于和天然气进行当量比燃烧；另外 5% 用于和柴油以 1.3 当量比燃烧，以点燃空气 - 天然气混合气。发动机的气缸直径为 320 mm，冲程为 610 mm，容积效率、指示热效率、机械效率和燃烧效率分别为 98%、61%、91% 和 99%。柴油的价格为 7 ¥/kg，天然气的价格为 3 ¥/kg。试计算：①发动机进气的质量流量（天然气用甲烷近似表示）；②柴油的质量流量；③发动机的有效功率；④使用双燃料节约的成本。

解

1）计算进气的质量流量。

由式（2.9）计算发动机的总排量：

$$V_d = N_c (\pi / 4) B^2 S$$
$$= (9)(\pi / 4)(32\ \text{cm})^2(61\ \text{cm}) = 441\ 500\ \text{cm}^3 = 441.5\ \text{L} = 0.441\ 5\ \text{m}^3$$

由式（2.71）计算空气流量：

$$\dot{m}_a = \eta_v \rho_a V_d N / n$$
$$= (0.98)(1.181\ \text{kg/m}^3)(0.441\ 5\ \text{m}^3)[(257\ \text{r/min}) / (60\ \text{s/min})] / (1\ \text{r})$$
$$= 2.189\ \text{kg/s}$$

2）计算柴油的质量流量。

由式（2.55）计算天然气的质量流量：

$$\dot{m}_{ng} = \dot{m}_a / AF = (2.189 \text{ kg/s})(0.95) / (17.2) = 0.121 \text{ kg/s}$$

由式（2.55）计算柴油的质量流量：

$$\dot{m}_{df} = [(2.189 \text{ kg/s})(0.05) / (14.5)](1.3) = 0.009\ 81 \text{ kg/s}$$

3）计算发动机的有效功率。

由式（2.65）计算发动机的指示功率：

$$\dot{W}_i = \eta_t \eta_c \dot{m}_f Q_{LHV}$$
$$= (0.61)(0.99)[(0.121 \text{ kg/s})(49\ 770 \text{ kJ/kg}) + (0.009\ 81 \text{ kg/s})(42\ 500 \text{ kJ/kg})]$$
$$= 3\ 889 \text{ kW}$$

由式（2.27）计算发动机的有效功率：

$$\dot{W}_b = \eta_m \dot{W}_i = (0.91)(3\ 889 \text{ kW}) = 3\ 539 \text{ kW}$$

4）计算使用双燃料节约的成本。

使用双燃料的成本为

$$C_{dual} = [(0.121 \text{ kg/s})(3 \text{ ¥/kg}) + (0.009\ 81 \text{ kg/s})(7 \text{ ¥/kg})](3\ 600 \text{ s}) / (3\ 539 \text{ kW})$$
$$= 0.43 \text{ ¥/(kW·h)}$$

在同等功率输出下，使用柴油时，燃料的质量流量为

$$\dot{m}_{df} = \dot{W}_i / \eta_t \eta_c Q_{LHV} = (3\ 889 \text{ kW}) / [(0.61)(0.99)(49\ 770 \text{ kJ/kg})] = 0.151\ 5 \text{ kg/s}$$
$$C_{df} = (0.151\ 5 \text{ kg/s})(7 \text{ ¥/kg})(3\ 600 \text{ s}) / (3\ 539 \text{ kW})$$
$$= 1.08 \text{ ¥/(kW·h)}$$

因此，使用双燃料后，成本可降低 60%。

5.9　二冲程循环发动机进气

二冲程发动机没有单独的进排气冲程，发动机在自由排气后，即进气开始时，缸内仍充满压力与大气压力相等的废气，所以二冲程发动机进气口的气压必须高于大气压力。带有压力的气体进入气缸后，推动大部分剩余的废气流出排气口，这就是所谓的扫气过程。当大部分的废气排出时，排气口关闭，气缸内充满新鲜空气。

空气进入缸内一般有两种途径：一是通过正常的进气门，二是通过气缸壁的扫气口。空气采用机械增压器、涡轮增压器或曲轴箱压缩进行增压。

二冲程发动机的燃烧室是开放的，因为分隔式的燃烧室无法实现较好的扫气。一些现代二冲程汽油发动机使用机械增压器进行进气增压，空气通过进气门进入气缸而不喷入燃料。压缩空气扫过整个气缸，然后缸内充满空气和一小部分残留废气。进气口关闭后，安装在气缸顶部的燃料喷射器直接将燃料喷入燃烧室。这样做是为了避免进气口与排气口同时打开时，燃料窜入排气管而引起 HC 污染。有些汽车发动机将空气与燃料一同喷入气缸，这样做有利于加速燃料的蒸发和混合。燃料的喷射压力设定为 500~600 kPa，而空气的进气压力略低于 500 kPa。点燃式发动机的燃料在压缩冲程的早期进行喷射，且是在排气口关闭之后立刻喷入；压燃式发动机的燃料喷射发生在压缩冲程的后期。

一些小型二冲程发动机因成本原因,使用曲轴箱压缩空气并完成扫气。在这些发动机中,空气在大气压力的作用下在气缸活塞到达上止点附近时,通过单向阀进入曲轴箱。在做功冲程中,活塞下行并压缩曲轴箱中的气体。然后,压缩空气通过一个进气通道进入燃烧室。在现代压燃式汽车发动机中,燃料通过燃料喷射器喷入,且配有增压器。在小型发动机中,燃料通常是通过化油器随着空气一起进入气缸,这是为了降低成本,因为简单的化油器很便宜。随着排放法规越来越严格,电控燃料喷射系统也可能会逐步应用在小型发动机上。

排气冲程在上止点后100°~110°开始,此时排气门打开或气缸壁的排气口打开。随后,在大约下止点前50°时,新鲜空气开始通过气门或位于稍微低于气缸壁排气口的进气口进入气缸。正如前面所解释的那样,进入气缸的空气或燃料-空气混合物压力是大气压的1.2~1.8倍,其能将大部分的废气通过仍然开启的排气门或排气口排出。在理想情况下,进入的空气或燃料-空气混合物将迫使大多数废气从气缸中排出,而不会发生燃料-空气混合物经排气门排出的情况,但实际上总会有部分燃料-空气混合物被排出。这将导致较低的燃料经济性和HC污染。为了避免这种情况,在现代二冲程发动机上只用新鲜空气进行扫气,燃料在进气完成后才喷射。

对于那些使用曲轴箱压缩的发动机,必须将润滑油添加到新鲜空气中,因为这些发动机的曲轴箱并不能像大多数发动机一样当作润滑油箱使用。发动机零件的表面是通过被空气带入的润滑油滴润滑的。在一些发动机中,润滑油是直接与燃料混合,通过化油器进入曲轴箱。有些发动机则有一个单独的油底壳,用来直接向新鲜空气中供给润滑油。这种润滑方法会导致两种不好的后果:一是一些润滑油蒸气会在气门重叠时进入排气管而直接导致HC排放;二是由于润滑油不易燃烧会影响燃烧效率。配有机械增压器或涡轮增压器的发动机则通常使用标准的压力润滑系统,将曲轴箱作为润滑油箱。

为了避免过多的废气残留,在扫气过程中不允许有扫气死区存在,这取决于进气口和排气口的大小与位置、排气口的几何形状、导流板的形式及活塞的表面形貌等因素。图5.22给出了几种常用的扫气形式。

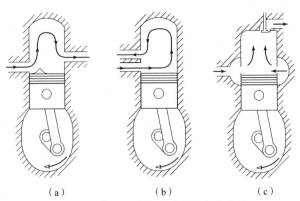

（a）　　　　（b）　　　　（c）
图5.22　常见二冲程发动机的扫气结构
（a）横流扫气　（b）回流扫气　（c）直流扫气

1）横流扫气:进气口和排气口在气缸壁的两侧。设计时要保证进气向上转移而不会直接从排气口排出,进而在气缸顶端形成废气滞留区。

2）回流扫气：进气口和排气口在气缸壁的同一侧，进入缸内的空气形成一个回路循环。

3）直流扫气：进气口在气缸侧壁，排气口在气缸顶部。在有些直流扫气结构中，进气口在气缸顶部，排气口在气缸侧壁，但这种结构不太常见。直流扫气是最有效的扫气方式，但会因增加排气门装置而提高成本。

当保证输出同样的功率时，二冲程发动机相比于四冲程发动机需要更多的新鲜空气。这是因为一些空气在扫气过程中流失掉了。对于二冲程发动机的进气过程来说，定义充气效率有很多不同方法。四冲程发动机的容积效率可以利用输送比 λ_{dr} 和充气效率 λ_{ce} 来表示：

$$\lambda_{dr} = m_{mi} / (V_d \rho_a) \tag{5.22}$$

$$\lambda_{ce} = m_{mt} / (V_d \rho_a) \tag{5.23}$$

式中：m_{mi} 为吸入气缸的燃料 - 空气混合物的质量；m_{mt} 为所有气门关闭后气缸中存留的燃料 - 空气混合物质量；V_d 为排量（扫气容积）；ρ_a 为空气密度。

通常：$0.65 < \lambda_{dr} < 0.95$；$0.50 < \lambda_{ce} < 0.75$。

输送比常常大于充气效率，因为一些燃料 - 空气混合物进入气缸后被排掉。对于那些在气门关闭后才喷射燃料的发动机来说，这些公式中的燃料 - 空气混合物的质量由新鲜空气的质量代替。有时空气密度也由增压后的气体密度代替。其他的效率参数包括滞留效率 λ_{te}、扫气效率 λ_{se}、相对充气效率 λ_{rc}，其公式如下：

$$\lambda_{te} = m_{mt} / m_{mi} = \lambda_{ce} / \lambda_{dr} \tag{5.24}$$

$$\lambda_{se} = m_{mt} / m_{tc} \tag{5.25}$$

$$\lambda_{rc} = m_{tc} / (V_d \rho_a) = \lambda_{ce} / \lambda_{se} \tag{5.26}$$

式中：m_{tc} 为存留在气缸中的总气量，包括残余废气。

通常：$0.65 < \lambda_{te} < 0.80$；$0.85 < \lambda_{se} < 0.95$；$0.50 < \lambda_{rc} < 0.90$。

滞留效率与输送比、相对充气效率与平均有效压力、输送比与平均有效压力的关系分别如图 5.23、图 5.24 和图 5.25 所示。

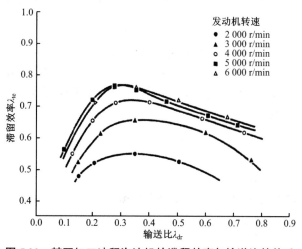

图 5.23　某双缸二冲程汽油机的滞留效率与输送比的关系

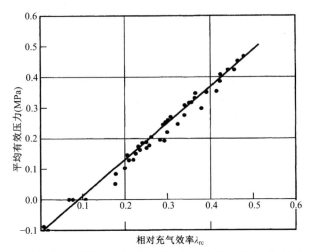

图 5.24　某双缸二冲程汽油机的相对充气效率与平均有效压力的关系

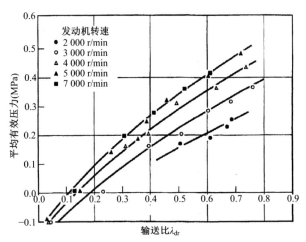

图 5.25　某双缸二冲程汽油机的输送比与平均有效压力的关系

【例题 5.8】

一台六缸二冲程点燃式发动机在 3 700 r/min 转速下运转,输送比为 0.88。在排气口关闭后,缸内的燃料－空气混合物质量为 0.000 31 kg,同时还有 5.3% 的上一循环残留废气。该发动机的气缸直径和冲程分别为 7.62 cm 和 8.98 cm。试计算:①充气效率;②滞留效率;③扫气效率;④相对充气效率。

解

1)计算充气效率。

由式(2.8)计算单缸的排量:

$$V_d = (\pi / 4)B^2 S = (\pi / 4)(7.62 \text{ cm})^2 (8.98 \text{ cm})$$

$$= 409.5 \text{ cm}^3 = 0.409 5 \text{ L} = 0.000 409 5 \text{ m}^3$$

由式(5.23)计算充气效率:

$$\lambda_{ce} = m_{mt} / V_d \rho_a = (0.000 31 \text{ kg}) / [(0.000 409 5 \text{ m}^3)(1.181 \text{ kg/m}^3)] = 0.641 = 64.1\%$$

2)计算滞留效率。

由式(5.22)计算缸内的燃料 – 空气混合物的质量：

$$m_{mi} = \lambda_{dr} V_d \rho_a = (0.88)(0.000\ 409\ 5\ \mathrm{m^3})(1.181\ \mathrm{kg/m^3}) = 0.000\ 426\ \mathrm{kg}$$

由式(5.24)计算滞留效率：

$$\lambda_{te} = \lambda_{ce} / \lambda_{dr} = 0.641 / 0.88 = 0.728 = 72.8\%$$

3)计算扫气效率。

存留在气缸中的总气量为

$$m_{tc} = (0.000\ 31)(1 + 0.053) = 0.000\ 326\ \mathrm{kg}$$

扫气效率为

$$\lambda_{se} = m_{mt} / m_{tc} = (0.000\ 31\ \mathrm{kg}) / (0.000\ 326\ \mathrm{kg}) = 0.951 = 95.1\%$$

4)计算相对充气效率。

相对充气效率为

$$\lambda_{rc} = \lambda_{ce} / \lambda_{se} = 0.641 / 0.951 = 0.674 = 67.4\%$$

5.10　压燃式发动机进气

　　压燃式发动机没有节气门,其转速和功率的调整是通过调整每个循环的燃料喷射量实现的。这就可以设计流动阻力较小的进气系统,从而使压燃式发动机在任何速度下都有较高的容积效率。同时,燃料是在压缩冲程的后期喷入气缸的,燃料不挤占空气的体积,从而进一步提高了容积效率。另外,许多压燃式发动机配备的涡轮增压系统也能够增大进气量。

　　压燃式发动机一般在压缩冲程后期的上止点前20° 左右喷射燃料。安装在气缸盖上的燃料喷射器将燃料直接喷入燃烧室,活塞的压缩作用引起空气温度升高并使燃料发生自燃。燃料的蒸发、与空气的混合及自燃仅需要很短的时间就可以完成,因此燃料通常会在上止点前就开始燃烧。如在这个时候继续喷射燃料,其就能在做功冲程中稳定燃烧。重要的是,使用具有合适的十六烷值的燃料才能保证燃料在设计的时刻开始自燃。理想的情况是燃料液滴大小不一,这样燃料就不会同时燃烧,而是在一段时间内逐渐参与反应。这样能缓和作用在活塞上的冲击力,使发动机更平稳地运转。

　　压燃式发动机的燃料喷射压力要远高于点燃式发动机,这是因为压燃式发动机具有较高的压缩比,燃料喷射时缸内压力非常高。在燃料喷射的最后时刻,缸内压力会达到峰值点,因而只有燃料喷射压力足够高,才能保证燃料蒸气和液滴能布满整个燃烧室。在通常情况下,燃料喷射压力范围为 20~200 MPa。一般来说,怠速工况下的燃料喷射压力为 25 MPa,额定转速工况下的燃料喷射压力为 135 MPa,而高速工况下的燃料喷射压力需要达到 160 MPa。随着燃料喷射压力的升高,燃料液滴的粒径变小。燃料喷射器喷孔的直径通常为 0.2~1.0 mm。每个循环所需的燃料通常会分成 2~5 次喷射来提供;在主喷之前会有 4 ms 左右的预喷,这样可以缩短主喷的滞燃期;主喷之后是后喷, 2~3 次的后喷主要用来清除燃烧室内和排气管道中的碳烟。图 5.26 所示为一款用于现代压燃式发动机的电控燃料喷射器的剖面结构。

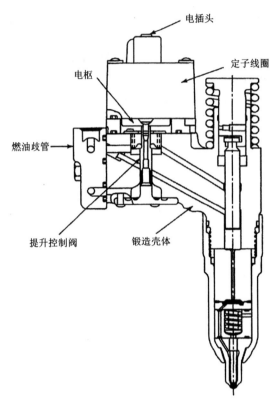

图 5.26 压燃式发动机电控燃料喷射器的剖面结构

在喷射燃料过程中,燃料的质量流量为

$$\dot{m}_f = C_D A_n \sqrt{2\rho_f \Delta P} \tag{5.27}$$

在一个循环过程中喷入气缸的燃料质量为

$$\dot{m}_f = C_D A_n \sqrt{2\rho_f \Delta P}(\Delta\theta / 360N) \tag{5.28}$$

式中:C_D 为燃料喷射器的流量系数;A_n 为喷孔的流通面积;ρ_f 为燃料密度;ΔP 为燃料喷射器的前后压差;$\Delta\theta$ 为喷射燃料持续的曲轴转角(°);N 为发动机转速。

燃料喷射器的前后压差 ΔP 约等于喷射压力,即

$$P_{inj} \approx \Delta P \tag{5.29}$$

理想情况是在不同转速下喷射燃料持续的曲轴转角是一样的。为了达到这个目的,燃料喷射压力随着转速的变化有以下关系:

$$P_{inj} \propto N^2 \tag{5.30}$$

为满足上式关系,高速时燃料喷射压力需要非常高。在一些现代发动机上,具有可变喷孔的燃料喷射器,可以在发动机高速工况下增大喷孔直径以实现更大的燃料喷射量。

对于具有较大开放式燃烧室且体型大、转速低的发动机来说,缸内的空气运动速度与空气湍流强度较低。所以,燃料喷射器一般安装在靠近燃烧室中心的地方,其上均布 5~6 个喷孔,以使燃料液滴均匀分布在整个燃烧室内。由于湍流强度低、燃料的蒸发和混合速度慢,所以从喷射燃料到开始燃烧的实际时间会比较长。但是,由于发动机转速较慢,所以在每个

循环中喷射燃料的时刻是基本一致的。大型发动机必须具备非常高的燃料喷射压力和喷射速度,因为在空气运动速度和湍流强度较低时,需要提高燃料喷射速度来促进其蒸发和混合。同样,提高燃料喷射速度也可以确保燃料液滴均匀分布在整个燃烧室内。对于有多个喷孔的燃料喷射器,则需要更高的燃料喷射压力,以达到同样的燃料喷射速度和贯穿距离(反映燃料液滴穿透火焰到达周围空气区的能力)。燃料液滴离开喷孔时的速度可高达 250 m/s。然而,黏性阻力和蒸发过程会使其速度很快降低。

　　为使燃料黏度和喷雾贯穿距离达到最佳,最重要的是控制燃料的温度。通常,发动机上配备有温度传感器和温度控制装置。许多大型卡车发动机配备加热型燃料滤清器,这样就可以使用黏度较差且便宜的燃料。

　　小型高速发动机由于循环时间较短,需要燃料能够更快蒸发和混合。较高的转速会引起缸内气流具有较高的湍流强度,能够促使其快速蒸发和混合。随着速度的增加,缸内气流的运动强度会随之增加,这就加快了燃料蒸发和混合速率,缩短了点火延迟时间,最终实现在不同转速下的喷射燃料时刻较为一致。有一部分燃料会直接撞到高温的气缸内壁上以加速其蒸发。一般来说,小型发动机使用低黏度且较昂贵的燃料。在高速发动机中的燃料喷射压力可以稍微低一些,因为燃料可以通过大强度的空气运动来促进蒸发和混合过程,而不是靠喷射燃料速率。在燃烧室较小的发动机中,较小的喷雾贯穿距离也是可以接受的。反映燃料喷射特性的参数包括贯穿距离、喷雾锥角、粒径分布(燃料液滴粒径)和破碎长度,如图 5.27 所示。

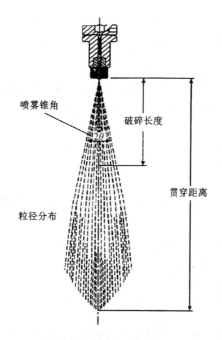

图 5.27　压燃式发动机燃料喷射器的喷雾

　　燃料由喷口喷出后,液体射流会破碎成许多独立的液滴,然后液滴会蒸发,并与进入喷雾内部的空气混合。喷雾的理想贯穿距离应正好与燃烧室尺寸匹配,在多数情况下,喷雾会受到涡流和挤流的影响而有所扭曲。

【例题 5.9 】

一台排量为 3.2 L 的五缸四冲程柴油机运行于 2 400 r/min,其缸径与行程相等。燃料喷射持续期是从上止点前 20° 到上止点后 5°。该发动机的容积效率为 0.95,燃料的当量比为 0.8,燃料是柴油。试计算:①喷射时长;②燃料喷射的流量。

解

1)计算喷射时长。

单个气缸的工作容积为

$$V_d = (0.003\ 2\ m^3)/5 = 0.000\ 64\ m^3$$

由式(2.70)可以求出空气质量:

$$m_a = \eta_v \rho_a V_d = (0.95)(1.181\ kg/m^3)(0.000\ 64\ m^3) = 0.000\ 718\ kg$$

由式(2.56)和式(2.57)计算燃料质量:

$$m_f = \phi m_a / (AF)_{stoich} = (0.80)(0.000\ 718\ kg)/(14.5) = 0.000\ 039\ 6\ kg$$

发动机转角与时间对应关系为

$$\frac{60\ s/min}{(2\ 400\ r/min)(360°/r)} = 6.9 \times 10^{-5}\ s/°$$

因此,喷射时长为

$$t = (20°+5°)(6.9 \times 10^{-5}\ s/°) = 0.001\ 73\ s$$

2)计算燃料喷射的流量。

燃料喷射器所喷射燃料的质量流量为

$$\dot{m}_f = (0.000\ 039\ 6\ kg)/(0.001\ 73\ s) = 0.022\ 9\ kg/s$$

【例题 5.10 】

某压燃式汽车发动机的燃料喷射器的喷孔直径为 0.31 mm,燃料喷射器的流量系数为 0.85,工作压差为 110 MPa,柴油密度为 750 kg/m³。试利用式(5.27)计算燃料喷射器所喷射燃料的质量流量。

解

$$\dot{m}_f = C_D A_n \sqrt{2\rho_f \Delta P}$$

$$= (0.85)[(\pi/4)(0.000\ 31\ m)^2]\sqrt{(2)(750\ kg/m^3)(110\ MPa)}$$

$$= 0.026\ 1\ kg/s$$

请将此结果与例题 5.9 中得到的质量流量进行对比。

5.11　一氧化二氮

有一种不影响容积效率,能使发动机吸入更多氧气,并产生更多动力的独特方式,就是将氧以液态的一氧化二氮(N_2O)的形式喷入发动机。随着缸内氧含量的增加,可以喷入更多的燃料,从而使每个循环在气缸中形成更多的可燃混合物用以产生动力。

在第二次世界大战期间,为了给战斗机的往复式发动机增加推力,一氧化二氮被首次应用。虽然随着喷气式发动机的发展,在战斗机上的往复式发动机逐步被淘汰,但采用一氧化二氮给发动机增加动力的方法却被赛车爱好者和车迷所热衷。

一氧化二氮（N_2O）于 1772 年被发现，并被作为短时间外科手术的麻醉剂使用。后来，一氧化二氮被用于很多领域中，其中一些应用是有危险的。在 20 世纪 70 年代，一些赛车制造商逐渐青睐使用一氧化二氮为赛车增加动力，至今仍然在使用。

在往复式发动机中使用一氧化二氮的主要问题之一是它产生的爆发力足以破坏发动机。理论上，使用一氧化二氮后，功率可增加 100%~300%，除非加强发动机的机械结构强度，否则大多数发动机不能在这些工况下运行。当车辆需要动力时，如在直线加速赛中，液态的 N_2O 和液体燃料一起被喷入发动机的气缸中，在短时间内就可以产生非常高的动力输出。

使用一氧化二氮除了可以减少发动机对空气的依赖以外，N_2O 液体蒸发过程还可以使空气密度增大，从而可以吸入更多的空气。当用于提升发动机的动力时，一氧化二氮通常以液态的形式储存在 6 MPa 的高压储罐中。

【例题 5.11】

在参加直线加速赛的赛车上增加一个一氧化二氮供应系统。在通常情况下，赛车使用当量比的异辛烷燃料时，有效功率为 200 kW。在制造商的建议下，决定按氧化剂和燃料的比例为 4 : 1（质量比）的方式添加 N_2O。进入气缸的可燃混合气温度为 298 K，而排气离开气缸时温度为 1 000 K。假定发动机的热效率保持不变，试计算功率增长百分比及使用 N_2O 后的发动机功率。

解

设添加 1 kmol 的异辛烷，因为异辛烷的相对分子质量为 114，所以 1 kmol 的异辛烷的质量为 114 kg。因为氧化剂和燃料的质量比为 4 : 1，所以一氧化二氮的添加量为 4 × 114 kg = 456 kg。一氧化二氮的相对分子质量为 44，则需要约 10.364 kmol 的一氧化二氮。

使用空气作为氧化剂时，1 kmol 异辛烷燃料的化学反应平衡方程式为

$$C_8H_{18} + 12.5 O_2 + 12.5(3.76) N_2 \rightarrow 8CO_2 + 9H_2O + 12.5(3.76) N_2$$

由式（4.5）计算每摩尔异辛烷产生的能量（焓值数据请参考相关文献）：

$$Q_{in} = \sum_{prod} N_i (h_f + \Delta h)_i - \sum_{react} N_i (h_f + \Delta h)_i$$

$$= 8[(-393\ 522)+(33\ 397)]+9[(-241\ 826)+(26\ 000)]+12.5(3.76)[(0)+(21\ 643)]-$$
$$1[(-259\ 280)+(0)]-12.5[(0)+(0)]-12.5(3.76)[(0)+(0)]$$

$$= -3\ 555\ 000 \text{ kJ/kmol}$$

加入 N_2O 后，1 kmol 异辛烷燃料的化学反应平衡方程式为

$$C_8H_{18} + 10N_2O + 7.5 O_2 + 7.5(3.76)N_2 \rightarrow 8CO_2 + 9H_2O + 38.2 N_2$$

加入 N_2O 后，每 1 000 摩尔异辛烷产生的能量为

$$Q_{in} = 8[(-393\ 522)+(33\ 397)]+9[(-241\ 826)+(26\ 000)]+38.2[(0)+(21\ 643)]-$$
$$1[(-259\ 280)+(0)]-10[(-81\ 600)+(0)]-7.5[(0)+(0)]-7.5(3.76)[(0)+(0)]$$

$$= -2\ 928\ 000 \text{ kJ/kmol}$$

燃料的产热随着燃料量的增加而增加，由于 N_2O 提供氧气，燃料需要的空气减少，燃料量相应增加，所以每 1 000 摩尔异辛烷产生的能量修正为

$$Q_{in} = (-2\ 928\ 000 \text{ kJ/kmol})[(12.5)/(7.5)] = -4\ 880\ 000 \text{ kJ/kmol}$$

由于 N_2O 的蒸发冷却效应,可燃混合气的密度增加,容积效率也增大。N_2O 的汽化热为 $h_{fg} = 11\ 037\ kJ/kmol$ 。

因为 $mc_p\Delta T = h_{fg}n_{fuel}$,所以蒸发冷却引起的空气温度的变化为

$$\Delta T = h_{fg}\eta_{fuel} / mc_p = \frac{(11\ 037\ kJ/kmol)(10.364\ kmol)}{(7.5)(4.76)(29\ kg/kmol)(1.005\ kJ/(kg\cdot K))} = 110\ K$$

所以,使用 N_2O 后,空气的温度为

$$T_{final} = 298\ K - 110\ K = 198\ K$$

因为空气密度与温度成正比,燃料输入的热量与空气密度成正比,所以每 1 000 摩尔异辛烷产生的能量再次修正为

$$Q_{in} = (-4\ 880\ 000\ kJ/kmol)[(298)/(198)] = -7\ 344\ 646\ kJ/kmol$$

从而功率增长的百分比为

$$\Delta = [(7\ 344\ 646 - 3\ 555\ 000) / (3\ 555\ 000)] = 1.07 = 107\%$$

因此,发动机功率由 200 kW 变为 414 kW。

5.12 小结

在内燃机设计中,保证空气与燃料以正确的比例连续、稳定地进入气缸是最重要的环节之一。一个容积效率高的进气系统可以最大限度地为内燃机提供用来与燃料反应的氧气。理想的内燃机则应该在气缸与气缸之间以及循环之间都能保持较为一致的进气量。但是由于湍流和其他流动阻力的变化使这一点很难实现,因此发动机的运转参数都是统计平均的结果。

同样重要和困难的是向发动机提供适量的燃料。目标是保证同一气缸在不同循环中的燃料供给量一致,这受制于燃料喷射器或化油器的精度和控制策略。

新鲜空气通过进气歧管进入气缸,其在点燃式发动机中由节气门控制,而在压燃式发动机中则不需要控制。进气的压力可以是大气压或是由机械增压器、涡轮增压器或曲轴箱增压的压力。点燃式发动机的燃料供给可以通过位于进气歧管上游的节气门体燃料喷射器提供,或者通过在进气门附近的进气道喷射提供,也可以由燃料喷射器直接喷入气缸。目前,化油器主要用于老式、较小、低成本的发动机上。压燃式发动机则是将燃料直接喷入燃烧室,并且通过调整燃料的喷射量来控制发动机的转速。

稀薄燃烧发动机、分层燃烧发动机、复合燃烧室发动机、双燃料发动机和二冲程发动机都有各自独特且复杂的进气系统,因而设计供油系统时,需要合理选择或组合零部件或参数,如化油器、燃料喷射器、气门数量、气门定时等。

习题 5

5.1 一台五缸四冲程点燃式发动机,压缩比 $r_c = 11$,气缸直径 $B = 5.52\ cm$,冲程 $S = 5.72\ cm$,连杆长度 $r = 11\ cm$,气缸进气温度和压力分别为 63 ℃和 92 kPa。进气门在下

止点后 41° 关闭,而火花塞在上止点前 15° 点火。试计算:

①点燃时的理论缸内温度(K)及压力(kPa),假设采用奥托循环,在下止点关闭进气门,在上止点火花塞点火;

②有效压缩比;

③点燃时的实际缸内温度(K)及压力(kPa)。

5.2 一台汽车样车有两种发动机可供选择。发动机 A 为自然吸气,压缩比为 10.5,气缸进口温度和压力分别为 60 ℃ 和 96 kPa;发动机 B 为中冷机械增压,气缸进口温度和压力分别为 80 ℃ 和 130 kPa。为避免发生爆震,两台发动机的燃烧初始时刻的燃料 - 空气混合物温度须一致。试计算:

①采用奥托循环时,发动机 A 燃烧初始时刻的温度(℃);

②发动机 B 保持同样燃烧初始温度时,所需的压缩比;

③增压器的等熵效率为 82%,为使发动机 B 保持同样的气缸进口条件,中冷器产生的温差(℃)。

5.3 一台 V12 飞机发动机采用节气门体喷射,空气进入进气歧管的温度和压力分别为 24 ℃ 和 101.356 5 kPa。发动机的燃料为汽油,当量比 $\phi = 0.95$。假定燃料全部在绝热进气歧管中蒸发,试计算:

①燃料蒸发后燃料 - 空气混合物的温度(℃);

②燃料蒸发导致的发动机容积效率变化率;

③可燃混合气与前一次循环 5% 的废气(温度为 500 ℃)混合后,压缩开始时的缸内温度(℃)。

5.4 在习题 5.3 中的 V12 飞机发动机增加水喷射系统,向每 15 kg 汽油中喷射 5 kg 水。水的蒸发潜热 $h_{fg} = 2\ 446.952$ kJ/kg。试计算:

①燃料和水蒸发后混合物的温度(℃);

②由于燃料和水蒸发导致的发动机容积效率变化率。

5.5 试回答:

①为什么为点燃式发动机设计安装涡轮增压器时,通常需要降低压缩比?

②有效功率如何变化?

③热效率是否增加?

④为什么压燃式发动机安装涡轮增压器不需要降低压缩比?

5.6 一台排量为 2.4 L 的四缸四冲程发动机配备了多点喷射系统,每缸配备一个燃料喷射器。燃料喷射器的流速固定,因此进入缸内的燃料量与喷射燃料持续期有关。节气门全开时发动机功率最高,此时发动机转速为 5 800 r/min,进气口压力为 101 kPa,燃料以化学当量比燃烧,容积效率为 95%。在怠速工况下,发动机转速为 600 r/min,进气口压力为 30 kPa,燃料同样以化学当量比燃烧。试计算:

①燃料喷射器的燃料流量(kg/s);

②怠速下燃料喷射持续期对应的时间(s);

③怠速下燃料喷射持续期对应的曲轴转角(°A)。

5.7 一台排量为 2.4 L 的六缸四冲程点燃式发动机配备了多点喷射系统,每缸配有一个流量为 0.02 kg/s 的燃料喷射器。该发动机在转速为 3 000 r/min 时,容积效率为 87%;采用当量比为 1.06 的乙醇为燃料。发动机还在进气歧管上游配备了辅助燃料喷射器,流量为 0.003 kg/s,可以在需要的时候改变空燃比以提供浓燃混合气。当辅助燃料喷射器投入使用时,它会持续运转并向所有气缸供给燃料。试计算:

①单次循环的单缸单次喷射脉冲时长(s);

②未使用辅助燃料喷射器时的空燃比;

③使用辅助燃料喷射器时的空燃比。

5.8 当配有节气门体喷射系统的发动机加速时,进气歧管出口的可燃混合气的温度是否变化,并说出影响温度变化的具体原因。

5.9 一台排量为 6 L 的 V8 四冲程点燃式发动机的最大转速为 6 500 r/min。在最大转速下,发动机的容积效率为 88%。该发动机配备了四腔化油器,每个腔的流量系数 $C_{Dt} = 0.95$,燃料为汽油,空燃比为 15,汽油密度 $\rho = 750 \text{ kg} / \text{m}^3$。试计算:

①化油器中每个腔的文丘里管喉部的最小直径(cm);

②燃料喷管流量系数 $C_{Dc} = 0.95$,且燃料喷管与燃料液面的高度差很小时,每个腔所需的燃料喷管直径(cm)。

5.10 试回答:

①在寒冷冬天早晨如何起动配有化油器的汽油发动机?请说出哪些工作必须要做,并解释原因。

②为什么汽车发动机化油器要配备加速泵?

③高速运行的汽车突然关闭化油器的节气门时,气缸内会出现什么情况?

5.11 一台气缸直径为 7.5 cm 的 V8 发动机由单缸两气门改为单缸四气门。在两气门的设计方案中,进气门直径为 34 mm,排气门直径为 29 mm;在四气门的设计方案中,进气门直径为 27 mm,排气门直径为 23 mm。已知所有气门升程均为其直径的 22%。试计算和回答:

①当新系统的气门全部开启时,单缸增加的进气面积(cm^2);

②新系统的优缺点有哪些?

5.12 一台气缸直径为 8.2 cm 的压燃式发动机,其燃料喷射器布置在缸盖中央位置,燃料喷射器的喷孔直径为 0.073 mm,流量系数为 0.72,喷射压力为 50 MPa。喷射中,缸内平均压力为 5 MPa。柴油密度为 860 kg/m³。试计算:

①燃料喷出燃料喷射器时的平均速度(m/s);

②燃料以上述平均速度到达气缸壁的时间(s)。

5.13 一台排量为 3.6 L 的六缸 V 形点燃式发动机的最大转速为 7 000 r/min。该发动机每缸配备两个进气门,进气门升程是直径的 25%。气缸直径与冲程的关系为 $S = 1.06B$。可燃混合气进入缸内的初始温度为 60 ℃。试计算和回答:

①理想气门直径(cm);

②进气门处的最大流速(m/s);

③气门直径与气缸直径是否匹配。

5.14 例题 5.9 中柴油液滴的平均体积为 $3 \times 10^{-14} \text{ m}^3$,发动机压缩比为 18。在粗略估

计的情况下,假定所有液滴上止点时在燃烧室内具有相同体积和相同速度。柴油密度 $\rho = 860 \ \text{kg} / \text{m}^3$。试计算:

　　①单次喷射的液滴个数;

　　②上止点时燃烧室内液滴之间的距离。

　　5.15　一台排量为 2.2 L 的小型四缸四冲程双循环压燃式汽车发动机可以实现停缸运行,燃料为轻柴油,空燃比为 22。当功率需求较少时,该机可以转换为高速运行下的两缸发动机,此时排量为 1.1 L。四缸运行时,该机的转速为 2 100 r/min,容积效率为 61%,有效热效率为 45%,燃烧效率为 98%;两缸运行时,该机的容积效率为 82%,有效热效率为 42%,燃烧效率为 98%。试计算:

　　①四缸运行状态下,转速为 2 100 r/min 时的空气流量(kg/s);

　　②两缸运行状态下,产生相同有效功率时的空气流量(kg/s);

　　③两缸运行状态下,产生相同有效功率时的转速(r/min)。

　　5.16　一台卡车发动机的进气门可以实现可变气门定时,在任意转速下,排气门在下止点前 20° 开启,上止点后 20° 关闭。转速为 3 000 r/min 时,气门重叠时间应保持为 0.004 s;转速为 1 200 r/min 时,气门重叠时间应保持为 0.002 s。试计算:

　　①转速为 3 000 r/min 时,进气门开启对应的曲轴转角(° BTDC);

　　②转速为 1 200 r/min 时,进气门开启对应的曲轴转角(° ATDC)。

　　5.17　一台排量为 460 L 的大型十二缸二冲程发动机使用柴油‑甲醇双燃料。92% 的进气与甲醇进行化学当量比燃烧,8% 的进气与用来引燃的柴油进行化学当量比燃烧。该机的转速为 195 r/min,容积效率为 93%。甲醇在进气冲程期间喷入,柴油在上止点前 15° 到上止点后 6° 通过燃料喷射器喷入各缸。试计算:

　　①进入缸内的空气的质量流量(kg/s);

　　②进入缸内的甲醇的质量流量(kg/s);

　　③燃料喷射器中柴油的质量流量(kg/s)。

　　5.18　一台排量为 1.5 L 的三缸二冲程点燃式发动机转速为 3 400 r/min。循环中,缸内会存在 0.000 44 kg 的混合气,这包括上一循环 4.6% 的残余废气,且滞留效率 $\lambda_{\text{te}} = 0.76$。试计算:

　　①输送比;

　　②充气效率;

　　③扫气效率;

　　④相对充气效率。

　　5.19　一台排量为 3 L 的二冲程 V6 点燃式发动机采用曲轴箱压缩。该机的燃料为汽油,润滑油与燃料比例为 1 ∶ 25(质量比)。当转速为 3 000 r/min 时,输送比 $\lambda_{\text{dr}} = 0.95$,滞留效率 $\lambda_{\text{te}} = 0.85$。燃料和润滑油均参与燃烧。试计算:

　　①进入缸内的空气的质量流量(kg/s);

　　②进入缸内的润滑油的质量流量(kg/s);

　　③排气中未燃润滑油的质量流量(kg/s)。

　　5.20　由于担心例题 5.11 中的发动机在功率提升后无法承受,因此将一氧化二氮的用量减半,即每 1 kmol 的异辛烷(C_8H_{18})匹配使用 5 kmol 的一氧化二氮。热效率以及进出气缸温度保持不变。试使用例题 5.11 的分析方法,计算 N_2O 用量减半后的功率变化率。

设计题 5

D5.1　一台直列八缸四冲程点燃式发动机采用节气门体喷射以及双燃料喷射器。每个燃料喷射器为四个气缸供给燃料。发动机点火顺序为 1—3—7—5—8—6—2—4。请基于保持恒定空燃比以及保持循环平稳的考虑设计进气歧管。

D5.2　一台排量为 2.5 L 的四冲程点燃式发动机采用多点喷射系统。怠速转速为 300 r/min,空燃比为 13.5,容积效率为 0.12;节气门全开时的转速为 4 800 r/min,空燃比为 12,容积效率为 0.95。燃料喷射器在各工况下保持相同的质量流量。请设计该发动机的燃料喷射系统,并给出单缸所需燃料喷射器数量和燃料喷射器流量,并且以秒和曲轴转角为单位给出单次循环的燃料喷射持续期,喷射开始与进气门开启的时刻。

D5.3　请为运行在发展中国家的大型双燃料压燃式发动机设计燃料进气系统。该发动机只使用柴油来点燃并且主要燃料应尽量便宜。请画出示意图,并且给出发动机排量、转速以及容积效率的数值;选择合适的主要燃料,并计算主要燃料和点燃燃料的流量;求出平均空燃比。

第6章 燃烧室内的流体运动

本章介绍在压缩冲程、燃烧冲程及做功冲程中,发动机气缸内空气、燃料及废气的运动。这些运动对于加速燃料蒸发,促进空气和燃料混合,提高燃烧速度和发动机效率来说是十分重要的。除了常见的湍流之外,在进气时,燃料和空气在混合过程中会产生一种被称为涡流的旋转运动。在压缩冲程结束时,还有两个额外的质量流动产生:挤流和滚流。挤流是一种指向气缸中心线的径向运动,而滚流是一种围绕中心轴的旋转运动。此外,本章还讨论了缝隙流动和窜气,其是缸内流体在压缩和燃烧过程中由于缸内非常高的压力而流进燃烧室内狭小缝隙的现象。

6.1 湍流

由于流动速度较快,所有流入、流出以及气缸内的流体的运动均为湍流。但是那些在燃烧室的角落和进入微小缝隙内的流体除外,这是因为过于靠近燃烧室壁面的湍流会被抑制。在湍流的作用下,发动机内的热交换速率提高了一个数量级。导热、蒸发、混合和燃烧的速率也随之增加。随着发动机转速的提高,流体的流速不断增加,从而增大了燃料的蒸发速率、燃料和空气的混合速率以及燃料 - 空气混合物的燃烧速率。

当流体流动为湍流时,粒子运动的随机波动在整体速度的基础上叠加。这些随机波动可能发生在垂直于或平行于流体运动的各个方向,因而很难预测在给定的时间和位置处,流体的实际流动状态。对多个发动机循环进行统计分析,虽然可以得到较为准确的平均流动状态,但无法预测其中任一循环中流体的实际流动状态。这是因为对于实际发动机,其各循环之间总是存在着循环参数的变动,如缸内压力、温度、着火时刻等就会经常发生改变。

在流体力学的相关文献中可以找到许多不同的湍流模型,其可以用来预测流体的流动特性。在一个简单的湍流模型中,用 u、v 和 w 分别表示 x、y、z 方向上流体质点的随机波动速度,并分别与对应坐标轴方向上的平均整体速度(v_x,v_y,v_z)相叠加。进而,湍流的强度是通过计算 u、v 和 w 的均方根得到的。值得指出的是,流体质点的随机波动速度(u、v 和 w)的线性平均值为零。

发动机气缸内的流场中包含不同湍流强度的流体状态。大尺度的湍流常常会伴随着涡流产生,与流道尺寸(如气门开度、流道的直径、余隙容积的高度等)相关。虽然这些流动是随机的,但其整体方向却直接受流道尺寸的影响。相反,小尺度的湍流则是完全随机的,完全没有方向性,只受流体的黏性扩散特征的影响。所有湍流的尺度都在这两个尺度之间,其特征也在这两个尺度的湍流间变动。有研究者详细地描述了湍流在内燃机中的作用,如有读者需要对这一问题进行更深入的研究,请参考相关文献 [1][2]。

在进气过程中,气缸内的湍流很强,但是在接近下止点时由于流体的流速下降,湍流强

---

[1]　HEYWOOD J B. Internal Combustion Engine Fundamentals[M]. New York: McGraw-Hill, 1988.

[2]　CATANIA A E, DONGIOVANNI C, MITTICA A. Further Investigation into the Statistical Properties of Reciprocating Engine Turbulence[J]. JSME International Journal Series B, 1992, 35(2): 255-265.

度会减弱。在压缩冲程期间接近上止点时,随着涡流、挤流及滚流的增加,湍流强度会再次增强。通常,涡流的存在会使整个气缸内的湍流更加均匀。

在理想情况下,在上指点附近开始点火时,缸内流体的湍流强度较高。因为湍流可以使火焰锋面破碎,并使火焰锋面传播的速率比层流火焰快很多倍。进而,燃料可以在很短的时间内消耗掉,从而避免了自燃和爆震的发生。局部的火焰速度取决于火焰锋面处的瞬态湍流强度。而在燃烧过程中,气缸中燃料 - 空气混合物的膨胀也增强了这种湍流运动。因此,燃烧室的形状对于形成高湍流流场和快速燃烧十分重要。

如图 6.1 所示,流体的湍流强度受发动机转速的影响很大。随着转速的增加,湍流强度增强,进而使燃料的蒸发、混合和燃烧速率增加,导致不同转速下着火时刻对应的曲轴转角大致相同。然而,着火延迟期(滞燃期)并不会随着湍流强度的增强而发生变化。这种现象可以通过在高转速时提前点火来进行补偿。

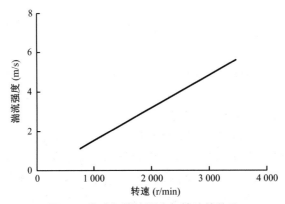

图 6.1   发动机湍流强度与转速的关系

为了提高容积效率,大多数进气歧管的内表面被加工得尽可能光滑。但对于一些经济型汽车来说,进气歧管的内壁不需要那么平滑,因为这类汽车并不追求大功率。对于这样的汽车,其进气歧管内壁通常被加工得比较粗糙,因为这样可以提高湍流强度,进而促进燃料的蒸发及其与空气的混合。

但是湍流对二冲程发动机的扫气过程会起到负面作用。由于湍流的存在,进入气缸的空气会迅速地与废气混合,导致更多的废气滞留在气缸中。另外,在燃料燃烧过程中,高强度的湍流会增强燃烧室内燃料 - 空气混合物与气缸壁面的对流换热,这样损失的热量会更多,从而降低发动机的热效率。

6.2   涡流

缸内流体的主要流场是一种绕气缸轴线旋转的流场,称为涡流。这是由于气流受进气系统结构的影响,在进入气缸时产生一个切向的分量,形成涡流,如图 6.2 所示。对涡流的控制,主要是通过改变进气歧管、气门,甚至是活塞表面的形状和外形轮廓来实现的。对于现代高速发动机,涡流大大促进了空气和燃料的混合,使二者可以在非常短的时间内形成均匀的燃料 - 空气混合物,如图 6.3 所示。这是燃烧过程中火焰锋面能够快速传播的重要原因。

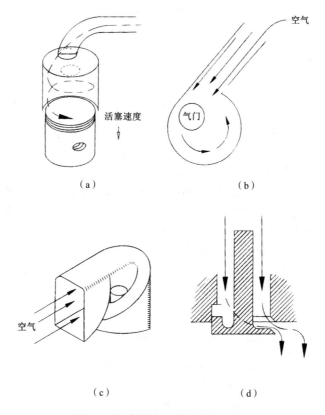

图 6.2　缸内涡流示意及其产生方式

（a）涡流示意　（b）使进气沿切线方向进入气缸　（c）调整进气流道轮廓　（d）调整气门外形轮廓

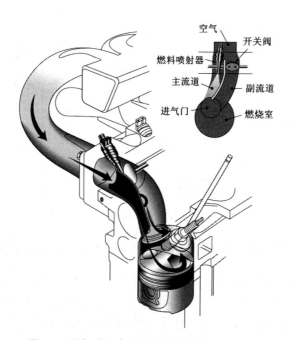

图 6.3　进气道多点喷射点燃式发动机的进气系统

　　涡流比(Swirl Ratio，SR)是一个用于量化缸内流体旋转运动的无量纲参数。文献中有两种不同的涡流比定义方式:

$$(SR)_1 = 角速度 / 发动机转速 = \omega / N \tag{6.1}$$

$$(SR)_2 = 切向速度 / 活塞平均速度 = u_t / \bar{U}_p \tag{6.2}$$

　　在上述两个公式里,角速度和切向速度都是平均值。因为气缸内旋转流体的角速度很不均匀,其自身的黏性阻力会使角动量最大值出现在远离壁面的地方,而在壁面附近区域,流体的角动量很小。由于气体与气缸内壁的阻力以及活塞表面和气缸内壁阻力的影响,湍流的分布在径向和轴向方向上存在不均性。

　　内燃机气缸内的流体的涡流比在循环过程中变化更剧烈,如图 6.4 所示。进气冲程中,涡流比高;活塞到达下止点后,在压缩冲程期间,由于流体与缸壁间黏性阻力的影响,涡流比逐渐下降;燃烧使缸内气体膨胀,并使涡流比增加到另一个峰值,之后进入做功冲程;在自由排气开始之前,因气体的膨胀和黏性阻力的影响,涡流比再次迅速地减小。对于现代发动机来说,根据式(6.1)算出的涡流比为 5~10。另外,在压缩冲程中,有 1/4~1/3 的角动量会损失掉。

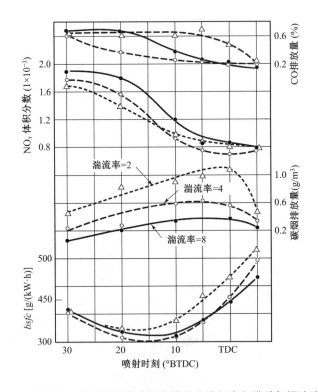

图 6.4　2 000 r/min 工况下单缸直喷压燃式发动机有效燃油消耗率和排放与涡流比和喷油时刻的关系

　　对气缸内涡流进行建模的一个简单方法是采用叶轮模型。设缸内体积固定不变,且其中包含一个假想的没有质量的叶轮。随着叶轮的转动,叶片之间的气体也跟着转动,导致气缸内的气体全部以一个角速度旋转,此时气缸内气体的转动惯量为

$$I = mB^2 / 8 \tag{6.3}$$

式中:m 为燃料－空气混合物的质量;B 为气缸内径,即旋转体的直径。

气缸内气体的角动量为

$$\Gamma = I\omega \tag{6.4}$$

式中:ω 为刚体的角速度。

大多数现代发动机的燃烧室形状如图 6.5 所示。其中,大部分余隙容积在靠近气缸中心线的位置。这样设计的最初目的是缩短燃料－空气混合物在上止点附近燃烧时的火焰传播距离。气缸的余隙容积可以设置在气缸盖上,如图 6.5(a)所示;也可以设置在活塞的顶部,如图 6.5(b)所示;或者设置成这两种方式的组合。对于上述这三种燃烧室,当活塞接近上止点时,燃料－空气混合物的旋转半径会突然减小。根据角动量守恒,角速度会大幅增加。尽管上止点处燃料－空气混合物和气缸壁面间的黏性阻力很大,但活塞在上止点附近时,混合物的角速度仍可增大 3~5 倍。实际上,研究者正希望燃料－空气混合物在上止点处能够有较高的角速度,因为这样可以使火焰锋面快速地穿过燃烧室。在一些发动机中,通过调整火花塞的位置,使火花塞远离气缸中心,这样可以利用高强度的涡流,缩短燃烧时间。

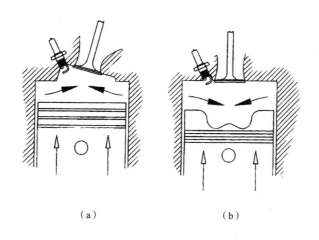

（a）　　　　　　　　　　（b）

图 6.5　现代发动机燃烧室的几何结构

（a）余隙容积在气缸盖上　（b）余隙容积在活塞的顶部

在二冲程发动机中,进气口在气缸壁上,涡流受进气口边缘的形状以及流道流向的影响。涡流大大减少了扫气过程中的死角,但同时也使进气过程中的废气残余增加。因此,有利于产生涡流的进气道和流道的形状反而会降低整个发动机的容积效率。

对于采用缸内直喷的压燃式发动机和点燃式发动机而言,涡流旋转时间和喷嘴上的孔数直接决定了燃料喷射时间,其关系式为

$$燃料喷射时间=涡流旋转时间 / 喷嘴上的孔数 \tag{6.5}$$

这可以保证燃油能够如图 6.6 所示一样,分布在燃烧室的每个角落。

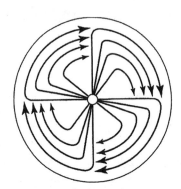

图 6.6　压燃式发动机涡流旋转时间、喷油时间与喷孔数目关系

【例题 6.1 】

一台排量为 3.2 L 的四冲程发动机,转速为 4 500 r/min。气缸的涡流比为 6,即冲程与缸径关系为 $S=1.06B$。试求:①基于叶轮模型的缸内燃料 – 空气混合物的角速度;②涡流比。

解

1)计算缸内燃料 – 空气混合物的角速度。

由式(6.1),得缸内燃料 – 空气混合物的角速度为

$$\omega = N(SR)_1 = (6)(4\ 500\ \text{r/min}) / (60\ \text{s}) = 450\ \text{r/s}$$

2)计算涡流比。

单个气缸的容积为

$$V_d = (3.2\ \text{L}) / 4 = 0.8\ \text{L} = 0.000\ 8\ \text{m}^3$$

缸径、冲程和气缸容积的关系为

$$V_d = (\pi/4) B^2 S = (\pi/4)(1.06B^3) = 0.000\ 8\ \text{m}^3$$

因此,缸径与冲程分别为

$$B = 0.098\ 7\ \text{m} = 9.87\ \text{cm}$$

$$S = (1.06)(9.87\ \text{cm}) = 10.46\ \text{cm} = 0.104\ 6\ \text{m}$$

由式(2.2)求出活塞平均速度:

$$\bar{U}_p = 2SN = (2\ \text{stroke/r})(0.104\ 6\ \text{m/stroke})[(4\ 500\ \text{r/min}) / (60\ \text{s})] = 15.7\ \text{m/s}$$

旋转气体的切向速度为

$$u_t = \pi B \omega = (3.14)(0.098\ 7\ \text{m})(450\ \text{r/s}) = 139.5\ \text{m/s}$$

由式(6.2)计算涡流比:

$$(SR)_2 = u_t / \bar{U}_p = (139.5\ \text{m/s}) / (15.7\ \text{m/s}) = 8.9$$

6.3　挤流和滚流

在压缩冲程末期,活塞临近上止点的时候,燃烧室的体积突然减少到一个很小的值。许多现代发动机的燃烧室设计都让大部分余隙容积集中在气缸中心线附近,如图 6.5 所示。当活塞接近上止点时,气缸中的燃料 – 空气混合物会被迫沿着径向流向中心。这种燃料 –

空气混合物的径向向内运动称为挤流。燃料－空气混合物的挤流与缸内其他气体的运动一起促进燃料和空气的混合,并使火焰前锋迅速蔓延。挤流速度最大值通常出现在活塞位于上止点前 10° 的位置。

在燃烧过程中,做功冲程开始,燃烧室的体积增大。随着活塞离开上止点,燃烧中的气体径向向外运动并不断填充增加的气缸容积。这种挤流的逆运动有助于燃烧后期火焰锋面的传播。

随着活塞临近上止点,挤流会生成一个二级旋流,称为滚流。滚流发生在活塞凹坑的外缘附近,如图 6.7 所示。

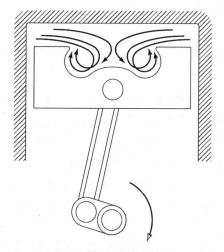

图 6.7　挤流、滚流示意图

在现代发动机中滚流变得更加重要,并有大量研发人员试图理解和应用这种流动模式。这是采用此种工作方式的发动机实现空气和燃油混合最重要的参数之一。特殊的活塞头部轮廓,可变正时和可变升程的进气门能够在不同转速和负荷条件下为发动机提供合适的滚流。为了提高热效率同时降低燃油消耗和排放,这些发动机有时采用分层燃烧,有时则采用预混燃烧。而滚流正是帮助实现这种转变的参数之一。

滚流比(Tumble Ratio, TR)是用于量化滚流强度的无量纲参数:

$$TR = 滚流角速度 / 发动机转速 = \omega_{t} / N \tag{6.6}$$

如果像涡流一样将叶轮模型应用于滚流,则流体在接近上止点时的滚流比为 1~2。通常,接近上指点时滚流比会先增加,然后在燃烧过程中将其能量转化为额外的湍动能而逐渐降低。

【例题 6.2】

一台发动机的活塞如图 6.7 所示。发动机的转速为 3 500 r/min,每个气缸内有 0.001 4 kg 的燃料－空气混合物。当活塞靠近上止点时,挤流速度为 7.66 m/s。当活塞上止点处时,缸内一半的气体产生直径为 2.2 cm 的滚流。试计算:①滚流气体的角动量;②滚流比。

解

①计算滚流气体的角动量。

滚流气体的旋转速度为

$$\omega_t = u_t / r = (7.66 \text{ m/s}) / (0.011 \text{ m}) = 696 \text{ rad/s}$$

通过式(6.3)可得缸内旋转气体的动量为

$$I = mB^2 / 8 = (0.5)(0.001\ 4 \text{ kg})(0.022 \text{ m})^2 / 8 = 4.235 \times 10^{-8} \text{ kg} \cdot \text{m}^2$$

通过式(6.4)可得角动量为

$$\Gamma = I\omega_t = (4.235 \times 10^{-8} \text{ kg} \cdot \text{m}^2)(696 \text{ rad/s}) = 2.95 \times 10^{-5} \text{ kg} \cdot \text{m}^2 / \text{s}$$

②计算滚流比。

通过式(6.6)计算滚流比:

$$TR = \omega_t / N = \frac{696 \text{ rad/s}}{[(3\ 500 \text{ r/min}) / (60 \text{ s})](2\pi \text{ rad/r})} = 1.9$$

6.4　分隔式燃烧室

　　一些发动机采用分隔式燃烧室,通常这种燃烧室有 80% 的余隙容积设置在活塞顶部的主燃烧室内,剩下的 20% 余隙容积设置在与主燃烧室通过小孔连接的副燃烧室内,如图 6.8 所示。燃烧通常从副燃烧室开始,火花塞点燃燃料–空气混合物后,火焰扩张并穿过两个燃烧室之间的小孔,从而引燃主燃烧室内的大部分燃料–空气混合物。主燃烧室内的进气涡流在这类发动机中不再那么重要,所以进气系统可以采用有更高容积效率的设计。然而,在副燃烧室内最好有较强的涡流,同时主副燃烧室之间的通道也会进一步产生涡流。因此,通常情况下副燃烧室也被称作涡流室。随着气体在副燃烧室内燃烧消耗,副燃烧室内的气体膨胀、压力上升,气体穿过小孔并作为引燃物在主燃烧室内点燃燃料–空气混合物。膨胀的气体通过小孔时,会在主燃烧室内形成一个大尺度的涡流,增强主燃烧室内的燃烧。但与此同时,气体进出副燃烧室也会有能量损失,并且由于表面积大,热损失比较严重。

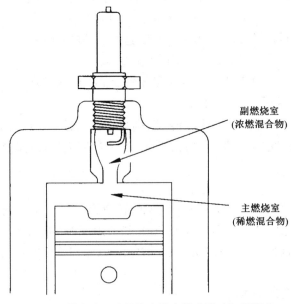

副燃烧室
(浓燃混合物)

主燃烧室
(稀燃混合物)

图 6.8　带有分隔式燃烧室的点燃式发动机燃烧室

通常,具有分隔式燃烧室的发动机也是一个采用分层燃烧的发动机。其进气系统的设计宗旨是在副燃烧室内形成浓燃混合物,而在主燃烧室内形成稀燃混合物。副燃烧室内具有极高强度的涡流,使浓燃混合物非常容易被点燃并迅速燃烧。点燃后的燃料－空气混合物发生膨胀,穿过小孔并点燃在主燃烧室内的稀燃混合物。实际上,主燃烧室内的稀燃混合物因为过稀,很难用火花塞直接点燃。这种设计的目的是使发动机具有良好的点火和燃烧性能,并尽可能使用稀燃模式,以获得良好的燃油经济性。对于此类发动机而言,进气门和喷油器的布置和气门定时,对提供适量比例的空气和燃料极为重要。

在一些压燃式发动机上,这种分隔式燃烧室演化为另一种结构,其副燃烧室完全作为后燃室,所有气门和喷油器都位于主燃烧室。当主燃烧室内的燃料－空气混合物燃烧时,高压的气体穿过细小的通道到达副燃烧室,同时也增大了副燃烧室内的压力。当做功冲程中主燃烧室内的压力降低时,副燃烧室内的高压气体会流回主燃烧室。这样可以使主燃烧室内的压力在一个很短的时间内便可回到一个较高的水平,同时在做功冲程向活塞提供一个平稳且略微增大的压力。这种副燃烧室的容积通常占余隙容积的 5%~10%,如图 6.9 所示。

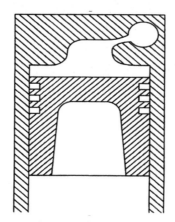

图 6.9　具有助燃室的压燃式发动机燃烧室

在发动机处于工作循环期间,燃烧室内的许多微小缝隙中也充满了空气、燃料和废气。这些缝隙包括:活塞和气缸壁之间的间隙(约占 80%);火花塞或燃油喷射器的螺纹装配间隙(5%);缸体和缸盖之间垫片的间隙(10%~15%);燃烧室的边缘与气门边缘周围未修整的死角。虽然这些缝隙所占体积只占总余隙容积的 1%~3%,但流体流进、流出这些缝隙的过程却极大地影响了发动机的整个工作循环。

在点燃式发动机中,首先在压缩冲程中,部分燃料－空气混合物会进入这些缝隙,然后在压力更高的燃烧过程中,会有更多的燃料－空气混合物被压入这些缝隙中。在燃烧过程中,缸内压力相当高,被压入这些缝隙的气体的压力约等于缸内压力。而在远离火花塞却暴露于火焰锋面的区域(如活塞和缸套之间的间隙),被压入缝隙中的是燃料－空气混合物。而在火焰锋面后的区域(如火花塞与缸壁之间的间隙),被压入缝隙中的物质大多是燃烧产物。由于这些缝隙所占体积很小,且这些缝隙被温度接近燃烧室壁面温度的大块金属包围,缝隙中的物质温度通常也与壁面温度接近。由于缝隙很小,火焰无法通过这些细小的通道进行传播,缝隙内的燃料－空气混合物不能有效燃烧。而且,部分火焰释放的热量通过金属壁面传导的速率远快于微小火焰锋面热量的生成速率。这样就没有足够的能量来保证燃烧可以持续,因此缝隙中的火焰也就随即熄灭。

由于缝隙中物质的压力很高,且温度与壁面温度基本相等,因此缝隙中气体的密度非常高。所以,即使缝隙容积只占总余隙容积的百分之几,在爆发压力下,其中也会包含占总质量 20% 的燃料 - 空气混合物。随着做功冲程的进行,缸内压力降低,缝隙中的高压迫使其中的物质回流到燃烧室内,此时一些被困在缝隙中的燃料参与燃烧。但是也有一部分缝隙中的燃料直到做功冲程末期,燃烧停止后才逆流回缸内,这些燃料则无法燃烧,而进入发动机的排气中,造成了碳氢化合物的排放,且降低了燃烧效率和发动机的热效率。而在压燃式发动机中,由于燃料直到燃烧的前一刻才喷入气缸,所以进入缝隙的燃料会更少些,上述问题也就不那么严重了。

大多数活塞的活塞环包括两个或两个以上的气环和至少一个油环。气环的作用是密封活塞与气缸壁之间的间隙,其由高度抛光的铬钢制成并且具有弹性,通常在压缩状态下装配,从而实现活塞和气缸壁的密封。在压缩冲程中,活塞环随着活塞向上止点移动,第一道气环在其上方高压气体的作用下与活塞环槽的底面接触,使一部分气体可以窜入环槽的上半部空间内,如图 6.10(a)所示;当活塞在做功冲程改变运动方向时,气环则与活塞环槽的顶面接触,使被困住的气体流出环槽并进一步沿着活塞向下窜漏,如图 6.10(b)所示。第二道气环的作用是拦阻通过第一道气环泄漏的气体。油环只是起到帮助润滑的作用,对抑制气体的泄漏没有帮助。然而,活塞和气缸壁面间的润滑油膜除了润滑作用外,也可以有效地密封并阻止气体流过活塞。那部分最终通过活塞并进入曲轴箱的气体称为窜气。

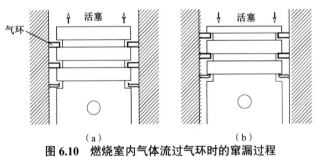

图6.10　燃烧室内气体流过气环时的窜漏过程
(a)活塞向上运动　(b)活塞向下运动

气体泄漏的另一条路径是活塞环搭口间隙。为了减少活塞环末端搭口间隙处的气体泄漏,研究者开发了多种搭口形式。常见的活塞环搭口形式如图 6.11 所示。

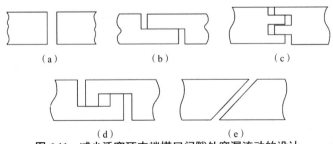

图6.11　减少活塞环末端搭口间隙处窜漏流动的设计
(a)直搭口　(b)阶梯搭口　(c)锯齿形搭口　(d)钩搭口　(e)斜搭口

　　图 6.12 显示了一个发动机循环过程中,燃烧室内、活塞气环之间和曲轴箱内的压力随曲轴转角的变化情况。受气环的阻碍,每个腔室内的压力变化存在一定的延迟。在做功冲程末期,当排气门打开后,气环之间的压力反而大于燃烧室内的压力,所以一部分气体会回流到燃烧室,其为所谓的反向窜气。

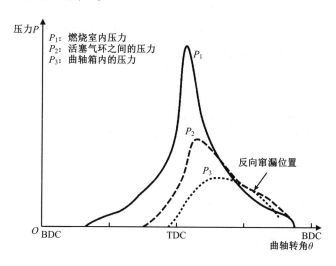

　　图 6.12　发动机内压力随曲轴转角的变化

　　理想情况下,应尽可能减小缸内的微小缝隙容积。很多现代发动机得益于较小的公差和更好的工艺,其缝隙容积通常比较小。但是,高压缩比设计也减小了发动机的余隙容积。所以,整体来看,缝隙容积在余隙容积中的占比并没有变化。通常,铸铁制活塞的公差可以比铝制活塞的公差小一些,这是因为铸铁材料的热膨胀系数较小。另外,第一道气环的位置要尽可能接近活塞顶部。

　　窜气会引起曲轴箱内的压力变化,并造成燃油和废气对机油的污染。在一些发动机内,有高达 1% 的燃油会窜入曲轴箱内,必须充分通风才能降低曲轴箱内的压力。在老式发动机中,曲轴箱会因为通风造成漏油和燃油蒸气的泄漏,既浪费燃料又污染环境。对于所有现代汽车的发动机,其曲轴箱通风气体会返回进气系统,从而避免上述问题。但是仍有许多小型发动机的曲轴箱直接对大气通风。此外,由于窜气会造成机油污染,所以安装机油清滤器和提高换油频率是很有必要的。

【例题 6.3】

　　缝隙容积占发动机总余隙容积的 2%,假设余隙容积内的压力与燃烧室内压力一致,温度等于壁面温度(180 ℃),气缸进气条件为 60 ℃、98 kPa,压缩比为 9.6∶1。试计算:①压缩冲程末期缝隙中的燃油占总燃油量的百分比;②缝隙中的燃油进入废气的比例(假设 80% 被困于缝隙中的燃油会在做功冲程中消耗掉)。

解

　　①计算压缩冲程末期缝隙中的燃油占总燃油量的百分比。

　　通过式(3.4)和式(3.5)求出压缩冲程末期气缸内的状态:

$$T_2 = T_1 \left(r_c \right)^{k-1} = \left(333 \text{ K} \right) \left(9.6 \right)^{1.35-1} = 735 \text{ K} = 462 \text{ ℃}$$

$$P_2 = P_1(r_c)^k = (98 \text{ kPa})(9.6)^{1.35} = 2\,076 \text{ kPa}$$

缝隙中的气体质量与余隙容积的关系为

$$m_{\text{crev}} = PV/RT = (2\,076 \text{ kPa})(0.02V_c)/[0.287 \text{ kJ}/(\text{kg·K})](453 \text{ K}) = 0.319V_c$$

上止点处燃烧室内气体质量与余隙容积的关系为

$$m_{\text{chamb}} = PV/RT = (2\,076 \text{ kPa})V_c/[0.287 \text{ kJ}/(\text{kg·K})](735 \text{ K}) = 9.841V_c$$

因此,缝隙中的燃油占总燃油量的百分比为

$$wt\% = \frac{m_{\text{crev}}}{m_{\text{crev}}+m_{\text{chamb}}} \times 100\% = \frac{0.319V_c}{0.319V_c+9.841V_c} \times 100\% = 3.14\%$$

②计算缝隙中的燃油进入废气的比例。

因为 80% 被困于缝隙中的燃油会在做功冲程中消耗掉,所以未燃烧的燃油占总燃油量的百分比为

$$wt'\% = (0.20)(3.14\%) = 0.63\%$$

这部分燃油会通过余隙中的流动而进入废气中。

6.5 数学模型和计算机模拟

6.5.1 数学模型

目前,已有许多帮助理解和分析内燃机循环过程的数学模型。这些模型包括燃烧模型、物理模型和流体流动模型。尽管这些模型不能反映出循环过程和特性的具体细节,但在对发动机工作循环的理解和开发中,它们仍然是强大的工具。在新发动机和零部件设计中,数学模型和计算机模拟的使用极大地节省了时间和成本。历史经验表明,每一个新的设计过程都会消耗大量的成本并需要大量试验进行修正和优化。以往对发动机和零部件的每一点改进都要制造出新样机并进行一系列测试。但是在现在的发动机设计和改进过程中,研究者会先在电脑上使用许多已有的模型进行开发,一个零部件只有在经过计算机优化后才会投入制造和测试。一般来说,经过这个过程,真实样机只需进行稍许修改即可。

各种描述内燃机循环过程的数学模型的复杂程度不同,有的简单易用,有的则非常复杂且需要强大的计算资源。一般来说,越是有效且精确的模型则越是复杂。用于发动机分析的模型通常是基于经验公式和基于一些近似假设构建的,并且常将循环过程当作准稳态过程看待。因而,这些模型中也会用到一些常见的流体流动方程。

一些模型将所有流经发动机的流体视为一个整体;有些模型则会将这些流体分成多个部分;甚至还有一些模型会将发动机的每个部分再进行细分,如将燃烧室分成几个燃烧区和未燃区,将最靠近气缸内壁的区域设为边界层等。此外,大多数模型只针对单独一个气缸开发,这就消除了多缸之间的互相干扰,尤其是在排气系统部分。

燃烧模型主要解决点火、火焰传播、火焰终止、燃烧速率、传热、排放物生成、爆震以及化学反应动力学等问题。燃烧模型可用于分析直喷或非直喷的点火式和压燃式发动机。

燃烧模型涉及的各物性参数的数值可通过描述热物性与流动特性的标准热力学方程获取。

也有模型可用于研究流体流入和流出燃烧室的过程,包括湍流模型,气缸内的涡流模型、挤流模型和滚流模型,以及燃油喷雾模型。

6.5.2　计算机数值模拟

目前,在发动机的运行、测试和开发过程中都用到了计算机。首先,汽车发动机配有自己的控制系统,用于优化运转稳定性、油耗、排放控制、故障诊断,以及一系列其他操作。这个控制系统依赖于发动机上的热、电、化学、机械和光学等传感器的输入信号。

发动机的维护或测试则是通过将装有传感器的发动机连接到外部的电脑上,这些电脑通常体积较大且配有更复杂的传感设备,而发动机被安装在汽车或外部的测试台架上。电脑所收集信息的数量和有效性取决于很多因素,如采集卡的通道数,采集数据的精度、采样率,以及总的样本数据量等。

对于发动机的开发,研究者通常使用电脑上精心设计的数学模型,用其模拟发动机的各种运行状况。模型的复杂性和准确性往往取决于电脑的性能,一些模型需要非常高的运算速度与非常大的内存空间。一些商业软件可模拟发动机内的多种过程,其中一些是专门为内燃机设计的,还有一些则是通用软件,用于传热分析、化学动力学分析、特征值分析、燃烧分析等。拥有一台性能足够的计算机和一款合适的软件,就可以做详细的燃烧分析,包括分析燃烧速率、化学动力学、放热、传热、化学平衡,开展分区计算,以及分析已燃和未燃气体的精确热力学特征和流动性。*Internal Combustion Engines* 一书中列出了一些能计算并模拟多个发动机工作过程的计算机程序 [1]。

汽车公司在发动机开发工作中会使用非常复杂的软件。通常这些软件都是企业内部开发的并且是高度保密的。这些软件的应用加快了新机型的开发和现有机型的改进和优化进程。6.6 节中将以其中一个软件为例,探讨这些软件的适用范围。该软件是通用汽车公司(General Motors)所使用的一个开发软件的简化版,其已经开源并免费提供给教育机构使用。这里引用其用户指南中的一句话来说明通用汽车公司如何看待模型和计算机在发动机开发中的应用:"一些人根本不相信计算机模型,我相信你不是其中之一;也有一些人完全相信计算机模型,我相信你也不是其中之一。内燃机仿真软件的结果与模型假设和用户提供的输入参数密切相关。因此,要时刻对输入的参数保持谨慎、怀疑的态度,要时常问自己这样一个问题,即这是一个适合用仿真解决的问题吗? 特别是下结论之前一定先要问问自己这些问题。而且,复杂模型的最大缺点是它们也可能会给出看似合理但不正确的结果。"

6.6　内燃机模拟软件

通用汽车公司的内燃机仿真软件分析了发动机循环过程中,从进气阀关闭,到压缩、燃烧、排气过程中燃烧室和排气系统中的情况。它适用于分析点火式、均质预混的单缸四冲程

---

① 　FERGUSON C R. Internal combustion engines[M]. New York: Wiley, 1986.

发动机。但是该软件不能分析燃烧室几何形状对发动机的影响,而且由于该软件是专门为单缸发动机设计而编写的,所以不能用来研究排气系统中多个气缸之间的交互影响及优化问题。

6.6.1　软件的适用范围

该软件以热力学第一定律为基础,使用相关集成方法,集成了各种燃烧、传热和气门流量模型。集成过程基于曲轴转角位置,可采用不同的用于设定种类的燃料、空燃比、EGR 技术或其他惰性气体稀释混合物以及气门开度的配置文件。软件分为三个主要部分:压缩部分、燃烧部分、气体交换部分。

(1)压缩部分

压缩部分包括从进气门关闭到点火发生时的曲轴转角位置。上一循环中的残余气体被包括在燃料 - 空气混合物中,在每一循环计算中都进行多次迭代直到每次循环后废气的比例和化学成分维持在稳态值。

(2)燃烧部分

假定火焰的前端面是球形的,火焰从着火点向外蔓延。火焰锋面将气缸分为已燃区域和未燃区域。已燃区域进一步分为核心的绝热区和一个发生传热的边界层区。未燃区域会发生向气缸壁面的传热。当排气门打开时,这两个区域将不再被区分而是假定所有的气体混合在一起,并随着曲轴转角的变化而运转。燃烧部分采用美国汽车工程师学会的燃烧计算方法获得各个参数的特征值[①]。

(3)气体交换部分

在模拟气体交换过程中,需要考虑三个质量控制体:缸内气体、排出气门的废气、通过进气门回流到进气系统的气体。当回流气体进入燃烧室后,它们再次成为气缸内气体的一部分。在一定条件下可以假设没有回流。这些计算需要气门流量系数和气门升程随曲轴转角变化规律的数据。

6.6.2　输入参量

软件在进行模拟分析时需要读取发动机数据的输入文件,其中包括各种运行参数。下面列出了大部分仿真中可能需要的参数。

(1)输入部分 1:定义发动机的几何构型

定义发动机几何构型的参数包括:缸径、冲程、活塞销偏置、连杆长度、压缩比、气门直径、气门座角度、活塞表面积 / 缸套面积、活塞头部表面积 / 缸套面积、上止点处燃烧室表面积 / 缸套面积。此外,输入部分 1 还需要确定:燃料参数、燃烧模型、传热系数、三维模型边界加权。

(2)输入部分 2

输入部分 2 需要的参数包括:进气门机构的摇臂比、进气门打开时刻、进气门关闭时刻、曲轴转角与进气凸轮升程的关系、排气门机构的摇臂比、排气门打开位置、排气门关闭位置、曲轴转角与排气凸轮升程的关系、气门升程 / 直径与进气充量系数的关系、气门升程 / 直径

① OLIKARA C, BORMAN G L. A computer program for calculating properties of equilibrium combustion products with some applications to IC engines[R]. SAE Technical Paper, 1975.

与排气充量系数的关系、燃烧体积比与润湿面积比、燃烧过程对应的曲柄转角与已燃物质的质量分数的关系。

（3）输入部分 3：运行工况

所需的运行工况参数包括：发动机转速、空燃比、总体公差、输出工况对应的曲轴转角、运行循环周期数、进气压力、排气压力、进气门升程偏移量、排气门升程偏移量、燃油 - 空气混合物的进气温度、EGR 系统的温度、EGR 率、点火时刻曲轴转角、燃烧效率、燃烧持续时间（以曲轴转角计算）、点火时刻、活塞表面温度、缸盖温度、气缸壁温度、进气门温度、排气门温度、燃烧体积比、面积比。其中，燃烧体积比为火焰锋面后方已燃区域的体积与气缸总容积的比值；面积比为火焰锋面后方的气缸内壁面积与气缸内壁的总表面积的比值。

6.6.3　输出文件

常见的输出参数有温度、压力、体积、已燃物质质量等，其均为随曲轴转角变化的数值。除了在燃烧过程中每一度曲轴转角对应的数值输出数据外，用户也可以根据需要按指定曲轴转角步长输出数据。在某些特定的曲轴转角下，软件会列出燃烧气体中的成分，如在进气门关闭、排气阀打开时，软件就会给出 CO 和 NO 的数据。同时，软件还可以输出指示功、有效功和摩擦功率。为了便于比较，输出文件中也包含输入文件中的信息。

输出文件可以用电子表格程序读取并生成相关表格或绘制相关曲线。图 6.13 至图 6.16 显示了一个模拟分析范例。其中，图 6.13 显示了不同进气压力下的 $P\text{-}v$ 图；图 6.14 显示了 NO 和 CO 的生成随当量比的变化；图 6.15 显示了绝热火焰温度随当量比的变化；图 6.16 显示了不同进气压力下的功率图。

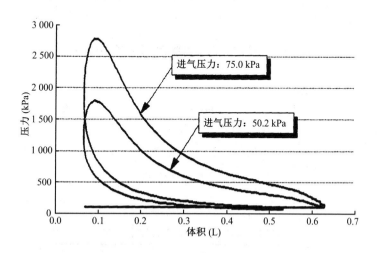

图 6.13　不同进气压力对 $P\text{-}v$ 图影响的模拟结果

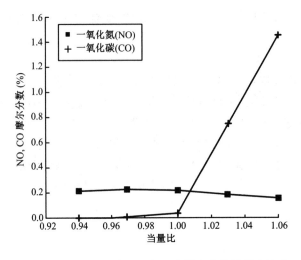

图 6.14　NO 和 CO 摩尔分数随当量比变化的模拟结果

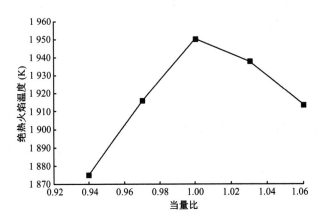

图 6.15　绝热火焰温度随当量比变化的模拟结果

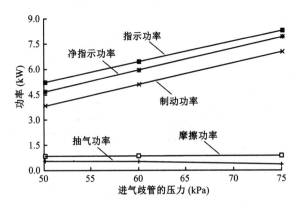

图 6.16　输出功率随进气压力变化的模拟结果

6.7　小结

　　发动机的高效运行取决于燃料 - 空气混合物的湍流强度及由此形成的涡流、挤流、逆挤流和滚流的大小。湍流增强了燃料的混合、蒸发、传热和燃烧。在燃烧过程中,有较强的湍流流动是最理想的,因而燃烧室几何结构设计的目标之一就是要促进缸内产生湍流流场。涡流是在进气和压缩过程中气缸内流体产生的旋转运动;挤流是在活塞接近上止点附近时气缸内流体形成的径向向心运动;滚流则受挤流运动和余隙容积形状的影响。这些流体的运动都会影响发动机的运行。

　　缝隙流动是在发动机工作过程中存在的另一种流动形式,表现为气体流入燃烧室内细小的缝隙中。尽管缝隙容积只是燃烧室总容积的一小部分,但是气体流入或流出这些缝隙却影响着燃料燃烧和发动机的排放。一部分缸内气体会流入活塞与气缸壁之间的缝隙,形成窜气,进而进入曲轴箱。一旦这种情况发生,曲轴箱内的压力将会增大,润滑油也会被窜气污染。

习题 6

　　6.1　一台排量为 2.4 L 的三缸四冲程点燃式发动机,其行程为 9.79 cm,转速为 2 100 r/min。在压缩冲程中,燃料 - 空气混合物的涡流比为 4.8[按式(6.1)计算]。活塞处于上止点时,每个气缸内含有大约 0.001 kg 的燃料 - 空气混合物。假设这部分混合物被压入直径可近似为活塞直径的圆柱状余隙容积内,如图 6.17 所示;并假设气体的角动量守恒。试计算:

　　①活塞在上止点时,涡流的角速度(r/s);

　　②活塞在上止点时,滚流在活塞顶部碗状燃烧室边缘的切向速度(m/s);

　　③活塞在上止点时的涡流比 [按式(6.2)计算]。

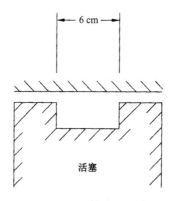

图 6.17　圆柱状余隙容积示意图

　　6.2　一台四缸四冲程高涡流比压燃式发动机,排量为 3 L,转速为 3 600 r/min。缸径和行程的关系为 $S=0.95B$。假设在压缩冲程中,缸内的涡流比为 8[按式(6.2)计算]。试计算:

①涡流的切向速度(m/s);

②利用桨轮模型计算缸内空气的角速度(r/s);

③涡流比 [按式(6.1)计算]。

6.3　一台五缸点燃式发动机,缸径为 8.56 cm,行程与缸径的关系为 $S=0.92B$,转速为 2 800 r/min。假设工作循环为奥托循环。根据叶轮模型,在压缩冲程时,每个缸内的气体以 250 r/s 的角速度旋转。假设余隙容积为活塞顶部可近似为直径 5 cm 的圆柱体体积,活塞在上止点时缸内气体全部压入余隙容积内,缸内气体的角动量守恒。试计算:

①压缩冲程时的涡流比 [按式(6.1)计算];

②压缩冲程时的涡流比 [按式(6.1)计算];

③活塞在上止点时,余隙容积内气体的角速度(r/s)。

6.4　一台发动机的转速为 3 200 r/min,每个气缸内有约 0.001 2 kg 的残余空气－燃料－废气混合物。假设该混合物形成的滚流的旋转半径为 0.9 cm,滚流比为 1.78。试计算:

①滚流旋转边缘的切向速度(m/s);

②每个气缸内滚流的旋转动能(J)。

6.5　一台点燃式汽油发动机运行在奥托循环,其工况为节气门全开,转速为 3 400 r/min,压缩比为 10.2,压缩冲程开始时的温度和压力分别为 60 ℃ 和 100 kPa。该发动机的缝隙容积为总余隙容积的 3%,缝隙容积内的压力与缸内压力相同,温度为 180 ℃。缸内的燃料－空气混合物为均质混合,压缩比为 15。发动机的燃油供给流量为 0.004 2 kg/s。另外,在压缩冲程末期,缝隙容积中 85% 的混合物可以在燃烧过程中燃烧掉,其余部分进入尾气。试计算:

①压缩冲程末期进入缝隙容积内的燃料的占比(%);

②因缝隙容积导致的尾气中未燃燃料的质量流量(kg/h);

③尾气中未燃燃料所损失的化学能(kW)。

6.6　一台排量为 3.3 L 的 V6 汽油发动机,压缩比为 10.9,转速为 2 600 r/min,在当量比工况下以奥托循环运行。缝隙容积占总余隙容积的 2.5%,缝隙的温度为 190 ℃,压力等于缸内压力,且压缩冲程开始时的温度和压力分别为 60 ℃ 和 98 kPa。假设燃料充分燃烧。试计算:

①燃烧开始时,缝隙内的燃料－空气混合物占比(%);

②燃烧结束时,缝隙内的燃料－空气混合物占比(%)。

6.7　一台排量为 6.8 L 的直列八缸压燃式发动机,压缩比为 18.5,其缝隙容积占总余隙容积的 3%。在整个循环过程中,缝隙内的压力等于缸内压力,温度为 190 ℃。假设压缩冲程初期的缸内温度和压力分别为 75 ℃ 和 120 kPa,缸内压力峰值为 11 000 kPa,膨胀比为 2.3。试计算:

①每缸的缝隙容积(cm³);

②压缩冲程末期,缝隙内的燃料－空气混合物占比(%);

③燃烧冲程末期,缝隙内的燃料－空气混合物占比(%)。

6.8　一台排量为 6 L 的 V8 四冲程压燃式发动机,转速为 1 800 r/min。发动机的燃料为轻柴油,空燃比为 24,容积效率为 94%。发动机的喷油时刻为上止点前 22° 到上止点后 4°。按照式(6.1)计算的涡流比为 2.8。试计算:

①每次喷油的时长(s);

②涡流的持续时间(s);

③燃料喷射器上的喷孔数(设每缸内有一个喷油器)。

6.9 一台排量为 2.6 L 的四缸汽油发动机,其采用分层燃烧,压缩比为 10.5,运行在奥托循环。该发动机有两个燃烧室,其中每缸的副燃烧室容积为总余隙容积的 18%,主燃烧室和副燃烧室由一个截面面积为 1 cm² 的孔连通。副燃烧室内火花塞处的空燃比为 13.2,主燃烧室内的空燃比为 20.8。发动机以汽油为燃料,燃烧效率为 98%。当发动机的转速为 2 600 r/min 时,开始燃烧前主、副燃烧室内的温度分别为 700 K 和 2 100 K。假设副燃烧室内的燃烧过程为瞬间热量输入,紧接着是 7° 曲轴转角的做功冲程;副燃烧室的能量都加到主燃烧室内。试计算:

①总的空燃比;

②副燃烧室内的峰值温度(℃)和压力(kPa);

③副燃烧室内燃烧结束时进入主燃烧室内的气体速度(m/s)。

设计题 6

D6.1 假设一辆汽车配备一台排量为 3 L 的 V6 汽油发动机。希望该发动机在低速时缸内的涡流较小,以降低火焰传播速度;而高速时进气流动产生较强的涡流。为了实现这种工况,每缸内安装两个或三个进气门,低速时只用一个气门,高速时则全部使用。请设计进气总管、气门系统、燃烧室和凸轮轴,并描述在高速和低速时的操控细节。

D6.2 为了减小缸内的缝隙容积,通常将第一个活塞环尽可能地设计在靠近活塞顶部的位置,并使压缩气环的顶面与活塞顶面齐平。请设计一个满足上述要求的活塞环槽结构,并请分析此时的缝隙容积和窜气量分别是怎样的。

D6.3 设计一种测量正在运行的发动机缸内涡流强度的方法。

第 7 章　燃烧

　　本章介绍内燃机燃烧室内发生的燃烧过程。发动机的燃烧过程是一个人们至今尚未完全了解的复杂过程,所以常采用一些简化模型来描述该过程。虽然这些模型不能解释燃烧过程中的所有细节,却能够相对准确地解释压力、温度、燃料燃烧、爆震、发动机转速等重要运行参数之间的内在关联。

　　100 多年来,大多数点燃式发动机中的燃烧都是在燃料 – 空气混合物当量比接近 1 的均质充量中发生的。许多现代点燃式发动机仍然采用这种燃烧模式,但有些发动机则采用两种新燃烧模式中的一种或两种:分层燃烧和稀薄燃烧。在采用分层燃烧模式的发动机中,可燃混合物在燃烧室的不同位置具有不同的空燃比。因而,火焰锋面在通过燃烧室不同区域时不断发生变化。对于采用稀薄燃烧(稀燃)模式的发动机,在燃烧过程中可燃混合物的当量比远小于 1,其中的燃料 – 空气混合物既可以均质混合又可以分层。

　　点燃式内燃机和压燃式内燃机的燃烧过程区别很大,因而在本书中将会分别对这两种发动机的燃烧过程进行介绍。

7.1　均质混合物在点燃式发动机中的燃烧

　　点燃式发动机的燃烧过程可分为三个阶段:滞燃期(点火和火焰的发展阶段);急燃期或速燃期(火焰传播阶段);后燃期(火焰终止阶段)。

　　滞燃期是指从点火开始到消耗 5%(有些文献采用 10%)的可燃混合物的这一时间段。在滞燃期,点火发生后,燃烧过程也随即开始,但在此阶段,缸内的压力上升幅度非常小,几乎没有有用功产生,如图 7.1 所示。急燃期是指燃烧大部分的燃料和空气的阶段(即 80%~90% 的燃料 – 空气混合物发生燃烧反应,具体比例可以根据情况调整)。在这个阶段,气缸内的压力大幅上升,进而在做功冲程中提供对外做功的推力。后燃期是指消耗掉最后 5%(有些文献采用 10%)的可燃混合物的阶段。在这个阶段,气缸内的压力迅速下降,燃烧也随即停止。

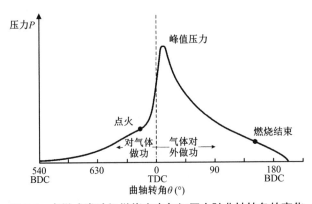

图 7.1　点燃式发动机燃烧室内气缸压力随曲轴转角的变化

　　在点燃式发动机中,理想的燃烧过程如下:火焰以亚声速穿过预混均质混合物并使其燃烧放热;气缸内的湍流、涡流和挤流有效地增加火焰锋面的扩散速度;燃料与发动机的运行工况能够完美匹配,以避免或尽量降低爆震现象。

7.1.1　滞燃期

　　汽油发动机通过火花塞放电来进行点火。根据燃烧室的几何形状以及发动机的瞬时运行工况,点火通常发生在上止点前曲轴转角为 $10° \sim 30°$。火花塞电极之间产生的高温等离子体点燃附近的可燃混合物,燃烧反应进而从这里向外扩散。由于此时火花塞和可燃混合物的温度相对较低,燃烧开始时的热量损失较大,火焰传播速度也较慢。所以,通常在火花塞进行点火之后约 $6°$ 曲轴转角的时候才能够检测到火焰。

　　典型火花塞电极间的能耗与时间的关系如图 7.2 所示。电极间施加的电压通常为 $25\,000 \sim 40\,000\,V$,最大通过电流为 $200\,A$,持续时间约为 $10\,ns$。这使电极间的峰值温度可达约 $60\,000\,K$。实际上,整个放电时间可持续约 $0.001\,s$,平均温度约 $6\,000\,K$。一般来讲,满足化学计量比的烃类可燃混合物需要约 $0.2\,mJ$ 的能量来点燃并维持燃烧。而对于不满足化学计量比的可燃混合物来说,则需要多达 $3\,mJ$ 的能量,才能点燃并维持燃烧。火花塞放电释放的能量为 $30 \sim 50\,mJ$,这也意味着其中大部分能量都以传热的方式损失掉了。

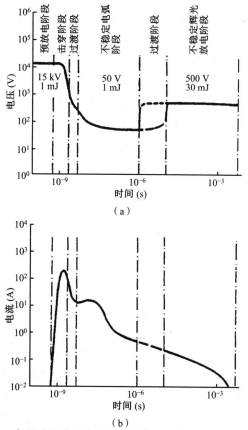

(a)

(b)

图 7.2　点燃式发动机中火花塞的电压和电流随时间的变化

(a)电压　(b)电流

目前,有多种获得火花塞电极放电所需的高电压的方法,其中常见的一种就是使用高压线圈。大多数汽车使用的是 12 V 电气系统,此低电压经过线圈放大后变为高电压并供给到火花塞中。还有一些系统则是在特定的时候用电容器在火花塞电极上放电。大多数小型发动机和一些较大的发动机使用由发动机曲轴驱动的发电机,由其产生火花塞所需的高电压。有些发动机为每个火花塞都配备了一个独立的高压发电系统;而有些发动机则是所有火花塞共用一套高压发电系统,并采用分电器控制各气缸的点火顺序。

现代火花塞的两个电极的间距为 0.7~1.7 mm。如果可燃混合物浓度较大或压力较高(如通过涡轮增压或高压缩比达到高压状态),则可采用更小的电极间隙。每两次点火之间,火花塞电极的正常准稳态温度应在 650~700 ℃,950 ℃以上的温度有可能会引起电极表面点火,而低于 350 ℃往往会导致火花塞在长时间运行后出现表面积炭问题。

对于老式发动机,其活塞与缸壁的间隙较大,会导致更多的润滑油在缸内燃烧,此时则建议使用温度较高的火花塞以避免积炭。火花塞的温度由火花塞中的各项热量损失来决定。通常,温度较高的火花塞的热阻比温度较低的火花塞大。

与几十年前的火花塞相比,现代发动机采用的火花塞,其材料更好,寿命也更长。一些高质量的铂金电极火花塞可以使用 16 万千米。设计开发长寿命火花塞的主要原因是在一些现代发动机上更换火花塞变得比较困难,原因有两点:一是发动机上的附加设备数量越来越多,二是发动机舱向小型化发展。在一些极端的情况下,必须拆掉部分发动机零件才能进行火花塞的更换。但如果要使用长寿命火花塞,则电压、电流、电极材料和电极间隙必须进行相应的优化,如电流太高会使火花塞电极的损耗加剧。

当火花塞点火时,两电极放电并在其间形成等离子体,等离子体点燃电极之间及其附近的可燃混合物,产生的球形火焰向外扩展。起初,由于火焰尺寸较小,不能产生足够的能量来快速加热周围的气体,火焰锋面的移动速度非常缓慢,使缸内压力也缓慢升高。直到有 5%~10% 的可燃混合物燃烧后,火焰传播速度才能达到较高的值,缸内压力也相应地迅速上升,进入速燃期。

在火花塞电极点火时,电极周围的可燃混合物最好是浓混合物。因为较浓的混合物更容易点燃,火焰传播速度更快,并且能够为整个燃烧过程提供一个更好的初始燃烧状态。火花塞通常位于进气门附近以确保其周围拥有更浓的混合物,特别是在发动机冷起动时。

目前,针对点火系统的研发仍在继续,多电极点火且可在两点或多点同时点火的火花塞已经投入使用,该技术使点火过程更连贯也有利于火焰的快速发展。在另一种现代点火系统中,在火花塞初始放电之后,电弧能持续一段时间,进而加速燃烧且有利于随涡流不断流动的未燃混合物的燃烧更加完全。在 100 多年前,人们就曾尝试实现类似的功能。此外,研究者还开发了一种具有可变电极间隙的火花塞,其使发动机能够灵活地在不同运行工况下转换。也有一些汽车制造商正在尝试使用活塞顶部的一个点作为火花电极,该系统可以击穿 1.5~8 mm 的间隙来进行点火,且有研究指出此种方法可以降低燃料消耗和排放。

历史小典故 7.1：点火系统

在 19 世纪早期，研究者尝试了多种类型的点火系统。其中一种方法是使用火炬孔，即在循环中需要点火的时刻，燃烧室侧面的一个小孔打开，外部的火焰穿过小孔，接触并点燃可燃混合物。这有点像在本章后面介绍的现代具有分隔式燃烧室的发动机点燃主燃烧室的方法。另一种早期的方法是采用一根小的点火棒穿过燃烧室壁，一端由燃烧室外的连续火焰进行加热，通过热传导使燃烧室内的一端保持一定温度，从而可以点燃可燃混合物。这种系统无法控制点火定时。现在一些模型飞机的发动机所使用的电热塞点火正是这种方法的一种演变。

电子点火是点火系统发展史上的一个重大突破，为早期的发动机提供了发动机循环可控点火系统。一些早期的系统能够提供一种半连续的火花，后来逐渐演化为每个循环只进行单次点火的标准方式。之后，鉴于可以利用电池提供火花塞点火所需的电能，车用 6 V 电气系统开始普及。同时，能够将低压转化为高压的变压器线圈的应用，使火花塞点火成为可能。直到 1912 年和 1930 年，直流充电电池和电压调节器的分别出现，使这种点火系统的应用更加方便。20 世纪 50 年代中期，由于起动电动机、点火系统、照明系统等装置对于电力需求的增大，汽车电气系统的标准电压从 6 V 变为 12 V。到 20 世纪 60 年代，交流发电动机因具备良好的低速充电性能而替代了直流发电动机。至 20 世纪末和 21 世纪初，市场上已经有多种电子点火系统。

7.1.2　速燃期

当 5%~10% 的可燃混合物燃烧完时，燃烧已经稳定，而且火焰锋面穿过燃烧室的速度也快了起来。由于湍流、涡流和挤流的影响，此时的火焰传播速度比通过静止的可燃混合物的层流火焰传播速度要快 10 倍。另外，通常在静止的气体中呈球形的火焰锋面在湍流、涡流和挤流等气体运动的影响下发生扭曲并随之扩散开来。

随着混合物的燃烧，气缸内温度和压力快速升高。火焰锋面后的已燃混合物比未燃混合物的温度高，但二者的压力基本一致。因而，已燃混合物不断膨胀，其密度逐渐降低，直到已燃混合物占据整个燃烧室。如图 7.3 所示，当可燃混合物消耗了其总质量的 30% 时，已燃混合物就已经占据了燃烧室总容积的 60%，即未燃混合物的体积会被压缩到燃烧室总容积的 40%，而未燃混合物的温度也通过压缩加热有所提升。另外，温度大约为 3 000 K 的火焰反应区的热辐射也进一步加热了在燃烧室中未燃和已燃的混合物。这部分热辐射加热也进一步增大了缸内的压力。相对而言，由于每个循环的实际时间非常短，热传导和对流换热传递的热量则较小。当火焰锋面穿过燃烧室时，其实际是在穿越温度和压力都稳步上升的环境，因而会缩短后续的化学反应时间，加快火焰锋面的移动速度。另外，由于热辐射的作用，火焰前方未燃混合物的温度也持续升高，并在燃烧过程结束时达到最大值。而已燃混合物的温度在整个燃烧室内的分布也是不一致的，其峰值点一般在燃烧开始的地方，即火花塞附近。这是因为火花塞附近的气体吸收了大量来自后期燃烧反应的辐射热。

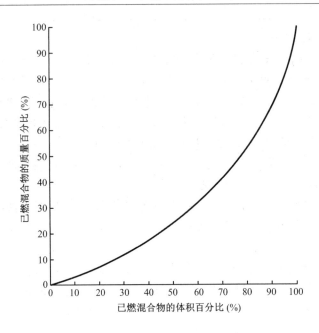

图 7.3　点燃式发动机燃烧室中均质可燃混合物燃烧后的已燃混合物质量百分比与已燃混合物体积百分比关系图

对于四冲程点燃式发动机而言,在理想情况下,约 2/3 的可燃混合物能在活塞到达上止点前燃烧掉,并在上止点后约 15° 曲轴转角时全部燃烧完。这样,循环中的最高温度和最大压力会出现在上止点后 5°~10°。根据式(2.14),在上止点后 15° 和 R=4 时,$V/V_c = 1.17$。因此,实际的四冲程点燃式发动机中的燃烧过程与理想气体的奥托循环几乎一样,近似可以认为是定容燃烧过程。通常,燃烧过程越接近定容过程,其热效率越高。在第 3 章中,在比较奥托循环、混合循环和狄塞尔循环的热效率时,也可以证实这一点。然而,在实际的发动机循环中,定容燃烧并不是最佳的运行方式。图 7.1 显示了一台设计优良的四冲程发动机的气缸压力随曲轴转角的变化。从图中可以看出,在燃烧过程中,为了将力平稳地传递到活塞上,理想情况下,每度曲轴转角的缸内压力升高率不应超过 240 kPa。而定容燃烧模式将会使压力曲线在上止点处出现一个无限大的斜率,进而会导致发动机运行不平稳。

但是过低的压力升高率会降低热效率以及增加爆震发生的概率,也就是说压力升高较慢意味着燃烧较慢以及有产生爆震的可能性。因此,实际的燃烧过程是具有最高热效率的定容燃烧过程和发动机平稳运转但存在一些效率损失的燃烧过程的折中状态。

除了受湍流、涡流和挤流的影响之外,火焰传播速度还取决于燃料类型和空燃比。如图 7.4 所示,稀燃混合物的火焰传播速度较慢,而略浓的可燃混合物则具有最快的火焰传播速度。对于大多数燃料来说,火焰传播速度的最大值出现在当量比接近 1.2 时。另外,如图 7.5 所示,残余废气和再循环的废气也会降低火焰传播速度。相反,火焰传播速度会随着发动机转速增加而增加,因为此时的湍流、涡流和挤流的强度较大。

对于大多数发动机来说,速燃期所对应的曲轴转角约为 25°,如图 7.6 所示。如果要在上止点后 15° 时完成燃烧过程,那么点火应该在上止点前 10° 左右开始。如果点火过早,则气缸压力会在上止点前就升高到较高值,所产生的功就会在压缩冲程中被浪费掉;而如果点火过晚,气缸峰值压力就会出现过晚,产生的功会因压力太低而在做功冲程开始时也损失掉。根据所使用的燃料、发动机的几何结构和发动机转速,发动机的实际点火时间通常在上止点前 10°~30°。对于任意发动机而言,在较高的发动机转速下,燃烧过程也会加快。因此,实际的燃烧时间会减少,但由于整个循环时间也会减少,实际的曲轴转角仅会略微发生改变。所以,随着发动机转速的升高,通常会逐渐提前火花塞的点火时刻,这样可在循环中早一点使可燃混合物开始燃烧,保证缸内温度和压力仍在上止点后 5°~10° 时达到峰值。在节气门部分打开时,也可以通过提前点火的方式避免火焰传播速度变慢。现代发动机可以用电控系统自动调节点火定时,不仅根据发动机转速,也会根据爆震传感器信号和废气信息进行相应调整。

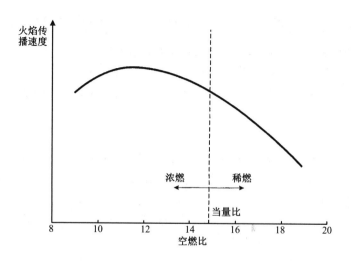

图 7.4　点燃式发动机燃烧室内平均火焰传播速度随燃料空燃比的变化

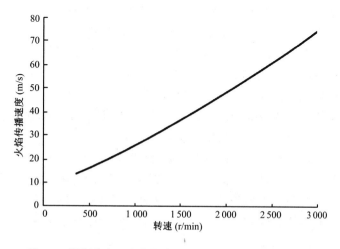

图 7.5　燃烧室内平均火焰传播速度随发动机转速的变化

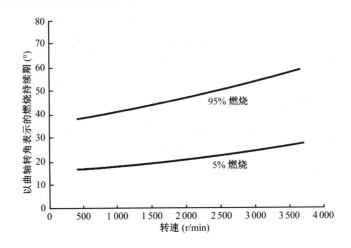

图 7.6　采用快燃燃烧室和均质燃烧现代点燃式发动机燃烧持续期随发动机转速的变化

早期的发动机采用机械式的点火定时调节系统,该系统包含一个装配有预紧弹簧的点火提前器,当发动机转速改变时,作用在点火提前器弹簧上的离心力发生变化,进而调整点火时刻。而在许多小型发动机上,点火定时是固定不变的,不可进行调整。

7.1.3　后燃期

在上止点后 15°~20°,90%~95% 的可燃混合物已经燃烧完,火焰锋面也已经到达燃烧室的各个角落。如图 7.3 所示,由于膨胀的已燃混合物的压缩作用,最后的 5% 或 10% 的可燃混合物只占燃烧室空间的几个百分点。尽管此时活塞已经离开上止点,但是燃烧室容积仅比余隙容积增加了 10%~20%,这意味着剩余的可燃混合物只能在燃烧室的角落和燃烧室内壁附近的非常小的空间内进行反应。

由于燃烧室内壁的封闭性,最末端的可燃混合物会以非常低的速率进行反应。而在壁面附近,可燃混合物的湍流强度和质量运动都被抑制,并且出现停滞的边界层。大面积的金属壁面也起着散热作用,将大部分反应热量传导出去。这两种机制都会降低反应速率和火焰传播速度,致使燃烧的火焰缓慢消失。尽管后燃期的反应速率慢,对外做功少,但却正是人们所希望发生的。因为在此阶段,气缸压力的升高率逐渐减小到零,传递给活塞的力也逐渐减小,从而使发动机能够平稳地运转。

在后燃期,火焰锋面处的可燃混合物有时会发生自燃并引发爆震。因为在燃烧过程中,火焰锋面前方的未燃物质的温度持续上升,在燃烧快要结束时达到峰值,这个峰值温度通常高于可燃混合物的自燃温度。由于此时的火焰锋面移动速度缓慢,可燃混合物通常不会在滞燃期内被消耗掉,最终导致自燃和爆震。但是,由此产生的爆震通常不会引起人们的注意。这是因为此时剩下的未燃物质很少,自燃只能产生非常轻微的压力波动。相反,如果在燃烧末期存在一些轻微的自燃和爆震,发动机反而会产生更高的功率。这主要是因为当燃烧室达到峰值压力和峰值温度时,此时的轻微爆震会使缸内压力有小幅升高,从而增加功率输出。

【例题 7.1】

一台运行的发动机,转速为 1 800 r/min。火花塞在上止点前 18° 点火;曲轴旋转 8° 后,燃烧进入速燃期,燃烧在上止点后 12° 时结束。气缸直径为 8.4 cm,火花塞偏离气缸中心线 8 mm。火焰锋面可以近似看作以火花塞为中心的球面。试计算速燃期内的有效火焰传播速度。

解

速燃期对应的燃烧持续期(曲轴转角范围)为上止点前 10° 到上止点后 12°,共 22°。

火焰传播的时间为

$$t = \frac{22°}{(360°/r)\,[(1\ 800\ r/min)/(60\ s)]} = 0.002\ 04\ s$$

火焰传播的最大距离为

$$D_{max} = (0.084\ m)/2 + (0.008\ m) = 0.050\ m$$

有效火焰传播速度为

$$V_f = D_{max}/t = (0.050\ m)/(0.002\ 04\ s) = 24.5\ m/s$$

【例题 7.2】

若例题 7.1 中的发动机以 3 000 r/min 的转速运转,随着发动机转速的增加,湍流和涡流强度增大,火焰传播速度将以 $V_f \propto 0.85N$ 的速率增加,滞燃期对应的曲轴转过角度仍为 8°。试计算为使火焰仍在上止点后 12° 时终止,点火定时需提前多长时间。

解

火焰传播速度为

$$V_f = (0.85)[(3\ 000\ r/min)/(1\ 800\ r/min)](24.5\ m/s) = 34.7\ m/s$$

保持火焰传播距离不变,火焰传播时间为

$$t = D_{max}/V_f = (0.050\ m)/(34.7\ m/s) = 0.001\ 44\ s$$

速燃期的持续期(以曲轴转角计)为

$$\angle = [(3\ 000\ r/min)/(60\ s)](360°\,/\,r)\,(0.001\ 44\ s) = 25.92°$$

因此,速燃期开始于上止点前 25.92° -12° =13.92°,则火花塞的点火时刻为上止点前 13.92° +8° =21.92°。点火定时必须提前 21.92° -18° =3.92°。

7.1.4　循环变动

在理想情况下,发动机各个气缸内的燃烧是完全一样的,并且循环状态不会发生变动。然而,在真实情况下,由于进气过程和缸内燃烧的不稳定,导致各缸的循环过程会产生波动。即使燃烧开始之前,各缸的状态没有大的差异,气缸内的湍流还是会引起燃烧过程的波动。

通向不同气缸的进气歧管长度和几何形状存在差异,导致各缸的容积效率和可燃混合物成分彼此不同。流道中的温度差异会导致燃料的蒸发速率产生变化,从而引起空燃比的变化。高温进气道中的燃料蒸气将挤占空气空间并形成较浓的可燃混合物,从而降低容积效率。蒸发冷却将导致各缸中可燃混合物出现温度差异,从而引起密度的改变。由于汽油是一种混合物,在不同温度下蒸发时会形成组分不同的可燃混合物。在进气歧管中,较早蒸发的组分与之后在较高温度下蒸发的组分在蒸发路径和分布上都不一样,因此每个气缸中的可燃混合物的组分也不完全相同。与安装有节气门体燃料喷射器或化油器的发动机相比,气道喷射式发动机在这方面的问题较少。另外,因燃料添加剂的蒸发温度不同,也会导致各缸间甚至单个气缸的各循环间可燃混合物的成分存在差异。当采用 EGR 策略时,进气系统中的可燃混合物成分在时间和空间上将出现更大的差异,如图 7.7 所示。而且,流过节气门的空气会被分成两股气流,产生的涡流等会影响后续流动的变化。此外,燃料喷射器的质量存在差异也会导致各缸或单个气缸的各循环间的燃料量存在差异,从而使循环过程产生波动。最后,气缸内空燃比也会随着循环发生变化,其与理想空燃比的标准偏差一般在2%~6%,如图 7.8 所示。

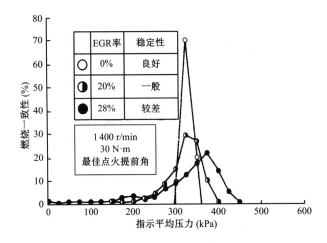

图 7.7　EGR 对点燃式发动机缸内燃烧一致性的影响

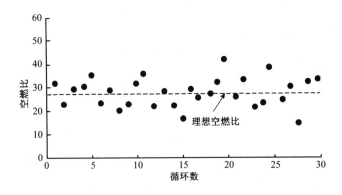

图 7.8　某气缸连续 30 个循环中的空燃比变化

　　空燃比、空气量、燃料成分、温度和湍流的差异将导致各缸之间或单个气缸的各循环之间的气体运动(涡流和挤流)发生变化,并进而影响火焰的形成和传播,使燃烧过程产生波动,如图 7.9 所示。

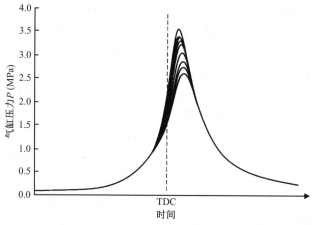

图 7.9　连续 10 个循环气缸的压力曲线

在局部空间尤其是在火花塞附近区域,可燃混合物状态的差异会影响火花塞电极间的初始放电状态,进而使燃烧状态产生变化。一旦燃烧的初始状态发生变化,随后的整个燃烧过程都将随之改变。图 7.10 显示了使用同一火花塞时,湍流是如何改变两个不同循环的燃烧初始状态的。在燃烧开始时,形成的火核甚至可能被涡流气团或滚流气团从火花塞上分离出来,当发生这种情况时,整个燃烧过程就会发生改变。如果在燃烧初始阶段,火核被推向燃烧室壁面,那么在该循环期间额外的热量损失会减缓燃烧反应。当两个循环的点火过程有差别时,其随后的燃烧过程将完全不同。

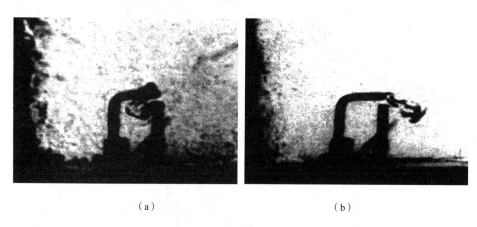

（a）　　　　　　　　　　　　　　　　　（b）

图 7.10　使用丙烷的点燃式发动机在 2 个不同循环内燃烧开始时的纹影照片
（a）循环 1　（b）循环 2

在同一气缸内,由于这些随机变化的存在,缸内可燃混合物的快速燃烧和慢速燃烧的反应时间差异可能高达一倍。如图 7.11 所示,低速低负荷时的慢速燃烧和快速燃烧的差异最大,其中在怠速工况下二者的差异是最大的。

作为折中措施,发动机根据平均燃烧时间来设定运行工况,如点火定时、空燃比、压缩比等,这将使发动机的输出功率低于所有的气缸和所有的循环具有完全相同的燃烧过程的情况。如果一个循环中发生了快速燃烧现象,这如同在一个循环中发生超前点火。此时,可燃混合物通常较浓,湍流强度也高于平均水平,这种状态非常有利于燃烧,进而导致循环中温度和压力升高过早,并很有可能发生爆震。这就限制了发动机的压缩比和燃料的辛烷值。而燃烧时间慢于平均值的循环就像一个延迟点火的循环,此时的可燃混合物较稀且EGR率高于平均值,结果是火焰在整个做功冲程中持续燃烧,导致排气温度过高、排气门过热。图7.12显示了EGR率较高时,发生部分燃烧和失火等问题的情况。同时,在这些循环中,高于平均水平的热量损失也会导致部分功率损失。热损失之所以高是因为稀燃混合物的燃烧时间较长以及火焰锋面更宽。燃烧速度的降低限制了发动机的EGR率,也限制了具有良好的燃油经济性的稀燃模式的采用。为了保证整机的平稳运行,发动机工况必须根据最差气缸的最差循环的情况调整整机的运行参数。如果所有气缸具有完全相同的燃烧过程,则可以采用较高的发动机压缩比,且采用兼具较高功率和较好燃料经济性的空燃比,同时也可以燃用更便宜、更低辛烷值的燃料。

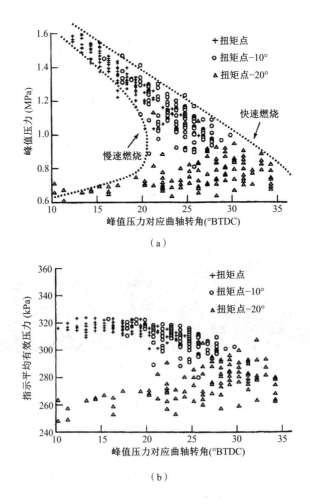

图 7.11　三种不同点火定时的缸压变化所体现出的循环变动特性
(a)峰值压力与峰值压力对应曲轴转角　(b)平均指示压力与峰值压力对应曲轴转角

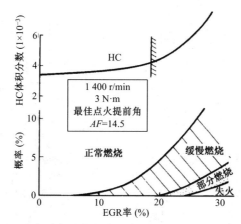

图 7.12 EGR 率对点燃式发动机的燃烧和碳氢化合物排放的影响

7.1.5 电控发动机

现代电控发动机可以不断调整燃烧过程,以实现最佳的动力性、燃油经济性和排放特性。这是通过采集发动机进气和排气系统中各传感器的信息,并输入 EMS 来完成的。这些传感器可以测量节气门开度、节气门变化率、进气歧管压力、大气压力、冷却液温度、进气温度、EGR 阀位置、曲轴转角、排气中的 O_2 和 CO 水平、爆震等。这些传感器是基于机械、热、电子、光学、化学等原理来测量各种参数的。其主要的控制变量包括点火定时、气门定时、燃料喷射持续时间、EGR 阀位置、空燃比、变速箱挡位、警示灯状态、修理诊断记录、程序编辑等。

在一些发动机上,点火定时和燃料喷射持续时间是针对整机进行控制的,而另外一些发动机可以针对一组气缸甚至单个气缸进行上述控制。每个控制单元所调控的气缸数越少,发动机的运行就越稳定。但是,这样的话,就需要更多的传感器,更强大的 EMS,相应地也会有更高的制造和维护成本。

7.2 分隔式发动机和分层式稀燃发动机

如图 6.8 和图 7.13 所示,一些发动机将燃烧室分成一个主燃烧室和一个较小的副燃烧室。这样做是为了在两个燃烧室中产生不同的进气和燃烧特性,从而增加功率或提高燃料经济性。通常,具有主、副燃烧室的发动机采用分层燃烧模式,即在燃烧室不同位置处的可燃混合物具有不同的空燃比。

副燃烧室的容积可以高达总容积的 20% 左右,且副燃烧室的作用各不相同。在一些发动机上,副燃烧室的作用是在其中形成较强涡流,其又称为涡流室。在这种发动机上,通过有意地设计连通主、副燃烧室之间的孔,使压缩冲程中主燃烧室内的可燃混合物通过时可以增大涡流比;因火花塞布置在副燃烧室内,强涡流比有助于可燃混合物着火;当涡流室中的可燃混合物燃烧时,火焰会沿着主、副燃烧室之间的孔进入主燃烧室,形成二次涡流并以火焰射流的方式点燃主燃烧室内的可燃混合物。这种类型的燃烧系统不需要在主燃烧室中形成涡流,所以进气歧管和气门可以设计成笔直光滑的结构,从而实现更高的容积效率。

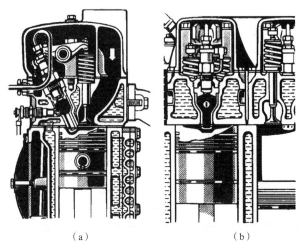

（a）　　　　　　　　　　　　　　　（b）

图 7.13　两种燃料喷射器布置在副燃烧室中的分隔式压燃式发动机

（a）Mercedes-Benz OM322 型　（b）Mercedes-Benz OM326 型

　　分层燃烧发动机通常具有分隔式燃烧室,这些发动机并非在整个燃烧室中形成均匀的可燃混合物,而是在火花塞周围形成浓燃混合物,在远离火花塞的位置形成稀燃混合物,如图 6.8 所示。火花塞周围的浓燃混合物确保了良好的点火性能且有助于早期的火焰传播,而燃烧室其余空间内的稀燃混合物则确保了发动机有良好的燃油经济性。通常,占据燃烧室大部分容积的稀燃混合物无法直接用火花塞点燃,但是火花塞附近的那一小部分浓燃混合物则很容易被点燃。这种发动机的功率主要是通过燃烧主燃烧室中的稀燃混合物输出的。市场上的一些超级节油稀燃发动机的整体空燃比高达 25,这种可燃混合物比均质预混燃烧发动机的可燃混合物要稀薄很多。副燃烧室中强烈的涡流和挤流、较浓的可燃混合物以及具有更大电极间距的火花塞等因素都能促进副燃烧室内可燃混合物的点燃和火焰传播。目前,研究者已经开发出了可以在高达 50 的总体空燃比下运行的实验样机。

　　稀燃混合物的火焰传播速度较低,这在正常情况下有可能会产生爆震问题。然而,过量空气中的惰性气体使燃烧温度较低,反而消除了爆震问题。一些现代燃烧技术在稀燃发动机中采用较高的 EGR 率,这使实际空气和燃料的混合比接近化学计量比,也就有助于将有害排放物维持在最低水平。

　　一些发动机的主、副燃烧室内各有一个进气门,并以不同的空燃比供给空气和燃料,以便在副燃烧室中产生浓燃混合物,如图 7.14 所示。这种方式的极端情况是有的进气门仅提供没有添加燃料的空气。一些发动机在低转速工作时,每个气缸只有一个进气门工作,而在较高的发动机转速下,两个气门同时工作,从而提供具有不同空燃比的可燃混合物。还有一些发动机通过协同控制进气门和缸内燃料喷射器以在燃烧室中形成分层可燃混合物。也有一些分层燃烧发动机并没有副燃烧室,而是只有一个开式结构的燃烧室。

　　双燃料发动机是分层燃烧发动机的一个特例。这些发动机同时使用两种类型的燃料,通常主要使用较便宜的燃料,仅用很少量的另一种较好的燃料来确保点火。这些发动机可以采用分隔式燃烧室或普通开式燃烧室,通过采用单个或多个进气门、燃料喷射器或不同进气流道结构等因素以实现不同的空燃比。在一些发展中国家,由于天然气比其他燃料更容易获取,故通常使用天然气作为双燃料发动机的主燃料。

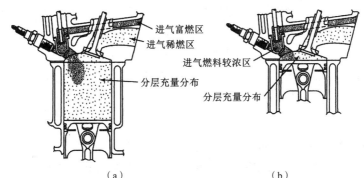

图 7.14　分层燃烧发动机在进气冲程和压缩冲程的示意图
（a）进气冲程　（b）压缩冲程

在图 6.9 中描绘了另一种类型的具有分隔式燃烧室的发动机,该发动机的副燃烧室(助燃室)直接附属在主燃烧室一侧,副燃烧室内没有进气口、火花塞及涡流结构。当主燃烧室内发生燃烧时,高压气体被迫通过非常小的孔进入副燃烧室。而当主燃烧室中的压力下降时,这些高压气体又缓慢地流回主燃烧室,并推动活塞产生更多的功。根据设计不同,这些回流的气体内可能含有可燃混合物,进而可以延长燃烧时间,产生更多的功。

研究者开展了大量针对分隔式燃烧室和分层燃烧发动机的研究工作,现代汽车中的许多发动机也采用了这些技术。

【例题 7.3 】

排量为 1.86 L 的六缸点燃式发动机运行在 2 400 r/min 的转速下。该发动机采用汽油直接喷射技术,每个气缸每循环喷射燃料两次。火花塞在上止点前 19° 点火,在燃烧开始之前有 0.001 5 s 的滞燃期。在燃烧期间,火花塞周围存在空燃比为 11 的浓燃混合物,而在燃烧室内其余部分存在空燃比为 20 的稀燃混合物。浓燃混合物占据的空间可以近似为火花塞周围直径为 2 cm 的半球,火焰传播速度为 32 m/s;其余空间为稀燃混合物区域,火焰传播速度为 19 m/s。发动机的压缩比为 9.8,冲程为 7.20 cm,连杆长度为 13.3 cm,火花塞位于燃烧室的中心位置。试计算:①燃烧结束时的曲轴位置;②燃烧结束时的活塞速度;③燃烧结束时的气缸容积。

解

①计算燃烧结束时的曲轴位置。

由式(2.9)求出气缸直径:

$$V_d = N_c (\pi/4) B^2 S = 6(\pi/4) B^2 (0.072\ 0\ \text{m}) = 0.001\ 86\ \text{m}^3$$

$$B = 0.0740\ \text{m} = 7.40\ \text{cm}$$

火焰到达浓燃区边缘的时间为

$$t_1 = (0.020\ \text{m}/2)/(32\ \text{m/s}) = 0.000\ 313\ \text{s}$$

火焰穿过稀燃区到达气缸壁的时间为

$$t_2 = \frac{(0.0740\ \text{m}\ /\ 2) - (0.020\ \text{m}\ /\ 2)}{19\ \text{m/s}} = 0.001\ 42\ \text{s}$$

因此,从点火开始到燃烧结束的总时间为

$$t_{\text{total}} = t_{\text{id}} + t_1 + t_2 = (0.001\ 5\ \text{s}) + (0.000\ 313\ \text{s}) + (0.001\ 42\ \text{s}) = 0.003\ 23\ \text{s}$$

燃烧期间的曲轴转角为

$$CA = [(2\ 400\ \text{r/min}) / (60\ \text{s})](360° / \text{r})\ (0.003\ 23\ \text{s}) = 46.5°$$

燃烧结束时的曲轴位置为

$$19°\text{BTDC} + 46.5° = 27.5°\text{ATDC}$$

②计算燃烧结束时的活塞速度。

由式（2.2）求出活塞平均速度：

$$\overline{U}_{\text{p}} = 2SN = (2\ \text{strokes/r})(0.072\ 0\ \text{m/stroke})[(2\ 400\ \text{r/min}) / (60\ \text{s})] = 5.76\ \text{m/s}$$

曲柄半径为

$$a = S/2 = (7.20\ \text{cm})/2 = 3.60\ \text{cm}$$

由式（2.5）求出燃烧结束时的活塞速度 U_{p}：

$$R = r/a = (13.3\ \text{cm})/(3.60\ \text{cm}) = 3.69$$

$$U_{\text{p}} / \overline{U}_{\text{p}} = (\pi/2)\sin\theta \left[1 + \left(\cos\theta / \sqrt{R^2 - \sin^2\theta} \right) \right]$$

$$= (\pi/2)\sin 27.5° \left[1 + \cos 27.5° / \sqrt{3.69^2 - \sin^2 27.5°} \right]$$

$$= 0.90$$

$$U_{\text{p}} = 0.90\ \overline{U}_{\text{p}} = 0.90(5.76\ \text{m/s}) = 5.18\ \text{m/s}$$

③计算燃烧结束时的气缸容积。

单个气缸的容积为

$$V_{\text{d}} = (1.86\ \text{L})/6 = 0.31\ \text{L} = 310\ \text{cm}^3$$

由式（2.12）求出余隙容积 V_{c}：

$$r_{\text{c}} = (V_{\text{c}} + V_{\text{d}}) / V_{\text{c}} = [V_{\text{c}} + (310\ \text{cm}^3)] / V_{\text{c}} = 9.8$$

$$V_{\text{c}} = 35.2\ \text{cm}^3$$

由式（2.14）求得燃烧结束时的气缸容积 V：

$$V/V_{\text{c}} = 1 + 0.5(r_{\text{c}} - 1)\left(R + 1 - \cos\theta - \sqrt{R^2 - \sin^2\theta} \right)$$

$$= 1 + 0.5(9.8 - 1)\left[3.69 + 1 - \cos 27.5° - \sqrt{3.69^2 - \sin^2 27.5°} \right]$$

$$= 1.62$$

$$V = 1.62 V_{\text{c}} = 1.62(35.2\ \text{cm}^3) = 57.0\ \text{cm}^3 = 0.057\ \text{L} = 0.000\ 057\ \text{m}^3$$

7.3　发动机运行特性

7.3.1　全负荷工况

当节气门全开（如快速起动、加速爬坡、飞机起飞）时，燃料喷射器和化油器供给最浓的可燃混合物并推迟点火。这时,发动机以牺牲燃油经济性来达到最大输出功率。浓燃混合物会迅速发生燃烧,使峰值压力在更接近活塞上止点时达到,而发动机也会在可以接受的范围内以较为粗暴的方式运行。当发动机高速运行时,气缸的散热时间很短,排出的尾气和排气门温度都会很高。此时,为了加速燃烧,通常不采用 EGR,因而造成此时的 NO_x 排放较高。

有意思的是,一些赛车上的发动机则采用另外一种方法以获取更高的功率,即采用稀燃模式。在稀燃模式中,火焰的传播速度慢,燃烧会一直持续到上止点后。这样会使压力直到做功冲程时仍保持在较高的状态,从而产生更高的功率输出。但是,这种方法由于燃烧缓慢,会导致排气温度较高。高温的排气伴随稀燃混合物中未消耗的氧气,会快速地氧化排气门和气门座,因此需要经常更换排气门。除了赛车外,这种做法在普通发动机上是无法令人接受的,且为了配合这种燃烧技术,需要对点火定时进行特殊的设置。

7.3.2　巡航工况

当汽车在高速公路上平稳行驶或飞机在长距离飞行时,发动机处于巡航状态,发动机消耗的功率很小,燃油消耗率就变成了更重要的指标。对于这种工况,发动机常采用稀燃配合高 EGR 率的方式,并将点火定时提前,以补偿燃烧速度过缓的问题。因此,此时发动机的燃油经济性较好,但其热效率并不高。这是因为发动机处于低速运行状态,每循环的传热时间较长。

7.3.3　怠速及低转速工况

在发动机以低转速运行时,节气门几乎处于关闭状态,造成进气歧管内部处于高真空状态。这种高真空度和发动机的低速运转使气缸在气门重叠时,内部有大量的废气残留,进而会造成燃烧质量下降,控制系统必须向发动机中提供较浓的可燃混合物进行补偿。而可燃混合物过浓和较差的燃烧质量则造成更多的碳氢化合物和一氧化碳排放。因而,怠速时经常有气缸失火和燃烧不完全的情况发生,而且 2% 的熄火率会造成比标准高 100%~200% 的废气排放。

7.3.4　发动机高速运转时关闭节气门的工况

车辆在高速运转过程中急减速时,节气门会关闭,从而在进气系统中产生高真空度。发动机高速运转时需要大量气体进入,但是关闭的节气门只允许非常少量的气体进入。因而,这时进气系统中的高真空度会使缸内废气残留量增大,可燃混合物过浓,进而导致燃烧不完全。所以,在此工况下,也容易出现熄火以及污染物排放严重的问题。

带有化油器的老式发动机在此情况下,其缸内燃烧尤为糟糕。由于真空度高,化油器会向主燃料喷口和怠速喷口输送大量的燃料。然而,由于进气流量小,导致可燃混合物过浓,进而出现不完全燃烧,并产生大量高浓度的 HC、CO 排放。而电控发动机则会在此时逐渐减小燃料喷射器的喷射量,使发动机工作状态更加平稳地过渡。

7.3.5 冷起动工况

当发动机冷起动时,必须加大燃油供给量,以保证有足够的燃油蒸气形成可燃混合物。此时,进气系统和气缸壁面温度较低,导致很少一部分燃料可以汽化,而且燃油的温度同样比较低,导致其流动性差。发动机由起动电动机拖动的转速很慢,很大一部分在压缩冲程中产生的压缩热通过热传导的方式传导到低温的壁面。此外,处于低温状态的润滑油黏度较大,也使转速提升更加缓慢。所有这些因素都使发动机在冷起动时需要高空燃比的可燃混合物,有时甚至需要空燃比为 1∶1 的浓燃混合物。

尽管所有部件和燃料都处于低温状态,但仍会有少量的燃料蒸发并与空气形成可燃混合物。这些可燃混合物被点燃后,只要运行几个循环,发动机的温度就开始上升。在之后的几秒钟之内,发动机就会进入正常的工作状态,但是要达到稳定的热机工作状态有时则会需要几分钟的时间。一旦发动机开始升温,所有之前加入的过量燃料就开始蒸发,因而会经历一段燃烧过浓可燃混合物的时期,此时的尾气中会有大量的 HC 和 CO 污染物。更加不利的是,此时催化转换器因温度很低而无法去除尾气中的过量排放物。这种冷起动时造成的空气污染排放将在本书第 9 章中进一步加以描述。

有些特殊的冷起动液有助于在极低温度下顺利起动发动机。二乙醚就是其中一种,它比汽油更容易蒸发,在燃烧开始时能够形成浓燃混合物。通常,这些冷起动液储存在压力容器中,并在起动前喷到发动机的进气口处。

7.4 现代发动机的速燃室

现代高速汽油机的燃烧室必须能够使可燃混合物迅速燃烧且不产生过多的废气排放。同时,要求其具有平稳的做功过程、较低的燃油消耗率和尽可能高的热效率(高压缩比)。图 6.5 描绘了两种满足这些要求的燃烧室的设计特征。许多现代发动机的燃烧室是其中一种或两种设计的变型。作为对比,图 7.15 展示了早期的 L 形气门侧置式发动机的燃烧室设计。

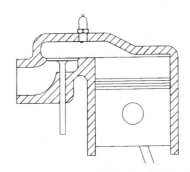

图 7.15 L 形气门侧置式发动机的燃烧室结构

发动机中的理想燃烧状态是燃烧时间尽可能短但不至于发生爆震。当温度高于燃料的自燃温度时,如果燃烧时间能小于可燃混合物的滞燃期,就能避免爆震,这部分内容详见第

4 章。燃烧速度越快,可采用的压缩比就越高,所需燃料的辛烷值就越低。

　　为了实现燃烧时间最短,应该使火焰传播距离最短,同时具有最强烈的空气运动(湍流和挤流)。图 6.5 所示的两种燃烧室设计满足上述要求,而图 7.14 所示的老式发动机燃烧室则不满足这些要求。对于图 6.5 所示的燃烧室而言,当活塞接近上止点位置时,可燃混合物被压缩到气缸轴线区域。由角动量守恒可知,随着平均旋转质量半径的减小,可燃混合物将形成具有较大涡流比的流动。当然,壁面的黏性摩擦阻力会使涡动量有所损失。同时,这种向内的压缩也会产生高强度的朝向气缸中心线的径向挤流。这两种气流运动都大大提高了火焰传播速度,并缩短了燃烧时间。并且,当活塞开始远离上止点位置并进入做功冲程时,反向的挤流也会进一步提高火焰传播速度。相比于在静止的可燃混合物中的层流火焰传播速度,现代燃烧室中的可燃混合物运动伴随着湍流,可使火焰传播速度有 10 倍以上的提升。例如,图 6.5 所示的气缸进气系统就能够产生强烈的湍流和进气涡流。

　　在一般情况下,火花塞安装在靠近气缸中心线的位置,这样的话,当火焰传播到四分之一缸径处时,大部分的可燃混合物就已经被消耗掉了。有些发动机为每个气缸配置两个火花塞,可以产生两个火焰锋面,这两个火花塞可以同时点火也可以先后点火。如果位置选择恰当,这种方法可以缩短约一半的燃烧时间。已经有汽车制造商试制了每个气缸配有四个火花塞的发动机,其中一个在气缸中心,三个在外围。而大多数的飞机发动机都采用双火花塞的配置,其目的并不是为了改善燃烧,而是作为一种安全保障措施。实际上,在很多飞机发动机的设计中,为了防止一个火花塞出现故障,而不得不使系统变得冗余。

　　图 6.5 所示的燃烧室除了可以加速燃烧以外,还可以让发动机在做功冲程运转得更平稳。当火花塞布置在余隙容积的中心区域附近时,燃烧开始时压力升高的速度较慢,因为火焰周围存在较多的气体。而如果将火花塞布置在燃烧室边缘,燃烧早期的压力升高速度会较快,因为此时火焰周围气体量较少,进而发动机工作会较为粗暴。在燃烧快要结束时,如果火焰锋面处于燃烧室边缘,会使压力上升速度慢慢减缓并消失,进而使做功冲程平稳。但是如果火焰锋面在空旷的燃烧中结束,缸内的压力升高过程会突然停止,导致发动机在做功冲程末期不稳定。燃烧过程中的爆震现象通常是发生在火焰锋面末端气体发生自燃时,如果在气缸边缘只有少量的末端气体存在,即使发生了爆震也是可以接受的,甚至可能不会被检测到。相反,有时候人们却希望在燃烧室中的温度和压力都很高的时候发生一些这样轻微且无法检测到的爆震,因为它可以提高燃烧末期的缸内压力,进而增加些许输出功。

　　除了布置在余隙容积的中心区域附近外,还可将火花塞布置在离进气门和排气门都很近的位置。首先,火花塞应布置在进气门附近,以保证火花塞电极之间存在易引燃的浓燃混合物,而远离进气门的可燃混合物中通常因包含较多的残余废气而变为稀燃混合物。其次,火花塞也应布置在排气门附近,因为排气门以及排气口是燃烧室中温度最高的区域,该高温区有利于燃料的蒸发、汽化及易燃可燃混合物的形成;将火花塞布置在排气门附近也使排气门远离了火焰锋面末端的温度极高的可燃混合物,进而避免高温引起的表面点火和爆震。

　　为了尽可能地缩小燃烧室的尺寸,大多数现代点燃式发动机都采用气门顶置的设计,即采用凸轮轴顶置或者配有液压机械联动系统的中置凸轮轴(凸轮轴安装在缸体上)。另一种可降低燃烧室尺寸的方法是在不改变气缸排量的前提下增加气缸数量。

　　气门顶置式发动机的燃烧室有热损失小、缸盖螺栓受力小、燃烧室壁面上的沉积物及排放产物少等优点,这是因为气门顶置式发动机的燃烧室比早期的气门中置式发动机的燃烧室的表面积小,所以其热效率也相对较高。同时,由于燃烧室的顶部表面积小,缸盖螺栓的受力也随之变小,因为对于一定的缸压,承压面积越小,其受力也就越小。此外,由于燃烧室壁面温度高,气流运动剧烈,可有效清除燃烧室内壁上的沉积物。最后,由于火焰淬熄空间小、壁面上的沉积物少,气门顶置式发动机的排放也较少。相关内容将在本书第9章中详细论述。

然而,这种燃烧室结构的最大缺点就是后续设计的灵活性受限。由于燃烧室的表面积有限,很难合理地布置所需的气门、火花塞和燃料喷射器。因此,设计者不得不在设计气门大小和其外形时采用并不完美的折中方案。虽然装配多个进排气门能够降低气体的流动阻力,却增加了设计难度。通常,要对燃烧室表面进行机加工以保证气门和活塞之间有足够的间隙。而该方法,在一定程度上违背了"燃烧室内尽可能减少拐角结构"的基本要求。然而,无论如何,气门的布置都不能影响到燃烧室的力学强度。因此,在气门间总要预留足够的空间来保证结构的稳定性。

有些现代发动机采用之前介绍的分隔式燃烧室,这些发动机具有容积效率高、燃油经济性好以及循环灵活的优点。其主要缺点有两个:一是燃烧室表面积过大,造成热损失较高;二是制造成本高、难度大。

图 7.15 所示为老式的 L 形气门侧置式发动机的燃烧室,该燃烧室导致火焰传播距离和燃烧时间都较长。此类发动机的进气系统没有设计成能产生涡流的形状,当可燃混合物被压缩至上止点附近而远离气缸中心时,即使存在进气涡流也会在接近上止点时减弱甚至消失。同样地,压缩过程产生的挤流也没有特意进行强化。由于发动机转速低,虽然存在一些气流运动和湍流,但强度都不大。另外,由于燃烧时间较长,其压缩比也不能太高。早期(20 世纪 20 年代)的发动机压缩比一般为 4~5,到了 20 世纪 50 年代则增长到了 7。

大型发动机一般都是压燃式发动机,因为如果采用点燃式的工作方式,考虑到其巨大的燃烧室、相当长的火焰传播距离、较低的发动机转速,往往需要辛烷值非常高的燃料和非常低的压缩比才行。而且,由于气缸中的燃烧时间过长,会不可避免地出现严重的爆震问题。

7.5　压燃式发动机中的燃烧

7.5.1　压燃式发动机中燃烧的特点

压燃式发动机中的燃烧和点燃式发动机中的燃烧有很大区别。点燃式发动机中的燃烧基本上是火焰锋面在均质可燃混合物中向前移动,而压燃式发动机中的燃烧则是在非均匀可燃混合物中的多个位置同时发生。因为燃烧速率随燃油喷射量而改变,压燃式发动机中的燃烧是一个很不稳定的过程。压燃式发动机的进气系统没有节气门,所以在每个循环中,发动机输出的转矩和功率只与燃油的喷射量有关。由于没有进气节流损失,进气歧管中的压力总是稳定在接近于一个大气压的范围内。这就使压燃式发动机的循环示功图中的泵吸功面积非常小,如图 3.10 所示。相应地,压燃式发动机的热效率比点燃式发动机高一些,在低速和低负荷工况下尤其明显,因为此时点燃式发动机的节气门部分开启,导致产生较大的泵吸功损失。对于压燃式发动机,其净功率为

$$W_{net} = W_{gross} - W_{pump} \approx W_{gross} \tag{7.1}$$

在压燃式发动机的压缩冲程中,因为缸内只有空气,可采用较大的压缩比。现代压燃式发动机的压缩比通常为 12~24。通过式(3.73)和式(3.89)可知,相较于普通的点燃式发动机,压燃式发动机在高压缩比下具有更高的热效率。但是,由于压燃式发动机中的整体空燃比较小(当量比 $\varphi \approx 0.8$),发动机时常处于稀燃状态,因此在给定的排量下压燃式发动机的输出功率较小。

在压缩冲程的后期,位于燃烧室内的一个或多个燃料喷射器将燃料喷入气缸。喷射开始时刻约为上止点前 15°,结束时刻约为上止点后 5°,即整个喷射过程大约持续 20° 的曲轴转角。由于滞燃期基本保持不变,在高速时压燃式发动机的喷射开始时刻通常会略微提前。

除了需要对进气组织适当的涡流和湍流,还需要较高的喷射速度,才能使燃料在气缸内充分传播并和空气混合。燃油喷射之后还必须经过一系列的过程才能保证燃烧过程顺利进行。

(1)雾化

雾化是指燃料液滴破碎成非常小的液滴。由喷嘴喷出的原始油滴越小,后续的雾化过程越快、效率越高,如图 5.27 所示。

(2)蒸发

燃料液滴的蒸发过程是小液滴蒸发变成燃油蒸气。由于压燃式发动机的高压缩比,其缸内温度较高,燃料液滴蒸发速度非常快。只有当压缩比高于 12 时才能保证缸内的温度能够促进液滴的快速蒸发,此时在喷射 0.001 s 后就大约有 90% 的燃料液滴发生汽化。随着第一滴燃油的蒸发,它周围的环境温度由于蒸发吸热而迅速降低,进而明显地影响后续的蒸发过程。在靠近燃料射流中心的位置,高浓度的燃料和蒸发的冷却效应联合作用,使燃料处于绝热饱和状态。因而这个区域的蒸发处于停滞状态,只有当进一步发生混合和加热之后,这部分燃料才会蒸发。

(3)混合

燃料蒸发之后,需要和空气混合,以形成可燃混合物。这个混合过程是在较高的燃料喷射速度和气缸内空气的涡流和湍流作用下完成的。图 7.16 显示了在油束周围可燃混合物的空燃比分布的不均匀性。通常,当量比在 $\phi = 1.8$(富油)和 $\phi = 0.8$(贫油)之间的燃料-空气混合物为可燃混合物。

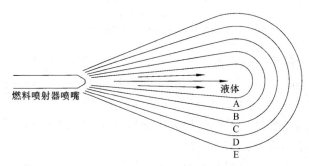

图 7.16 压燃式发动机的油束附近空燃比分布图

A—不能燃烧的过浓混合物;B—浓燃混合物;C—化学计量比可燃混合物;D—稀燃混合物;E—不能燃烧的过稀混合物

（4）自燃

大约在上止点前 8° 时，即燃油喷射开始后曲轴转过 6°~8° 时，可燃混合物开始自燃。实际的燃烧过程是在高温环境导致的一系列低温反应发生之后才开始的。这些低温反应包括大型烷烃分子分解为小分子物质并发生部分氧化。同时，这些反应放热进一步提高了局部区域的温度，并激发了随后的燃烧过程。

（5）燃烧

燃烧是从油束的富油区域中多点同时发生开始的，即从油束附近的当量比为 1~1.5 的富油区域（图 7.16 中的 B 区）开始的。此时，气缸内有 70%~95% 的燃油处于蒸气状态。当燃烧发生时，从多个自燃处传播的火焰锋面会将所有处于适宜燃烧空燃比状态下的可燃混合物燃烧掉，包括那些不能发生自燃的区域。该过程使气缸内的温度和压力急剧上升，如图 7.18 所示，其中 A 点为喷油开始时刻，A 到 B 点为滞燃期，C 点为喷油结束时刻。高温高压使后续燃料的蒸发时间和滞燃期缩短，并增加了自燃点的数量，进一步促进了燃烧过程。在喷入气缸内的燃料着火时，仍有燃料继续向气缸内喷射。在燃烧的初始阶段，那些处在适宜燃烧空燃比状态下的可燃混合物被快速燃烧掉，而后续燃烧过程的速率则由燃油的喷射速率、雾化速率、蒸发速率和混合速率决定。在初始的快速燃烧阶段结束后，紧接着就是受燃油的喷射速率影响的燃烧阶段，此时的压力缓慢上升。通常，燃烧持续 40°~50° 的曲轴转角，远长于燃油喷射的 20° 曲轴转角。这是由于一些燃油颗粒需要比较长的时间才能和空气混合并形成具有合适空燃比的可燃混合物，从而使燃烧能够在做功冲程中持续。如图 7.17 所示，一直到上止点后 30°~40° 的曲轴转角时，缸内压力仍然很高。在总燃烧阶段的前三分之一内大约有 60% 的燃料被消耗掉，且燃烧速率随着发动机的转速上升而不断加快，所以燃烧过程所对应的曲轴转角几乎维持不变。在燃烧的主要过程中，气缸中 10%~35% 的燃油蒸气与空气形成可燃混合物。

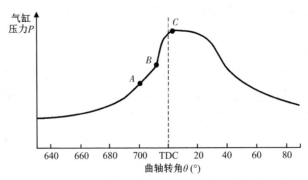

图 7.17　压燃式发动机气缸内压力随曲轴转角的变化

由第 2 章中的讨论可知，发动机转速与冲程长度成反比关系，因此所有发动机的活塞速度需要控制在 5~20 m/s。大型低速发动机有足够的时间完成燃料的喷射、雾化、蒸发和混合，并使燃烧持续 40°~50° 曲轴转角。另外，直喷式发动机因有较大的开放式燃烧室而不需要强涡流进气，而是采用很高的喷射压力以获得很高的喷射速度。这样就能保证射流能穿透整个燃烧室，进而促进燃料和空气的混合。

一般来说，大型直喷式发动机的有效热效率较高，这是因为发动机运行转速慢、摩擦损失小,而且燃烧室的比表面积小,热损失小。小型压燃式发动机的运行速度较高,需要强涡流来加快燃料的蒸发和混合。通常需要将蒸发和混合速率提高 10 倍才能保证燃烧反应在 40°~50° 曲轴转角内完成,只有采用特殊的进气和气缸结构才能实现这样强的涡流,如图 7.13 所示,可在主燃烧室侧面设计一个涡流室以形成强涡流。这些非直喷式发动机常常将燃料喷射到副燃烧室中,这样喷射压力就无须太高。而且,由于燃烧室较小,即使燃料射流速度较低,也足以使燃料贯穿整个副燃烧室。副燃烧室中的强涡流有助于形成充分混合的燃料 - 空气混合物,当这些可燃混合物在副燃烧室中燃烧时,会膨胀并携带液体燃料通过连接主、副燃烧室的通道进入主燃烧室,进而在主燃烧室中形成涡流。因而,主燃烧室内的燃烧过程更像点燃式发动机燃烧室中的燃烧。另外,这些非直喷式发动机的运行转速往往较高,使其更适用于汽车。但由于其燃烧室的比表面积比较大,热损失也较高,因此通常会需要采用较高的压缩比。最后,较大的燃烧室比表面积也使发动机的冷起动相对更困难。

【例题 7.4 】

例题 5.9 中的柴油机以空气标准复合循环运行,压缩比为 18。转速为 2 400 r/min 时,燃烧开始于上止点前 7°,并持续 42° 曲轴转角。连杆长度与曲柄半径的比值 $R=3.8$。试计算:①点火延迟时间;②膨胀比。

解

①计算点火延迟时间。

燃烧开始于上止点前 7°,燃油喷射开始于上止点前 20°(从例题 5.9 中得出),则点火延迟时间对应的曲轴转角为 13°。

点火延迟时间为

$$ID = \frac{13°}{[(2\ 400\ \text{r/min})\ /\ (60\ \text{s})](360°\ /\ \text{r})} = 0.000\ 9\ \text{s}$$

②计算燃烧膨胀比。

燃烧停止于上止点后 35°,由式(2.14)求出膨胀比为

$$\beta = V / V_{\text{TDC}} = V / V_{\text{c}} = 1 + \frac{1}{2}(r_{\text{c}} - 1)\left[R + 1 - \cos\theta - \sqrt{R^2 - \sin^2\theta} \right]$$

$$= 1 + \frac{1}{2}(18 - 1)\left(3.8 + 1 - \cos 35° - \sqrt{3.8^2 - \sin^2 35°}\right]$$

$$= 2.91$$

【例题 7.5 】

一台运行在狄塞尔循环的中型压燃式发动机,其燃料的十六烷值为 41,燃烧开始于上止点后 1°。该发动机为直列 6 缸,转速为 980 r/min,总排量为 15.6 L,缸径和冲程的关系为 $S = 2.02B$,压缩比为 16.5,空气进入气缸内的温度和压力分别为 41 ℃ 和 98 kPa。试计算:①燃油喷射开始时的曲轴转角;②以毫秒为单位的滞燃期。

解

①计算燃油喷射开始时的曲轴转角。

由式(2.9)求出缸径和冲程:

$$V_{\text{d}} = N_{\text{c}}(\pi/4)\ B^2 S = 6(\pi/4)\ B^2 (2.02B) = 15.6\ \text{L} = 0.015\ 6\ \text{m}^3$$

$$B = 0.117\ 9\ \text{m}$$

$$S = (2.02)B = (2.02)(0.1179\ \text{m}) = 0.238\ 2\ \text{m}$$

由式(2.2)求出活塞平均速度：

$$\overline{U}_{\text{p}} = 2SN = (2\ \text{strokes/r})\ (0.238\ 2\ \text{m/stroke})[(980\ \text{r/min})\ /\ (60\ \text{s})] = 7.78\ \text{m/s}$$

由式(4.14)，可以计算点火延迟时间对应的曲轴转角。

燃料的活化能为

$$E_{\text{A}} = 618\ 840/(CN + 25) = 618\ 840/(41 + 25) = 9376\ \text{J}$$

$$ID_{\text{ca}} = \left(0.36 + 0.22\overline{U}_{\text{p}}\right)\exp\left\{E_{\text{A}}\left[1/\left(R_{\text{u}}T_{\text{i}}r_{\text{c}}^{k-1}\right) - (1/17\ 190)\right]\left[(21.2)/\left(P_{\text{i}}r_{\text{c}}^{k} - 12.4\right)\right]^{0.63}\right\}$$

其中

$$\left[1/\left(R_{\text{u}}T_{\text{i}}r_{\text{c}}^{k-1}\right) - (1/17\ 190)\right] = \left[1/\left\{(8.314)(314)(16.5)^{1.35-1}\right\} - (1/17\ 190)\right] = 0.000\ 085\ 4$$

$$\left[(21.2)/\left(P_{\text{i}}r_{\text{c}}^{k} - 12.4\right)\right]^{0.63} = \left\{(21.2)/\left[(0.98)(16.5)^{1.35} - 12.4\right]\right\}^{0.63} = 0.791\ 4$$

因此

$$ID_{\text{ca}} = \left[(0.36) + (0.22)(7.78)\right]\exp\left[(9\ 376)(0.000\ 085\ 4)(0.791\ 4)\right] = 3.91°$$

燃油喷射开始时的曲轴转角为

$$1°\text{ATDC} - 3.91° = 2.91°\text{BTDC}$$

②计算滞燃期。

由式(4.15)求出以毫秒为单位的滞燃期：

$$ID_{\text{ms}} = ID_{\text{ca}}/(0.006N) = (3.91)/\left[(0.006)(980)\right] = 0.665\ \text{ms}$$

7.5.2　燃油喷射

典型的燃料喷射器的喷嘴直径为 0.2~1.0 mm,一个燃料喷射器可能有一个或多个喷嘴,如图 6.6 所示。

燃油离开喷嘴时的速度通常为 100~200 m/s。但是因为黏性阻力、蒸发和燃烧室内涡流的影响,其速度会快速衰减。理想状态是在燃料到达燃烧室的最远端时,其由液体射流变为蒸气。燃料的蒸发发生在射流的外部,射流内部依旧保持液体状态。图 7.16 所示就是射流不同区域的燃油与空气的混合情况:区域 A 是过浓混合物,其中燃料过多导致不能燃烧;区域 B 是宜燃烧的浓燃混合物;区域 C 是化学计量比可燃混合物;区域 D 是适宜燃烧的稀燃混合物;区域 E 是过稀混合物,其中燃料过少导致不能燃烧。

由喷嘴喷射出来的燃料液滴的直径大多在 10^{-5} m 数量级或者更小,且直径呈正态分布。影响液滴直径的因素有喷射压力、喷嘴直径和几何形状、燃油性质、空气温度和湍流性质等。喷射压力越大,液滴的直径越小。

在一些小型涡流发动机中,燃料喷射器喷出的油束直接喷向缸壁以加速燃料的蒸发过程。但是,这种方法只有在气缸壁温度较高的时候才可行。对于那些高速运转的小型发动机而言,因每个循环的时间很短而必须采用这种设计。而大型的低速发动机则不需要也不应采用这种设计,因为大型发动机缸内的涡流强度低,气缸壁温度低,不能有效地使燃料蒸发。相反地,采用这种方法却会导致比油耗升高和尾气中的 HC 排放增加。

7.5.3　滞燃期和十六烷值

即使燃料和空气混合充分,且温度足够高,燃料仍有一个 0.4~3 ms 的滞燃期。滞燃期会随着温度、压力、发动机转速和压缩比的升高而缩短。而燃料液滴的大小、喷射速度、喷射速率和燃油的物理特性对滞燃期的影响较小或者几乎没有影响。当发动机的转速升高时,湍流强度增强,气缸壁温度上升,导致滞燃期缩短。但是,滞燃期在一个循环中所占的比例基本是固定的,所以在不同转速工况下的燃烧过程总是对应一个相对固定的曲轴转角。

如果燃料喷射过早,由于气缸内的温度和压力较低,滞燃期将会延长。如果燃料喷射太迟,由于活塞经过上止点后气缸内的温度和压力会减小,滞燃期也会延长。对于给定的发动机来说,使用有适宜的十六烷值的燃料是非常重要的。因为十六烷值是燃料滞燃期长短的一个表征值,它必须和给定发动机的循环和喷油过程相匹配才行。如果十六烷值太低,滞燃期会很长,在燃烧反应开始前喷射进气缸的燃料要比实际需要的燃料量多很多,当燃烧开始时,大量的燃油会被迅速燃烧,导致气缸内的压力迅速上升,使活塞受到很大冲击并导致燃烧粗暴。如果十六烷值过高,燃烧会在上止点前过早发生,导致发动机功率损失。

普遍柴油的十六烷值为 40~60,在这个区间里,滞燃期和十六烷值成反比关系:

$$ID \propto 1/CN \tag{7.2}$$

对于大多数燃料来说,十六烷值和辛烷值也成反比关系(图 4.7):

$$CN \propto 1/ON \tag{7.3}$$

可以通过向柴油中加入添加剂来改变其十六烷值,常用的添加剂有亚硝酸盐、硝酸盐、有机过氧化物和硫化物。但含有高辛烷值的乙醇的燃料对压燃式发动机来说是一种劣质燃料。

7.5.4　碳烟

压燃式发动机中的火焰是非常不均匀的。自燃发生以后,火焰迅速蔓延至整个燃烧室,点燃所有当量比在 0.8~1.5 的可燃混合物。因此,有些区域的燃烧是稀燃,有些区域的燃烧是在当量比附近发生的,而其他的区域可能是浓燃。在浓燃区中,没有足够的氧气生成化学计量比的 CO_2,反而会生成一些 CO 和碳颗粒物,该反应方程式为

$$C_xH_y + aO_2 + a(3.76)N_2 \rightarrow bCO_2 + cCO + dC(s) + eH_2O + a(3.76)N_2$$

其中:$x = b + c + d$;$a = b + c/2 + e/2$;$e = y/2$。

大型货车和火车机车排放的黑烟就含有这些碳颗粒物。

历史小典故 7.1:高压缩比

曾有研究者在军事车辆上装备压缩比高达 50 的压燃式发动机并进行相关测试。在极高的压缩比下,理论上所有可燃的液体都可以发生自燃。这对军事行动中,燃料供给可能受影响而不得不使用当地燃料来说是十分有利的,因为在紧急情况下军事车辆会使用任何可以燃烧的燃料。但是,在如此高的压缩比条件下,发动机的燃料喷射压力必须足够高。然而其缺点是如此高的压缩比也使发动机的冷起动较为困难。

在空燃比接近临界值的浓燃区,会生成大量的碳颗粒物。随着燃烧的进行,燃烧室中的可燃混合物被涡流和湍流充分混合,大多数的碳颗粒物会继续燃烧,只有小部分会被排放到环境中。碳颗粒物也是可燃的,与氧气以适当比例混合后可以发生如下反应:

$$C(s) + O_2 \rightarrow CO_2 + heat$$

由于压燃式发动机中的燃烧属于稀燃,大部分碳颗粒物可以和过量的氧气反应。甚至当可燃混合物排出燃烧室之后,在排气系统中还可能会继续反应,进一步减少了碳颗粒物的数目。另外,大多数压燃式发动机的排气系统中都含有颗粒捕集器,可以滤除大部分的碳颗粒物。最终,燃烧室中产生的碳颗粒物中只有很少一部分被排放到大气中。

为了使排放出的碳烟在可接受的限值范围内,压燃式发动机一般在稀燃状态($\phi < 0.8$)下工作。如果这些压燃式发动机使用符合化学计量比的可燃混合物,排放物中碳烟会比较多而无法满足排放要求。即使在稀燃状态下,许多大城市仍十分关注使用柴油机的公交车和货车的排放。许多地方正在推行针对这些公交车和货车的严格的排放法规,因而压燃式发动机的设计者必须做出一些大的技术改进来降低这些机动车的排放。

压燃式发动机没有节气门,而是通过调整燃料喷射量来控制发动机的功率。当使用压燃式发动机的货车或机车在重载情况下,如起步或爬坡时,燃料喷射系统会向气缸内喷射比正常情况下多很多的燃料,这就会导致浓燃并生成大量碳烟,排黑烟的现象非常明显。

由于压燃式发动机在稀燃状态下工作,所以燃烧效率较高,通常达到98%左右。其2%的损失中,有一半是以HC的形式出现在尾气中。这些HC排放物主要包括碳颗粒物和其他碳氢化合物,还有一些碳氢化合物会吸附在碳颗粒物上随尾气排出。如果燃料中的碳元素有0.5%以碳颗粒物的形式排出,尾气中的碳烟就会超标。因此,排放出来的碳颗粒物的量必须严格控制。

由于压燃式发动机具有很高的燃烧效率(98%)以及高压缩比,其热效率也总是高于工作在奥托循环的点燃式发动机。然而,由于压燃式发动机在稀燃状态下运行,所以单位体积的功率输出表现不如点燃式发动机好。

7.5.5　冷起动问题

压燃式发动机的冷起动是非常困难的,由于空气和燃料温度都比较低,燃油的蒸发非常缓慢,滞燃期延长。而且,润滑油在低温状态下黏度较高,不能有效润滑。此时,起动电动机的转速比正常状态下低。由于发动机转速较低,经由活塞的窜气也比较多,从而降低了压缩效率。在正常情况下,起动电动机带动发动机起动时,气缸内的空气经过充分压缩使其温度高于燃料的自燃点,但在冷起动时这不容易实现。考虑到冷起动时发动机转速比正常情况下低,加之金属气缸壁的温度也比较低,导致大量的热量经由气缸壁而散失掉,使气缸内的温度很难达到燃料的自燃温度。为了解决这一问题,在大多数压燃式发动机冷起动时都会使用预热塞。预热塞是一个连接电源的简单的电阻加热器,它的加热面在燃烧室内部。在起动前10~15 s,预热塞电阻通电并加热变红。当起动发动机时,在刚开始的几个循环中,燃料的燃烧并不是由于压缩引起的自燃,而是被预热塞表面的高温点燃的。仅仅几个循环之后,气缸壁和润滑油温度开始上升,发动机的运行趋于正常,预热塞关闭,燃料可以成功通过压缩点燃。另一种冷起动方式则是在进气歧管处安装电加热器,通过加热进入气缸的空气来辅助起动发动机。相比于具有一个开式燃烧室的压燃式发动机,具有分隔式燃烧室的压燃式发动机由于气缸壁表面积较大,热损失较大,因此冷起动更加困难。

由于大型压燃式发动机在低温下起动时需要的能量多,有时候仅仅使用由电池供电的起动电动机是行不通的。因而,有时采用一个小型的两缸机或四缸机作为其起动机。首先起动小型发动机,然后驱动与其啮合的大型发动机的飞轮来起动大型发动机。当成功起动大型发动机后,小型发动机再与大型发动机的飞轮脱离啮合。

为了改善冷起动,许多中型压燃式发动机的压缩比通常略高于实际需要,而有的则安装一个稍大一些的飞轮。还有一些使用电加热器预热润滑油来缩短冷起动过程,还有一些系统可以在起动之前利用电动油泵将润滑油分布到整个发动机内需要润滑的地方,这样不仅使发动机部件得到有效润滑,加快起动过程,而且也减少了发动机的磨损。除此之外,推迟喷油和提高燃料在可燃混合物中的浓度等方法也常用来加速冷起动。

在美国北方的冬天,经常会看到为了避免冷起动困难而故意保持大型压燃式发动机不熄火的情况。在寒冷的冬季,货车发动机常常在高速休息区内保持连续运行状态而不熄火,这不仅浪费了燃料也加重了环境污染。

另外一个柴油发动机在寒冷天气中遇到的问题是如何把柴油从油箱中有效地泵入发动机。一般油箱和发动机之间有一段距离,且油管在机舱内从发动机室外部绕过,高黏度的柴油很难通过直径很小且很长的管道进行泵送。在寒冷天气中,柴油甚至在油箱中变成凝胶状。许多车辆通过在油箱中安装一个电加热器来解决该问题,也有车辆使柴油管道通过温热的发动机室来解决该问题,其通常会泵入 2 倍于实际所需柴油的量,多余的柴油通过发动机室加热后重新流回油箱中,并与油箱中的柴油混合从而使其温度升高。因而,在冬天,发动机燃料最好换成等级比较高的。等级高且昂贵的燃料的黏度较小,容易泵入发动机,也更容易通过燃料喷射器 [①]。

7.6 均质充量压燃

均质充量压燃(Homogeneous Charge Compression Ignition, HCCI)作为一种新型燃烧理论已经在新型压燃式发动机上得到了验证。与汽油机相似,该类发动机采用向进气中添加燃料的方法,实现了在燃烧前进入燃烧室的燃料和空气的均质混合。其燃烧方式仍然采用压燃着火,但是燃烧过程是扩散燃烧和均质混合燃烧模式的混合。在有些这类发动机中,部分燃料通过气道喷射的方式加入,其余燃料通过正常燃料喷射器喷入并压燃。HCCI 发动机通常可以在双燃料模式下运行,利用其中一种燃料(如天然气、甲烷)在缸内形成均质充量,再利用柴油进行引燃。

7.7 可变压缩比

发动机内的燃烧特性取决于多种因素,空燃比和压缩比是其中两个最重要的影响因素。

---

① 注:中国柴油标号包括 0#,-10#,-20#,-30# 等;数字越大,能够适应的环境温度越低;因此所用柴油的标号不能高于标号对应的温度数值。

20世纪90年代,瑞典萨博(Saab)公司制造了一款独特的试验性发动机,该发动机可以在运行的过程中改变压缩比。这款排量为1.6 L的五缸汽油机在曲轴中心处将机体水平切分,上半部分称之为"头部",将多个缸套与缸盖铸造成一个整体,下半部分包括曲轴箱、曲轴、连杆和活塞。发动机的上、下两部分通过一侧的铰链相连,这种连接方式允许上半部分相对下半部分在4°范围内旋转。随着头部的旋转,余隙容积的大小会发生改变,从而改变压缩比。当这种发动机运转时,其压缩比可以从高负荷下的8升高到低负荷下的14。发动机的上半部分用一个大凸轮带动旋转,上、下两部分则用橡胶波纹管密封。

小排量的发动机一般来说比大排量发动机的效率更高。在高负荷工况下,大排量发动机的效率较高,但是在低负荷工况下,节气门是关闭的,这就造成了很大的泵吸功。而小排量发动机则可以在功率需求较小时也高效地运行,因为此时其节气门是打开的。但是,在需要更高的功率时,小排量发动机也要能满足要求才行。为此,萨博公司为小型发动机配备了机械增压器,使进气压力提升至高达280 kPa,这远远高于无增压工况下的20~50 kPa。为了在需要时可以达到与大型发动机相当的高功率输出,机械增压是必不可少的,因为涡轮增压无法实现如此高的增压度。

萨博公司的可变压缩比发动机采用电控液压执行器和凸轮轴将发动机的上半部分相对于固定的下半部分旋转4°。在全负荷工况下,EMS控制发动机的头部旋转到最大角度,从而使每缸的余隙容积稍有增加。此时的压缩比为8,这与使用接近当量比的汽油作为燃料的重型汽油机的压缩比接近。在低负荷工况下,如在水平路面上定速巡航工况下,功率需求较少,EMS控制发动机的头部旋转回初始位置。在这种工况下,压缩比为14,可以使用稀燃混合物,既满足功率需求,又不用担心爆震问题。

萨博公司的可变压缩比发动机可以产生105 kW/L的有效功率以及190 N·m/L的最大扭矩。据称,使用可变压缩比技术后,该机的油耗降低了30%,这也就意味着减少了30%的CO_2排放,并且能通过与NO_x,HC和CO有关的所有排放法规。通过对各种传感器信息的判断,EMS可以实现压缩比在8~14的任意切换,从而使发动机在最高效清洁的模式下运行。另外,该发动机还可以根据燃料的辛烷值自动调节空燃比,所以能够使用多种不同的燃料。

由于发动机的缸盖和缸体是一体的,不需要缸盖螺栓或垫片,可以获得更好的冷却效果,且该发动机的质量较小,摩擦损失小。

另一款在发动机运转时能够改变压缩比的发动机出现在21世纪初。在该发动机中,曲轴和每个活塞的连杆之间通过枢转杠杆臂连接,杠杆臂通过执行器连接到发动机缸体上。通过在发动机运转时旋转枢转杠杆臂,可以调整连杆大头的转动状态,改变行程长度,从而改变压缩比。另外,该系统通过给连杆大头提供一条椭圆路径,可以改变活塞的运动状态。在该系统中,活塞在点火之后立即减速,以最高效的定容燃烧方式工作。据称,该发动机可以在四冲程或两冲程、点燃模式或压燃模式、有无增压以及可变气门定时等模式下运行。

另一种改变发动机压缩比的方法是使用阿瓦尔循环发动机。这是一种使用二级活塞的发动机,其活塞在气缸盖中的副燃烧室中做往复运动,副燃烧室与主燃烧室以如图7.18所示的方式连通。通过调整次级活塞皮带上的可动惰轮的位置,可以改变两个活塞之间的相对运动关系,实现气缸的排量和压缩比的连续可变。

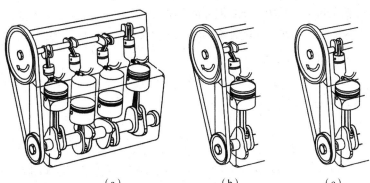

（a）　　　　　　　　（b）　　　　　　（c）

图 7.18　阿瓦尔循环发动机的气缸主、副燃烧室示意图

（a）高压缩比　（b）中等压缩比　（c）低压缩比

【例题 7.6】

一架小型飞机配备了一台排量为 2.4 L 的增压汽油发动机。该发动机可以实现可变压缩比,可以两种不同的模式运转,即高负荷起飞和低负荷巡航。两种模式的运行条件见表 7.1。试计算:①起飞和巡航时的指示热效率;②起飞和巡航时燃油的质量流速(kg/s);③起飞和巡航时的指示功率;④起飞和巡航时的指示燃油消耗率 [g/(kW·h)]。

表 7.1　某可变压缩比发动机的两种工作模式

参数	起飞	巡航
发动机转速(r/min)	3 600	2 200
压缩比	8	14
容积效率(%)	120	88
燃料	汽油(当量比)	汽油(AF=22)
燃烧效率(%)	97	99

解

①计算起飞和巡航时的指示热效率。

由式(3.31)求出指示热效率:

$$\eta_{t(起飞)} = 1 - \left(1/r_c\right)^{k-1} = 1 - \left(1/8\right)^{1.35-1} = 0.517 = 51.7\%$$

$$\eta_{t(巡航)} = 1 - \left(1/r_c\right)^{k-1} = 1 - \left(1/14\right)^{1.35-1} = 0.603 = 60.3\%$$

②计算起飞和巡航时燃油的质量流速。

由式(2.71)求出进入发动机的空气的质量流速:

$$\dot{m}_{a(起飞)} = \eta_v \rho_a V_d N / n$$

$$= (1.20)(1.181 \ \text{kg/m}^3)(0.002\ 4 \ \text{m}^3/\text{cycle})\left[(3\ 600 \ \text{r/min}) / (60 \ \text{s})\right] / (2 \ \text{r/cycle})$$

$$= 0.102\ 0 \ \text{kg/s}$$

$$\dot{m}_{a(巡航)} = \eta_v \rho_a V_d N / n$$

$$= (0.88)(1.181 \ \text{kg/m}^3)(0.002\ 4 \ \text{m}^3/\text{cycle})\left[(2\ 200 \ \text{r/min}) / (60 \ \text{s})\right] / (2 \ \text{r/cycle})$$

$$= 0.045\ 7 \ \text{kg/s}$$

由式(2.55)求出进入发动机的燃油质量流速:

$$\dot{m}_{f(\text{起飞})} = \dot{m}_{a(\text{起飞})} / AF_{(\text{起飞})} = (0.102\ 0\ \text{kg/s})/14.6$$
$$= 0.006\ 99\ \text{kg/s} = 6.99\ \text{g/s}$$

$$\dot{m}_{f(\text{巡航})} = \dot{m}_{a(\text{巡航})} / AF_{(\text{巡航})} = (0.045\ 7\ \text{kg/s})/22$$
$$= 0.002\ 08\ \text{kg/s} = 2.08\ \text{g/s}$$

③计算起飞和巡航时的指示功率。

由式(2.65)求出指示功率:

$$\dot{W}_{i(\text{起飞})} = \eta_{t(\text{起飞})}\dot{m}_{f\text{起飞}}Q_{HV}\eta_c = (0.517)(0.006\ 99\ \text{kg/s})(43\ 000\ \text{kJ/kg})(0.97) = 151\ \text{kW}$$

$$\dot{W}_{i(\text{巡航})} = \eta_{t(\text{巡航})}\dot{m}_{f(\text{巡航})}Q_{HV}\eta_c = (0.603)(0.002\ 08\ \text{kg/s})(43\ 000\ \text{kJ/kg})(0.99) = 53\ \text{kW}$$

④计算起飞和巡航时的指示燃油消耗率。

由式(2.61)计算指示燃油消耗率

$$fc_{(\text{起飞})} = \dot{m}_{f(\text{起飞})} / \dot{W}_{i(\text{起飞})} = \left[(6.99\ \text{g/s})(3\ 600\ \text{s/h})\right]/(151\ \text{kW}) = 167\ \text{g/(kW·h)}$$

$$fc_{(\text{巡航})} = \dot{m}_{f(\text{巡航})} / \dot{W}_{i(\text{巡航})} = \left[(2.08\ \text{g/s})(3\ 600\ \text{s/h})\right]/(53\ \text{kW}) = 141\ \text{g/(kW·h)}$$

7.8　小结

点燃式发动机的燃烧过程分为滞燃期、速燃期和后燃期三个阶段。在滞燃期,火花塞点燃电极附近的可燃混合物,进而引发燃烧反应。在燃烧的初始阶段基本上没有压力的升高或功率输出,在主要的燃烧反应真正开始之前,只有5%~10%的可燃混合物被消耗掉。进入速燃期后,气缸内的气流运动会加速火焰传播,火焰锋面迅速穿过整个燃烧室。同时,气缸内的温度和压力迅速升高,推动活塞下行开始做功冲程。在后燃期,当火焰锋面传播至燃烧室的角落区域时,仅剩下极少量的可燃混合物体还没有燃烧,火焰在壁面的传热和缸壁导致的黏性阻力影响下逐渐消失。

分隔式燃烧室内的燃烧分为两个阶段:第一阶段是将副燃烧室中的可燃混合物点燃及火焰传播;第二阶段是火焰穿过连接孔,点燃主燃烧室中的可燃混合物并在主燃烧室中传播。在通常情况下,副燃烧室中的燃料是浓燃混合物,而主燃烧室中的燃料是稀燃混合物。

压燃式发动机中的燃烧在压缩冲程后期燃料喷入时开始。燃料液滴经雾化、蒸发后与空气混合,经历短暂的滞燃期后,在缸内的多个位置同时开始自燃。随后,火焰会扩展到所有处于可燃空燃比状态下的可燃混合物,并伴随着更多燃料的喷入持续燃烧。在最后一滴燃料经历蒸发、混合,形成可燃混合物并完成燃烧之后,火焰湮灭,燃烧过程结束。

习题 7

7.1 一台缸径为10.2 cm,火花塞偏离中心6 mm的点燃式发动机运行在1 200 r/min转速下。火花塞在上止点前20°点火,滞燃期为6.5°曲轴转角,此时火焰的平均传播速度为15.8 m/s。试计算:

①火焰产生后,一次燃烧过程的持续时间(火焰锋面达到最远端的气缸壁的时间)(s);

②燃烧结束时,曲轴转角的位置。

7.2　假设当习题 7.1 中的发动机转速增加到 2 000 r/min,火焰终止时对应的曲轴转角位置不变。在此范围内,火焰传播需要相同的时间,火焰传播速度与发动机转速的关系为 $V_f \propto 0.92\,N$。试计算:

①2 000 r/min 条件下的火焰传播速度(m/s);

②火花塞点火时的曲轴转角;

③速燃期开始时的曲轴转角。

7.3　一台缸径为 8 cm,冲程为 10 cm 的压燃式发动机运行在 1 850 r/min 转速下。在每个循环中,燃料喷射始于上止点前 16°,持续 0.001 9 s;燃烧开始于上止点前 8°。由于温度升高,燃烧开始后燃料的滞燃期为初始滞燃期的一半。试计算:

①燃料的初始滞燃期(s);

②初始滞燃期对应的曲轴转角;

③最后喷射的燃料开始燃烧时的曲轴转角。

7.4　一台排量为 3.2 L 的点燃式发动机采用碗形燃烧室设计,火花塞中置,如图 6.5(a)所示。该发动机的活塞在上止点时开始定容燃烧,火焰传播距离为缸径的 $B/4$。活塞的平均速度为 8 m/s,燃烧过程对应的曲轴转角为 25°。冲程与缸径的关系为 $S=0.95B$。试计算:

①如果此设计用于直列四缸发动机,火焰的平均传播速度(m/s);

②如果此设计用于 V8 发动机,火焰的平均传播速度(m/s)。

7.5　在 310 r/min 转速下运行的大型压燃式发动机采用开式燃烧室和缸内直喷,缸径为 26 cm,冲程为 73 cm,压缩比为 16.5。每个气缸中燃料喷射开始于上止点前 21°,喷射持续 0.019 s,滞燃期为 0.006 5 s。试计算:

①以发动机曲轴转角为单位的滞燃期长度;

②燃烧开始时的曲轴转角;

③喷油结束时的曲轴转角。

7.6　某 V8 发动机每个气缸内配置有两个火花塞。如果其他一切条件不变,列出此设计的三个优点和三个缺点,为现代发动机的运行和设计提供意见。

7.7　一台排量为 2 L 的四缸分层稀燃点燃式发动机具有分隔式燃烧室,每个气缸的副燃烧室容积为余隙容积的 22%。副燃烧室中的可燃混合物当量比为 1.2,主燃烧室中的可燃混合物当量比为 0.75。试计算:

①总空燃比;

②总当量比。

7.8　习题 7.7 中的发动机的容积效率为 92%,总燃烧效率为 99%,指示热效率为 52%,当该机以 3 500 r/min 转速运行时的机械效率为 86%。试计算:

①此条件下的有效功率(kW);

②平均有效压力(kPa);

③从发动机中排出的未燃烧燃料量(kg/h);

④有效燃油消耗率 [g/(kW·h)]。

7.9　一台排量为 2 L 的四缸点燃式发动机采用开式燃烧室,其以当量比条件运行在 3 500 r/min 转速下。在此转速下,该机的容积效率为 93%,燃烧效率为 98%,指示热效率为

47%,机械效率为 86%。试计算:

    ①有效功率(kW);

    ②平均有效压力(kPa);

    ③从发动机中排出的未燃烧燃料量(kg/h);

    ④有效燃油消耗率 [g/(kW·h)];

    ⑤将本题的计算结果与习题 7.8 中的结果进行比较。

7.10 当一台点燃式发动机以 2 400 r/min 转速运转时,火花塞在上止点前 20° 时点火。速燃期开始于上止点前 10°,并持续 0.001 667 s。试计算:

    ①滞燃期对应的曲轴转角(°);

    ②滞燃期的实际时间(s);

    ③速燃期结束时的曲轴转角(°)。

7.11 一台缸径为 24 cm 的点燃式发动机的火花塞安装在气缸的中心位置(即火焰传播距离为 12 cm)。在 1 200 r/min 转速下,火花塞在上止点前 19° 点火,滞燃期为 0.001 25 s。火焰传播速度与发动机转速成正比,关系为 $V_f \propto 0.80 N$。可以假设所有的燃烧都在速燃期发生。发动机冲程为 35 cm,压缩比为 8.2,连杆长度为 74 cm。试计算:

    ①速燃期开始时的曲轴转角(°);

    ②在 1 200 r/min 转速下,火焰传播速度 V_f= 48 m/s,速燃期结束时的曲轴转角(°);

    ③若该机在 2 400 r/min 和 1 200 r/min 转速下,速燃期结束时对应的曲轴转角相同,火花塞点火时对应的曲轴转角(°BTDC);

    ④在 1 200 r/min 转速下,燃烧结束时的活塞速度(m/s);

    ⑤燃烧结束时,燃烧室的容积(m³)。

7.12 一台排量为 0.006 227 1 m³ 的大型卡车用 V10 点燃式增压发动机,具备可变压缩比功能,发动机以两种不同的模式运行,即在起动或上坡时以高负荷模式运行,在水平道路上巡航时以低负荷模式运行。两种模式的运行条件见表 7.2。试计算:

    ①两种模式下的指示热效率(%);

    ②两种模式下的油耗(kg/h);

    ③两种模式下的指示功率(kW);

    ④两种模式下的指示燃油消耗量 [g/(kW·h)]。

表 7.2　某可变压缩比的点燃式增压发动机的两种工作模式

参数	高负荷模式	低负荷模式
发动机转速(r/min)	3 200	2 100
压缩比	8.4	13.7
容积效率(%)	120	78
燃料	汽油(AF=13.5)	汽油(AF=22)
燃烧效率(%)	94	99

设计题 7

D7.1 现计划为一台高速跑车制造一台发动机,请设计一下进气系统和燃烧室,使之具备气门顶置、速燃型燃烧室的特性,且能产生较强的湍流、涡流、挤流和滚流,以及具有较短的火焰传播距离。

D7.2 设计一套用于可变燃料汽车发动机的燃料输送系统,使该发动机能够使用汽油、乙醇、甲醇或三者任意组合的燃料。分析在各种燃料条件下,发动机的参数(如点火定时、燃油喷射时长等)将如何变化。尽可能列出所有可能的条件。

第8章　废气排放

燃烧结束后,高压燃气在做功冲程将能量转化为曲轴旋转动力输出。这时,必须将废气排出,以便为下一循环的燃料–空气混合物提供空间。排气过程分为两个阶段:自由排气阶段和强制排气阶段。废气在排气管中是非稳态的脉动性流体,但经常将其假设成准稳态流体。

8.1　自由排气阶段

自由排气阶段在做功冲程末期,排气门开启时开始,其对应的曲轴转角为下止点前40°~60°。此时,气缸内的压力仍有4~5个大气压,温度在1 000 K以上。而排气系统中的压力约为1个大气压。打开排气门时,气门两侧的压力差使废气迅速通过排气门从气缸内排出,进入排气系统。该过程即为自由排气过程。

在自由排气时,高压废气因为气门的节流效应而形成超声速流动。通常,当流通截面上进口压力与出口压力的比值大于或等于式(8.1)的比值时,流动速度将达到声速。

$$P_1 / P_2 = [(k+1) / 2]^{k/(k-1)} \tag{8.1}$$

式中:P_1为进口压力;P_2为出口压力;k为比热容比。

对于大多数气体,进、出口压力的比值约等于2。对于比热容比$k=1.35$的空气,该压力比为1.86。声速计算公式为

$$c = \sqrt{kRT} \tag{8.2}$$

式中:R为气体常数;T为温度。

由于此时气缸中的气体温度很高,气缸内的声速值也将非常高。

当废气从气缸进入排气系统时,会经历一个压降过程,并且由于膨胀冷却也会引起温度的降低。通常用于计算排气系统温度的模型是一个理想气体的等熵膨胀模型,其温度与压力之间的关系为

$$T_{ex} = T_{EVO}(P_{ex} / P_{EVO})^{(k-1)/k} \tag{8.3}$$

式中:T_{ex}为排气温度;P_{ex}为排气压力;T_{EVO}为排气门打开时的气缸温度;P_{EVO}为排气门打开时的压力。

尽管实际气体不是理想气体,且排气过程也由于热损失、不可逆性和扼流的影响并不是等熵过程,但利用式(8.3)仍可以对进入排气系统中废气的温度给出一个很好的近似值。

此外,最先排出气缸的废气具有很高的速度及动能,废气的动能会很快在排气系统中散失,转化为使式(8.3)中的排气温度升高的焓。随着自由排气过程的进行,气缸压力逐渐降低,排出气体的速度和动能也逐渐降低。因此,在排气系统中,最先排出气缸的废气的温度最高;之后的废气的温度较低;最后离开气缸的废气仅有很小的速度和动能,且其温度约等于式(8.3)中的温度T_{ex}。如果涡轮增压器安装在发动机排气门附近,排气过程中的动能可用来驱动涡轮增压器的涡轮。同时,自由排气过程中的热传导使排气系统中的温度趋于准

稳态。

在理想奥托循环或狄塞尔循环中,排气门在下止点处打开,自由排气过程立即在定容状态下进行,如图 8.1 中的过程 4 → 5。而在实际发动机中,由于排气过程需要一定时间,不能在下止点才打开排气门,而是应在下止点前 40° ~60° 打开。这使缸内压力迅速降低,在到达下止点时缸内的压力已经完全释放掉,导致在做功冲程的最后,有一部分有用功损失。而且,由于排气门开启过程也需要一定的时间,直到下止点或下止点前一点排气门才会完全打开。所以,排气门打开时刻对应的凸轮轴角度(大多数发动机使用凸轮轴)是一个很关键的参量。如果排气门打开过早,将有较多的有用功损失掉;如果打开较晚,在下止点处气缸内仍存在较大压力,这种压力会在排气冲程初期阻碍活塞的上行,进而增加发动机的泵吸功损失。

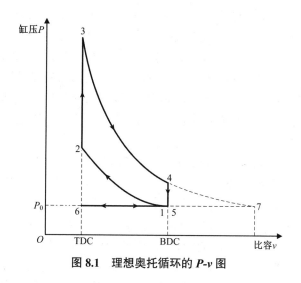

图 8.1　理想奥托循环的 $P\text{-}v$ 图

理想的排气门开启时刻随发动机转速的变化而变化。由于自由排气开始时,发生扼流现象(即无论发动机的转速如何,声速不变),整个自由排气过程的时间相对固定。因而,可以通过优化某一转速下的最佳开启时刻来确定凸轮轴上的凸轮型线,以确保总是在某个给定的曲轴转角处打开排气门。一旦确定了某一优化转速,所有其他转速下的排气门开启时刻都将偏离其自身的最优时刻。这导致在较高转速下,排气门会延迟打开;而在较低转速下,排气门会提前开启。许多配备可变气门定时系统的汽车发动机可以在一定程度上解决这一问题,但这取决于其控制系统的复杂程度。

考虑到在设计燃烧室时的其他需求,排气门应尽可能大。排气门越大,提供的流动面积越大,从而减少自由排气时长。在这种情况下,排气门开启时刻可以延迟,做功冲程更长,可减少有用功的损失。为了满足燃烧室的设计空间要求,许多现代发动机采用每缸两个小排气门的设计,这两个小排气门的排气面积和大于单个排气门的排气面积。这种方案为燃烧室设计提供了更大的灵活性,也增加了设计复杂性。

在设计一些工业用定转速发动机时,可根据运行转速优化排气门开启时刻。而对于没有配备可变气门定时系统的车辆发动机,则可以按照最常用工况对应的转速(如卡车与飞机发动机的巡航转速、赛车发动机的最大转速)进行优化。低转速发动机的排气门开启时刻可以延迟到非常晚的时刻。

8.2 排气冲程

在自由排气阶段之后,活塞会通过下止点并在排气冲程末期到达上止点。在此期间,排气门保持打开状态。气缸内的压力略高于排气管中的压力(1 个大气压),这一微小压差是由离开气缸经过排气门的尾气流动引起的。排气门是整个排气系统中发生节流损失最大的地方,也是排气过程中产生最大压降的地方。

排气冲程可近似为一个定压过程,气体的性质在图 8.1 中点 7 处保持恒定,压力也近似恒定且略高于大气压,此时气体的温度和压力与式(8.3)中的数值一致。

理想情况下,在排气冲程的最后,当活塞到达上止点时,所有的废气已经排出气缸,排气门关闭。但实际上却并非如此,因为排气门关闭需要一定时间。凸轮轴上凸轮的型线设计要确保排气门能平稳关闭并将磨损降到最低,因此需要一定时间才能完全关闭排气门。为了保证排气门在活塞位于上止点处时完全关闭,至少在上止点前 20° 就要开始关闭排气门。这就导致在排气冲程的最后阶段,排气门是部分关闭的,这显然不是理想状态。因此,排气门只能在活塞位于上止点或非常接近上止点时才开始关闭,也就是说,排气门在上止点后 8°~50° 才能完全关闭。

当排气门完全关闭后,仍有残余废气滞留在气缸的余隙容积中。发动机的压缩比越高,适于残余气体滞留的余隙容积越小。

然而,更为棘手的是,当进气冲程开始时,进气门应在上止点处完全打开。由于打开进气门也需要一定时间,所以进气门必须在上止点前 10°~25° 开始打开。因此会产生一个进、排气门都打开的时期,其对应的曲轴转角范围为 15°~50°,称为气门重叠。

在气门重叠时,可能会有一些废气回流到进气系统中。当进气开始时,这些废气会与可燃混合气一起进入气缸。从而导致在下一循环过程中存在更多的废气残余。绝大多数发动机在低转速下工作时,废气回流是一个很大的问题,而在怠速情况下这一问题则更加严重。发动机在低转速条件下运转时,节气门会部分关闭,在进气歧管中产生真空度,而气缸压力约为 1 个大气压,从而造成更大的压差,使废气流入进气管。实际上,发动机低转速时气门重叠的实际时间更长,这将导致更多的废气回流。一些发动机利用这些回流的废气使直接喷入气门附近的燃料加速汽化。

某些发动机在排气口处设有单向簧片阀,以防废气在气门重叠时从排气管流入气缸和进气系统。

装有涡轮增压器或机械增压器的发动机进气压力通常会高于大气压,因此没有废气回流的问题。

气门重叠所带来的另外一个问题是当进、排气门同时开启时,部分可燃混合气会直接穿过气缸进入排气管,造成污染物排放。

汽车发动机上逐渐普及的可变气门定时系统可以减少气门重叠的影响。在发动机低转速运行时,排气门提早关闭,而进气门则延后开启,减少气门重叠。

如果排气门过早关闭,过量的废气会滞留在气缸中。同时,气缸内的压力会在排气冲程快要结束时升高,导致循环的净功损失。如果排气门关闭过晚,则气门重叠期过长,导致更多的废气流入进气系统中。

图 8.2 给出了废气通过排气门离开气缸时质量流量随曲轴转角的变化。当排气门打开时,在巨大的压差作用下,废气以极高的速度向外流动,首先会发生扼流现象,限制了最大流量。在活塞到达下止点时,自由排气阶段结束,废气开始在活塞的推动下流出排气门。在强制排气阶段,活塞运动到约半程时到达最高速度,这从废气流量上也可以看出。当活塞位于上止点附近时,排气冲程结束,进气门打开,形成气门重叠。根据发动机工作条件的不同,此时可能会发生瞬间的废气回流现象。

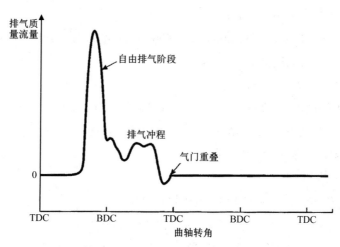

图 8.2　废气排气时的质量流量变化

【例题 8.1】

一台排量为 6.4 L 的 V8 发动机,压缩比为 9,运行在空气标准循环下,排气过程如图 8.1所示。当转速为 3 600 r/min 时,最高循环温度和压力分别为 2 550 K 和 11 000 kPa,排气门在下止点前 52° 时开启。试计算:①自由排气时间;②在自由排气过程中,气缸排出废气的质量百分比;③自由排气开始时的出口速度(假设流动发生扼流)。

解

①计算自由排气时间。

自由排气阶段发生在下止点前 52° 和下止点之间,即 52/360=0.144 4 个循环。因此,自由排气时间为

$$t = (0.144\ 4\ r) / [(3\ 600\ r/min) / (60\ s)] = 0.002\ 4\ s$$

②计算气缸排出废气的质量百分比。

对于一个气缸,其容积为

$$V_d = (6.4\ L / 8) = 0.80\ L = 0.000\ 8\ m^3$$

使用式(2.12)计算间隙容积:

$$r_c = V_{BDC} / V_{TDC} = (V_d + V_c) / V_c = 9 = (0.000\ 8 + V_c) / V_c$$

$$V_c = 0.000\ 1\ m^3$$

使用式(2.14)计算排气门打开时废气的体积(令 R=4):

$$V_{EVO} / V_c = 1 + \frac{1}{2}(r_c - 1)\left[R + 1 - \cos\theta - \sqrt{R^2 - \sin^2\theta}\right]$$

$$= 1 + \frac{1}{2}(9 - 1)\left[4 + 1 - \cos 128° - \sqrt{4^2 - \sin^2 128°}\right]$$

$$= 7.78$$

$$V_{EVO} = 7.78V_c = (7.78)(0.000\ 1\ m^3) = 0.000\ 778\ m^3$$

利用式(3.16)计算排气门打开后废气的温度:

$$T_{EVO} = T_3 (V_3 / V_{EVO})^{k-1} = (2\ 550\ K)(0.000\ 1/0.000\ 778)^{0.35} = 1\ 244\ K$$

利用式(3.17)计算排气门打开后废气的压力:

$$P_{EVO} = P_3 (V_3 / V_{EVO})^k = (11\ 000\ kPa)(0.000\ 1/0.000\ 778)^{1.35} = 690\ kPa$$

由气体状态方程计算出废气的质量:

$$m_{EVO} = PV / RT$$

$$= (690\ kPa)(0.000\ 778\ m^3) / [0.287\ kJ/(kg \cdot K)](1\ 244\ K) = 0.001\ 50\ kg$$

在自由排气阶段结束时,缸内的废气处于理想状态(图 8.1 中的点 7),但体积等于 V_4 或 V_1,此时的缸内废气的各项参数如下:

$$P_7 = P_0 = 101\ kPa$$

$$T_7 = T_3 (P_7 / P_3)^{(k-1)/k} = (2\ 550\ K)(101 / 11\ 000)^{(1.35-1)/1.35} = 756\ K$$

$$V_{BDC} = V_4 = V_1 = V_c + V_d = 0.000\ 1 + 0.000\ 8 = 0.000\ 9\ m^3$$

$$m_7 = PV / RT = (101\ kPa)(0.000\ 9\ m^3) / [0.287\ kJ/(kg \cdot K)](756\ K)$$

$$= 0.000\ 42\ kg$$

因此,气缸排出的废气的质量为

$$\Delta m = m_{EVO} - m_7 = 0.001\ 50 - 0.000\ 42 = 0.001\ 08\ kg$$

于是可以得到气缸排出的废气的质量百分比为

$$(0.001\ 08 / 0.001\ 50)(100\%) = 72.0\%$$

另外,如果使用奥托循环来分析该过程,并且假设排气门在点 4 处打开,则可由式(3.16)和式(3.17)计算废气的条件:

$$T_4 = T_3 (1 / r_c)^{k-1} = (2\ 550\ K)(1/9)^{0.35} = 1\ 182\ K$$

$$P_4 = P_3 (1 / r_c)^k = (11\ 000\ kPa)(1/9)^{1.35} = 566\ kPa$$

则图 8.1 中点 4 处的气体质量为

$$m_4 = PV / RT = (566\ kPa)(0.000\ 9\ m^3) / [0.287\ kJ/(kg \cdot K)](1\ 182\ K)$$

$$= 0.001\ 50\ kg$$

这和之前得到的结果相同,实际上使用 3 → 4 过程线上的任意一点计算缸内气体质量均相同。这意味着无论排气门在什么时候开启,在自由排气阶段排出的废气量相同。排气门的尺寸和通过排气门的质量流量的大小决定了应该何时开启排气门。

③计算自由排气开始时的出口速度。

如果流体在自由排气开始时出现扼流,流速将达到声速。由式(8.2)可得到此时的

速度:

$$V_{EVO} = c = \sqrt{kRT_{EVO}} = \sqrt{(1.35)[287\ \text{J/(kg·K)}](1\ 244\ \text{K})} = 694\ \text{m/s}$$

8.3　排气门

虽然通过进、排气门的气体的质量流量相同,但是排气门一般要比进气门更小一些。对于自然吸气发动机,进气时,进气门的内外压差小于 1 个大气压,而在自由排气过程中,排气门的内外压差可相当于 3~4 个大气压。此外,当出现扼流时,排气门处的声速会比进气门处的高,因为排出的废气要比进入缸内的可燃混合物热得多,这可以从式(8.2)中看出。根据式(8.4),可计算所需进气门的大小:

$$A_i = CB^2(\bar{U}_p)_{max} / c_i \tag{8.4}$$

式中:C 为常数;A_i 为进气门面积;$(\bar{U}_p)_{max}$ 为在发动机转速最高时的活塞平均速度;c_i 为入口温度下的声速;B 为气缸直径。

也可以用同一个方程来计算排气门尺寸:

$$A_{ex} = (\text{constant})B^2(\bar{U}_p)_{max} / c_{ex} \tag{8.5}$$

式中:c_{ex} 为出口温度下的声速。

对于多气门发动机,A_i 和 A_{ex} 分别是单个气缸的进气门和排气门对应的进、排气面积。如果用式(8.5)除以式(8.4),可以得到气门面积之比。此时,除了声速外,所有量都被消去,然后使用式(8.2)可得到排气面积与进气面积之比:

$$\alpha = A_{ex} / A_i = c_i / c_{ex} = \sqrt{kRT_i} / \sqrt{kRT_{ex}} = \sqrt{T_i / T_{ex}} \tag{8.6}$$

在实际的发动机中,α 的值通常为 0.8~0.9。气门的直径可根据二者之间关系求得:

$$A / x = (\pi / 4)d_v^2 \tag{8.7}$$

式中:d_v 为气门直径;x 为进气门或排气门的数量。

气门尺寸应最大限度地接近由式(8.7)得出的尺寸。对于现代发动机而言,燃烧室没有足够的空间让气门大到完全满足式(8.4)和式(8.5)。另外,为了降低噪声,一些多排气门的发动机在低转速时仅让其中一个工作。

8.4　排气温度

发动机在排气过程中,排气系统中的温度和质量流量波动很大,且呈周期性变化(如 3 000 r/min 时,每个循环的时间为 0.04 s)。响应时间高于循环周期的温度传感器,如热电偶,只能监测气流的准稳态温度。所以,热电偶测得的温度为焓平均温度,而不是该时刻的真实平均温度:

$$T_{thermocouple} = \left[\int \dot{m}c_p T dt\right] / \left[\int \dot{m}c_p dt\right] \tag{8.8}$$

式中:$\dot{m}$ 为排气的质量流量;t 为时间;c_p 为比热;T 为温度。

典型点燃式发动机的排气系统中气体的平均温度为 400~600 ℃。在怠速状态下,温度为 300~400 ℃,在最大功率时高达 900 ℃。这比排气门打开时气缸中的废气温度低 200~300 ℃,这是由于气体的膨胀冷却效应。所有尾气的特征温度都取决于初始可燃混合物的当量比。

压燃式发动机的排气系统中的平均温度一般为 200~500 ℃,低于点燃式发动机的排气温度,这是由于压燃式发动机的高压缩比导致了更强的膨胀冷却作用。因此,即使一台压燃式发动机和一台点燃式发动机的缸内最高温度大致相等,那么在排气门打开时前者的温度也可能比后者低几百摄氏度。另外,压燃式发动机在稀燃条件下燃烧特性也会使整个循环的温度偏低。

发动机的排气温度会随着发动机的转速、负荷、点火延迟和当量比的增大而升高。受排气温度影响的部件主要包括涡轮增压器、催化转化器和颗粒捕集器。

【例题 8.2】

当打开排气门开始自由排气时,气流具有极高的流速及动能。高速气体会在流速较低的排气歧管中迅速减速。气体的动能会转化为额外的焓,以提高尾气的温度。试计算例题 8.1 中排气的理论最高温度。

解

根据能量守恒原理,可知

$$\Delta KE = V^2 / 2g_c = \Delta h = c_p \Delta T$$

由例题 8.1 的结果可以得到:

$$\Delta T = V^2 / 2g_c c_p = (694 \text{ m/s})^2 / \left\{ 2[1 \text{ kg} \cdot \text{m}/(\text{N} \cdot \text{s}^2)][1\,108 \text{ J}/(\text{kg} \cdot \text{K})] \right\} = 217 \text{ K}$$

因此,排气的理论最高温度为

$$T_{max} = T_{ex} + \Delta T = 756 \text{ K} + 217 \text{ K} = 973 \text{ K} = 700 \text{ °C}$$

由于热损失和其他不可逆因素,实际最高温度会低于这个结果。而且,实际上只有很小比例的排气具有最大动能和最高温度。所以,如果按时间计算平均尾气温度,图 8.1 和例题 8.1 中的 T_7 更加一致。

8.5　排气歧管

离开气缸的废气流经排气门后,会进入由一个或多个管道组成的排气歧管。排气歧管通常由铸铁制成,并且有时会将其与进气歧管靠近以实现热量交换,这有助于加热进气歧管内的气体和促进燃料的蒸发。

进入排气歧管的废气流中,一氧化碳和燃料仍会与未反应的氧气发生反应。由于自由排气阶段的热损失和温度降低,这些反应的速度也都大大放缓。有些现代发动机将排气歧管进行绝热处理,使其内部的废气具有更高的温度,进而作为一个热转化器减少废气中的有害气体排放。其中,有一些发动机在排气歧管上安装有空气喷嘴,通过电子控制系统提供额外的氧气以促进热转化器中的反应进行。这将在第 9 章中讨论。

现代智能发动机在排气歧管中安装有一些传感器,这些传感器与发动机管理系统(EMS)相连并向其提供各种信号,如热信号、化学信号、电信号、机械信号或这些信号的组合,这些信号能够反映关于氧气、碳氢化合物、氮氧化物、一氧化碳、二氧化碳、微粒、温度以及爆震水平等信息。然后,EMS 会根据这些信息来调整发动机参数,如空燃比、喷射定时、点火定时以及废气再循环率等。

　　废气从排气歧管经由排气总管流到发动机的排放控制系统,排放控制系统一般包括热转化器或催化转换器。一些观点认为,如果空间允许,应尽量让这些排放控制系统靠近发动机,以减少热量损失。但是另一方面,这会造成发动机舱的温度过高。通常,这些转换器通过其他化学反应来降低废气中有害物质的水平。该部分内容将在第 9 章中讨论。

　　与进气歧管一样,排气歧管的管道长度也可以通过谐振来加速排气。由于气体流动是脉动的,排气歧管中会累积形成压力波。当一个压力波到达通道的末端或遇到阻碍时就会产生反射波,并向反方向传播。当反射波与主波相位相同时,脉冲将会增强,排气管内的总压力将略有增加。在反射波与主波相位不同的地方,两种波将互相抵消,使排气管内的总压力略有下降。当反射波与排气门出口处的主波相位错开时,排气歧管内发生谐振,导致该点处的压力略有下降,增大排气门内外的压力差,并使流量略有增加。压力脉冲的波长由频率决定,所以歧管的长度仅能针对一个转速工况来设计。因此,定转速发动机的排气歧管可以有效地利用谐振效应。此外,通常以节气门全开对应的恒定转速运行的赛车发动机也可以充分利用谐振效应,这种发动机应关注的是最高功率。而卡车和飞机则可以根据巡航工况对谐振波排气系统进行优化。对于传统汽车发动机来说,其运行工况范围较大,很难充分利用谐振波排气系统。通常来看,发动机舱的空间大小是限制排气歧管设计的主导因素,完全实现谐振波控制是不太可能的。

　　另一方面,许多最先进的发动机在设计时就考虑了谐振波排气。在一些高性能发动机中使用了可变谐振波系统,可根据发动机转速变化来动态地调整歧管长度;也有一些发动机使用两条长度不同的排气歧管,可以为当前转速工况自动切换排气流道,以实现最佳的谐振波控制。

历史小典故 8.1:减排措施

　　为了减少废气中的排放物和节省燃料,一些汽车发动机在车辆停止时会自动熄火,如在汽车等红灯时。当驾驶员想要继续前进时,轻触油门踏板就会使发动机重新启动。当 42 V 电气系统普及开来并且起动机与飞轮集成后,这种措施将会更便于使用。有些公司已开发出发动机自动换挡系统,即当发动机处于怠速时,该系统会切换为空挡以降低发动机的转速和负荷,减少燃料消耗和废气排放。当发动机转速增加时,系统会自动换回驾驶挡位。

8.6　涡轮增压器

　　对于涡轮增压发动机,废气离开排气管后会进入涡轮增压器的涡轮机,涡轮机驱动压气机来压缩空气。废气进入涡轮机时的压力只稍微高于 1 个大气压,因而通过涡轮机后只有一个非常小的压降。此外,由于自由排气阶段和接下来的强制排气阶段中出现的速度和温度的差异,非稳态脉冲流的动能和焓值的变化都很大。假设其为准稳态流,则有

$$\dot{W}_t = \dot{m}(h_{in} - h_{out}) = \dot{m}c_p(T_{in} - T_{out}) \tag{8.9}$$

式中：$\dot{W}_t$ 为平均涡轮机的功率；$\dot{m}$ 为平均排气质量流量；h 为比焓；c_p 为比热；T 为温度。

由于通过涡轮机时,废气的压降有限,因此需要将涡轮机的转速提升至 100 000 r/min,才能产生足够的动力来驱动压气机。高转速以及运行过程中涡轮机内部流过的高温腐蚀性气体对涡轮机的结构和润滑设计提出了挑战。

涡轮增压器应尽可能地安装在靠近气缸排气口的位置,使进入涡轮机前的气体的压力、温度及动能损失尽量小。

涡轮增压的一个问题是在节气门迅速打开时会有响应滞后,称为涡轮迟滞。发动机需要运行几个循环后,才能使涡轮机的转速提高,并有效驱动压气机对进气加压。为了尽量降低涡轮迟滞效应,可以使用转动惯量较小的轻质陶瓷转子,同时陶瓷也是一种理想的耐高温材料。

许多涡轮增压器都设有一个旁通支路,以允许废气绕过涡轮。这是为了防止在不需求高功率时进气被过度压缩。其中,绕过涡轮的气体量可根据发动机的实际需要来控制。

有些试验用发动机的废气涡轮未用来驱动压气机,而是驱动小型高速发电机,该系统所输出的电能有多种用途,如驱动发动机的冷却风扇等。

8.7　废气再循环

许多现代汽车发动机都采用废气再循环(EGR)技术来减少氮氧化物的排放。废气再循环是指将部分废气从排气系统引回到进气中以稀释新鲜混合气,降低最高燃烧温度,从而减少氮氧化物的生成。EGR 的气体质量可以达到进气总质量的 15%~20%,并且可根据发动机的工况来调节。而在起动或节气门全开时,则不使用 EGR。除了可以降低最高燃烧温度外,EGR 还会提高进气的温度,加快燃料的蒸发。

8.8　排气管和消声器

流经催化转换器之后,排气管将废气导入远离发动机舱的地方,并将其排放到大气中。排气管通常安装在汽车的后方底部,而大型卡车则通常将其安装在驾驶室的后上方。

排气管的后半段通常有一个比较大的装置,被称为消声器,其作用是降低发动机运行时的尾气噪声。消声器主要采用两种降低噪声的方法:一是利用多孔介质吸收声音的能量;二是通过声波叠加的方法抑制噪声。有些消声器并不是用来完全消除排气噪声,而是可以产生更响亮、更动感的声音,而这需要经过特殊设计才能实现。消声器和排气管通常是由钢材料制成,也有一些豪华车的排气管选用昂贵的不锈钢或钛材料。

有些使用风冷发动机的汽车,会在寒冷的时候使用高温废气加热乘客车厢。废气流经热交换器的一侧,而另一侧则是车厢内的循环气体。当所有设备处于良好状态时,这种方法的效果很好。然而,随着汽车老化,许多部件会被氧化、锈蚀,甚至发生尾气泄漏。一旦尾气混入车厢内的循环气体,则会影响乘客的生命安全。

8.9 二冲程发动机

二冲程发动机没有独立的排气冲程,所以其排气过程有别于四冲程发动机。对于自由排气阶段,两种发动机是相同的,都开始于做功冲程末期,排气门或排气口打开的时刻。对于二冲程发动机,上述过程之后紧接着是空气或可燃混合气的进气吹扫过程。由于进入气缸的气体压力通常为 1.2~1.8 个大气压,可以继续推动压力较低的废气从仍然打开着的排气口排出,完成扫气过程。这期间也会有一部分进气和废气混合,导致一些废气残留在气缸内,而一些新鲜气体则会进入排气系统。对于那些使用缸内直喷技术的发动机(如柴油发动机和一些汽油发动机)来说,进入发动机的只有空气,这种在气门重叠时进入排气系统的气体不会产生排放问题。但是,发动机的容积效率和进气效率也会随之降低。而对于那些吸入可燃混合气的发动机而言,只要有可燃混合物进入排气系统,都会增加碳氢化合物排放并降低燃油经济性。有些二冲程发动机在排气口处设有一个单向簧片阀,以防止废气从排气系统回流到气缸中。

【例题 8.3】

例题 5.8 中的二冲程汽车发动机的燃料为符合化学计量比的汽油与润滑油的混合物,其混合比例为 15 ： 1。该发动机燃用汽油时的燃烧效率为 98%,但燃用润滑油时的燃烧效率仅为 82%。 循环中的峰值温度和压力分别为 2 550 ℃和 9 610 kPa。试计算:①排气的总质量流量;②排气中未燃汽油的总质量流量;③排气中未燃润滑油的总质量流量;④排气温度。

解

①计算排气的总质量流量。

从例题 5.8 中可得到如下条件:发动机转速 N=3 700 r/min;单个气缸的排量 V_d=0.000 409 5 m³;输送比 λ_{dr}=0.880;容积效率 λ_{ce}=0.641;进气效率 λ_{te}=0.728。

使用式(5.22)计算进入单个发动机气缸的空气的质量流量:

$$\dot{m}_a = \lambda_{dr} V_d \rho_a N / n$$
$$= (0.880)(0.000\ 409\ 5\ \text{m}^3)(1.181\ \text{kg/m}^3)[(3\ 700\ \text{r/min})/(60\ \text{s})]/1$$
$$= 0.026\ 24\ \text{kg/s}$$

则进入发动机的空气的总质量流量为

$$\dot{m}_{a(total)} = 6\dot{m}_a = 6(0.026\ 24\ \text{kg/s}) = 0.157\ 46\ \text{kg/s}$$

使用式(2.55)计算进入发动机的汽油和润滑油的质量流量:

$$\dot{m}_f = \dot{m}_{a(total)} / AF_f = (0.157\ 46\ \text{kg/s})/14.6 = 0.010\ 78\ \text{kg/s}$$
$$\dot{m}_o = \dot{m}_f / AF_o = (0.010\ 8\ \text{kg/s})/15 = 0.000\ 72\ \text{kg/s}$$

排气总质量流量等于缸内总质量流量:

$$\dot{m}_{ex} = \dot{m}_{in} = \dot{m}_a + \dot{m}_f + \dot{m}_o$$
$$= (0.157\ 46\ \text{kg/s})+(0.010\ 78\ \text{kg/s})+(0.000\ 72\ \text{kg/s})$$
$$= 0.168\ 96\ \text{kg/s} = 608.3\ \text{kg/h}$$

②计算排气中未燃汽油的总质量流量。

根据已知条件,在扫气过程中有 72.8% 的进气留在气缸内,而其余 27.2% 在气门重叠时离开气缸。

离开气缸的汽油的质量流量为

$$(\dot{m}_\text{f})_\text{nt} = (0.010\ 78\ \text{kg/s})(0.272) = 0.002\ 93\ \text{kg/s}$$

留在气缸中但是没有燃烧的汽油的质量流量为

$$(\dot{m}_\text{f})_\text{nb} = (\dot{m}_\text{f})_\text{in}\,\lambda_\text{te}\,(1-\eta_\text{c}) = (0.010\ 78\ \text{kg/s})(0.728)(1-0.98) = 0.000\ 16\ \text{kg/s}$$

排气中未燃烧汽油的总质量流量为

$$(\dot{m}_\text{f})_\text{ex} = (\dot{m}_\text{f})_\text{nt} + (\dot{m}_\text{f})_\text{nb} = (0.002\ 93\ \text{kg/s}) + (0.000\ 16\ \text{kg/s}) = 0.003\ 09\ \text{kg/s} = 11.1\ \text{kg/h}$$

③计算排气中未燃润滑油的总质量流量。

排出气缸的润滑油的质量流量为

$$(\dot{m}_\text{o})_\text{nt} = (0.000\ 72\ \text{kg/s})(0.272) = 0.000\ 20\ \text{kg/s}$$

留在气缸中但没有燃烧的润滑油的质量流量为

$$(\dot{m}_\text{o})_\text{nb} = (\dot{m}_\text{o})_\text{in}\,\lambda_\text{te}\,(1-\eta_\text{c}) = (0.000\ 72\ \text{kg/s})(0.728)(1-0.82) = 0.000\ 09\ \text{kg/s}$$

排气中未燃润滑油的总质量流量为

$$(\dot{m}_\text{o})_\text{ex} = (\dot{m}_\text{o})_\text{nt} + (\dot{m}_\text{o})_\text{nb} = (0.000\ 20\ \text{kg/s}) + (0.000\ 09\ \text{kg/s})$$
$$= 0.000\ 29\ \text{kg/s} = 1.04\ \text{kg/h}$$

④计算排气温度。

燃烧开始之后,在做功冲程中缸内气体压力降低,然后在排气过程中进一步降低,直至降为 1 个大气压。由式(3.37)和图 3.17 可以计算排气温度:

$$T_\text{ex} = T_\text{max}\left(P_\text{o}/P_\text{max}\right)^{(k-1)/k} = (2\ 823\ \text{K})(101\ \text{kPa}/9\ 610\ \text{kPa})^{(1.35-1)/1.35}$$
$$= 867\ \text{K} = 594\ ^\circ\text{C}$$

8.10 小结

四冲程发动机的排气过程共分为两步:自由排气阶段和强制排气阶段。自由排气发生在做功冲程后期排气门打开之时,气缸中的高压废气通过打开的排气门进入排气歧管。由于气门两端的压力差较大,会出现扼流。废气在自由排气过程中,温度因膨胀冷却而降低。自由排气期间气体的动能在排气歧管中迅速减小,而比焓的增加会导致短暂的小幅温升。为了使在活塞到达下止点时完成自由排气,排气门要尽可能快的开启。这时,气缸内仍有 1 个大气压左右的废气,这些废气中的大部分会在后续的强制排气阶段排出。

二冲程发动机也有自由排气过程,但没有强制排气过程。大多数废气在自由排气阶段后,由扫气口进入的高压空气排出气缸。

为了减少氮氧化物的产生,许多发动机采用废气再循环,即使一定量的废气返回到进气系统中。配备涡轮增压器的发动机使用排气驱动涡轮机,从而带动压气机压缩进气,实现增压。

习题 8

8.1　一台六缸点燃式发动机,压缩比为 8.5,在节气门全开的奥托循环下运行。排气门开启时的气缸温度和压力分别为 1 000 K 和 520 kPa。排气压力为 100 kPa,进气歧管内的空气温度为 35 ℃。试计算:

①排气冲程期间的排气温度(℃);

②废气残余(%);

③压缩开始时的气缸温度(℃);

④循环过程中的温度峰值(℃);

⑤进气门开启时的气缸温度(℃)。

8.2　一台压缩比为 9 的四缸点燃式发动机在节气门部分开启的奥托循环下运行。当排气门开启时,缸内的压力和温度分别为 500 kPa 和 1 500 ℃。排气压力为 100 kPa,进气歧管内的压力和温度分别为 60 kPa 和 60 ℃。试计算:

①排气冲程中的排气温度(℃);

②废气残余(%);

③压缩冲程开始时的气缸温度(℃)和压力(kPa)。

8.3　一台三缸二冲程点燃式汽车发动机以 3 600 r/min 的转速运转,在循环中的峰值温度和压力分别为 2 900 ℃和 9 000 kPa。排气门开启时的气缸温度为 1 275 ℃。试计算:

①排气门开启时的气缸压力(kPa);

②通过排气门的最大流速(m/s)。

8.4　一台压缩比为 8.5 的汽油发动机和一台压缩比为 20.5 的柴油发动机,循环最高温度均为 2 400 K,最大压力为 9 800 kPa。柴油发动机的定压膨胀比为 1.95。试计算:

①汽油发动机排气门开启时的气缸温度(℃);

②柴油发动机排气门开启时的气缸温度(℃)。

8.5　请说明排气门比进气门小的两个原因。

8.6　一台排量为 1.8 L 的三缸点燃式发动机在转速为 4 500 r/min 时,有效功率为 42 kW,压缩比为 10.11,缸径与行程的关系为 $S=0.85B$,连杆长度为 16.4 cm。循环中的最高温度为 2 700 K,最大压力为 8 200 kPa,排气压力为 98 kPa,排气门在下止点前 56° 时开启。试计算:

①排气时间(s);

②排气期间排出气缸的废气的百分比(%);

③发生扼流时的流速(m/s)。

8.7　习题 8.6 中发动机的排气歧管压力为 98 kPa。在排气歧管中,排气的动能很快耗散并转换为焓。试计算:

①排气冲程中的准稳态排气温度(℃);

②排气的理论峰值温度(℃)。

8.8　一台排量为 2.5 L 的四冲程点燃式发动机以 3 200 r/min 的转速运转,压缩比为 9,

循环中的峰值温度和压力分别为 2 227 ℃和 6 800 kPa,排气压力为 101 kPa。发动机在节气门部分开启状态下运行,进气口参数为 60 ℃和 75 kPa。在排气冲程结束时,部分残余废气留在气缸中。此外,通过 EGR 把 12% 的废气引入进气歧管中。试计算:

　　①排气冲程期间的排气温度(℃);

　　②引入 EGR 之前的废气残余(%);

　　③压缩冲程开始时的气缸温度(℃);

　　④排气门直径与进气门直径比值的理论设计值。

　　8.9　一台压缩比为 18 的压燃式柴油发动机在空气标准循环下以 3 200 r/min 的转速运行。循环中的最高温度和压力分别为 2 527 ℃和 6 500 kPa,排气压力为 100 kPa。当排气门在下止点前 48° 开启时,气缸压力为 530 kPa。试计算:

　　①自由排气的时间(s);

　　②排气冲程期间的平均排气温度(℃);

　　③自由排气开始时通过排气门的排气速度(m/s)。

　　8.10　点燃式发动机以 3 800 r/min 的转速在奥托循环下运行,最大循环温度和压力分别为 3 100 K 和 7 846 kPa。该发动机的压缩比为 9.8,燃烧后每个气缸中会立即产生 0.000 622 kg 的废气。在排气期间,废气通过单个排气门时的平均质量流量为 0.218 kg/s。在排气结束时,气缸压力降至排气压力,即 101 kPa。试计算:

　　①排气结束时气缸内的温度(K);

　　②排气结束时气缸内的废气质量(kg);

　　③排气门开启时的曲柄转角(° BTDC)。

　　8.11　一台排量为 5.6 L 的 V8 发动机以 2 800 r/min 的转速在奥托循环下运行。该发动机的压缩比为 9.4,容积效率为 90%,使用当量比的汽油作为燃料。当废气流经涡轮增压器的涡轮机时,温度降低 44 ℃。试计算:

　　①废气的质量流量(kg/s);

　　②可用于驱动涡轮增压器压气机的动力(kW)。

　　8.12　一台排量为 1.5 L 的三缸四冲程多点喷射点燃式发动机,该机采用涡轮增压技术,使用当量比的汽油作为燃料。转速为 2 400 r/min 时,该机的容积效率为 108%。涡轮增压器的涡轮等熵效率为 80%,压气机的等熵效率为 78%。排气在温度和压力分别为 770 K 和 119 kPa 时进入涡轮机,出口压力为 98 kPa。空气在温度和压力分别为 27 ℃和 96 kPa 时进入压气机,出口压力为 120 kPa。试计算:

　　①空气通过压气机的质量流量(kg/s);

　　②废气通过涡轮机的质量流量(kg/s);

　　③压气机出口处的进气温度(℃);

　　④涡轮机出口处的排气温度(℃)。

设计题 8

　　D8.1　设计一种用于直列四缸点燃式发动机的可变气门定时系统。

D8.2　设计一个可用于四缸点燃式农用拖拉机发动机排气系统的涡轮发电机系统。该发电机可为发动机的冷却风扇和其他配件供电。

D8.3　为习题 5.13 中的发动机设计排气门。确定排气门的数量、直径、气门升程和气门定时。在高转速下,自由排气阶段在下止点之前开始。请指出气门安装到燃烧室中时的问题。

第9章 排放与空气污染

本章介绍汽车发动机和其他内燃机工作过程中产生的有害排放物。这些排放物会污染环境,导致全球变暖、酸雨、雾霾、异味,还会诱发呼吸系统疾病以及其他健康问题。产生污染物的主要原因是非当量比燃烧、氮气的分解以及燃料和空气中存在的杂质。排放物主要包括碳氢化合物(HC)、一氧化碳(CO)、氮氧化物(NO_x)、硫化物和颗粒物。在理想情况下,发动机在工作过程中,燃料和空气在化学计量比条件下发生反应,该过程几乎不产生污染物,排放物也不会对环境造成严重危害。然而,以目前的科技水平来说,这是无法达到的,需要使用废气后处理装置才能降低污染物排放水平。这些后处理装置包括热转化器、催化转化器、颗粒物捕集器等。

9.1 空气污染

20 世纪 50 年代以前,由于世界范围内的内燃机保有量很少,排放问题可承受,总体环境也保持在较好水平。随着人口的增加,发电厂、工厂以及汽车数量不断增加,导致大气污染问题达到难以承受的程度。20 世纪 40 年代,美国加利福尼亚州的洛杉矶盆地出现光化学烟雾,人们开始意识到空气污染的严重性。造成这一问题的原因主要有两方面:一是密集的人口,二是该地区的自然气候条件。大量的人口造就了大量的工厂和发电厂,同时当地也是世界范围内汽车密度最大的地区之一。工厂及汽车排放的废气与海洋性气候地区普遍存在的雾相结合,最终导致了光化学烟雾事件。到了 20 世纪 50 年代,随着人口和汽车密度的进一步增加,光化学烟雾问题随之恶化,其中汽车被认为是造成该问题的罪魁祸首。从 20 世纪 60 年代开始,美国加利福尼亚州开始执行强制性排放标准。在接下来的十年里,美国其他地区、欧洲和日本也开始执行强制性排放标准。到了 20 世纪 70、80 年代,随着发动机燃料效率的提高和汽车尾气后处理技术的使用,HC,CO 和 NO_x 的单位排放减少了约 95%。到 20 世纪 80 年代,四乙基铅也逐渐从燃料添加剂中被去除,铅污染情况大大减轻。到 20 世纪 90 年代,随着更多高效发动机的问世,汽车的平均燃料消耗降低至 70 年代时的一半。然而,随着汽车保有量的大幅增加,其燃料总消耗量并没有减少。到 1999 年,美国的石油消耗率达到每分钟 800 吨,其中绝大部分汽油是作为内燃机的燃料被消耗掉的。

继续减少排放非常困难而且代价高昂。随着世界范围内污染问题的加剧,排放标准变得更加严格。空气污染成为全球性问题,世界上很多国家制定了严格的排放法规,但是仍有一些国家和地区没有制定排放标准或法规。

表 9.1 和表 9.2 中列出了美国环境保护署(EPA)制定的两个阶段的排放标准。其中,第一阶段是在 20 世纪 90 年代制定并且在 21 世纪初实施的标准;第二阶段是 2004—2009 年实施的标准。在第一阶段标准中,轻型车辆分为乘用车、轻型卡车和重型卡车,且关于 NO_x 排放水平的分类标准分为汽油车辆和柴油车辆两种。在第二阶段标准中,只有一种轻型车

的分类,并且燃用所有燃料(汽油、柴油或其他燃料)的车辆有同样的 NO_x 排放要求。第二阶段标准有多个级别,满足对应级别标准的车辆才可以通过认证。在第一阶段标准中,任何制造商的整车必须满足 NO_x 的排放不超过 0.186 g/km。在第二阶段标准中,整车必须满足 NO_x 的排放不超过 0.042 5 g/km。由于这些标准是以 g/km 为单位给出的,因此随着汽车和发动机尺寸的增大,这些标准很难达到。在美国,除了加利福尼亚州以外,其他州都执行 EPA 标准;加利福尼亚州的排放标准通常比 EPA 或其他国家的标准更严格。21 世纪初,美国每年十分之一的新车都在加利福尼亚州销售,销售额达 1 000 亿美元。正因为如此,汽车制造商在设计发动机和汽车产品时必须主要考虑该州的排放标准。

表 9.1 EPA 标准:第一阶段 单位:g/km

车型	8 万千米 /5 年				
	NMHC	CO	NO_x(汽油)	NO_x(柴油)	PM
乘用车	0.463	6.297	0.741	1.852	0.148
轻型卡车	0.463	6.297	0.741	1.852	0.148
重型卡车	0.593	8.149	1.296	—	0.148
车型	16 万千米 /10 年				
	NMHC	CO	NO_x(汽油)	NO_x(柴油)	PM
乘用车	0.574	7.778	1.111	2.315	0.185
轻型卡车	0.574	7.778	1.111	2.315	0.185
重型卡车	0.740 8	10.19	1.796	1.796	0.185

注:CO——一氧化碳;NO_x—氮氧化物;NMHC—非甲烷碳氢化合物;PM—颗粒物。

表 9.2 EPA 标准:第二阶段 单位:g/km

车型	8 万千米 /5 年				
	NMOG	CO	NO_x(汽油)	NO_x(柴油)	PM	HCHO
乘用车	0.139~0.231	6.297	0.09~0.741	—	0.028	0.139~0.231
车型	16 万千米 /10 年				
	NMOG	CO	NO_x(汽油)	NO_x(柴油)	PM	HCHO
轻型车	0.019~0.298	7.778	0.037~1.667	0.019~0.222	0.007~0.059	0.019~0.298

注:NMHC—非甲烷碳氢化合物;HCHO—甲醛。

9.2 碳氢化合物(HC)

点燃式发动机(SI)排放的废气中可包含体积分数高达 0.6% 的碳氢化合物,相当于燃料质量的 1%~1.5%,其中 40% 是未燃烧的汽油组分, 60% 是燃料中并不存在的反应产物,包括在燃烧反应过程中燃料大分子破碎(受热裂化)时形成的不稳定小分子。通常为便于分析,将这些分子看作单碳原子分子,即 CH_1。

对于不同的燃料, HC 的组分是不同的,这取决于燃料本身的成分,但燃烧室的几何尺寸、内燃机的工作参数也会影响废气中 HC 的组分。

烃类排放物在大气中会生成具有刺激性和敏感性的物质,部分产物会致癌。除了 CH_4,废气中所有的 HC 组分都可以和大气中的气体发生反应并形成光化学烟雾。HC 排放物的产生受多种因素的影响,包括非当量比燃烧、不完全燃烧、余隙容积、排气门漏气、气门重叠、燃烧室壁面上的沉积物、燃烧室壁面油膜、内燃机类型。

9.2.1　非当量比燃烧

图 9.1 表明 HC 的排放水平与空燃比呈固定的函数关系。对于过浓的可燃混合物,因为没有足够的氧气发生反应,从而导致排放物中的 HC 和 CO 浓度较高。这种现象在发动机刚刚启动时尤为明显,因为此时要刻意使可燃混合物处于过浓状态以保证顺利启动。在有负荷的情况下,发动机转速提升时也会造成一定的 HC 排放。如果可燃混合物过稀会使燃烧速度过于缓慢,同样会导致 HC 排放增加。燃烧恶化到一定程度就会造成完全熄火,当可燃混合物更稀时,这种现象很容易发生。每 1 000 个循环中的一次熄火会造成 1 g/kg 的燃料转化为 HC 排放。

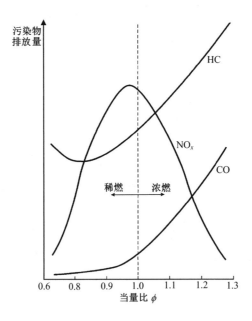

图 9.1　点燃式发动机污染物排放量与当量比的关系

如图 9.1 所示,在浓燃情况下,氧气的量不足以氧化所有的碳氢元素,从而生成大量的 HC 和 CO;在稀燃情况下,燃烧恶化并导致熄火, HC 排放也会升高。NO_x 的生成量是燃烧温度的函数,燃烧温度在理论当量比附近达到峰值。NO_x 的排放峰值出现在偏离理论当量比的稀燃情况下,此时燃烧温度高且存在过量的氧气,可与氮气反应生成大量的 NO_x。

9.2.2 不完全燃烧

事实上,即使燃料和空气在进入内燃机时以理想的化学计量比混合,二者也不可能完全燃烧,最终废气中仍会有 HC 的排放。造成这种现象的原因有多种:空气和燃料的不充分混合,导致燃烧时部分燃料分子无法与氧气分子结合并发生反应;火焰在壁面处发生淬熄,使部分未反应的可燃混合物滞留在边界层,通常边界层的厚度不超过 1 mm;部分可燃混合物贴近气缸壁,在火焰锋面通过时没有及时燃烧,而是在涡流和湍流的作用下继续混合并在接下来的过程中燃烧。

火焰淬熄的另一个情况发生在燃烧和做功冲程的膨胀过程。随着活塞从上止点向下运动,气体的膨胀会降低缸内的温度和压力,使燃烧速度减慢,并最终导致火焰在做功冲程后半段某处发生淬熄,使得一部分燃料分子不能完全反应。

较高的废气残余量会导致不充分燃烧,同时也会使淬熄的可能性大大提高。当 EGR 率较高时就会导致这种情况发生。

研究发现,如果在燃烧室中额外安装一个火花塞,HC 的排放量会减少。此时,燃烧从两个火花塞处同时开始,火焰传播距离和总的反应时间都会缩短,同时淬熄现象也会减轻。

某火花点火式发动机在最大扭矩、不同空燃比下的燃料消耗以及 HC 和 NO_x 排放的变化,如图 9.2 所示。

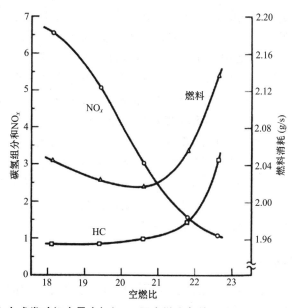

图 9.2 某火花点火式发动机在最大扭矩、不同空燃比条件下的燃料消耗及 HC 和 NO_x 排放

9.2.3 余隙容积

在压缩和燃烧冲程早期,有一部分空气和燃料会在高压下被压进余隙容积中,约有 3% 的缸内燃料会进入缝隙中。在随后的做功冲程中,气缸内的压力会下降至低于余隙容积内的压力,余隙容积中的可燃混合物又会回流到燃烧室中,其中大部分会在燃烧过程中燃烧

掉。然而,在反向流动的后期,火焰已经熄灭,未反应的燃料分子就留在废气中。火花塞上第一道气环的位置和搭口间隙直接影响废气中的 HC 含量,其中活塞环的搭口间隙占余隙容积的大部分。火花塞第一道气环离活塞顶面越远,废气中的 HC 含量越高。这是因为在火焰锋面到达活塞顶部之前进入间隙中的燃料更多。

由于燃烧室部件的材料不同,其热膨胀系数也不同,当内燃机处于冷态时,余隙容积将达到最大。最多会有高达 80% 的 HC 排放来源于此。

9.2.4 排气门漏气

随着压缩和燃烧冲程中压力不断上升,部分燃料 - 空气混合物被压入排气门与气门座之间的缝隙中,部分甚至通过排气门泄漏到排气总管中,当排气门打开时,残留在缝隙中的可燃混合物就会被带入排气总管中,在排气初始阶段,HC 的浓度会有一个瞬时的峰值。

9.2.5 气门重叠

在气门重叠期,进气门和排气门同时打开,刚刚进入气缸的可燃混合物可能直接通过排气歧管排出。一个设计精良的内燃机会让这种损失降到最低,但也无法完全避免。这个问题在怠速和低速运行时最为严重,因为此时气门重叠时间最长。

9.2.6 燃烧室壁面上的附着物

燃料蒸气会被燃烧室壁面的附着物所吸附,气体压力的大小决定了吸附量的多少,所以在压缩和燃烧冲程中吸附量最大。随着排气门打开,缸内压力降低,壁面附着物的吸附能力降低,燃料蒸气又重新回到气缸中。在随后的排气过程中,这些燃料蒸气和 HC 就会从气缸中排出。这个问题在高压缩比的发动机上会更加严重,因为这些发动机有更高的工作压力。当缸内压力升高时,会有更多的可燃混合物被吸附。洁净的燃烧室壁面可以减少 HC 的排放。向汽油中添加某些添加剂,可以预防发动机壁面上附着物的形成。

老式发动机的燃烧室壁面上的附着物较多,导致 HC 排放增加。造成排放增加的原因一方面是机器老化,另一方面是在早期的内燃机设计中很少考虑涡流。强烈的涡流可以抑制壁面上附着物的生成。当含铅汽油被禁用后,燃烧室上的壁面附着物所导致的 HC 排放问题更加严重。因为在燃烧过程中,含铅汽油中的铅会与金属壁面发生反应,使形成的附着物更加牢固且气孔更少,从而减少对气体的吸收。

9.2.7 燃烧室壁面油膜

燃烧室壁面上会形成一层很薄的、能保证气缸与活塞良好润滑的油膜。在吸气和压缩冲程中,进入气缸的燃料 - 空气混合物会与这层润滑油膜相互接触。其在很大程度上与燃烧室壁面上的附着物类似,二者吸附和脱附气体分子的能力主要取决于缸内压力。在压缩和燃烧冲程中,气体压力升高,蒸发的燃料蒸气会被这层润滑油膜吸附;在随后的做功和排气冲程中,缸内压力降低,油膜的吸附能力下降,被吸附的燃料蒸气重新释放到气缸中,连同废气一起排出。丙烷不能溶于润滑油,所以在使用丙烷类燃料的内燃机中,这种吸附 - 脱附机制对 HC 的排放影响很小。

随着一台发动机不断老化,活塞环和气缸壁的间隙越来越大,沉积在壁面上的油膜会变得更厚。在压缩冲程中,部分油膜会被活塞环推入燃烧室,随后燃烧掉。由于润滑油是一种高分子烃类化合物,因此其不能像汽油一样被充分燃烧,部分润滑油最终生成 HC 并排放。HC 排放量与润滑油消耗率的关系如图 9.3 所示。在发动机较新时,这种情况会比较少见,随着机器的老化和磨损,润滑油消耗的现象会逐渐加剧。润滑油消耗率的升高会以三种形式影响 HC 的排放:一是余隙容积的增大;二是气缸壁上更厚的润滑油膜对燃料的吸附和脱附作用的增强;三是润滑油消耗量的增加。

随着活塞环和气缸壁的磨损,润滑油消耗量会增大。在比较旧的发动机中,润滑油在燃烧室中的燃烧是 HC 排放的主要来源。此外,随着活塞环磨损,润滑油消耗量增加的同时,窜气和反向窜气也会随之增大。因此,HC 排放量增加既可归咎于缸内润滑油的燃烧也可归咎于余隙容积的增大。

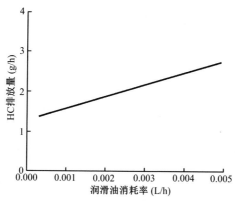

图 9.3　HC 排放量与润滑油消耗率的关系

9.2.8　内燃机类型

(1)二冲程内燃机

老式的二冲程点燃式内燃机和很多现代的小型二冲程点燃式内燃机,在扫气过程中总会产生 HC 排放。因为这些发动机采用可燃混合物进行扫气,在这个过程中,一部分可燃混合物就会在排气口关闭前和废气混合并排出气缸。这部分可燃混合物是尾气中 HC 的主要来源,因为难以达到环保要求,成为制约二冲程发动机应用到汽车上的主要原因。一些实验用的汽车二冲程发动机和几乎所有的小型内燃机在曲轴箱内完成压缩过程,这成为 HC 排放的第二个来源。这些内燃机通过在可燃混合物中添加润滑油对曲轴箱和活塞进行润滑。润滑油和燃料一起蒸发并与空气和燃料混合,润滑与可燃混合物接触的发动机运动副表面。一部分蒸发的润滑油被吸入到燃烧室中,与燃料和空气一起燃烧。润滑油主要成分是烃类化合物,同时也作为附加燃料。然而,由于润滑油组分的相对分子质量较大,导致其并不能像燃料一样被充分燃烧,没有燃烧的部分最终会以 HC 的形式排入大气。

现代实验用二冲程汽车发动机并不在扫气过程中喷射燃料,而是利用纯空气进行扫气,以避免 HC 排放。在排气阀关闭后,燃料通过燃料喷射器直接喷射到气缸中。这虽然需要空气和燃料以快速高效的方式蒸发和混合,但同时也消除了 HC 排放的一个主要来源。一些汽车发动机用增压器代替曲轴箱进行压缩,消除了由曲轴箱润滑油造成的 HC 排放问题。

直到最近,也几乎没有相应的排放法规对小型内燃机(如割草机和快艇的发动机)进行限制。很多会在扫气过程中伴有润滑油蒸发造成严重的 HC(和其他污染物)污染的内燃机还在生产和使用中。目前,这个问题正在得到解决,在一些地区(如美国的加利福尼亚州),适用于割草机、船舶和其他用途的小型内燃机的排放法规已开始执行。这些法规的广泛实施,可能会使二冲程内燃机被淘汰,或者保有量大大减少。小型内燃机的一个主要特征是低成本,但燃料喷射系统的成本比传统内燃机上的化油器要高很多。很多小型内燃机虽然采用更加清洁的四冲程循环方式,但是仍在使用成本较低的化油器。

20 世纪 90 年代初,美国大约有 8 300 万台割草机,产生的排放污染等同于 350 万辆汽车。美国政府比较了小型内燃机设备和汽车的 HC 排放数据,见表 9.3。表中数据反映了常见的使用小型内燃机机械工作 1 h 的 HC 排放水平,数据已经根据一辆普通汽车每行驶 1 km 产生的 HC 排放量进行了折算,如割草机发动机工作 1 h 的 HC 排放量相当于一辆普通汽车行驶 80 km 时的 HC 排放量。

表 9.3　使用小型内燃机的机械工作 1 h 的 HC 排放水平

类型	排放水平(km)
骑乘式割草机	32
旋耕机	48
割草机	80
线式修边机	112
小型机器锯	320
叉式升降机	402
拖拉机	805
舷外机	1 288

(2)压燃式内燃机

压燃式发动机通常在稀燃状态下工作,所以其 HC 排放水平大约只有点燃式发动机的 20%。由于柴油组分的平均相对分子质量要比汽油高,因此柴油的沸点与凝点也比汽油高。这使部分 HC 凝结在燃烧过程中产生的碳颗粒物上,在随后的混合和燃烧过程中,大部分会燃烧掉,只有少部分碳颗粒物随废气排出,而凝结在碳颗粒物表面的 HC 组分会导致 HC 排放。

总体来说,一台压燃式内燃机的燃烧效率大约为 98%,只有大概 2% 的燃料生成 HC 并排放(图 4.1)。在燃烧室中的一些局部区域,可燃混合物可能过稀,不能充分燃烧;而在其他一些区域,可燃混合物可能过浓,没有足够的氧气供所有燃料进行反应。此外,可燃混合物中燃料与空气混合不均匀,也会造成燃料不能充分燃烧。在点燃式内燃机中,空气和燃料均匀混合、本质上只有一个火焰锋面;在压燃式内燃机中,空气和燃料的混合很不均匀,且在燃烧过程中仍会有燃料注入,燃烧室内局部区域的燃料可能过浓或过稀,同一时刻也会有多个火焰锋面。在燃料和空气未充分混合的情况下,浓燃区域中的燃料液滴无法获得充足的氧气,稀燃区域中的燃料液滴的燃烧受抑制,导致燃烧不充分;而在过度混合情况下,一些燃料液滴会与反应后的废气混合,也无法充分燃烧。

对燃料喷射器而言,保证在喷射结束后喷嘴不漏油是十分重要的。然而,仍会有少量的燃料被困在喷嘴尖端。喷嘴部位很小的容积称为针阀压力室容积,其大小主要取决于喷嘴的设计。由于喷嘴被浓可燃混合物包围,同时一旦燃料喷射器停止工作,就没有足够的压力将尖端的部分燃料喷入气缸中,所以这部分燃料的蒸发速度很低,有些直到燃烧结束才开始蒸发,导致尾气中的 HC 含量增加。此外,压燃式内燃机的一些 HC 排放来源与点燃式内燃机相同,如燃烧室壁面附着物的吸附作用、润滑油膜的吸附作用、余隙容积等。

【例题 9.1】

当火焰到达燃烧室的壁面附近时,由于壁面阻止了流体流动和热量传递,燃烧反应就此停止。这个使燃烧停止的边界层可以看作一个覆盖整个燃烧室内表面的、厚度为 0.1 mm 的壳体。燃烧室主要包括活塞顶部凹坑,其可看作直径为 3 cm 的半球,燃料均匀地扩散到燃烧室内。试计算由于滞留在表面边界层而未能燃烧的燃料比例。

解

燃烧室的容积为

$$V_{CC} = (\pi/12)d^3 = (\pi/12)(3.0 \text{ cm})^3 = 7.068\ 6 \text{ cm}^3$$

燃烧室底部的边界层容积为

$$V_{bottom} = (\pi/2)d^2h = (\pi/2)(3.0 \text{ cm})^2(0.01 \text{ cm}) = 0.141\ 4 \text{ cm}^3$$

燃烧室顶部的边界层容积为

$$V_{top} = (\pi/4)\ d^2h = (\pi/4)(3.0 \text{ cm})^2(0.01 \text{ cm}) = 0.070\ 7 \text{ cm}^3$$

边界层的总容积为

$$V_{BL} = 0.141\ 4 \text{ cm}^3 + 0.070\ 7 \text{ cm}^3 = 0.212\ 1 \text{ cm}^3$$

未发生燃烧的容积比例为

$$(V_{BL}\ /\ V_{CC})(100\%) = (0.212\ 1 \text{ cm}^3\ /\ 7.068\ 6 \text{ cm}^3)(100\%) = 3.0\%$$

9.3 一氧化碳(CO)

一氧化碳是一种无色无味的有毒气体,其可在浓燃工况下生成。如图 9.1 所示,当没有足够的氧气与碳发生反应生成 CO_2 时,一部分燃料就无法完全燃烧,并最终生成 CO。通常,一台点燃式内燃机的废气中包含 0.2%~5% 的 CO。CO 不仅是一种有害排放物,同时也造成燃料的化学能无法被内燃机充分利用,从而产生能量损失。CO 是可以燃烧并释放额外的热量的燃料,其化学反应方程式为

$$CO + \frac{1}{2}O_2 \rightarrow CO_2 + 能量 \tag{9.1}$$

当内燃机在浓燃状态下(如刚刚起动或加速)运行时, CO 的生成量最多。即使是可燃混合物以当量比或稀燃状态燃烧时,也会产生 CO。此外,燃料和空气混合不均匀,可燃混合物局部过浓以及燃烧不充分都会产生 CO。

一台设计精良的点燃式内燃机在理想工况下工作时,废气中 CO 的摩尔分数会低到

10^{-3} 的量级；而压燃式内燃机在运行时几乎不产生 CO。

9.4 氮氧化物（NO_x）

一台内燃机的废气中氮氧化物（NO_x）的体积分数会高达 0.2%。NO_x 的主要成分是一氧化氮（NO），还包括少量的二氧化氮（NO_2）以及其他形式的氮氧化合物。这些氮氧化合物同属于 NO_x，其中 x 代表相应的氧原子个数。NO_x 是一种会造成严重污染的排放物，目前限制其排放的法规也越来越严格。NO_x 排放到大气中会形成臭氧，而臭氧是光化学烟雾形成的主要诱因之一。

NO_x 中的氮主要来源于空气中的氮气，也有部分来源于含有 NH_3、NC 和 HCN 成分的燃料，但是其贡献率很小。有许多种反应能形成 NO，这些反应可能发生在燃烧过程中和燃烧结束后的瞬间。这些反应包括但不局限于：

$$O + N_2 \rightarrow NO + N \tag{9.2}$$

$$N + O_2 \rightarrow NO + O \tag{9.3}$$

$$N + OH \rightarrow NO + H \tag{9.4}$$

而 NO 可以通过如下反应继续生成 NO_2：

$$NO + H_2O \rightarrow NO_2 + H_2 \tag{9.5}$$

$$NO + O_2 \rightarrow NO_2 + O \tag{9.6}$$

在低温状态下，大气中的氮以稳定的双原子分子形式存在，只有少量的氮以氮氧化合物的形式存在。然而，在燃烧室内的高温环境中，一些双原子氮化学键被破坏，生成游离的氮原子，发生如下发应：

$$N_2 \rightarrow 2N \tag{9.7}$$

式（9.7）中的化学反应平衡常数严重依赖于温度。在燃烧室内 2 500~3 000 K 的温度下，N 原子会大量生成。其他在低温条件下稳定存在的气体，包括氧气和水蒸气，在高温下也会变得活跃，并为 NO_x 的生成创造条件。氧和水的分解反应如下：

$$O_2 \rightarrow 2O \tag{9.8}$$

$$H_2O \rightarrow OH + \frac{1}{2}H_2 \tag{9.9}$$

通过查询化学反应平衡常数表，可以发现式（9.7）至式（9.9）所表示的化学反应都发生在燃烧室内温度较高的环境下。燃烧温度越高，N_2 分子越容易分解为氮原子，从而生成更多的 NO_x。在温度较低的条件下，NO_x 的生成量非常少。虽然当量比（$\phi=1$）状态下的燃烧温度最高，但如图 9.1 所示，可燃混合物略稀（$\phi=0.95$）时，NO_x 的生成量最多。因为，在这种工况下火焰温度仍然很高，而且还存在过量的氧气，可以与氮原子结合并生成各种 NO_x。

除了温度以外，NO_x 的生成还取决于压力、空燃比和燃烧时间。因为化学反应并非瞬间完成的。图 9.4 显示了 NO_x 的生成与反应时间的关系，这种情况在现代速燃型发动机上已被证实，生成的 NO_x 量确实减少了。NO_x 的生成量还取决于燃烧发生在燃烧室内的位置。在点燃式内燃机中，燃料浓度最高的位置在温度最高的火花塞周围。压燃式内燃机通常有更高的压缩比以及更高的温度和压力，因此具有分隔式燃烧室和非直喷燃烧室设计的压燃式发动机内往往会生成更高浓度的 NO_x。如图 9.5 所示，NO_x 的生成量还与点火时刻相关，如果点火时刻提前，缸内温度将上升，会生成更多的 NO_x。

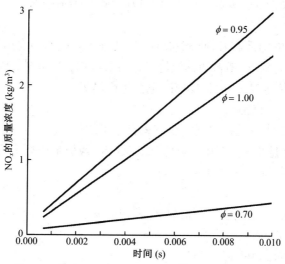

图 9.4　发动机内氮氧化物的生成量与时间的关系

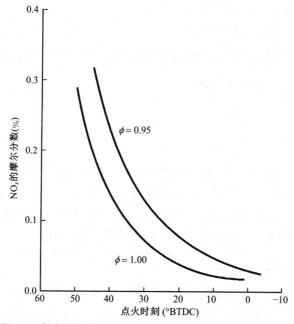

图 9.5　点火式发动机中氮氧化物生成量随点火时刻的变化

9.5　光化学烟雾

光化学烟雾已成为世界上许多大城市面临的主要空气污染问题，而 NO_x 是造成光化学烟雾的主要原因之一。光化学烟雾是在太阳光下，汽车尾气和大气中的空气发生光化学反

应形成。其中,NO_2 会分解成 NO 和单原子氧:

$$NO_2 + 太阳能 \rightarrow NO + O + 光化学烟雾 \tag{9.10}$$

氧原子具有极强的活性,可参与许多反应,其中之一则是形成臭氧:

$$O + O_2 \rightarrow O_3 \tag{9.11}$$

近地臭氧对人体的肺部和其他组织有损害,其每年对树木和农作物损害造成的损失高达数十亿美元。臭氧对橡胶、塑料和其他材料也会造成损害。此外,大气成分与其他发动机排放物(如 HC、醛和其他 NO_x)发生反应时也会生成臭氧。

【例题 9.2】

为了减少例题 4.2 中发动机中反应性游离氮原子的量,在发动机运行过程中使用 EGR,使燃烧结束时气缸内温度由 3 500 K 降低到 2 500 K,假设缸内压力不变。试利用式(4.4)近似计算出氮原子排放降低的百分比。

解

在 $T=2\ 500$ K 时的化学反应平衡常数 K_e 有如下关系:

$$\log_{10} K_e = -13.06$$

则由式(4.4)计算出反应程度 x:

$$K_e = 8.710 \times 10^{-14} = \left[(2x)^2 (1-x) \right] / \left[(104) / (2x + (1-x)) \right]^{2-1}$$

$$x = 1.450 \times 10^{-8} = 0.000\ 001\ 45\%$$

在例题 4.2 中的初始数量百分比为

$$(x_{2500} / x_{3500})(100\%) = \left[(1.450 \times 10^{-8}) / (1.041 \times 10^{-5}) \right] (100\%) = 0.14\%$$

则氮原子排放降低的百分比为 99.86%。

9.6　颗粒物

压燃式(CI)发动机的废气中含有碳颗粒物,这些颗粒物是燃料在气缸内的浓燃区域燃烧过程中产生的,气味难闻。当发动机在最大负荷工况下工作时,排放的碳颗粒物浓度最大。因为在此工况下,燃料喷射量最大,可燃混合物浓度最高,发动机的输出功率最大,但燃料经济性不佳。这种情况可以在卡车或铁路机车爬坡或起动时出现。

历史小典故 9.1:净化空气的汽车

在 20 世纪 90 年代中期,福特汽车公司开始测试一种可以减少臭氧和一氧化碳排放的催化转化系统。这是一种可以涂覆在特制的汽车散热器的空气侧和空调冷凝器上的铂基催化剂。当空气流过这些表面时,将臭氧转化为氧气并将一氧化碳转化为二氧化碳。据估计,美国洛杉矶的 900 万辆汽车每日总共行驶 430 亿千米,应用这种催化转换器可以减少 12% 的一氧化碳排放量。甚至当一辆汽车还没有起动时,它也可以净化周围的空气。当臭氧浓度高于设定值时,由太阳能驱动的风扇就会起动,将空气循环流过散热器。这套系统的成本为 500~1 000 美元 / 车。

　　碳颗粒物是凝聚在一起的固体球状碳粒。这些球状碳粒的直径为 10~80 nm,直径大多在 15~30 nm 的范围内,其表面吸附 HC 与其他组分的固态碳粒。单个碳颗粒物可以凝聚最多 4 000 个球状碳粒。

　　球状碳粒在燃烧室的浓燃区生成,此区域中没有足够的氧气供全部的碳元素转化为二氧化碳,反应方程式为

$$C_xH_y + zO_2 \rightarrow aCO_2 + bH_2O + cCO + dC(s) \tag{9.12}$$

式中:x 为碳原子数;y 为氢原子数;z 为氧分子数;a、b、c、d 均为常数。

　　随后,燃烧室内的湍流和空气的扩散运动,使碳颗粒物和可燃混合物继续混合,大多数碳颗粒物能够获得足够的氧气,并进一步反应转换为二氧化碳:

$$C(s) + O_2 \rightarrow CO_2 \tag{9.13}$$

　　在燃烧过程中产生的碳烟中,有超过 90% 会通过式(9.13)表示的反应消耗掉,而不会排放到大气中。如果压燃式发动机在当量比条件下运行,而不是在总体呈稀燃的状态下工作,那么碳颗粒物的排放水平将会大大超标。图 9.6 所示为大型低速柴油机在燃烧和做功冲程中燃烧室内不同位置的碳颗粒物浓度。

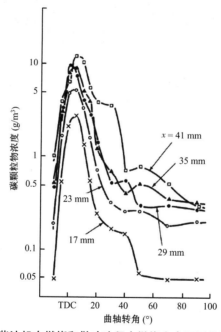

图 9.6　大型低速柴油机在燃烧和做功冲程中燃烧室内不同位置的碳颗粒物浓度

　　碳烟中最多约有 25% 的碳来自润滑油组分的汽化与燃烧,其余来自燃料,相当于燃料质量的 0.2%~0.5%。由于压燃式发动机的压缩比较高,因此在做功冲程内,气体膨胀充分,造成气缸内的气体通过膨胀冷却至相对较低的温度。这导致了燃料和润滑油中的高沸点组分会凝结在碳颗粒物的表面。在碳颗粒物中,这部分被吸收的组分称为可溶性有机组分(Solvent Organic Fraction,SOF),其含量高度依赖于缸内温度。在低负荷情况下,气缸内温度较低,在做功和排气冲程末期可以低至 200 ℃。在这种条件下,SOF 可占碳烟总质量的 50%。在温度不是那么低的工况下,SOF 的凝结很少发生,并且 SOF 含量可低至碳烟总质

量的 3%。SOF 主要由碳氢化合物组成,还有一些 H_2、SO_2、NO、NO_2 及微量的硫、锌、磷、钙、铁、硅和铬。因为柴油中含有硫、钙、铁、硅和铬,而润滑油添加剂中含有锌、磷和钙。

　　颗粒物的排放可以通过发动机设计与控制工作条件来抑制,但这往往也会导致其他不利的结果。如果通过燃烧室设计和控制喷油定时延长燃烧时间,碳颗粒物排放量会下降。最初生成的碳颗粒物会有较长时间与氧气混合并燃烧生成 CO_2。然而,较长的燃烧时间意味着更高的缸内温度,会产生更多的 NO_x。使用废气再循环(EGR)会降低 NO_x 的排放,但是会增加碳颗粒物和 HC 的排放。更高的喷射压力能提高燃料的雾化水平,减少 HC 和颗粒物的排放,但会提高缸内温度并产生更多的 NO_x。通过 EMS 控制点火定时、喷射压力、喷射定时或气门定时可以最大限度地减少 NO_x,HC,CO 和碳颗粒物的总体排放。显然,相互妥协是必须的。在大多数发动机中,碳颗粒物排放并不能单独地通过发动机设计和控制工作条件降低到可接受的水平。图 9.7 所示为在 AF 为 25、EGR 率为 0.2 的工况下 NO_x 与碳颗粒物排放的关系。

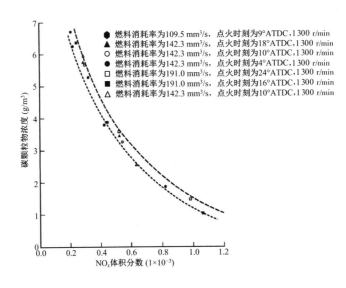

图 9.7　在 AF 为 25、EGR 率为 0.2 的工况下 NO_x 与碳颗粒物排放的关系

9.7　其他排放物

9.7.1　二氧化碳(CO_2)

　　在中等浓度水平下,二氧化碳并非空气污染物,是一种主要的温室气体,并且在较高浓度水平下,是造成全球变暖的主要原因。碳氢燃料燃烧产生废气的主要成分为二氧化碳。由于机动车数量不断增加以及工厂和其他排放源越来越多,大气中的二氧化碳含量持续增加。在高层大气中,较高浓度的二氧化碳以及其他温室气体会阻止地面向空间逸出热辐射能量,造成地球平均温度升高。减少二氧化碳排放的最有效方法是减少含碳燃料的燃烧,即

采用热效率更高的发动机。

9.7.2 醛类

应用醇类燃料的一个主要问题是醛类物质的生成与排放,醛类物质对眼睛和呼吸系统有刺激性作用,其化学结构式为

$$
\begin{array}{c} H \\ | \\ R-C=O \end{array}
$$

其中,R 是各种化学自由基。

醛类产物属于不完全燃烧的产物,如果醇类燃料广泛应用,醛类物质的排放将会导致严重的问题。

9.7.3 硫

压燃式发动机使用的很多种燃料中都含有微量的硫,其排放后会引发酸雨问题。无铅汽油中通常含有质量分数为 0.15‰~0.60‰的硫。某些种类的柴油中含有质量分数超过 0.5% 的硫,但是在美国和其他一些国家,硫排放的法规限值为这个值的十分之一或更低。

在高温下,硫和氢生成 H_2S,硫和氧生成 SO_2,其反应方程式为

$$H_2 + S \rightarrow H_2S \tag{9.14}$$
$$O_2 + S \rightarrow SO_2 \tag{9.15}$$

发动机废气中可包含高达 0.002% 的 SO_2,而 SO_2 在空气中与氧结合后生成 SO_3:

$$2SO_2 + O_2 \rightarrow 2SO_3 \tag{9.16}$$

式(9.16)表示的反应产物与大气中的水蒸气结合,会生成硫酸(H_2SO_4)和亚硫酸(H_2SO_3),这是造成酸雨的主要原因,其反应方程式为

$$SO_3 + H_2O \rightarrow H_2SO_4 \tag{9.17}$$
$$SO_2 + H_2O \rightarrow H_2SO_3 \tag{9.18}$$

许多国家都有限制燃料中硫含量的法规,并且这些法规经过不断修订变得越发严格。在 20 世纪 90 年代,美国将柴油中允许的含硫水平从 0.05% 降低至 0.01%。天然气中硫含量的范围很宽,当天然气应用在内燃机或其他热机时,会造成严重的硫排放问题。

随着柴油中硫含量降低,压燃式发动机会面临新的问题。有研究结果发现,使用含硫量极低的燃料时,高压油泵和燃料喷射器会发生粘连。此外,还会导致气缸表面产生异常磨损,并且在一些颗粒物捕集器中造成快速的压力累积。为了克服这些问题,需要在低硫燃料中加入添加剂。这些添加剂包括脂肪族酯衍生物和羧酸。

除了会造成有害排放外,硫产生的更严重的问题是使后处理系统中毒,催化转化器和催化再生颗粒物捕集器中的催化剂会因硫、铅或磷的存在而中毒失效。

9.7.4 铅

铅是一种主要的汽油添加剂,自从 1923 年投入使用直到 20 世纪 80 年代才被淘汰。四乙基铅(TEL)被广泛使用以提高汽油的辛烷值,它的应用使更高的压缩比、更高效的发动机

成为可能。然而,在发动机废气中的铅是一种剧毒污染物。在 20 世纪上半叶,由于机动车与其他发动机的数量比较少,含铅排放产物会被大气快速稀释而未产生严重问题。随着人口与汽车密度的增加,人类对空气污染及其危害性的认识也日益提高。人们逐渐认识到铅的危害性,四乙基铅在 20 世纪 70 年代至 80 年代被逐步淘汰。

停止使用含铅汽油不是一蹴而就的,而是经历了多年的转变。首先是使用低铅汽油,而后才开始推广无铅汽油。四乙基铅是汽油辛烷值的提升剂,当它被淘汰后必须发展可替代的用于提升辛烷值的添加剂。数以百万计的现代高压缩比发动机不能使用低辛烷值燃料,同时由于汽油中的含铅添加剂被逐步淘汰,发动机燃烧室使用的金属材料也必须加以改进。当含铅的燃料燃烧时,会使燃烧室、进气门、排气门和气门座表面硬化。设计上使用含铅汽油的发动机燃烧室金属表面在最初生产时可以相对较软,其在使用过程中会逐渐实现表面硬化。如果这些发动机从一开始就使用无铅汽油,表面硬化就无法实现,并且会很快造成严重的磨损,气门座或活塞表面会在很短的时间周期（2 万千米里程）内出现严重的问题。为了使用无铅汽油,需要为发动机采用高强度的金属与表面硬化处理。随着老旧汽车逐步淘汰,停用含铅燃料是必然趋势。

含铅汽油中的铅含量为 0.15 g/L,有 10%~50% 的铅与其他燃烧产物一同排放。其余的铅则沉积在发动机的气缸和排气系统壁面上。使用含铅汽油会硬化燃烧室表面,从而降低缸套表面透气性,使其吸附燃料蒸气的能力下降,因此这类发动机中 HC 的排放量也略有降低。

历史小典故 9.2:南极的铅

有迹象表明,由汽车及其他污染源造成的空气污染是一种全球性问题——每年都会在南极洲冰层中发现铅的存在。汽车尾气中的铅通过大气传播并沉降在世界各地,包括在南极附近的降雪中。随着含铅添加剂在汽车燃料中被淘汰,在南极洲的降雪中,每年测得的铅的含量也相应地降低了。

9.7.5 磷

发动机尾气中含有少量的磷。这来自空气中的少量杂质与燃料和润滑油中存在的少量的磷。

9.8 后处理

燃烧过程停止后,气缸内可燃混合物中的那些没有充分燃烧的成分在膨胀过程中继续反应,随后进入排气阶段。超过 90% 的碳氢化合物在燃烧过程之后残留在气缸的排气门附近,或残留在排气总管的前段。CO 和小部分碳氢化合物会与氧反应生成 CO_2 和 H_2O 并减少有害排放。排气温度越高,这些低温反应越多,从而显著降低发动机的有害排放。更高的排气温度可以通过化学计量比燃烧、高发动机转速、延迟点火或低膨胀比获得。

9.8.1　热转化器

温度越高,低温反应越容易发生且反应越充分。所以,有些发动机配有热转化器来作为一种减排装置。热转化器的原理是使废气通过高温腔室,促进残留在废气中的 CO 和 HC 氧化。

$$2CO + O_2 \rightarrow 2CO_2 \tag{9.19}$$

为了保证这个反应的速率,转化腔温度必须保持在 700 ℃ 以上。

$$C_xH_y + zO_2 \rightarrow xCO_2 + \frac{y}{2}H_2O \tag{9.20}$$

式中:x 为碳原子数;y 为氢原子数;z 为氧分子数,$z = x + y/4$。

上述反应需要在 600 ℃ 以上的温度下至少进行 50 ms,才可以大幅降低 HC 的排放。因此,热转化器不仅要在高温环境下运行,并且要足够大以便给废气提供足够的停留时间,促进反应的发生。大多数热转化器本质上是直接连接到发动机排气口上口径放大的排气管。尽可能减少热转化器热量损失的同时,避免废气冷却至反应所需的温度以下。然而,在实际应用上,这种方法存在着两个非常严重问题:首先,在车体外形设计符合空气动力学的小型汽车上,发动机舱的空间是非常有限的,装配一个体积较大且需要满足隔热条件的热转化器几乎是不可能的;其次,由于热转化器必须在 700 ℃ 以上才能有效工作,即使它是充分隔热的,其散热同样会对发动机部件的正常工作造成严重影响。

一些热转化系统包括一个空气进气装置,它能提供额外的氧与 CO 和 HC 反应。这增加了结构的复杂性,也增加了成本和系统的尺寸。空气的流量由 EMS 根据需要调整。在浓燃工况(如起动工况)下采用额外进气是非常有必要的,因为此时发动机排气温度通常要低于热转化器的有效工作温度,因此有必要通过热转化器内的反应来维持高温,而引入温度较低的外部空气加剧了对保温的影响。此外,NO_x 排放不能单独通过热转化器来控制。

9.8.2　催化转化器

用于发动机减排的最有效的后处理装置是目前已在大多数汽车和其他大中型内燃机上应用的催化转化器。其中的催化剂可以使式(9.20)表示的氧化反应所需的温度降低至 250~300 ℃,从而使这个装置更具吸引力。催化剂是通过降低反应所需的能量来促进反应发生的物质。催化剂不会在反应中消耗,因此可以连续使用,除非因受热、老化、污染物或其他因素影响而失效。催化转化器安装在排气系统中,废气流过转化器的腔室,这些腔室内壁包含催化材料,以促进废气流中有害排放物的氧化反应。通常,催化转化器称为三效催化转化器,因为它可同时使 CO、HC 和 NO_x 的排放减少。

(1)催化转化器的结构和原理

大部分催化转化器为安装在发动机排气管某处的不锈钢容器,容器之内是允许气体流通的多孔陶瓷介质。一些催化转化器的填充部分使用允许气体流过的松散粒状陶瓷,如图 9.5(a)所示;而在大多数催化转化器中,采用具有许多流道的蜂窝陶瓷载体,如图 9.5(b)所示。一般情况下,催化转化器中的蜂窝陶瓷载体的体积为发动机排量的一半,使得污染物在转换器中能以每秒 5~30 次的频率进行反应。由于压燃式内燃机废气中存在大量碳颗粒物,因此压燃式内燃机的催化转化器需要较大的流通孔道。图9.9所示为三元催化转化器剖面图。

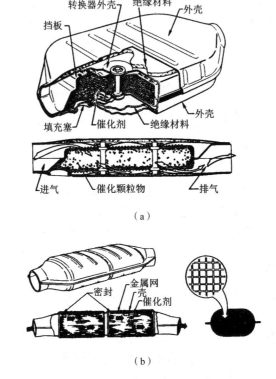

（a）

（b）

图9.8　点燃式发动机的催化转化器
（a）松散粒状载体　（b）蜂窝陶瓷载体

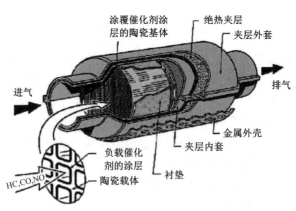

图9.9　三元催化转化器剖面图

当废气流过蜂窝陶瓷载体内通道的表面时,通道表面上嵌有的较小粒径的催化剂颗粒会促进废气中有害组分发生反应。氧化铝(矾土)是大多数催化转化器的陶瓷基质材料,其能承受高温并保持化学中性,具有非常低的热膨胀系数,且不会随着使用时间而受热分解;最常用的催化剂材料是铂、钯和铑。

钯和铂能促进 CO 和 HC 发生式（9.19）和式（9.20）表示的氧化反应。铂能有效促进 HC 的催化反应。铑能促进 NO_x 在下列反应中的一种或多种反应：

$$N + CO \rightarrow \frac{1}{2}N_2 + CO_2 \tag{9.21}$$

$$2NO + 5CO + 3H_2O \rightarrow 2NH_3 + 5CO_2 \tag{9.22}$$

$$2NO + CO \rightarrow N_2O + CO_2 \tag{9.23}$$

$$NO + H_2 \rightarrow \frac{1}{2}N_2 + H_2O \tag{9.24}$$

$$2NO + 5H_2 \rightarrow 2NH_3 + 2H_2O \tag{9.25}$$

$$2NO + H_2 \rightarrow N_2O + H_2O \tag{9.26}$$

氧化铈也很常用，它促进水煤气转化反应：

$$CO + H_2O \rightarrow CO_2 + H_2 \tag{9.27}$$

这一反应使用水蒸气而不是使用氧气作为氧化剂来降低一氧化碳排放，这对于浓燃状态下运行的发动机非常重要。一些催化转化器的内腔不是用陶瓷填充，而是用非常薄的波纹金属箔围成结构填充，其中金属箔的表面涂有催化材料，废气在金属箔围成结构之间通过。这种大型转换器的有效表面积可以高达 70 000 m²。

（2）催化转化器的效率

催化转化器的转化效率对温度有很大的依赖性。转换器在 400 ℃ 或更高温度下才能有效地工作，它可以减少废气中一氧化碳排放的 98%~99%，NO_x 的 95%，以及超过 95% 的碳氢化合物。图 9.10 所示为催化转化器的转化效率随温度变化的曲线。一个可以正常使用的催化转化器可以降低 90% 以上的污染物排放。但其处于冷态时，转化效率大幅下降。转化效率为 50% 的温度通常称为催化转化器的起燃温度。图 9.11 表明，为了获得较高的转化效率，使催化转化器在合适的当量比下工作是非常必要的。

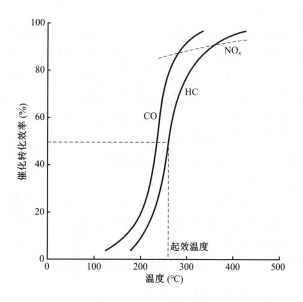

图 9.10　催化转化器的转化效率随温度的变化

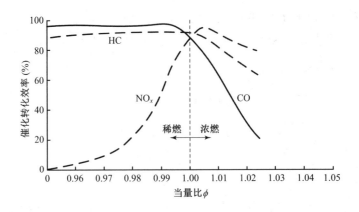

图 9.11　催化转化器的转化效率随当量比的变化

催化转化效率的峰值出现在化学计量比附近。当发动机在稀燃工况下运行时，NO_x 的转化效率非常低。这对于目前采用稀燃、分层燃烧策略的发动机来说是一个很大的问题。对碳氢化合物和一氧化碳排放的有效控制,需要发动机以化学计量比或稀燃工况运行。然而对 NO_x 排放的控制,需要发动机在接近化学计量比的条件下运行,在稀燃条件下 NO_x 的排放很难得到有效控制。

由于发动机工况会有一定的循环波动,其中空燃比和排气流量都会存在波动。研究发现,这种周期性波动会降低催化转化效率的峰值,但却拓宽了发动机正常工作条件下能使排放减少到可接受的水平的空燃比包络曲线。

对于催化转化器而言,保持一定的温度对其高效工作至关重要,但并不意味着要过热。发动机故障可能会导致催化转化器的转化效率低下和过热。一台调校不当的发动机可能会产生熄火和周期性可燃混合物过浓或过稀等问题,导致催化转化效率低下。涡轮增压器会消耗废气能量,进而降低排气温度,也会使催化转化效率进一步降低。

(3)催化转换器的寿命

理想的催化转化器应该和汽车同寿命或者至少应满足汽车行驶里程在 20 000 km 以内时有效。实际情况下,催化转化器的转化效率会随使用时间的延长而降低,主要是因为催化剂受热分解和中毒。在高温下,金属催化剂材料可以发生移位并烧结到一起,形成较大的活性位点,使整体催化效率降低。严重的热降解发生在 900 ℃左右。燃料、润滑油以及空气中的多种不同类型的杂质进入发动机废气可能会使催化剂中毒。这些杂质包括燃料中的铅和硫,以及润滑油添加剂中的锌、磷、锑、钙、镁等。从图 9.12 可以看出,仅仅是少量的铅便可以使催化转化器对 HC 的转化效率下降。燃料中含有少量的含铅杂质,最终有 10%~30% 的铅会残留在催化转化器中。

直到 20 世纪 90 年代初,含铅汽油的使用都是相当普遍。在装有催化转化器的发动机中严禁使用含铅汽油,因为燃料中的铅会导致转化效率急剧下降,使用两箱含铅汽油就会使催化转化器中的催化剂彻底中毒而失效。在开始推广无铅汽油的初期,为了降低偶然误用含铅汽油的风险,使用无铅汽油的车辆采用更小的燃油加注口。

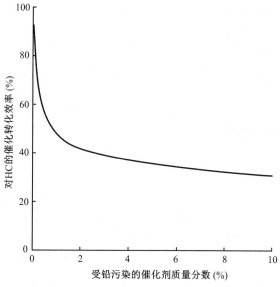

图 9.12　HC 转化效率随燃料铅含量的变化

　　硫元素使催化转化器在使用过程中产生了另一些特殊问题。一些催化剂会促进 SO$_2$ 转化为 SO$_3$，而 SO$_3$ 将最终转化为硫酸。SO$_3$ 会对催化转化器造成损害，并且容易形成酸雨。新型催化剂已经针对这方面问题进行了改进，在促进 HC 和 CO 发生氧化的同时不会将 SO$_2$ 转化成 SO$_3$。一些催化剂甚至在催化转化器温度在 400 ℃（或更低）时几乎不生成 SO$_3$。

9.9　催化转化器的问题

9.9.1　冷起动问题

　　从图 9.10 可以看出，当催化转化器自身温度很低时，催化转化效率低。当发动机在停止工作几个小时后重新起动时，催化转化器需要几分钟才能达到工作温度。起燃温度是指使催化转化器的转化效率达到 50% 的温度，其值在 250~300 ℃ 范围内。很多汽车从出发地到目的地的行驶里程很短，在这个过程中催化转化器的温度并不能达到起燃温度，因此排放问题很严重。一些研究表明，在美国，汽车消耗的燃料中有一半是在不到 10 km 的车程中消耗的。这种情况大多数发生在市区，而恰恰在城市中高排放造成的危害更大。除此之外，大多数汽车会采用浓燃混合物起动，所以冷起动将会造成严重的排放问题。

　　据估计，70%~90% 的 HC 排放来自冷起动过程。对催化转化器进行预热，即在发动机起动前将催化转化器预热至起燃温度，可以显著降低 HC 排放，如果将催化转化器预热至稳定工作温度则效果会更好。研究者已经对多种预热方法进行了测试并取得了一定的成效。受预热时间及所需能量等条件的限制，这些方法大多仅预热了催化转化器的一小部分。但预热的这一小部分容积已经足以处理起动时的废气。随着发动机转速的上升，催化转化器的其余部分逐步被高温废气加热，此时高流量的废气可以被完全处理。在冷起动时使催化转化器尽快达到工作状态的方法包括以下几种。

(1)合理布置催化转化器位置

将催化转化器靠近发动机放置是一种快速加热催化转化器的方法,也就是指把催化转化器尽量放置在非常靠近排气口的地方。这种方法实际上并不能在起动前预热转化器,但在发动机起动后可以尽可能快地加热催化转化器。它消除了在常见的发动机系统中,即在催化转化器远离发动机的系统中,从发动机到催化转化器之间的排气管的巨大热损失。这类催化转化器也可以采用加强隔热的方式降低起动初期的热损失。该方法确实能通过快速加热催化转化器,减少总的废气排放量,但仍然需经过一个短暂的过程才能达到起燃温度。此外,这种类型的催化转化器在安装上也和之前描述的热转化器面临相同的问题,即存在高温下发动机舱的充分冷却和转化器对空气流量限制的矛盾。如果将催化转化器安装在发动机舱内,催化转化器将有更高的稳态温度,但会导致严重的长期热老化问题。

一些汽车也会使用一个安装在靠近发动机舱位置的小型次级催化转化器。由于其尺寸较小,安装位置适当,可以快速地被加热,足以净化在发动机起动过程中产生的低流量废气。同时还有一个尺寸较大的催化转化器安装在距发动机舱较远的位置,用来对正常工作状态下产生的大流量废气进行处理。大催化转化器由初始废气流加热,并会在发动机达到较高转速并排出高流量废气前达到起燃温度。但小催化转化器会影响排气总管中的气体流动,并增加发动机背压,从而降低发动机的输出功率。

(2)强化保温

强化保温也是一种使催化转化器快速起效的方法。目前,使用强化保温的催化转化器系统已经得到了发展。其在刚起动时并不加热催化转化器,但是其会使催化转化器的温度快速达到稳态工作温度,也可以在发动机关闭后保持转化器高温状态达一天左右。因此,可以被看作是为下一次起动预热。催化转化器具有双层中空结构,该结构类似于中空保温杯,具有良好的绝热性。当发动机停机或温度较低时,中空结构可以维持内部温度,使其尽可能地缓慢下降;当发动机运行或者催化转化器处于工作温度时,中空腔体消失,高温废气填充到腔室中间,这样可以保证正常的散热,以防止转化器过热。

(3)电加热

使用电加热的方法预热催化转化器是通过电阻丝对催化转化器进行加热。加热电阻被嵌入催化转化器的预热区,在发动机起动前会进行一次通电加热。预热区可以是独立的,可以是一个小型的预转化器,也可以安装在常规的催化转化器的前部。有些系统在预热区用一个多流道金属结构代替陶瓷材质的蜂窝状固体结构。由于金属比陶瓷具有更高的导热率,这意味着可以更快地加热流道。这类系统的电能通常来自一个在发动机运行时已充满电的电池,其典型工作参数为24 V,500~700 A。受导热速率的影响,电气元件发热达到催化转化器起燃温度需要一定的时间。然而,最严重的问题是一个常规尺寸的电池通常不能提供足够的电能。

(4)火焰加热

可以在车上安装一个燃烧器,在发动机起动前(如刚插入点火钥匙时),在燃烧器内点燃燃料和外部泵入的空气,布置在催化转化器内的火焰喷嘴喷出火焰,对催化转化器进行加热。但使用火焰加热方法时,必须关注火焰造成的空气污染。丙烷燃料与配比正确的空气燃烧时,产生的污染很小。然而,需要在汽车上安装一个丙烷燃料罐,这在一些情况下是不可取的,除非该车发动机同样以丙烷为燃料。在汽油机中,使用汽油对转化器进行预热才符合逻辑。然而,在燃烧器中很难使用汽油,主要问题在于汽油加热系统的成本高、结构复杂且加热时间过长。

有公司对这种系统进行了改进,即在催化转化器前加装了一个燃烧器。在起动阶段,发动机内的可燃混合物很浓,第一股废气流中含有过量的燃料,通过一个电动泵向这股废气中注入空气,就可以产生适合在燃烧器中燃烧的可燃混合物,用于预热催化转化器。

(5)蓄热器

如果发动机起动时距上次使用的时间间隔不足三天,那么可以用热能储存系统(蓄热器)中的能量来预热催化转化器(具体内容见第 10 章)。但以目前的技术而言,这种方法只能将部分催化转化器预热到 60 ℃,这仍然低于其起燃温度,远远低于其正常工作温度。此外,蓄热器中有限的能量需要合理地分配以同时满足预热发动机、加热车厢、预热催化转化器的要求。

(6)放热化学反应

利用放热化学反应释放的热量来预热催化转化器可能是一种有效的方法。当点火钥匙插入后,通过安装在催化转化器腔室一侧的喷嘴将少量的水喷到转化器中。水雾将和蜂窝陶瓷表面上的盐类发生反应。放热反应释放的热量足够将周围的陶瓷结构加热到起燃温度以上,几秒钟之内催化转化器就可以进入高效的工作状态。当发动机起动时,高温废气将水分蒸发,产生的水蒸气被废气带走,这样系统就可以进行下一次的冷起动。这种方法的主要问题是盐类会随使用逐渐降解。同时,寒冷气候下储水器也会发生冻结问题。目前,市场上还没有应用这种技术的产品。

(7)冷态吸附 HC

一些催化转化器系统使用的表面材料可在冷态时吸收废气流中的 HC。然后,当达到更高的稳态温度时,HC 脱附到废气流中并以正常方式处理。

9.9.2　双燃料发动机

一些发动机以汽油与甲醇的混合物作为燃料,混合燃料中甲醇的体积比从 0% 到 85% 不等。这类发动机的控制系统可以随时调节空气和燃料的流量,在任意的燃料组合下优化燃烧并降低排放水平。但是,这为催化转化器的使用带来了一个难题。不同的燃料配比需要不同的催化转化系统。甲醇不完全燃烧时会产生甲醛,而甲醛必须得到有效处理。为了有效降低甲醛和甲醇的排放,催化转化器必须加热到 300 ℃ 以上。因此,对这类催化转化系统而言,预热就显得尤为重要。

9.9.3　稀燃发动机

市场上许多汽车发动机通过使用稀燃策略来获得较好的燃油经济性。稀薄燃烧成为降低燃料消耗的常用手段,但它的应用对催化转化器减少 NO_x 排放产生了一些影响。使用分层进气,燃料可以充分燃烧,总空燃比为 20 或 21(当量比约为 0.7),局部空燃比为 40(当量比约为 0.4)。如图 9.11 所示,在稀燃条件下,催化转化器可以有效地消除 HC 和 CO,但在抑制 NO_x 方面效率非常低。

　　一些采用稀燃策略的汽车发动机具有特殊的催化转化器。当处于稀燃工况下，其内表面只吸附但不处理 NO_x ；在加速或负载工况下，或燃料混合物以化学计量比燃烧时，吸附的 NO_x 从内表面上脱附并被高效处理。当汽车在几分钟内没有加速时，EMS 被设定为定期注入几秒钟的浓燃混合物以解吸催化转化器。例如，当丰田的欧帕(Opa)型汽车以 60 km/h 的速度行驶时，每 2 min 就会进行 1~2 s 的浓燃。用于解决稀燃问题的另一种方法是使用高水平的 EGR。EGR 可以稀释可燃混合物，并降低燃烧温度，从而降低 NO_x 排放。此外，在使用 EGR 时，空气和燃料以接近化学计量比混合，这可以保证催化转化器有效工作。铂、铑、钯、铱和其他贵金属与稀土催化剂已经被开发并用于稀燃发动机。

9.9.4　二冲程发动机

　　现代直喷二冲程发动机常采用稀燃策略，因而具有较低的排气温度和较高的燃油经济性。较低的排气温度和稀薄燃烧使催化转化器的效率较低，使这些发动机产生更严重的排放问题。

历史小典故 9.3：混合动力汽车的历史

　　减少城市中尾气排放的一种方法是使用由电动机和小型内燃机驱动的混合动力汽车。日常操作中使用电动机的车辆可以归类为零排放车辆(Zero Emission Vehicle，ZEV)。内燃机主要用于为电动机的电池充电，并且仅在偶尔需要增程时用于直接驱动车辆。这种发动机的排放非常低，专为低功率和恒定速度的超低排放车辆而设计。

　　在 1916—1917 年，伍兹混动汽车售价为 2 650 美元。这辆车既装有一台内燃机，也装有一台带再生制动的电动机。

9.10　压燃式发动机

　　催化转化器同样应用在压燃式发动机上，但由于其总体上在稀燃状态下工作，并不能有效地减少 NO_x 的排放，不过可以明显地减少 HC 和 CO 的排放，因为压燃式发动机活塞的膨胀比较大，导致排气温度较低。压燃式发动机通过废气再循环(EGR)和低温燃烧控制 NO_x 的排放，但同时废气再循环和低温燃烧会导致碳颗粒物排放增加。

　　铂和钯是用于压燃式发动机催化转化器的两种主要的催化剂材料。它们可以降低废气中 30%~80% 的碳氢化合物和 40%~90% 的一氧化碳排放。这两种催化剂对降低碳颗粒物排放的作用不大，但通过氧化吸附在碳颗粒物上的碳氢化合物，仍然可以使碳颗粒污染物的总质量降低 30%~60%。柴油燃料中含有硫杂质，会使催化剂材料中毒。不过，随着相关排放法规的完善，柴油燃料中的硫含量持续降低，这将有利于解决硫化物排放导致的催化剂中毒问题。

9.10.1　颗粒物捕集器

　　压燃式发动机装有颗粒物捕集器以降低颗粒物的排放。该装置类似于过滤器，内部是整体(或衬垫状)的陶瓷或金属丝网。捕集器可以去除废气流中 60%~90% 的颗粒物。由于捕集器会捕集颗粒物,其内部会慢慢地被颗粒物填满。这会影响废气流动,并增大发动机的背压。发动机在高背压条件下运行时,会造成工作温度上升,排气温度上升,燃料消耗增加。为了降低对废气流动的影响,当颗粒物捕集器开始趋于饱和时,需要进行再生。通常利用废气中所含的过量的氧将微粒烧掉,完成颗粒物捕集器的再生。

　　碳烟的起燃温度为 550~650 ℃,而一般情况下压燃式发动机的废气温度是 150~350 ℃。随着颗粒物捕集器被碳烟填满,排气温度会上升,但却不足以高到使颗粒物捕集器再生。因此,在一些配备主动再生装置的颗粒捕集系统中,当捕集的碳颗粒物造成流道压力上升达到设定值时,主动再生装置将会起动,并将颗粒烧掉。这种主动再生装置可以采用电加热器或以柴油为燃料的燃烧器。如果颗粒物捕集器内有催化剂,则可以使颗粒物捕集器所需的再生温度降低到 350~450 ℃。当排气温度因背压增加而升高时,一些此类颗粒物捕集器可以通过自燃自动再生。还有一些含有催化剂的颗粒物捕集器使用火焰点火器进行再生。

　　另一种降低颗粒物捕集器中碳颗粒物的起燃温度的方法是使用含有催化添加剂的柴油。这类添加剂一般包括铜化合物或铁化合物,正常情况下 1 000 L 这种燃料中大概含有 7 g 添加剂。

　　在含有催化剂的颗粒物捕集器中,为了保证温度足够高以实现主动再生,捕集器应尽可能地安装在靠近发动机的地方,甚至安装在涡轮增压器之前。

　　在工程机械发动机和一些固定式发动机上,颗粒物捕集器在接近饱和的时候就会被更换掉。更换下来的颗粒物捕集器可以在外部焚烧炉中进行再生,以便循环利用。

　　有许多方法可用于检测捕集器中的碳颗粒物是否聚积过多并判断再生时刻。最常用的方法是测量压降值。因为废气流量是压降的函数,也就是说可以通过检测废气流量来监测压降,当达到预定的压力和温度时,再生控制程序就会起动。用于检测碳颗粒物聚积的另一种方法是通过向颗粒物捕集器发射无线电波,以确定捕集器的饱和百分比。碳颗粒物可以吸收无线电波而陶瓷结构不会吸收,因此可以通过无线电信号的减弱程度来确定碳颗粒物的聚积量,但此方法很难检测可溶性有机成分(SOF)。

　　现有的颗粒物捕集器的效能并不能令人完全满意,尤其是应用于汽车的颗粒物捕集器。为颗粒物捕集器安装可再生装置会增加汽车的成本,且导致结构更为复杂,同时使颗粒物捕集器的长期使用可靠性下降。理想的含有催化剂的颗粒物捕集器应该是简单、经济、可靠的,能够主动再生且将对油耗的影响降到最小。

9.10.2　现代柴油发动机

　　现代压燃式发动机通过优化燃料喷射器的设计和燃烧室的形状等方法降低了碳颗粒物的排放,并大大提高了燃料和空气的混合效率和速度,避免在燃烧开始时生成大面积的浓燃混合物区域。浓燃混合物区域是产生碳颗粒物的主要区域,通过减少浓燃混合物区域的体积,可以减少碳颗粒物的生成量。提高预混合速度可以通过间接喷射、优化燃烧室几何结构、优化燃料喷射器的设计、提高燃料喷射压力、加热燃料、空气辅助喷射来达到。间接喷射是将燃料喷射到一个次级燃烧室,产生强烈的湍流和涡流,从而大大加速燃料和空气的混合过程。优化喷嘴设计和更高的喷射压力可使燃料液滴更细小,且蒸发和混合速度更快。空气辅助喷射将燃料喷射到热表面,有助于燃料蒸发。一些最顶级的现代车用柴油发动机

（如奔驰公司的车用柴油发动机），在设计上有效地减少了碳颗粒物的排放，即使不使用颗粒物捕集器也能够满足严格的排放标准。

9.11 减少排放的化学方法

9.11.1 使用氰尿酸

使用氰尿酸降低 NO_x 排放的技术已经在大型固定式内燃机平台上得到应用。氰尿酸是一种低成本的固体材料，会在尾气中升华。升华后的气体裂解生成异氰化物，其与 NO_x 反应形成 N_2、H_2O 和 CO_2 等物质。氰尿酸的工作温度约为 500 ℃，其在不影响发动机性能的前提下，对 NO_x 的还原率可达 95%。目前，由于尺寸、质量和系统复杂性等因素的限制，这种装置还不能实际应用到汽车发动机上。

目前，研究者正开展使用沸石分子筛来减少 NO_x 排放的研究。这种材料能吸附特定的分子化合物，并对其化学反应进行催化。该技术可同时应用于点燃式和压燃式发动机，其对 NO_x 的还原效率由一系列参数决定，包括空燃比、温度、流速和分子筛结构。目前，限制该装置应用的主要因素是耐久性。

研究者采用多种装置来降低 HC 排放，包括使用化学吸收器、分子筛催化转化器和 HC 捕集器等。在发动机起动时，催化转化器温度较低，HC 被捕集下来；之后，当催化转化器变热后，将 HC 释放到废气流中，此时催化转化器已经升温，并可有效地将 HC 转化为 H_2O 和 CO_2。这种方法可以降低冷起动时 35% 的 HC 排放。

针对浓燃工况下硫化氢排放的问题，研究者已经开发出一种当可燃混合物较浓时可吸附和储存硫化氢的化学装置。这种装置在可燃混合物较稀、氧气充足时，可将硫化氢转换为 SO_2，该反应的化学方程式为

$$H_2S + O_2 \rightarrow SO_2 + H_2 \tag{9.28}$$

9.11.2 使用氨喷射系统

在一些大型船用发动机和一些固定发动机上，通过一套氨喷射系统向废气流中喷射 NH_3 以减少 NO_x 的排放量。在催化剂的作用下，会发生以下反应：

$$4NH_3 + 4NO + O_2 \rightarrow 4N_2 + 6H_2O \tag{9.29}$$

$$6NO_2 + 8NH_3 \rightarrow 7N_2 + 12H_2O \tag{9.30}$$

该过程必须严格控制，因为 NH_3 本身就是一种有害排放物。

尽管针对其他用途发动机的排放法规早已实施，但大型船舶发动机的排放在很多年间都没有受到法规约束。因为船舶在运行期间大多时间会远离陆地，其排放的有害废气可以被大气稀释而不影响人类的生活。然而，大多数海港都位于大城市附近，尾气排放问题很严重。因此，大型船舶发动机的排放也应该受到相关法规的限制。除了关注船用柴油机的 NO_x 排放外，还应关注其硫氧化物（SO_x）的排放。这是因为大型船舶发动机使用的燃料通常含有较多的硫，新法规应要求船东使用价格较高的低硫燃料。

传统的氨喷射系统相当复杂，不适用于小型汽车。然而，可以将氨喷射系统安装在大型

卡车上,通过将储存在车上的尿素与水混合,可以获得所需的氨,反应方程式为

$$CO(NH_2)_2 + H_2O \rightarrow CO_2 + 2NH_3 \tag{9.31}$$

耐久试验表明,这种方式可使 NO_x 排放降低 63%~68%(具体降低幅度由驾驶条件决定),并使 HC 的排放量为零。

9.12　废气再循环(EGR)

减少 NO_x 的最有效的方法是降低燃烧室温度,但同时也降低了发动机的热效率。根据热力学理论,要使发动机达到最高热效率,Q_{in} 应尽可能高。

降低燃烧最高温度最简单实用的方法是引入一种非反应气体对燃料－空气混合物进行稀释,这种气体在燃烧过程中吸收能量而不对外做功,最终得到一个较低的火焰温度。任何非反应性气体都可作为此类稀释剂。如图 9.13 所示,具有较大比热容的气体每单位质量能吸收较多的能量,因此所需的量也相对较少,其中达到相同的最高温度,需要的 CO_2 量比氩气要少得多。然而,CO_2 或氩气都不适用于发动机。空气可作为稀释剂,但其并非完全的非反应性气体,加入空气会改变空燃比和燃烧特性。发动机的废气作为一种非反应性气体可应用于发动机上,并且这种方法已经应用在所有现代车用以及其他用途的大中型发动机上。

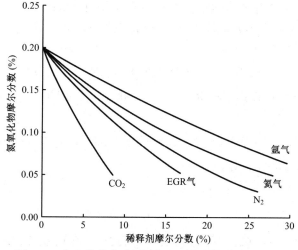

图 9.13　氮氧化物生成量随加入稀释剂量的变化关系

废气再循环(EGR)是通过管道将废气流引入进气系统中,通常 EGR 阀直接安装在节气门之后。EGR 流量可以高达总流量的 30%。EGR 气连同上一循环气缸中残留的废气一起,能有效地降低缸内燃烧的最高温度。EGR 气的量由 EMS 控制。EGR 气占总进气流的质量分数(ERG 率)为

$$EGR = [\dot{m}_{EGR} / \dot{m}_i](100\%) \tag{9.32}$$

式中:$\dot{m}_i$ 是流入气缸的总质量。

再循环的废气与上一循环缸内滞留的废气结合后,废气在气缸内的总量为

$$x_{ex} = (EGR/100)(1 - x_r) + x_r \tag{9.33}$$

式中:x_r 是上一个循环的废气残留量。

EGR 不仅降低了燃烧室内的最高温度,也降低了燃烧效率。有研究表明,当 EGR 率增加,低效燃烧循环的比例也随之增大。进一步提高 EGR 率则会导致部分循环熄火,甚至使发动机停机。因此,通过 EGR 来降低 NO_x 的排放,其代价就是 HC 排放量的增加和热效率的降低。

EGR 的流量由 EMS 控制,通过检测进气和排气的流量将 EGR 率控制在 15%~30% 的范围内。NO_x 的排放少且燃料经济性好的情况发生在当量比燃烧的条件下,此时在不产生更多其他有害排放物的前提下,应尽可能采用高的 EGR 率。当节气门全开、怠速及低速运转时,一般不采用 EGR,因为在这些工况下,废气残留量大且燃烧效率低。配有速燃燃烧室的发动机可以采用更大的 EGR 率。

压燃式发动机中应用 EGR 会出现的一个问题是废气中会含有较多的碳颗粒物,碳颗粒物会作为研磨剂且会分解润滑油,加剧活塞环和气门传动机构的磨损。

【例题 9.3】

在例题 4.1 和 4.5 中,发现在当量比为 0.833 的发动机中,理论最高燃烧温度为 2 419 K。为了减少 NO_x 的生成,需要通过 EGR 将最高燃烧温度降低到 2 200 K。试计算将最高燃烧温度降低到 2 200 K 时的 EGR 率。

解

虽然发动机废气主要由 N_2、CO_2 和 H_2O 组成,但在 1 000 K 的温度下,废气可近似为纯氮气,其焓值可以从大多数热力学教科书中得到。设 1 mol 燃料发生反应,根据例题 4.5,燃料燃烧的化学反应方程式为

$$C_8H_{18}+15O_2+15(3.76)N_2 \rightarrow 8CO_2+9H_2O+2.5O_2+15(3.76)N_2$$

设在反应物中加入 x 摩尔的 EGR,即加入 1 000 K x 摩尔的 N_2,则新的化学反应方程式为

$$C_8H_{18}+15O_2+15(3.76)N_2+xN_2 \rightarrow 8CO_2+9H_2O+2.5O_2+\left[15(3.76)N_2+x\right]N_2$$

由式(4.5)和式(4.8)可以得出

$$\sum_{2\,200\,K} N_i(h_f^o + \Delta h)_i = \sum_{反应} N_i(h_f^o + \Delta h)_i$$

即

$$8(-393\,522+103\,562)+9(-241\,826+85\,153)+2.5(0+66\,770)+$$
$$\left[15(3.76)+x\right](0+63\,362)$$
$$=(-259\,280+73\,473)+15(0+12\,499)+15(3.76)(0+11\,937)+x(0+21\,463)$$

解出

$$x=16.28 \text{ mol}$$

因为氮气的相对分子质量为 28,因此加入 EGR 气的质量为

$$m_{EGR}=16.28 \text{ mol} \times 28 = 455.8 \text{ kg}$$

根据化学反应方程式,反应所需燃料的质量为

$$m_f = 1 \times 114 = 114 \text{ kg}$$

根据化学反应方程式,反应所需空气的质量为

$$m_{\mathrm{a}} = \left[15(4.76)\right] \times 29 = 2\,070.6 \text{ kg}$$

燃料 – 空气 –ERG 气的总质量为

$$m_{\mathrm{i}} = m_{\mathrm{a}} + m_{\mathrm{f}} + m_{\mathrm{EGR}} = 2\,070.6 + 114 + 455.8 = 2\,640.4 \text{ kg}$$

由式（9.32），得到 EGR 率：

$$EGR = \left[m_{\mathrm{EGR}} / m_{\mathrm{i}}\right](100\%) = \left[(455.8 \text{ kg}) / (2\,640.4 \text{ kg})\right](100\%) = 17.3\%$$

9.13 燃料蒸发及曲轴箱通风

除了废气之外,内燃机和燃料供给系统中还会直接向外排放 HC 等污染物。

这些直排的 HC 的重要来源是曲轴箱通风,在一些老旧汽车发动机中,燃烧室内气体通过活塞环窜入曲轴箱,使曲轴箱压力升高,然后这部分气体在高压下由曲轴箱通风管排出。曲轴箱中排出的气体含有浓度非常高的 HC,尤其是在点燃式发动机中这个现象更为严重。另外,老旧的内燃机的活塞和气缸壁之间有更大的间隙,窜气现象更加严重。在一些车辆上,有高达 1% 的燃料是通过曲轴箱通风管排放到大气中的,其占总排放量的 20% 以上。这一问题可以通过一个简单的措施加以解决,即将曲轴箱通风导入进气系统,这不仅降低了 HC 排放量,还提高了燃料经济性。

为了使油箱和化油器保持在 1 个大气压,需要将其与周围环境相通,此时排气口就会向外排放 HC 污染物。为了消除这些污染物,通常会在排气口处安装能够过滤或吸附燃料蒸气的碳罐,可以将燃料蒸气吸附到过滤器件的表面上,随后在发动机运转过程中,碳罐经历反冲清洗,燃料蒸气从过滤器件表面上脱附并吸入发动机进气中,从而实现对蒸发燃料的控制。

现在许多汽油加油站的油枪上都配备有燃油蒸气收集装置,以减轻在加油过程中的燃料挥发泄漏。

9.14 噪声污染

9.14.1 汽车噪声的来源

自 20 世纪 90 年代以来,发动机产生的噪声已被认定为一种污染。噪声定义为"不良声音",较大的噪声可能会影响健康。大型发动机会产生较高水平的噪声。现在许多国家都制定了法规,对密闭式机舱中和固定式内燃机平台上的内燃机的噪声水平做出了限制。对于车用发动机,如今已有成熟的技术对其噪声加以控制。

声音是由发动机部件的振动在弹性介质(即空气)中产生的压力波引起的。振动引起压力脉冲,将能量传递给人耳;能量越大,声响越大。然而,人类的耳朵对这些声音并不是非常敏感,因此以分贝(dB)作为量化单位,对噪声水平进行分类。正常的谈话音量约为 55 dB,而使耳朵开始感到疼痛的音量约为 120 dB。许多法规要求将发动机噪声控制在 110 dB 以下。人耳的灵敏度与声音频率密切相关,人耳对低频段声音的灵敏度较低。因此,国际标准将声音分为三种计权方式：A 计权、B 计权和 C 计权。每个计权都对应一系列频率。美国环境保护署规定，驾驶者位置处的最高声音允许为 74 dB(A)。在这种情况下，汽车发动机设计中通常必须考虑排气管和消声器的布置。

运行中的内燃机上有许多噪声源：进排气噪声、燃料喷射器噪声、增压器噪声、链条和皮带传动系统的噪声，以及发动机其他部件的振动噪声。其中，如果排气系统不装谐振器和消声器，则会产生严重的噪声污染。

9.14.2　抑制噪声的方法

降低发动机和排气的噪声可以通过以下三种技术路线：被动式、半主动式和主动式。

（1）被动式降噪是通过合理设计和使用适当材料来实现的。目前，通常使用三明治式的复合材料，以及肋条和加强筋等结构来降低部件噪声。排气消音器和谐振器可以消除大部分排气噪声。发动机悬置可以降低发动机传递给车身的振动，从而减小噪声。

（2）半主动式消声系统通常采用液压装置。例如，一些发动机配备带有可供液体在内部流动的飞轮，在不同的速度下，流体可以流过特定的位置，以提供适当的刚度并吸收在该速度和频率下的振动。一些汽车具有将发动机连接到汽车车身的液压悬置装置，用于吸收和抑制发动机振动并将其与客舱隔离。正在开发中的电流变液减振器对所有频率的噪声都能起到抑制作用。为这种减振器施加外部电压时，其内部流体的黏度可以改变 50 倍。发动机的振动（噪声）由加速计检测，检测到的信号输入 EMS 进行振动频率分析，然后将适宜的电压施加到发动机悬置支架上，以最大限度地抑制该频率的噪声，系统响应时间大约为 0.005 s。

（3）主动式降噪是通过产生特定声音来实现的。首先，通过传声器测量噪声信号，然后对噪声信号的频率进行分析，而后通过扬声器产生相同频率，但与原始噪声相位相反的声音信号来消除原始噪声。如果两个声音的频率相同，但相位相差 180°，声波就能相互抵消。这种方法适用于定速运转的发动机和其他旋转机械，在变速工作的汽车发动机中应用仅取得部分成功。使用这种方式降噪需要额外的电子设备（传声器、频率分析仪、扬声器等），并需与 EMS 配合使用。作为主动式发动机降噪系统，一些汽车的噪声传声器和扬声器安装在座椅下方。类似地，有些系统安装在排气管附近，用来消除排气噪声。

9.14.3　发动机压缩制动器

一些发动机利用可变气门定时（Variable Valve Timing，VVT）系统改变排气门定时和气门升程，该系统也可用作车辆制动。对于汽油机，车辆制动时节气门关闭，阻止大部分空气进入发动机，并在进气冲程产生真空。这对发动机的工作循环产生了反作用，吸收了车辆的一些动能。柴油发动机没有节气门，正常工况下，当车辆减速时，发动机吸收的能量和制动效果非常小。但是，通过停止喷油并改变排气门定时，发动机也可以作为车辆的制动器。其中，排气门通常在排气冲程中保持关闭，使发动机变成一个压缩机，吸收一部分车辆的动能作为输入功；当活塞接近上止点时，排气阀打开，气缸内的空气排出。一部分发动机能够改变其排气阀升程来辅助排气，但仅限于避免活塞和气门接触的程度。

然而，发动机压缩制动产生的噪声很大，目前面临的问题是不满足相关噪声标准。有一种噪声更低的废气制动器已经应用在中型卡车上,该制动器包括安装在涡轮增压器和排气管之间的大型蝶阀,蝶阀取代了柴油发动机上的蝶形节流阀。在车辆减速时,蝶阀关闭(类似于点燃式发动机的节气门关闭),从而限制发动机的进气,并允许发动机自身作为制动装置。

习题 9

9.1　一辆柴油卡车每行驶 1 km 使用 100 g 轻质柴油($C_{12}H_{22}$)。占轻质柴油质量 0.5% 的碳最终会以碳烟的形式随废气排出。如果该卡车每年行驶 15 000 km,每年有多少碳以碳烟的形式排入大气?

9.2　试回答下列问题:

①为什么普通的三效催化转化器用于压燃式发动机时没有像用于点燃式发动机时那么有用?

②可以采用什么方法限制现代柴油卡车或汽车的 NO_x 排放?

③至少列举出使用上述方法的三个缺点。

9.3　试回答下列问题:

①列出汽车尾气中含有 HC 的五个原因;

②为降低点燃式发动机的排放,应将空燃比设置为浓燃、稀燃还是化学计量比? 并说明每种方法的优缺点;

③为什么最好将催化转化器尽可能靠近发动机布置?

9.4　一台排量为 2.8 L 的四缸四冲程点燃式发动机以 2 300 r/min 的转速运行,此时的容积效率为 88.5%,使用的燃料是甲醇,当量比为 1.25。在燃烧过程中,所有的氢元素都转化为水,所有的碳元素都转化为 CO_2 和 CO。试计算:

①废气中 CO 的摩尔分数(%);

②由排放 CO 导致的能量损失(kW)。

9.5　一台 V8 发动机工作在奥托循环下,压缩比为 7.8,缸径为 10.109 cm,排量为 6.719 L,以 3 000 r/min 的转速运行。该发动机以汽油为燃料,空燃比为 15.2,容积效率为 90%。当燃烧发生时,火焰在壁面附近被抑制,燃料 - 空气混合物在边界层不燃烧。活塞处于上止点时是定容燃烧,边界层厚度为 0.010 2 cm。设燃料最初均匀地分布在整个燃烧室中。试计算:

①由于边界层的存在而没有燃烧的燃料的百分比(%);

②由于边界层的存在,导致废气中损失的燃料量(g/h);

③燃料在废气中损失的化学能(kW)。

9.6　一台使用含铅汽油的老旧汽车以 80.47 km/h 的速度行驶,其燃料经济性为 97.34 km/L。含铅汽油中的铅含量为 0.15 g/L。燃料中 45% 的铅被释放到环境中。试计算汽车每行驶 1 km 排放到环境中的铅。

9.7　一辆小型卡车装有一台排量为 2.2 L 的四缸压燃式发动机。该发动机以混合循环模式运行,燃料为轻质柴油,空燃比为 21。当转速为 2 500 r/min 时,该发动机的容积效率为

70.92%。在该运行条件下,燃料中 0.4% 的碳最终以碳烟的形式进入尾气。此外,还有 20% 的碳烟来自润滑油。碳颗粒吸附的其他成分,使碳烟的质量增加了 25%。碳的密度为 1 400 kg/m³。试计算:

　　①碳烟进入环境的速率(kg/h)。

　　②碳烟排放导致的化学能损失(假设碳烟为纯碳)(kW);

　　③每小时排出的碳颗粒物簇(假设一个簇平均包含 2 000 个球状碳颗粒,每个碳颗粒的直径为 20 nm)。

　　9.8　习题 9.7 中的发动机在 2 500 r/min 的转速下工作时,热效率为 61%,燃烧效率为 98%,机械效率为 71%。试计算:

　　①有效燃料消耗率 [g/(kW·h)];

　　②碳颗粒物的具体排放量 [g/(kW·h)];

　　③碳烟排放指数(g/kg)。

　　9.9　一台点燃式发动机在静止时,其缸内间隙容积可近似为如图 6.17 所示的圆柱,圆柱直径为 6 cm,深度为 2 cm。燃烧室中的燃料 - 空气混合物是均质混合物,空燃比为 16。假设活塞在上止点处,燃料发生完全燃烧。在所有间隙容积的表面上有一个厚度为 0.10 mm 的边界层,燃料 - 空气混合物在边界层中不燃烧。整个发动机的燃料流量为 0.040 kg/s。试计算:

　　①边界层中未燃烧的燃料的百分比(%);

　　②废气中未燃烧的燃料导致的化学能损失(kW);

　　③废气中 HC 的排放指数(g/kg)。

　　9.10　一台排量为 6.4 L 的 V8 涡轮增压点燃式发动机运行在奥托循环下。节气门全开时,该发动机转速为 5 500 r/min。压缩比为 10.4,气缸在压缩开始时的状态为 65 ℃和 120 kPa。缝隙容积占余隙容积的 2.8%,压力等于气缸压力,温度为 185 ℃。活塞处于上止点处,燃料开始燃烧。试计算:

　　①发动机缝隙的总容积(cm³);

　　②燃烧开始时,缝隙容积中的燃料的百分比(%)。

　　9.11　习题 9.10 中的发动机容积效率为 89%,以异辛烷为燃料,空燃比为 14.2。60% 的燃料在燃烧开始时留在缝隙中,后来由于气缸的额外运动而燃烧。试计算:

　　①40% 的缝隙容积中的燃料没有燃烧时,废气中产生的 HC 排放量(kg/h);

　　②废气中 HC 导致的化学能损失(kW)。

　　9.12　一种大型增压二冲程船舶柴油发动机,在 220 r/min 的转速下运转,排量为 196 L,容积效率为 0.95。该发动机以 $C_{12}H_{12}$ 为燃料,空燃比为 22。发动机配有氨喷射系统,用于去除废气中的 NO_x。试计算:

　　①如果空气中有 0.1% 的氮转化为 NO,则进入排气系统的 NO 的量(假设不产生其他形式的 NO_x)(kg/h);

　　②根据式(9.29),除去废气中的所有 NO_x 需要注入氨的量(kg/h)。

　　9.13　通过 EGR 来降低以化学计量比的乙醇为燃料的发动机的峰值燃烧温度,从而减少 NO_x 的生成。燃烧开始时,空气和燃料的温度为 700 K,废气温度为 1 000 K,假设废气均为 N_2。乙醇在 700 K 时的焓值是 19 900 kJ/(kg·mol)。试计算:

①以化学计量比的乙醇为燃料且无 EGR 时的理论最高温度（K）；

②将最高温度降低到 2 400 K 时所需的 EGR 率（%）。

9.14　在一台排量为 28 L 的四缸点燃式发动机上使用电预热催化转化器。催化转化器的预热区占陶瓷总体积的 20%。陶瓷的比热容为 765 J/（kg·K），密度为 3 970 kg/m³。能量由一个 24 V 的电池提供，工作电流为 600 A。试计算：

①将预热区由 25 ℃加热至 150 ℃（起燃温度）时，所需的电能（kJ）；

②提供这些能量所需的时间（s）。

9.15　一个排量为 0.02 L 的二冲程割草机发动机以 900 r/min 的转速运行，汽油的当量比为 1.08，润滑油和汽油的质量比为 1 ∶ 60。发动机采用曲轴箱压缩，容积效率为 0.88，容积效率为 0.72，汽油的燃烧效率为 0.94，润滑油的燃烧效率为 0.72。该发动机没有配备催化转化器。试计算：

①在扫气过程中由于气门重叠而排放到废气中的 HC（kg/h）；

②由燃料和润滑油不完全燃料而产生的 HC（kg/h）；

③废气中 HC 的总量（kg/h）。

9.16　一台排量为 32 L 的 V6 压燃式卡车发动机采用四冲程循环模式，容积效率为 93%，转速为 3 600 r/min 时产生 92 kW 的制动功率。该发动机使用空燃比为 22 的轻质柴油。如式（9.15）和式（9.18），发动机排放的硫与大气中的氧和水蒸气反应生成硫酸。试计算：

①燃料的流量（kg/h）；

②废气中的硫含量（g/h）；

③废气中硫的具体排放量 [g/（kW·h）]；

④环境中生成硫酸的量（kg/day）。

9.17　一台排量为 52 L 的四冲程 V8 压燃式卡车发动机的容积效率为 96%，转速为 2 800 r/min，使用空燃比为 20 的轻质柴油。燃料中硫的质量分数为 0.05%。废气中的硫按式（9.15）和式（9.18）与大气中的氧气和水蒸气反应生成硫酸。试计算：

①发动机排气中的硫含量（g/h）；

②环境中生成硫酸的量（kg/h）。

9.18　一辆汽油轿车以 100 km/h 的速度行驶，该车以化学计量比的异辛烷为燃料，每 100 km 平均使用 8 kg 异辛烷，产生 40 kW 的有效功率。每千克燃料生成 12 g CO 并排放到催化转化器之前的废气中。催化转化器在稳态温度下可消除 95% 的 CO 排放。然而，在 10% 的发动机工作时间内，催化转化器是处于冷态的，此时其无法消除任何 CO。试计算：

①催化转化器上游 CO 的排放量 [g/（kW·h）]；

②催化转化器下游 CO 的总平均排放量 [g/（kW·h）]；

③当催化转化器处于冷态，排放到环境中的 CO 占总排放量的百分比（%）。

9.19　一台六缸压燃式汽车发动机在正常状态下使用十六烷值为 52 的柴油。车辆意外地加入了十六烷值为 42 的柴油。试计算发动机会产生多少碳烟？

9.20　1972 年，美国大约消耗 2.33×10⁹ 桶汽油作为汽车燃料。平均每辆汽车行驶 1.6 万千米，汽油的用量为 15 L/100 km。汽油中铅的平均含量为 0.15 g/L，其中的 35% 排放到环境中。每个油桶的容积为 160 L。试计算：

①平均每辆汽车每年排放到大气中的铅量(kg);

②1972 年排入大气中铅的总量(kg)。

9.21 在冬天,一个人在没有供暖系统的车库里预热汽车。在怠速时,发动机每小时燃烧 5 kg 化学计量的汽油,废气的 0.6% 为 CO。车库内部尺寸为 6.096 m × 6.096 m × 2.44 m,温度为 4.44 ℃。假设空气中 CO 的质量分数为 0.001% 是对健康有害的临界浓度。试计算车库中 CO 的浓度达到危险浓度前的时间(min)。

9.22 一台点燃式汽车发动机在使用时产生 32 kW 的有效功率。该发动机使汽车以 100 km/h 的速度行驶,平均每 100 km 消耗 6 kg 化学计量的汽油。催化转化器上游发动机平均排放水平如下:NO 为 1.1 g/km,CO 为 12 g/km,HC 为 14 g/km。催化转化器在稳态温度下运行,其可使污染物排放量减少 95%。在 10% 的发动机工作时间内,催化转化器是处于冷态的,此时其无法消除任何污染物。试计算:

①催化转化器上游的 HC 排放量 [g/(kW·h)];

②催化转化器在稳态工况下,其下游的 CO 排放量 [g/(kW·h)];

③催化转化器上游废气中 NO_x 的体积分数;

④排放到大气中 HC 的总量(g/km);

⑤催化转化器在冷态时的 HC 排放百分比(%)。

设计题 9

D9.1 设计一种使用太阳能的催化转化器预热器。确定太阳能收集器的位置,是布置在汽车上还是布置在太阳能充电站;计算主要部件所需的尺寸(如电池和太阳能收集器),并绘制一个简单的系统示意图。

D9.2 设计一个系统来吸收从汽车油箱排气口逸出的燃料蒸气。该系统采用再生的方法,所有吸收的燃料最终被输回发动机。

第 10 章　发动机中的热交换

本章主要阐述在内燃机工作过程中具有重要意义的热交换过程。在燃料燃烧过程中,燃料中蕴含的化学能仅有约 35% 可以转化为曲轴端输出的机械能,另外 30% 的能量以焓和化学能的形式被废气带走,而剩下约三分之一的能量则以热交换的形式散失到环境中。发动机正常工作时,燃烧室内的温度最高可达 2 700 K 甚至更高。燃烧室材料无法承受如此高的温度,如不采取有效的散热措施,发动机将会很快损坏,所以必须采取有效的散热措施。有效的散热对于防止发动机和润滑油在高温下失效有重要作用。但从另一方面来说,为了提高发动机的热效率,还应尽可能地提高发动机的工作温度。

有两种常见方法对发动机燃烧室进行冷却:一是水冷,即在燃烧室外表面的冷却液套中注入循环流动的冷却液进行冷却;二是风冷,即在燃烧室外的机体上安装翅片,气流在翅片表面流动带走其上的热量。

10.1　能量分配

燃烧室内燃料的总功为

$$\dot{W} = m_f Q_{HV} \tag{10.1}$$

式中:m_f 为燃料的质量流量;Q_{HV} 为燃料热值。

燃料的质量流量受限于参加反应的空气的质量流量。曲轴端输出的有用功与燃烧过程中燃料释放的总能量之比为发动机的有效热效率,表达式为

$$(\eta_t)_{break} = \frac{\dot{W}_b}{m_f Q_{HV} \eta_c} \tag{10.2}$$

式中:η_t 为发动机热效率;η_c 为燃料的燃烧效率;$\dot{W}_b$ 为有用功。

燃烧过程中燃料释放的总能量与有用功的差值包括换热损失、附件损失及废气中的能量损失。

图 10.1 显示了内燃机中典型能量分布比例的情况。由于摩擦损失相当于计算了两次,第一次是作为初始能量损失计算,第二次则是本身产生的热损失再次计算,使各部分能量分布总和超过了 100%。对于任何发动机:

$$总功率 = \dot{W}_{shaft} + \dot{Q}_{exhaust} + \dot{Q}_{loss} + \dot{W}_{acc} \tag{10.3}$$

式中:$\dot{W}_{shaft}$ 为曲轴端的有效输出功;$\dot{Q}_{exhaust}$ 为废气的能量损失;$\dot{Q}_{loss}$ 为发动机与环境间的换热损失;$\dot{W}_{acc}$ 为发动机附件的功率损失。

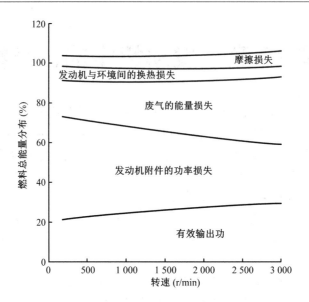

图 10.1　典型汽油机能量分布随发动机转速变化关系图

（1）有效输出功

根据发动机的几何形状、尺寸及运行工况,发动机曲轴端的有效输出功占总功率的25%~40%。

柴油机曲轴端的有效输出功通常可达该比例范围的上限,而汽油机则往往只能达到其下限。

（2）废气的能量损失

废气的能量损失占总功率的20%~45%。汽油机较高的排气温度导致了汽油机废气的能量损失占比较大。废气的能量损失由两部分组成:热能和化学能。如果发动机在浓燃状态下以满负荷条件运行,化学能形式的能量损失会占废气总能量损失的一半。在很多工况下,废气的能量损失会大于有效输出功。

（3）发动机与环境间的换热损失

发动机与周围环境的换热损失占总功率的10.35%。对于很多发动机而言,这部分能量损失可细分为

$$\dot{Q}_{loss} \approx \dot{Q}_{coolant} + \dot{Q}_{oil} + \dot{Q}_{ambient}$$

式中: $\dot{Q}_{coolant}$ 为冷却液的能量损失; $\dot{Q}_{oil}$ 为润滑油的能量损失; $\dot{Q}_{ambient}$ 为热量直接散发到环境的能量损失。

柴油机在高负荷下,冷却液的能量损失 $\dot{Q}_{coolant}$ 占总功率的10%~30%。在高负荷下,冷却液的能量损失大致为有效输出功的一半;而在低负荷下,会达到有效输出功的2倍左右。根据润滑油种类及发动机转速的不同,润滑油的能量损失占总功率的5%~15%。直接散发到环境的热量占总功率的2%~10%。此外,摩擦损失约占总功率的10%。

10.2　发动机温度

图 10.2 显示了汽油机在稳定工况下气缸内的典型温度分布情况。三个温度最高的位置分别位于火花塞附近、排气门和气门座、活塞头部,这些位置与高温燃气直接接触,冷却困难。

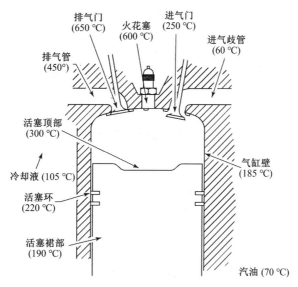

图 10.2　汽油机稳定运行在正常工况下的温度分布

第 7 章中曾提到,燃烧过程中气缸内温度最高的区域通常出现在火花塞附近,这是一个热交换非常困难的区域,安装在燃烧室内的火花塞使周围的冷却液套与壁面之间产生了温度梯度,造成局部出现冷却问题。风冷式发动机中的火花塞虽然破坏了局部的冷却翅片结构,但局部过热问题相比于水冷式发动机较轻。

发动机在运行过程中,排气门及气门座附近的温度通常较高,类似于火花塞附近的情况,主要是由于其处于高温废气的准稳态流场中,从而导致冷却困难。排气门的机械机构及气门座与排气总管的连接情况使冷却液流道或风冷翅片的布置存在困难,很难实现有效的冷却。活塞表面远离冷却水套或燃烧室外部的翅片,因此同样难以冷却。

在发动机暖机过程中,所有零部件都存在热膨胀现象。不同部件的膨胀程度取决于其温度和材料。发动机缸套尺寸限制了活塞的受热膨胀,对于较新的发动机,在工作温度下,活塞裙部及活塞环与缸套之间的作用力会更大。这会影响气缸壁表面的润滑油膜,导致在发动机工作过程中产生较高的摩擦热损失。在正常工作状态下,发动机活塞的表面温度如图 10.3 所示。活塞表面各处温度随发动机转速的变化如图 10.4 所示。

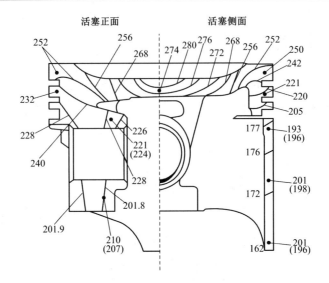

图 10.3　活塞正面及侧面的表面温度分布(℃)

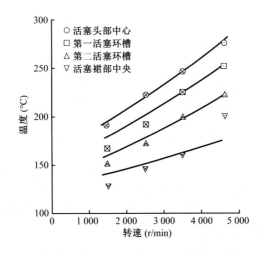

图 10.4　活塞表面各处温度随发动机转速的变化

图 10.5 显示了发动机不同部件在冷起动过程中的温度变化情况。在寒冷天气下,发动机的暖机时间会长达 20~30 min。一些部件的温度会很快达到稳态温度,但是有的部件的温度则升温较慢。通常情况下,发动机只需预热几分钟,但有可能需要长达 1 h 才能达到最佳燃料消耗率对应的工况,在该工况下发动机具有最佳的动力性和经济性。对车用发动机的要求不会像航空发动机一样严格,航空发动机必须充分预热并达到最大功率才能驱动飞行器起飞。但在未充分预热的情况下,发动机的经济性和排放水平均会偏低,且无故障周期会缩短。例如,大部分汽车是作为短程交通工具,在大多数情况下,发动机还未充分预热,汽车就到达了目的地,这也是汽车排放污染的一个主要原因。

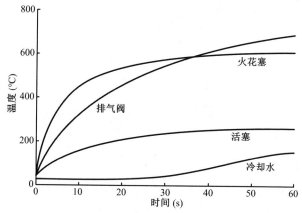

图 10.5　冷起动过程中汽油机中各组件的温度随时间变化

10.3　进气系统的热交换

当空气或可燃混合物通过进气系统进入气缸内时,温度会从环境温度升到约 60 ℃。这是因为气体在进气系统中进行了热交换。

进气总管的壁面温度比气体温度高,通过热对流作用,对空气或可燃混合物进行加热:

$$\dot{Q} = hA(T_{\text{wall}} - T_{\text{gas}}) \tag{10.4}$$

式中:T 为温度;H 为对流换热系数;A 为进气总管内壁表面积。

进气总管内的温度较高,在部分发动机上是有意这样设计的,而在其他发动机上仅仅是因为其靠近发动机的高温区域。采用化油器和气道喷射的发动机需要对进气进行加热以促进燃料蒸发。加热进气总管的方法包括:尽量将进气总管设置在靠近温度较高的排气管附近;采用冷却液对进气总管进行加热;采用电加热技术。有的进气加热系统则是通过在进气道表面的固定位置上设置被称为"热点"的加热区域对进气总管进行局部加热。"热点"通常位于燃料喷射口后,或者在对流强烈的管路三通处,如图 10.6 所示。

通过进气系统对进气进行加热有利有弊。其优点是燃料汽化越早,与空气混合的时间越长,形成的可燃混合物也就越均匀。其缺点有以下两方面。

第一个限制进气加热的原因是提高进气温度会降低发动机的容积效率:一是较高的进气温度降低了进气密度;二是燃料蒸气也相应地占据了一部分气缸容积。两方面作用使气缸中的进气量减少,容积效率降低。最理想的方案是先让一部分燃料在进气系统中汽化,而剩余部分则在压缩冲程甚至做功冲程中汽化。对于采用化油器的老式发动机,理想状态是 60% 的燃料在进气歧管中汽化。通过图 4.2 中的蒸发曲线可以很容易地确定汽化 60% 的燃料对应的目标温度。但通常进气歧管的设计温度要比目标温度高 25 ℃。这主要是因为进气流在进气歧管中的停留时间较短,温度难以达到稳态温度。进气歧管中的燃料在汽化的同时,汽化吸热会降低周围空气的温度。当可燃混合物进入气缸后,气缸壁会进一步对其加热,同时可燃混合物还可实现对气缸壁的冷却,避免气缸壁过热。

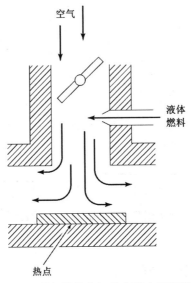

图 10.6　进气歧管上加热点影响示意图

　　第二个限制进气加热的原因是要保证可燃混合物在压缩冲程开始之前处在温度较低的状态。压缩冲程开始前的可燃混合物温度越高,相邻几个循环内的气缸内温度也越高,而这增加了发动机发生爆震的概率。

　　采用进气道多点喷射的发动机对进气歧管加热的要求较低,因为这种发动机的燃料液滴粒径更小且进气门附近的温度更高,足以保证燃料汽化。这使发动机的容积效率更高。通常情况下,进气道多点喷射系统将燃料喷射到进气门的背侧,不仅加快了燃料的汽化,还可以对进气门进行冷却。进气门的最高温度可达 400 ℃甚至更高,稳定工况下通常为 200~300 ℃。

　　如果发动机采用进气增压技术,进气温度也会因增压而升高。为了避免发动机容积效率的降低,通常采用增压中冷技术,即在增压器后安装换热器,通过冷却液或外部空气实现对增压后空气的冷却,从而降低进气温度。

10.4　燃烧室内的热交换

　　可燃混合物在燃烧室中有三种基本传热形式:热传导、热对流、热辐射。这三种传热都会对发动机的稳定运行产生较大影响。另外,发动机的气缸内温度也会受到残余液态燃料蒸发相变的影响。

　　在进气冲程中,由于进入气缸内的可燃混合物温度可能高于或低于气缸壁的温度,所以可燃混合物和气缸壁之间的热交换方向不确定。在压缩冲程中,可燃混合物的温度升高,在燃烧之前,已经存在对气缸壁的热对流。残余燃料液滴的蒸发也会吸收一部分压缩冲程释放的热量。

　　在燃烧过程中,气缸内的最高温度可达 3 000 K,需要有效的热交换以避免气缸壁过热。此时,热交换的主要形式是热对流和热传导,将热量从燃烧室中导出,避免出现气缸壁熔化的情况。

图 10.7 显示了气缸壁的热交换简图。气缸壁上单位面积的传热量为

$$\dot{q} = \dot{Q} / A = \frac{T_g - T_c}{1/h_g + \Delta x / k + 1/h_c} \tag{10.5}$$

式中：T_g 为气缸内可燃混合物的温度；T_c 为冷却液的温度；h_g 为高温燃气侧的换热系数；h_c 为冷却液侧的换热系数；Δx 是气缸套厚度；k 为气缸壁的导热系数。

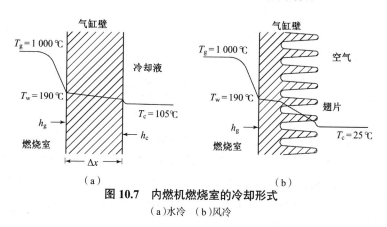

图 10.7　内燃机燃烧室的冷却形式
（a）水冷　（b）风冷

式（10.5）反映的热交换是随工作过程变化的。燃烧室中可燃混合物的温度 T_g 在整个工作过程中变化很大，其中在燃烧过程中逐步达到最高，在吸气过程中逐步降至最低。在吸气冲程中，可燃混合物的温度有时甚至低于壁面温度，使热交换方向暂时改变。冷却液的温度 T_c 通常是定值，需要经过多个工作循环才能有所变化。空气是风冷式发动机的冷却液，而水冷式发动机的冷却液是防冻液。气缸内气体侧的对流换热系数 h_g 在整个循环过程中受气流运动、湍流、涡流及流速等的影响，在空间分布上有很大差异。而在冷却液侧的对流换热系数通常是常数，主要取决于冷却液的流速。气缸壁的导热系数 k 是气缸壁温度的函数，通常也是常数。

气缸壁内侧的对流换热量为

$$\dot{q} = \dot{Q} / A = h_g(T_g - T_w) \tag{10.6}$$

式中：壁面温度 T_w 不应超过 180~200 ℃，以确保润滑油的热稳定性和气缸壁的结构强度。

确定雷诺数（Re）有许多方法，并用它比较不同尺寸、转速、几何形状的发动机的传热和流动特性。选择发动机的特征尺寸和转速是很困难的。其中一种确定雷诺数（Re）的方法如下，其计算结果与实验结果较为接近：

$$Re = [(\dot{m}_a + \dot{m}_f)B] / (A_p \mu_g) \tag{10.7}$$

式中：$\dot{m}_a$ 为进入气缸内气体的质量流量；$\dot{m}_f$ 为进入气缸内燃料的质量流量；B 为缸径；A_p 为活塞头部面积；μ_g 为气缸内流体的动力黏度。

燃烧室内部的努塞尔数（Nu）可以由雷诺数（Re）来确定：

$$Nu = h_g B / k_g = C_1 (Re)^{C_2} \tag{10.8}$$

式中：C_1 和 C_2 是常数；k_g 为气缸内气体的导热率；h_g 是式（10.5）中的对流换热系数的平均值。

气缸壁冷却液侧的努塞尔数（Nu）和对流换热系数可通过计算强制对流换热系数的传统方法估算。

气缸内可燃混合物和燃烧室壁面间的辐射换热量：

$$\dot{q} = \dot{Q} / A = \frac{\sigma(T_g^4 - T_w^4)}{(1-\varepsilon_g)/\varepsilon_g + (1/F_1 - 2) + (1-\varepsilon_w)/\varepsilon_w} \quad\quad (10.9)$$

式中：T_g 为气体温度；T_w 为壁面温度；σ 为斯特藩 - 玻尔兹曼定律（Stefan-Boltzmann）常数；ε_g 为气体的辐射率；ε_w 为壁面辐射率。

在点燃式发动机中，虽然气缸内可燃混合物的温度很高，但可燃物对壁面的辐射热量仅占整体热交换量的 10% 左右。这是由于气体本身的辐射特性较差，只能发射特定波长的光。着火前，燃料 - 空气混合物中的气体组分大部分为 N_2 和 O_2，辐射换热量很少，而燃料 - 空气混合物的燃烧产物中的 CO_2 和 H_2O 则在辐射换热中起着重要的作用。

压燃式发动机在燃烧过程中产生的碳颗粒物在全波长范围内都是很好的辐射体，这类发动机壁上的辐射热传递占总热交换量的 20%~35%。

很大比例的辐射热传递发生在做功冲程的初期。此时，气缸内的温度最高，辐射势能正比于温度的四次方，因此会产生大量的辐射热量。并且此时也是压燃式发动机气缸内碳烟生成量的峰值时刻，进一步增加了辐射热量。经验表明，压燃式发动机在工作循环中的瞬时辐射换热量峰值可达 10 MW/m²。

由于发动机循环工作的特点，式（10.5）中的可燃混合物温度 T_g 一直处在准稳态。气缸内可燃混合物温度的循环变动导致了气缸壁面上热交换的循环变动。然而，由于循环时间很短，所以这部分热交换的循环变动只发生在气缸壁面下很小的深度范围内。在正常转速下，这部分热交换量的 90% 限制在距铸铁气缸套壁 1 mm 的范围内。对于铝制气缸套，这个范围大致为 2 mm；对于陶瓷气缸套，这个范围仅为 0.7 mm 左右。由于气缸套的厚度远大于此，所以壁面处热交换的循环变动可以忽略不计，并可将热传导过程视为稳态。

在做功冲程中仍存在可燃混合物与气缸壁间的热交换，但是此时热交换速率降低很快。这主要是由于在做功冲程中膨胀冷却和热量损失使气缸内的温度从最高值（2 700 K）降至排气温度（800 K）。在排气冲程中，同样存在可燃混合物与气缸壁的热交换，但是速率很低。此时，气缸内的可燃混合物温度进一步降低，对流换热系数也相应地降低。此外，由于此时气缸内无涡流及挤流运动并且湍流强度降低，导致对流换热系数进一步降低。

气缸内的燃烧循环变动同样会导致壁面热交换的循环变动。图 10.8 显示了气缸内某一位置处热交换随曲轴转角的变化情况。发动机的一个工作循环内的四个冲程中均存在热交换，热流量从大到小，甚至可以达到零或负值（热流方向为从壁面到可燃混合物）。在自然吸气发动机中，吸气冲程中热流方向可以是从可燃混合物到壁面，也可以从壁面到可燃混合物。在压缩冲程中，可燃混合物温度升高，热流方向为从可燃混合物到壁面。随着可燃混合物着火燃烧，气缸内温度升高，热流量也随之增大并达到峰值，随后在做功冲程和排气冲程中降低。对于增压发动机，由于进气温度升高，可燃混合物对壁面的热流量也升高。

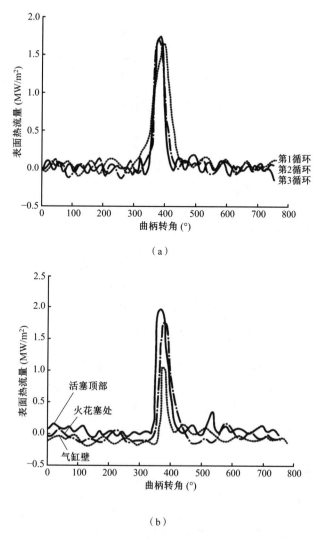

图 10.8　典型内燃机单缸单点局部热流量在工作循环内的变化

(a)时间分布　（b)空间分布

　　前文中已经讨论过火花塞、燃料喷射器和气门等突出部件出现的冷却问题。此外，另一个主要的冷却问题是活塞头部的冷却,该部位直接与高温燃气接触,却不能通过水套或翅片进行冷却。正因如此,活塞是发动机的高温部件之一。其中一种冷却办法是在活塞头部的背面喷射润滑油。润滑油的主要作用是润滑,另一个主要作用是冷却。润滑油吸收了活塞头部的热量后,会流回曲轴箱和油底壳中,重新冷却。活塞头部表面也会发生热传导,但是这部分的热阻很大。热量传递路径主要有两条:一是随着润滑油沿着连杆向下流入油底壳;二是通过活塞环传到气缸壁,再通过气缸壁传到冷却液套,如图 10.9 所示。虽然活塞和连杆是金属材质的,其热阻很低。然而起连接作用的活塞销处润滑油膜的存在使该部位热阻提高。连杆与曲轴的连接处同样存在这样的润滑油膜。接触面间的润滑油膜产生了较大热阻,并使该路径出现导热困难。

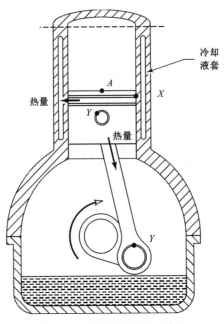

冷却
液套

热量

A

X

Y

热量

Y

图 10.9　活塞冷却路径示意图

　　在正常工作条件下，铝制活塞的工作温度会比铸铁活塞低 30~80 ℃，这是由于铝相比于铸铁具有更好的导热性。这有助于降低爆震的风险，但会因不同材料之间的热膨胀差异产生严重的受热膨胀问题。如今，对于新研发的活塞，表面多采用高温陶瓷，使该活塞可以在更高的温度下工作。陶瓷的导热性很差，但是可以承受更高的温度。在一些大型的发动机上常采用水冷活塞。

　　为了避免润滑油在高温下失效，必须保证气缸壁温度不超过 180~200 ℃。随着润滑油技术水平的不断提升，气缸壁面的允许最高温度也相应提高。在发动机使用过程中，附着物会逐渐在气缸壁上沉积。这些附着物主要来自空气和燃料中的杂质、燃料的不充分燃烧以及进入燃烧室中的润滑油的燃烧。这些附着物会产生热阻并提高气缸壁的温度。过多的沉积物还会减小余隙容积、提高发动机压缩比。

　　一些现代发动机采用热管辅助冷却发动机内部的一些用常规手段无法冷却的过热区。热管的一端位于发动机中需要冷却的高温区域，另一端则连接着冷却液或外部空气。

10.5　排气系统中的传热问题

　　为了计算排气管中的热损失，可对常规的内部热对流模型进行优化。由于发动机排气具有循环脉动的特性，所以其努塞尔数（Nu）相比于具有相同质量流量、相同管道条件下的稳态预测值高 50% 左右，如图 10.10 所示。在对努塞尔数进行修正后，就可以使用常规的内部热对流模型对排气系统中的废气能量进行计算。排气系统中的热损失直接影响发动机的排放及增压特性。

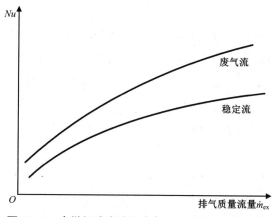

图 10.10　内燃机稳定流和废气流中的平均努塞尔数

点燃式发动机的准稳态排气温度一般为 400~600 ℃,极端情况下为 300~900 ℃。压燃式发动机由于具有较大的膨胀比,因此排气温度较低,一般为 200~500 ℃。

一些大型发动机的排气门内部装有充钠的真空热管,可以有效地对气门头部散热。气门本身只能通过热传导散热,而真空热管通过相变过程可以散发多达 4 000 W/cm³ 的热量。液态钠在中空热管的热端被汽化,然后在冷端冷凝。由于采用相变传热原理,这种真空热管的有效导热量是单纯热传导的许多倍。金属钠的熔点只有 98 ℃,所以可作为导热材料。

【例题 10.1】

在例题 8.1 中的发动机中,从发动机到催化转化器的排气歧管和管道可以近似为长 1.8 m 的管道,管道的内径为 6.0 cm、外径为 6.5 cm。发动机在转速 3 600 r/min 时的容积效率为 93%,空燃比为 15,排气管的平均壁面温度为 200 ℃。试计算进入催化转化器的排气温度。

解

从例题 8.1 中可知,离开发动机的排气温度 T_1 = 756 K=483 ℃。作为第一近似值,假设排气管中的温度损失 ΔT=100 K,则 T_2 = 656 K=383 ℃。按照标准空气进行分析,废气将使用空气的特性值。

总体气体的平均温度为

$$T_{BULK} = (T_1 + T_2)/2 = (756+656)/2 = 706 \text{ K} = 433 \text{ ℃}$$

由相关热力学教材中获得空气特性值:密度 ρ=0.499 kg/m³;运动黏度度 v=6.72×10⁻⁵ m²/s;导热率 k=0.056 2 W/(m·K);比热 c_p=1 076 J/(kg·K);普朗特数 Pr=0.684。

式(2.71)给出了空气的质量流量表达式。废气流量为空气和燃料流量之和:

$$\dot{m}_{ex} = (\eta_v \rho_a VdN/n)(16/15)$$

$$= \{(0.93)(1.181 \text{ kg/m}^3)(0.006\ 4 \text{ m}^3)[(3\ 600 \text{ r/min})/(60 \text{ s})]/2\}(16/15)$$

$$= 0.225 \text{ kg/s}$$

平均流速为

$$u_d = \dot{m}_{ex}/\rho A$$

$$= (0.225 \text{ kg/s})/[(0.499 \text{ kg/m}^3)(\pi/4)(0.06 \text{ m})^2] = 159.5 \text{ m/s}$$

管内流动的雷诺数为

$$Re = u_d / v = (159.5 \text{ m/s})(0.06 \text{ m})/(6.72 \times 10^{-5} \text{ m}^2/\text{s}) = 142\ 411$$

用 Dittus-Boelter 方程求得的管道流动的努塞尔数为

$$Nu = 0.023 Re^{0.8} Pr^{0.3} = (0.023)(142\ 411^{0.8})(0.684^{0.3}) = 272$$

因为是脉冲排气流，所以努塞尔数需要乘以 2：

$$Nu' = Nu \times 2 = 272 \times 2 = 544$$

对流传热系数为

$$h = Nu'(k/d) = (544)[0.052\ 6 \text{ W/(m·K)}]/(0.06 \text{ m}) = 477 \text{ W/(m}^2 \cdot \text{K)}$$

从排气到管壁的对流传热系数为

$$\dot{Q} = hA(T_{bulk} - T_{wall})$$
$$= \left[477 \text{ W/(m}^2 \cdot \text{K)} \right] \left[\pi(0.06 \text{ m})(1.8 \text{ m}) \right] [(706 \text{ K}) - (473 \text{ K})] = 37\ 709 \text{ W}$$

发动机和催化转化器之间排气气流的温差为

$$\Delta T = \dot{Q} / \dot{m}_{ex} c_p = (37\ 709 \text{ W})/(0.225 \text{ kg/s})[1\ 076 \text{ J/(kg·K)}] = 156 \text{ K}$$

进入催化转化器的排气温度为

$$T_2 = T_1 - \Delta T = 756 \text{ K} - 156 \text{ K} = 600 \text{ K} = 327 \text{ ℃}$$

对 T_2 和 ΔT 按照下面值进行迭代，即得到进入催化转化器的排气温度：

$$\Delta T = 138 \text{ K}$$
$$T_2 = 618 \text{ K} = 345 \text{ ℃}$$

10.6　发动机运行参数对热交换的影响

发动机的热交换受很多因素影响，所以不同发动机之间的热交换很难进行对比。这些因素包括空燃比、转速、负荷、平均有效压力、点火定时、压缩比、材料和排量。

10.6.1　发动机排量

如果两台外形相似、排量不同的发动机在相同的转速下运转，其他变量（温度、空燃比、燃料等）非常接近，排量较大的发动机的绝对热损失更大，其热效率却会更高。如果两台发动机的工作温度和材料相同，则单位面积上的热流损失相同，因此排量较大的发动机由于表面积较大，其绝对热损失也相对较大。

然而，排量较大的发动机输出功率更大并且热效率更高。一方面，随着发动机尺寸的线性增长，体积以尺寸的三次方增长。如果一台发动机的线性尺寸比另一台大 50%，其排量将是另一台的 3.375 倍（1.5^3）。在可燃混合物性质相似的前提下，排量较大的发动机的燃料消耗量是排量较小的发动机的 3.375 倍，所释放的热能也是排量较小发动机的 3.375 倍左右。另一方面，发动机的表面积与其尺寸的平方成正比，所以排量较大的发动机的表面积和热损失均只有排量较小发动机的 2.25 倍。发动机做功与长度的立方成正比，热损失也和尺寸长度的平方成正比。因此，在其他条件相同的情况下，排量较大的发动机热效率更高。

在发动机的设计中，这个逻辑可以扩展到不仅仅是用于绝对尺寸的选择。为了获得更高的热效率,就需要设计一个高体面比的燃烧室。这也是为什么采用顶置式气门的发动机的热效率要高于采用侧置式气门的发动机,如具有更大表面积的 L 形发动机。这也说明,采用简单的单一开式燃烧室的发动机的热损率比表面积更大的采用分隔式燃烧室的发动机要小。

10.6.2　发动机转速

随着发动机转速的升高,流入和流出发动机的气体流速增大,使气流的湍流强度增大,对流换热系数增大。最终增加了吸气、排气甚至是压缩冲程初期的热交换。在燃烧与做功冲程中,气缸内气体的流速不受发动机转速的影响,但是受到涡流、挤流及燃烧的影响。也就是说,对流换热系数与发动机的转速无关。同样地,热辐射也与转速无关。所以,散热率在这一阶段也是恒定的,由于发动机在转速较高时,循环周期缩短,所以每循环的热损失就相应地减少。发动机在较高转速下,具有更高的热效率。从整个循环来看,单位时间内的热损失略有增加,其中部分是由于换气过程中热损失较高,但主要还是由于在转速较高的情况下,稳态损失变大。而从质量流量的热损失来说,转速升高会导致气体质量流量增加,从而单位质量的热损失降低,也就是热效率得到提升。

随着发动机转速的升高,所有发动机部件的稳态温度都随之上升,如图 10.11 所示。随着发动机转速的提高,发动机与冷却液的热交换随壁面温度的增加而增大:

$$\dot{Q} = hA(T_w - T_c) \tag{10.10}$$

式中:h 为对流换热系数,常数;A 为表面积,常数;T_c 为冷却液温度,常数;T_w 为壁面温度,随转速的提高而增加。

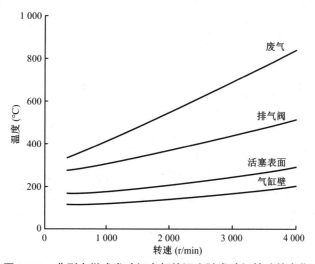

图 10.11　典型点燃式发动机内部件温度随发动机转速的变化

随着发动机转速的提高,为了使其仍保持相同的稳态温度,需要将更多的热量经冷却液和散热器释放到环境中。

发动机转速较高时,每循环的周期缩短,但燃烧过程对应的曲轴转角变化不大,所以在发动机转速较高的情况下,燃烧持续期缩短(图 7.6),这意味着自燃及爆震也会减少。然而每循环的热交换周期也会缩短,这意味着气缸内温度会升高,发生爆震的概率增大。对于部分发动机,随着转速的上升,爆震问题变得更严重;而对于另一部分发动机,则是转速越高,发生爆震的概率越低。

在排气冲程中,废气以声速通过排气门,废气流量会产生突变且与发动机转速无关。发动机转速较高时,排气冲程对应的曲轴转角增加,导致排气门温度和排气管的温度升高。较高的缸内温度可以提高声速,从而提高排气流量。发动机转速越高,排气系统温度也越高。

10.6.3 负荷

在保持发动机转速不变的前提下,随着发动机负荷的增加(如上坡、牵引时),节气门开度需进一步增大。这会降低节气门的节流损失,并提高进气的压力和密度。在给定的发动机转速下,随着负荷的增加,空气及燃料的质量流量也相应增加,发动机内的热交换也随之增加。

$$\dot{Q} = hA\Delta T \tag{10.11}$$

式中:H 是对流传热系数;A 是任意点处的面积;ΔT 是该点处的温差。

换热系数与雷诺数相关:

$$H \propto ReC \tag{10.12}$$

式中:C 为常数,通常取 0.8。

雷诺数与质量流量 $\dot{m}$ 成正比,所以传热速率随着 $(\dot{m})^{0.8}$ 的增加而增加。喷入气缸内的燃料量也随 $\dot{m}$ 的增加而增加。所以,气缸内燃烧产生的能量随 $\dot{m}$ 的增加而增加。

随着发动机负荷的增加,每循环中的热损失略有减小,但会被发动机高负荷工作条件下经常发生的爆震所抵消。如果爆震发生,热损失所占比例会相应增大。爆震会造成气缸内局部温度升高,热损失增大。随着负荷的增加,气缸内温度升高。因此,将图 10.11 的横坐标转速改为负荷后,各温度曲线的变化趋势没有变化。

压燃式发动机中没有节气门,进气量与负荷大小几乎没有关系。当转速或负荷增加时,输出功率相应增加,燃料喷射量也随之增加。排气过程中的质量流量只有 <5% 的增幅。这意味着,发动机内部的对流换热系数与发动机负荷无关。

在低负荷运转时,喷射和燃烧的燃料量较少,稳态温度较低,减小了相应的换热损失。在高负荷运转时,喷射和燃烧的燃料量较多,稳态温度随之升高,热损失增大。一方面,由于浓燃混合物燃烧时会生成大量的碳颗粒物,提高了辐射换热率;另一方面,随着负荷的增加,每循环的喷油量及释放的总能量均随之增大。总的来说,压燃式发动机的热损失所占比例受负荷变化的影响不大。

10.6.4 点火定时

当调整点火定时,使发动机的最大爆发压力和最高温度出现在上止点后 5°~10°,发动机的输出功和温度都会有所增加。峰值温度的升高使瞬时热损失加大,但其持续时间很短。点火时刻过早或过晚,都会导致燃烧效率和平均温度降低。较低的燃烧温度使瞬时热损失的峰值下降,但其持续时间将会延长,总的能量损失增大。点火时刻过晚会导致后燃期持续到做功冲程,造成排气温度升高,排气门及排气口的温度也相应升高。

10.6.5 燃料当量比

对于点燃式发动机,可燃混合物的当量比为 1.1 时,发动机输出功率最大,此刻热损失也达到最大。可燃混合物过稀或过浓,热损失均会减少。可燃混合物的当量比为 1.0 时,热损失所占比例达到最大值。发动机工作在当量比下时,对燃料的辛烷值要求最高。发动机工作在浓燃工况下时,则可以使用辛烷值较低的燃料。

10.6.6 蒸发冷却

燃料在吸气冲程和压缩冲程初期蒸发,吸收热量,使进气温度降低,进气密度升高,这会提高发动机的容积效率。对于汽化潜热较高的燃料,如乙醇,由于其蒸发时吸热量较大,使发动机工作温度降低。如果发动机工作在浓燃工况下,过量燃料的蒸发会降低气缸内的燃烧温度。

在第二次世界大战期间,水喷射器成功应用于部分配备有高性能往复式发动机的战斗机,以对其进气系统进行冷却。喷水使蒸发冷却增强,提高了容积效率,进而提高了功率。近年来,向发动机的进气系统中喷水的技术再次得到应用。这项技术在汽车发动机、大型船舶发动机和固定式发动机中都有应用。除了提高容积效率和功率之外,还可通过降低循环温度来减少 NO_x 的生成。可以通过以下三种方法实现喷水:一是将水喷入进气流、进气系统中或直接喷入燃烧室;二是用水乳化燃料;三是增加进气湿度。在这些方法中,直接喷水似乎是最实用的,并且已经在许多系统中使用。在机动车发动机上,对于第一种方法,水的储存和结冰是潜在的技术问题;对于第二种方法,水乳化技术会导致混合、存储和喷射方面的问题;对于第三种方法,可能难以提供足够高湿度的空气,并且可能导致进气系统出现腐蚀问题。

瑞典萨博汽车公司通过实验得出,在发动机高速和加速工况下,喷水对发动机燃料经济性有所改善。为避免额外增设水箱,喷水主要来自清洗挡风玻璃的玻璃水。测试结果表明,玻璃水中的防冻成分和其他添加剂对发动机并无伤害,应用喷水技术后,发动机在高速工况下的燃料消耗降低了 20%~30%。

【例题 10.2】

某飞机的发动机为 900 kW 的增压汽油机,转速为 3 600 r/min,燃料的当量比为 1.05。该发动机采用增压和喷射燃料,其进气端温度为 65 ℃。将汽油近似为异辛烷,试计算当燃料汽化时,有多少空气被燃料的蒸发冷却作用所冷却。

解

满足化学计量比的异辛烷燃烧反应为

$$C_8H_{18}+12.5O_2+12.5(3.76)N_2 \rightarrow 8CO_2+9H_2O+12.5(3.76)N_2$$

当量比为 1.05 时的燃烧反应为

$$C_8H_{18}+(12.5/1.05)O_2+(12.5/1.05)(3.76)N_2 \rightarrow$$
$$(8/1.05)CO_2+(9/1.05)H_2O+0.05\ C_8H_{18}+(12.5/1.05)(3.76)N_2$$

燃料的蒸发冷却作用表达式为

$$Q_{evap} = \Delta H_{air} = N_f M_f h_{fg} = N_a M_a c_p \Delta T$$

式中：N_a 为空气的摩尔数；N_f 为燃料的摩尔数；M_a 为空气的相对分子质量；M_f 为燃料的相对分子质量；h_{fg} 为燃料的汽化热；c_p 为比热；ΔT 为温度差。

因此，1 mol 燃料的蒸发冷却作用产生的温差为

$$\Delta T = \frac{(114)(290 \text{ kJ/kg})}{(12.5/1.05)(4.76)(29)[1.005 \text{ kJ/(kg·K)}]} = 20 \text{ ℃}$$

【例题 10.3】

在例题 10.2 的基础上，在发动机进气系统中喷水，每 1 kg 燃料注入 0.25 kg 水，水的蒸发热取 h_{fg}=2 350 kJ/kg。试计算：①喷水时进气温度；②喷水时发动机的功率；③功率提升的百分比。

解

①计算喷水时进气温度。

燃料的相对分子质量为 114，则根据化学反应方程式，水的质量为

$$M_w = (0.25)(114) = 28.5 \text{ kg}$$

水的蒸发冷却作用可表示为

$$N_w M_w h_{fg} = N_a M_a c_p \Delta T$$

因此，1 mol 水的蒸发冷却作用产生的温差为

$$\Delta T = \frac{(28.5)(2\ 350 \text{ kJ/kg})}{(12.5/1.05)(4.76)(29)[1.005 \text{ kJ/(kg·K)}]} = 41 \text{ ℃}$$

经过水的蒸发冷却作用，进入发动机的空气的温度为

$$T_a = (65 \text{ ℃}) - (41 \text{ ℃}) = 24 \text{ ℃}$$

②计算喷水时发动机的功率。

发动机的功率可以近似与进气密度成正比；燃料是按照入口空气质量喷入的，燃料能量的一部分会转换成输出功率；而入口空气密度和入口空气温度成反比。所以，喷水时的功率为

$$(\dot{W})_{with} = (\dot{W})_{without}(T_{without}/T_{with})$$
$$= (900 \text{ kW})[(338 \text{ K})/(297 \text{ K})] = 1\ 024 \text{ kW}$$

但是，当有一些进入的空气被水蒸气取代时，此值会有所下降，对于进入 1 mol 的燃料，有（12.5/1.05）（4.76）=56.67 mol 的空气与之对应。当喷水时，还有（0.25）（114）/（18）=1.583 mol 的水蒸气。则发动机的输出功率为

$$(\dot{W})_{output} = (\dot{W})_{with}[(N_a)/(N_a + N_{vapor})]$$
$$= (1\ 024 \text{ kW})[(56.67)/(56.67+1.583)] = 996 \text{ kW}$$

③计算功率提升的百分比。

在喷水工况下，功率提升的百分比为

$$\Delta = \frac{(996 \text{ kW}) - (900 \text{ kW})}{(900 \text{ kW})}(100\%) = 10.7\%$$

10.6.7　进气温度

提高进气温度会导致整个工作循环内缸内温度的提高,从而增加热损失。每提高进气温度 100 ℃,热损失会增加 10.15%。提高缸内温度也会增加爆震发生的概率。采用涡轮增压和机械增压后,发动机进气温度普遍较高,所以在增压后会对空气进行冷却以降低其温度。

10.6.8　冷却液温度

发动机冷却液温度的提高会导致所有被其冷却部件的温度整体提高,但对于火花塞及排气门的影响并不大,而冷却液温度的提高会增加发动机发生爆震的概率。

10.6.9　发动机材料

气缸套和活塞组件由于使用材料的不同,会造成工作温度存在差异。由于铝具有较高的导热率,所以铝制活塞的正常工作温度要比铸铁活塞低 30~80 ℃。采用陶瓷表面的活塞导热性差,温度高。根据陶瓷材料低质量惯性、耐高温的性质,也可作为排气门的材料。

10.6.10　压缩比

发动机的压缩比对发动机与冷却液间的热交换影响不大。压缩比在 10 以下时,随着发动机压缩比的增大,传热效率略有下降;当压缩比超过 10 以后,随着压缩比进一步增大,传热效率又略有增大。例如,压缩比从 7 增大到 10,其传热效率损失下降约 10%,这主要是由于压缩比的增大直接影响可燃混合物的燃烧特性,如火焰速度、气流运动等;而随着压缩比的提高,在做功冲程中的膨胀散热也相应增加,导致排气温度降低。压燃式发动机的压缩比普遍高于点燃式发动机的压缩比,所以其排气温度也相对较低。活塞的温度一般随压缩比的增大而略有升高。

10.6.11　爆震

爆震会造成燃烧室局部区域内的温度和压力迅速升高,在极端情况下,甚至可能造成活塞头部和进排气门的损坏。

10.6.12　涡流和挤流

涡流和挤流强度的增大会增加气缸内的对流换热效率,导致壁面传热效果的增强。

10.7　风冷式发动机

许多中小型发动机采用风冷结构,如割草机、电锯、航模等使用的小型发动机。风冷式发动机的造价可以保持在较低水平。同时,风冷式发动机也具有体积小、质量轻的优点,广泛应用于摩托车、汽车和飞机上。

风冷式发动机主要依靠流过外壳的气流进行散热,以防止发动机过热。对于摩托车和飞机而言,通过快速运动使空气快速流过发动机表面,有时也会使用导流板和导流管使气流流经特定位置。风冷式发动机的外壳均采用具有良好导热性的材料,并通过安装翅片实现最佳的散热效果。车用风冷式发动机通常通过风扇来提升空气流速并采取适当的导流,而割草机和电锯使用的风冷式发动机则只能依靠自然对流进行散热。部分小型发动机外壳上加装了起空气导流作用的飞轮,当发动机工作时,导流装置可以增强翅片的散热效果。通过翅片标准换热方程可以计算风冷式发动机表面散失的热量。

风冷式发动机相比于水冷式发动机更难实现均匀冷却。水冷式发动机可以较容易地将冷却液送至需要冷却的部位,同时液体的热力学性质也要好于气体(具有更高的换热系数和比热)。从图 10.12 中可以看出,风冷式发动机的机体表面各部位的冷却需求并不相同,如温度较高的排气门和排气歧管处就需要更强的冷却效果和更大的翅片面积。对风冷式发动机的迎风面的冷却相对容易,而对背风面的冷却则较难,这就会导致机体温度场分布不均匀和受热变形的问题。

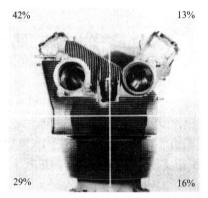

图 10.12　风冷式航空发动机不同区域翅片散热量

相比于水冷式发动机,风冷式发动机主要有以下优点:
1)质量轻;
2)成本低;
3)冷却系统故障率低;
4)易于冷起动;
5)暖机迅速。
但风冷式发动机也存在以下缺点:
1)热效率低;
2)噪声大,所需的空气流量大,且没有冷却液套用于抑制噪声;
3)需要导流装置及翅片。

10.8　水冷式发动机

水冷式发动机的机体被冷却液套包围,冷却液套中流动着冷却液,可以更好地对发动机进行冷却,但发动机的整体质量随之增大,并需要安装水泵等附件。水冷系统由于成本、体积和复杂性等原因,在小型和低成本发动机上应用较少。

水冷式发动机极少单独采用水作为发动机的冷却液。虽然水是热的良导体,但仍有一些缺点:一是纯水在 0 ℃就会结冰,所以不适用于在北方的冬季使用;二是水的沸点低,在加压系统中也不够理想;三是在没有添加剂的情况下,水对许多材料具有腐蚀性。大多数发动机采用水和乙二醇($C_2H_6O_2$)的混合物作为冷却液,称为防冻液。在保留水导热性方面优势的前提下,防冻液在一些物理性质上有所提升。相比于纯水,防冻液还具有抗腐蚀和润滑冷却液泵的作用。在水中添加乙二醇后,凝点降低,沸点升高。防冻液中乙二醇的体积分数从微量到 70% 不等。根据乙二醇独特的温度 - 浓度 - 相变曲线,在浓度较高时,其凝点会再次升高,导热性也会变差,所以乙二醇不能单独作为发动机冷却液使用。

乙二醇与水互溶,在标准大气压下,沸点为 197 ℃,凝点为 -11 ℃。表 10.1 给出了不同体积分数的乙二醇水溶液的物理性质。作为发动机的冷却液,乙二醇的掺混比例主要取决于使用地区的最低气温。

发动机的冷却液不允许冻结。因为冻结后,冷却液将无法流过散热器,会导致发动机过热。另外,更严重的后果是冷却液冻结后,由于体积膨胀,会胀破冷却液套或水泵,造成发动机损坏。即使在冷却液不会冻结的条件下,为了获得良好的导热性和润滑性,也应该在冷却液中添加一些乙二醇。

除了具有良好的热力学性质,冷却液还应满足以下要求:化学稳定性、不起泡、无腐蚀性、低毒性、不易燃、成本低。大多数商用防冻液均满足上述要求。其中,许多品种是在添加乙二醇的基础上又添加了少量其他添加剂。一些商用发动机冷却液(Sierra 等)使用丙二醇(C_4H_8O)作为添加剂。有些人认为,如果冷却系统发生泄漏或冷却液老化并废弃后,对环境的危害比乙二醇大,所以丙二醇冷却液的应用很少。

可以采用比重计确定防冻液中乙二醇或丙二醇的掺混比例,即测量校准的比重计在防冻液中的悬浮高度,然后确定其相对密度,最后通过查表 10.1 和表 10.2 确定乙二醇或丙二醇的掺混比例。

表 10.1　不同体积分数的乙二醇水溶液的物理性质(101 kPa、15 ℃)

体积分数(%)	相对密度	凝点(℃)	沸点(℃)	汽化焓 (kJ/kg)	比热 [kJ/(kg·K)]	导热率 [W/(m·K)]
0	1.000	0	100	2 202	4.25	0.69
10	1.014	-4	100	—	—	—
20	1.029	-9	100	—	—	—
30	1.043	-16	100	—	—	—
40	1.056	-25	100	—	—	—
50	1.070	-38	111	1 885	3.74	0.47
60	1.081	-53	111	—	—	—
100	1.119	-11	197	848	2.38	0.30

表 10.2　不同体积分数的丙二醇水溶液的物理性质(101 kPa、15 ℃)

体积分数(%)	相对密度	凝点(℃)	沸点(℃)	汽化焓(kJ/kg)	比热[kJ/(kg·K)]	导热率[W/(m·K)]
0	1.000	0	100	2 202	4.25	0.69
10	1.006	−2	100	—	—	—
20	1.017	−7	100	—	—	—
30	1.024	−13	100	—	—	—
40	1.032	−21	100	—	—	—
50	1.040	−33	108	1 823	3.74	0.37
60	1.048	−48	108	—	—	—
100	1.080	−14	188	711	3.10	0.15

如图 10.13 所示,冷却液通常从发动机底部进入冷却液套。在流经发动机机体时,从缸套高温区域吸热从而对该区域冷却。其中,冷却液套中流道的作用是引导冷却液流经气缸壁外表面,并流过其他所有需要冷却的部位。冷却液也会流经所有需要加热或冷却的组件,如对进气歧管加热、对油箱进行冷却。流出发动机的冷却液因为在冷却过程中吸收了发动机的大量热量,具有很高的焓值。冷却液的出口一般在机体顶部。

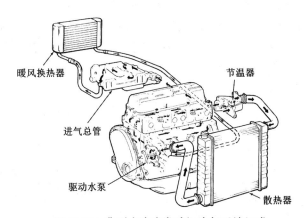

图 10.13　典型水冷式发动机冷却系统组成

冷却液中的热量主要是通过循环冷却系统中的散热器及时散逸到大气中,然后冷却液流回,开始下一次冷却循环。散热器通常是内部为蜂窝结构的板壳式换热器,高温的冷却液从上到下流动,与由前向后流动的空气进行热交换,如图 10.14 所示。汽车的运动使空气流过散热器,同时散热器上的风扇也可以促进空气流动,而风扇依靠电力驱动或曲轴驱动。被冷却的发动机冷却液从散热器的底部重新流回发动机的冷却液套中,最终完成冷却液的闭环循环。驱动冷却液循环的水泵通常位于散热器的出口和发动机机体的入口之间,同样是依靠电力或曲轴驱动。在一些早期的车用发动机上没有安装循环水泵,只能依靠自然对流进行散热。

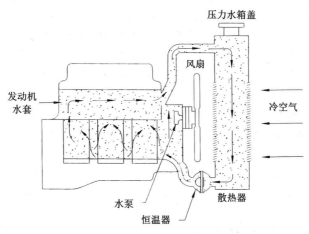

图 10.14　发动机的散热器布置示意图

离开散热器的空气被进一步用来冷却发动机外壳及发动机舱。由于现代汽车在外形设计上需要满足空气动力学和美观性的要求,因此向发动机舱和散热器导气的难度增加,需要进一步提高散热器的散热效率。因为现代发动机的工作温度进一步提高,所以对冷却空气的流速的要求相应降低。现代发动机在稳态工况下,发动机舱内的温度接近 125 ℃。

为了防止冷却液出口温度过低,以保证发动机有适宜的工作温度和较高的工作效率,在发动机冷却液循环的入口处通常设置一个节温器。节温器是一个可以开闭的温控阀门。当冷却液温度很低时,节温器关闭,不允许冷却液流过主循环通道。随着发动机温度升高,节温器的温度也相应升高,在热膨胀的作用下,节温器打开,冷却液进入主循环通道。温度越高,节温阀的开度越大,冷却液流量也越大。因此,通过节温器的开启和关闭可以较为准确地控制冷却液的出口温度。根据发动机不同工况对应的冷却液温度确定节温器的开闭,通常分低温(60 ℃)级和高温(115 ℃)级。

较老的车用发动机在标准环境大气压下,冷却液通常为水。为保证发动机正常工作,避免冷却液沸腾,冷却液温度总体限制在约 83 ℃。为了提高发动机的工作温度,以提高发动机的热效率,有必要提高冷却液的温度。通过对冷却循环加压并在冷却液中添加乙二醇等添加剂可以提高冷却液的沸点和工作温度,其中冷却系统在工作状态下的绝对压力为 200 kPa。

在冷却系统设计过程中,希望冷却液在整个循环中均保持液态。因为一旦冷却液沸腾,体积会迅速膨胀并产生气阻,从而破坏了冷却液的稳定流动。通过在冷却系统中添加乙二醇,可以使冷却液有较高的沸点并避免发生大规模的沸腾。而在冷却液套中局部热点处发生的小规模沸腾有利于对发动机中的过热点进行冷却,因为局部热点处沸腾过程中发生的相变可以吸收大量的热量,然后对流循环会将在过热表面形成的气泡带走,产生的蒸气会在冷却液的主流道中重新冷凝为液体。

有些车辆搭载的小型柴油机无法在某些工况(如怠速)下提供足够的热量供车厢采暖,这时候就需要用到电加热器来提供暖风。这对于采用 42 V 电气系统的车辆来说更实用一些。对于这些车辆而言,采用黏性加热器也是一种行之有效的方法。黏性加热器内部为高黏度液体(如硅油等),由电动机或曲轴驱动其内部液体流动,利用液体摩擦提供热量。

流经发动机机体的冷却液的温度较高,可以用来加热汽车的客舱,即让一部分高温冷却液流过一个换热器,换热器的另一端对来自外部或车内的循环空气进行加热,然后用管道将加热后的空气输送到驾驶室用于供热或用于车窗除霜。

历史小典故 10.1:冷却液

最早期的发动机既采用风冷也采用水冷。一开始,在寒冷冬天时需要将水从冷却系统中放出来,整个冬天不能开车。酒精和煤油是两种最早使用的防冻液,虽然冬天可以开车了,但需要时刻注意防冻液的泄漏问题。这些添加剂都是可燃物,许多车辆因防冻液泄漏到发动机表面或排气管发生自燃。

10.9   润滑油的冷却作用

对于发动机来说,润滑油不但起润滑作用还起冷却作用。由于所处位置的原因,活塞很难通过冷却液套或外部翅片进行冷却。为了有效冷却活塞表面,采用在活塞头部背面喷射或飞溅润滑油的方式对其进行冷却。在飞溅式冷却方法中,通过曲柄和连杆的运动使润滑油溅射到发动机零部件的外表面,润滑油将活塞头部的热量吸收后又重新流回油底壳,与冷态的润滑油混合,最终将这部分热量释放到其他部件上。这种通过润滑油飞溅冷却活塞的方法广泛应用于小型风冷式发动机以及车用发动机的冷却中。

其他部件同样也可以通过润滑油的喷射和飞溅进行冷却,并且润滑油可以通过润滑油道对凸轮轴、连杆等发动机内部零部件进行冷却。随着润滑油流经各个部件,吸收热量后其温度也相应升高,然后通过循环流动将热量分散到其他部件上,最终通过冷却液带走。

对于一些高性能发动机,在润滑油循环系统中还安装了润滑油冷却器。润滑油冷却器可通过水冷或风冷的方式对润滑油进行冷却。

10.10   绝热发动机

减少发动机经气缸壁的散热量可以提升发动机的有效输出功率。燃料燃烧释放的总能量中约 30% 转换为有用功(热效率),并且仅发生在 TDC 附近的燃烧和随后的做功冲程中,此阶段约占整个循环的四分之一时长,而热交换则存在于整个循环过程中。因此,只有大约四分之一的循环是对外做功,而且其中只有大约 30% 的能量可以作为有效功输出。如果在整个循环过程中能减少 10% 的热量损失,就能够使曲轴端的有效输出功增加,增加的百分比为

$$\frac{(10\%)(30\%)}{4} = 0.75\%$$

发动机的主要热损失是排气中的热损失。近年来,市面上出现了所谓的绝热发动机。绝热发动机并不是真正意义上的绝热(没有热量损失),而是在最大程度上减少气缸内的热量损失。这种发动机通常没有冷却液套或表面的翅片,唯一的热损失来自外壳处的自然对流换热。发动机零部件的温度随之升高,有效输出功也有所增加。

随着材料技术的发展,以及热处理工艺、合金加工工艺、高温陶瓷和复合材料的发展,发动机的零部件可以在更高的温度下正常工作。其中,能够承受发动机内部机械冲击和热冲击的高温陶瓷材料是 20 世纪 80 年代的一个重大突破。现如今,高温陶瓷已被普遍应用于发动机中,特别是用在工作温度很高的零部件上,如活塞表面及排气门。绝热发动机中最常用的材料是 Si_3N_4。由于绝热发动机没有冷却系统(如冷却液泵、冷却液套、翅片等),所以相比于传统发动机,其尺寸更小、质量更轻。因为不需要安装散热器,使用绝热发动机的车辆的车体外形可以更加趋于流线形,并且发动机的安装位置也更加灵活。

绝热发动机的所有零部件(如气缸套)的工作温度均很高。所以,相对于传统发动机,其气缸内可燃混合物的温度也升高得更快。这就导致发动机的容积效率有所降低,从而减少一部分有效功的输出。在压缩冲程中,较高的可燃混合物温度也会提高压缩负功,减少有效功的输出。

绝热发动机均采用压燃点火而不能采用火花塞点火的方式,主要是因为绝热发动机的气缸壁的壁面温度高,对气缸内可燃混合物的加热速度快,所以容易发生爆震。另外一个需要注意的问题是,当壁面温度高于 800 K 时,壁面上的润滑油会发生热分解。虽然润滑油的品质已不断提高,但润滑油的性能仍需要进一步提高以适应发动机的需求。其中,使用固体润滑剂被视为解决绝热发动机润滑问题的有效手段。

10.11　一些新的发动机冷却手段

随着科技的进步,发动机的冷却技术也在不断发展。其中,有些发动机采用不同冷却温度的双冷却液套的冷却方式,从而实现对冷却温度的灵活控制,靠近气缸套的冷却液的温度相对较高,以降低润滑油的黏性,减少活塞和缸套之间的摩擦;缸盖内部的冷却液的温度则相对较低,从而降低爆震概率,使发动机可以采用较高的压缩比,最终提高发动机的整机热效率。采用气液两相冷却液套是一种新的技术趋势,通过相变吸收大量的热量,与其他系统相比其冷却效果更好。

多家公司致力于研发不使用冷却翅片和冷却液套的小型发动机,从而减小发动机的尺寸和质量。通过向气缸壁周围的油道注入润滑油实现冷却,不仅可以充分冷却发动机,而且其温度的分布也更加均匀,但是采用这种冷却方式需要有相应的润滑油冷却器配套。

通用汽车公司针对冷却系统的泄漏问题提供了相应的安全防护措施。在检测到冷却液缺失的情况下,通过闭缸技术,仍然可以保证汽车以中速行驶很长一段距离。所谓闭缸技术,就是只允许八个缸中的四个缸工作,而另外四个缸通过吸冷空气对发动机进行冷却,防止发动机过热。

10.12　蓄热装置

一些汽车配备可用来预热发动机和车体的蓄热装置。蓄热装置通过吸收发动机余热,可以储存 500~1 000 W·h(1 800~3 600 kJ)的能量,而这一过程大概需要三天。最常见的蓄热系统是利用水 - 盐晶体混合物的固液相变来蓄热。存储的热量可以在温度较低时用来预热发动机、催化转化器,以及加热驾驶室或车窗除霜等。

　　研究者尝试了许多不同的蓄热系统和蓄热材料并取得了成功。在早期的蓄热系统中,研究者采用约 10 kg 的 Ba(OH)$_2$·8H$_2$O 作为基材,液化潜热为 89 W·h/kg,熔点为 78 ℃。将这种水盐混合物注入内部布置有翅片的圆柱腔体中,再将腔体包裹在冷却液流经的管路上,而装置外壁则用超高真空绝热材料做成,这种绝热材料可以在环境温度为 -20 ℃时将热量损失控制在 3 W 以内。

　　当发动机在正常工况下运转时,温度较高的冷却液流经蓄热系统并使水盐混合物液化,整个过程不需要额外消耗其他能量。当发动机停机,冷却液停止流动后,水盐混合物会慢慢冷却并再次变成固体。由于有绝热材料的包裹,整个过程大约需要三天的时间,并且在整个相变过程中,蓄热系统的内部温度始终保持在 78 ℃。当温度较低的冷却液通过蓄热系统后,通过水盐混合物的相变放热使冷却液的温度在蓄热系统的出口处达到 78 ℃左右后,再让冷却液流经发动机、催化转化器或驾驶室,最终达到预热的目的。为实现上述过程,还需要合理的管路布置和控制系统。

　　预热后发动机能迅速起动,并且能减少磨损、节约燃料。对气缸套和进气歧管的预热有助于加快燃料的蒸发和燃烧速度,因此可以减少在冷起动过程中的喷油量,起到降低油耗和改善排放的作用。而且发动机润滑油也可以得到预热,大大降低其黏度,同样有利于发动机的快速起动。此外,润滑油黏度的降低也有助于润滑油的均匀分布,以减少发动机的摩擦磨损。对于使用醇类燃料的发动机,由于醇类有较高的汽化潜热,在温度较低时,其蒸发量十分有限,会导致冷起动困难,所以发动机预热显得尤为重要。

　　第 9 章中已经提到,大部分排放污染发生在发动机冷起动且催化转化器未达到工作温度的情况下。因此,采用蓄热系统对催化转化器预热是降低发动机排放的有效方法,在一定程度上是可行的。

　　蓄热系统的另一种应用方式是使吸热后的冷却液流过驾驶室加热系统的换热器。当需要对驾驶室内进行预热或需要对挡风玻璃进行除霜时,可以直接打开加热器。

　　蓄热系统投入工作的前 10 s,加热功率可以达到 50~100 kW。当插入钥匙或当车门打开时,蓄热系统就自动开始工作。对于安装有预热系统的汽车,发动机、催化转化器和驾驶室的预热过程只需要 20~30 s,而传统方法预热则需要几分钟。

　　不同蓄热系统对系统各个部分提供的能量比例不同,并且由于用途不同,供热顺序也有所差异。一些蓄热系统具有较高的灵活性和可变性。即使所有存储的热量均用来预热驾驶室,发动机也可以实现较快预热,这是因为对整车的预热可以减少发动机的换热损失。这对于一些重型卡车尤其重要,因为一些法律规定:驾驶员在进入驾驶室之前,驾驶室必须充分预热。当发动机开始工作后,蓄热系统随之开始蓄热,也不会对发动机造成额外的动力损失。

　　大多数蓄热系统的质量约为 10 kg,在温度从 78 ℃降到 50 ℃的过程中,可供应 500~1 000 W·h 的能量,完全放热所需时长为 20~30 min,这取决于发动机和环境的温度。蓄热系统可以布置在发动机舱或其他位置,布置在发动机舱内可以减少管路长度并提高换热效率,但布置空间有限。

　　蓄热系统最适用于城市内使用的小型汽车,因为在城市中的行驶距离较短,有时催化转化器没有足够的时间来达到起燃温度,造成较高的排放。在人口密集地区,控制车辆起动阶段的尾气排放非常重要,因为这直接影响人体的健康。搭载蓄热系统后,混合动力汽车的排放水平会进一步降低。混合动力汽车在大多数情况下只通过电机驱动,只有在必要时通过发动机提供一部分的动力输出。发动机的频繁启停是产生排放的主要原因,通过使用蓄热系统,当发动机工作时储存能量,在下一次起动前迅速预热发动机。

虽然在蓄热系统的蓄热过程中没有额外的运行费用,但由于其增加了整车的质量,使燃料消耗有所增加。10 kg 的蓄热系统质量仅为小型汽车整车质量(1 000 kg)的1%。即使在长距离行驶中,油耗也只是略有增加。蓄热系统的设计寿命一般与汽车使用寿命一致。

10.13　小结

发动机燃烧室内的温度一般可以达到 2 700 K 以上。若不进行充分冷却,如此高的温度会迅速造成发动机内部零件的损坏和润滑油失效。如果气缸壁温度超过设计值 200 ℃,机体材料将损坏,并且润滑油也会因过热而失效。为防止气缸过热,可以在缸套外布置冷却液套进行水冷或在发动机表面安装翅片进行风冷。此外,为保证发动机有较高的热效率,希望发动机工作温度尽可能提高。随着材料和润滑油的发展,现代发动机能承受的工作温度也相应提高。

气缸内的热量最终会通过散热系统散逸到周围环境中。为避免发动机过热,燃料燃烧释放的能量很大一部分会被浪费掉,成为废热排出发动机。因此,大部分发动机的有效热效率仅为 30%~40%。

现代汽车大多设计得很低矮以减少气动阻力,使冷却空气的流动受到很大限制,需要更高的换热效率以实现良好的冷却。

近些年来,研究人员已经开发出许多先进的发动机冷却系统,但目前多数车用发动机仍采用水和乙二醇混合物作为冷却液。多数小型发动机因为受质量、成本和结构的限制,多采用风冷方式进行冷却。

习题 8

10.1　一台排量为 6.6 L 的直列式六缸四冲程多点喷射点燃式发动机的工作转速为 3 000 r/min,容积效率为 89%。其进气歧管流道可近似为内径为 4.0 cm 的圆管,进气歧管内空气的温度为 27 ℃。试计算:

①空气进入每个气缸时的平均流速(m/s)和质量流量(kg/s);

②空气进入气缸 1 时的雷诺数(流道的长度为 40 cm,使用标准管内流量方程);

③空气进入气缸 1 的温度(℃)(流道的壁面温度恒为 67 ℃);

④气缸 3 所需的流道的壁面温度(℃),使空气进入气缸 3 的温度与进入气缸 1 时相同(气缸 3 的进气流道长度为 15 cm)。

10.2　将习题 10.1 中的发动机改为单点喷射式(节流阀体喷射),喷射位置在进气歧管的进口端。设 40% 的燃料在进气歧管中蒸发,并通过这种蒸发冷却进气。管壁温度保持不变。试计算:

①燃用化学计量比汽油时,空气进入气缸 1 时的温度(℃);

②燃用化学计量比乙醇时,空气进入气缸 1 时的温度(℃)。

10.3 习题 10.2 中的发动机的内径和行程的关系为 $S=0.90B$,燃用化学计量比的乙醇。试利用进气条件来研究发动机的特性,并用式(10.7)计算雷诺数。

10.4 习题 10.3 中的发动机在发动机和催化转化器之间有一根排气管。该管可以近似为一根圆管,长为 1.5 m,内径为 6.5 cm。离开发动机的排气温度为 477 ℃,排气管壁面的平均温度为 227 ℃。试计算进入催化转化器的排气温度(℃)。

10.5 一辆汽车以 88.5 km/h 的速度行驶,制动功率为 20 kW,发动机转速为 2 000 r/min。该汽车的发动机的能量损失分布如图 10.1 所示。试粗略估计:

①废气中的功率损失(kW);

②摩擦功率损失(kW);

③冷却系统的耗散功率(kW)。

10.6 一台发动机包含一个冷却液流速为 0.095 m³/min 的冷却系统和一个使进入发动机的冷却液保持在 104 ℃的节温器。当汽车以 48.3 km/h 的速度行驶时,发动机转速为 2 500 r/min、功率为 22 kW。发动机散热器的正面面积为 0.42 m²,其上的风扇使通过散热器的气流速度提高了 1.1 倍。该发动机的能量损失分布如图 10.1 所示。试计算:

①冷却液流出发动机时的温度(℃);

②当环境温度为 24 ℃时,空气离开散热器时的温度(℃)。

10.7 某型汽车有两种发动机可供选择。两种发动机都是 V8 型,一台排量是 5.24 L,另一台为 4.75 L。两种发动机运行时的转速、温度和其他工作条件均相同。试计算:

①排量较大的发动机与排量较小的发动机的热效率之比(%);

②与排量较小的发动机相比,排量较大的发动机向冷却液的总传热量将增加(或减少)的比例(%)。

10.8 加油站的服务员将水与防冻剂混合,使混合物的凝点达到 -30 ℃。所用的防冻剂是乙二醇,但服务员不小心使用了为丙二醇校准的比重计。试计算混合物的实际凝点(℃)。

10.9 一种蓄热装置中含有 10 kg 的盐溶液,其在 80 ℃时会发生液固相变。盐溶液的液化潜热为 80 W·h/kg,液相比热为 900 J/(kg·K),固相比热为 350 J/(kg·K)。该蓄热装置的外壳是超绝热的,热损失率为 3 W(恒定)。配备该蓄热装置的发动机的运行温度为 110 ℃,冷却液(近似为纯水)以 0.09 kg/s 的速度流过热蓄电池。试计算:

①发动机关闭后,使混合物达到 80 ℃需要多长时间(h);

②盐溶液在改变相态时保持在 80 ℃时的时间(h);

③蓄热装置冷却到环境温度(10 ℃)需要多长时间(h);

④当发动机在 20 ℃下起动,蓄热装置在 80 ℃条件下能维持多长时间(min)? 假设开始时盐溶液全部为 80 ℃的液体;发动机冷却液流入蓄热装置时的温度为 20 ℃,流出温度为 80 ℃。

10.10 某汽车的蓄热装置中含有 2.8 kg 的盐溶液,在 80 ℃时会发生液固相变。盐溶液的液化潜热为 80 W·h/kg,液相比热为 900 J/(kg·K),固相比热为 350 J/(kg·K)。蓄热装置是超绝热的,热损失稳定为 3 W。汽车发动机稳态运行时,发动机冷却液的温度为

102 ℃,冷却液流量(通过蓄热装置的流量)为 0.01 kg/s。环境温度为 24 ℃。试计算使蓄热装置中的固态盐溶液变为由 60% 的液体和 40% 的固体组成的混合物需要多长时间(h)。

10.11　冷却液(纯水)在汽车发动机中的流动速度为 75.7 L/min,其散热功率为 17.4 kW。冷却液进入发动机时的温度为 93 ℃,汽车散热器的正面面积为 0.37 m²,通过它的空气流速为 15.24 m/s。试计算:

①冷却液离开发动机时的温度(℃);

②空气通过散热器后,其温度的变化量(℃)。

10.12　一台大型四冲程 V12 柴油发动机是废热发电系统的一部分。该废热发电系统利用发动机的排气热量产生蒸汽。该发动机的缸径为 14.2 cm,行程为 24.5 cm,转速为 980 r/min,容积效率为 96%,空燃比为 21。蒸汽是由废气 - 热交换器产生,交换器的效率是 98%。试计算:

①当排气温度从 577 ℃下降到 227 ℃时,通过热交换器产生的蒸气的能量(kW);

②当蒸汽以 101 kPa 下的饱和液体形式进入换热器时,每小时所能产生的饱和蒸气量(kg/h)(水在 101 kPa 时,h_{fg}= 2 257 kJ/kg)。

10.13　在燃烧过程中,燃烧室壁面的瞬时热通量为 210.75 kW/m²。此时燃烧室内的气体温度为 475 ℃,对流换热系数为 0.86 kW/(m²·℃),冷却液温度为 85 ℃,1 cm 厚的铸铁气缸壁的导热系数为 1.33 kW/(m²·℃)。试计算:

①气缸壁的内表面温度(℃);

②气缸壁冷却液侧的表面温度(℃);

③气缸壁冷却液侧的对流换热系数 [kW/(m²·℃)]。

10.14　两台发动机的气缸的尺寸和几何形状相同。发动机 A 的气缸配备水套,里面充满水 - 乙二醇溶液;发动机 B 的气缸是绝热的。除了温度,两台发动机在相同的稳态条件下运行。试回答:

①哪种发动机的容积效率更高? 为什么?

②哪种发动机有更高的热效率? 为什么?

③哪种发动机的排气温度更高? 为什么?

④哪种发动机的润滑条件更差? 为什么?

⑤哪种发动机是更好的点燃式发动机? 为什么?

设计题 10

D10.1　设计一种用于汽车的蓄热系统。该系统用于预热润滑油和催化转化器,并加热乘客舱。确定蓄热系统的尺寸和材料。确定流量与时间的关系,并绘制流动示意图。用近似的能量流和温度解释汽车起动时,各系统的工作顺序。

D10.2　设计一个使用两个单独水套的发动机冷却系统。给出所使用的冷却液、流速、温度和压力。在发动机原理图上显示工作流程图和水泵。

第 11 章　摩擦与润滑

本章介绍发动机中发生的摩擦和减少摩擦所需的润滑。摩擦是指一对机械部件因相对运动产生的互相作用力以及流体在发动机中流动产生的相互作用力。在发动机内产生的功率会因摩擦而有损耗,进而减少了从曲轴获得的制动功率。发动机的附件也可减少曲轴的输出功,附件产生的损失通常被列为发动机摩擦负荷的一部分。

11.1　机械摩擦与润滑

如图 11.1 所示,当发动机中有两个固体表面接触时,它们将在表面上的高点相互接触。表面加工得越光滑(宏观层面上),表面的最高点就越低(微观)。同时,两表面之间的平均距离就越小。如果一个表面相对于另一个表面移动,这些高点就会互相接触并抵抗相对运动(摩擦力),如图 11.1(a)所示。接触点因此变热,有时甚至会烧结在一起。为了尽可能地减小表面间的运动阻力,就需要在两个表面之间添加润滑油。润滑油黏附在固体表面,当一个表面相对于另一个表面运动时,润滑油随表面一起移动并将表面分开。由于液压的存在,一个表面相当于浮在另一个表面上。那么,相对运动的唯一阻力就是在表面间流体层所受的剪切力,如图 11.1(b)所示。这个剪切力的数量级远小于干表面相对运动的力。润滑油必备的三个特性:必须附着在固体表面;即使在极端作用力的条件下,也必须避免从表面间被挤压出来;不需要太大的力来剪切相邻的液体层。决定这三个特性的是黏度,本章中将对其进行讨论。

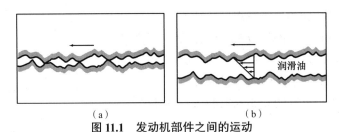

（a）　　　　　　　　　　　　　（b）
图 11.1　发动机部件之间的运动
（a）干燥或无润滑表面间的摩擦　（b）有润滑条件的表面间的摩擦

轴承润滑问题之所以特殊是因为这是一个表面绕另一个表面的运动。当发动机不工作时,轴(曲轴、连杆等)在重力的作用下下移,润滑油被挤出并且两表面互相接触,如图 11.2(a)所示。轴在工作过程中,黏性效应和来自各个方向的合力会导致旋转轴产生液压浮动,使轴承从中心点发生轻微偏移,油膜被移动的表面拖动,表面被薄层的液体分开,如图 11.2(b)所示。轴 - 轴承摩擦副的最薄油膜位置和厚度取决于配合公差、载荷、转速和油的黏度。对于发动机的主轴承,此处的油膜厚度约为 2 μm。为了进一步分析,读者可以参考许多有关轴承动态润滑的书籍。

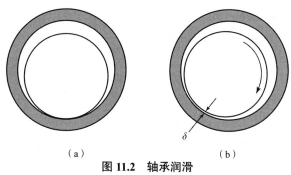

（a）　　　　　　　　　（b）

图 11.2　轴承润滑
（a）不旋转时　（b）旋转时

11.2　摩擦损耗

11.2.1　发动机的摩擦损耗

摩擦可以是一种功率损耗：

$$\dot{W}_{\mathrm{f}} = (\dot{W}_{\mathrm{i}})_{\mathrm{net}} - \dot{W}_{\mathrm{b}} \tag{11.1}$$

式中：$\dot{W}_{\mathrm{f}}$ 为摩擦功耗；$\dot{W}_{\mathrm{b}}$ 为制动功；$(\dot{W}_{\mathrm{i}})_{\mathrm{net}}$ 为净指示功，$(\dot{W}_{\mathrm{i}})_{\mathrm{net}} = (\dot{W}_{\mathrm{i}})_{\mathrm{gross}} - \dot{W}_{\mathrm{pump}}$。

或使用具体工况下的参数，则摩擦可表示为

$$w_{\mathrm{f}} = (w_{\mathrm{i}})_{\mathrm{net}} - w_{\mathrm{b}} \tag{11.2}$$

将机械效率定义为

$$\eta_{\mathrm{m}} = \frac{\dot{W}_{\mathrm{b}}}{\dot{W}_{\mathrm{i}}} = \frac{w_{\mathrm{b}}}{w_{\mathrm{i}}} \tag{11.3}$$

由于发动机的规格和运行转速不同，最有意义的方法是在平均有效压力方面比较摩擦和发动机损失。平均压力（mep）与任何功或功率都有关联。

功的表达式为

$$W = (mep)V_{\mathrm{d}} \tag{11.4}$$

功率的表达式为

$$\dot{W} = (mep)V_{\mathrm{d}}(N/n) \tag{11.5}$$

式中：V_{d} 为位移量；N 为发动机转速；n 为每个循环的转数。

平均摩擦压力可用摩擦力或摩擦功率来描述：

$$fmep = W_{\mathrm{f}}/V_{\mathrm{d}} \tag{11.6}$$

$$fmep = \dot{W}_{\mathrm{f}}/[V_{\mathrm{d}}(N/n)] \tag{11.7}$$

理论上

$$fmep = imep - bmep \tag{11.8}$$

式中：$imep$ 为平均指示压力；$bmep$ 为平均有效压力。

在许多分析中，平均压力（mep）的概念在发动机的功和功率的输入和输出中都有应用。

这些压力和它们对应的功包括:

　　amep——驱动动力转向泵等辅助设备的功;

　　bmep——发动机曲轴的输出功;

　　cmep——机械增压器或涡轮增压器增压的驱动功;

　　fmep——内摩擦功耗以及驱动必要的发动机附件(如油泵)的功;

　　gmep——压缩和膨胀冲程的功;

　　imep——燃烧室产生的净功;

　　mmep——发动机需要的功;

　　pmep——排气和进气冲程的功;

　　tmep——涡轮增压器涡轮废气中回收的功。

　　这些压力参数之间的关系为

$$fmep = imep - bmep - amep - cmep + tmep \qquad (11.9)$$

$$imep = gmep - pmep \qquad (11.10)$$

假设 *amep*=0,*cmep*=*tmep*,那么式(11.9)就变为式(11.8)。

能准确描述平均摩擦压力与发动机转速关系的经验公式为

$$fmep = A + BN + CN^2 \qquad (11.11)$$

式中:N 为发动机转速;A、B、C 为与特定发动机相关的经验常数。

　　式(11.11)右侧的第一项(A)有时称为边界摩擦,主要反映没有足够的润滑油膜能够分离两个摩擦表面时的情况。在 TDC 和 BDC 时刻,活塞环和气缸壁之间以及曲轴与轴承的受重载处会发生金属与金属的接触。当重载表面以低速移动和(或)经历突然的加速和方向改变时,会发生周期性的金属-金属接触。当这种情况发生时,润滑油被挤出,两金属表面间会暂时缺乏液压流动。这种情况主要发生在曲轴和连杆的轴承处,TDC 和 BDC 时刻的活塞环-气缸壁的接触面以及起动时的大部分摩擦副之间。

　　式(11.11)右侧的第二项与发动机转速成比例,而且与发动机部件之间发生的液压剪切力有关。单位面积承载的剪切力为

$$\tau_s = \mu \frac{\mathrm{d}U}{\mathrm{d}y} = \mu \frac{\Delta U}{\Delta y} \qquad (11.12)$$

式中:μ 为润滑油的动力黏度;$\mathrm{d}U/\mathrm{d}y$ 为表面速度梯度;ΔU 为相邻表面之间的速度差;Δy 为相邻表面之间的距离。

　　对于给定的黏度(温度)和几何形状,发动机旋转零部件间的速度项 ΔU 与转速 N 成比例。

　　式(11.11)右侧的第三项与发动机转速的平方有关,这部分反映了在进气与排气流动中湍流耗散的损失。耗散量等于质量流速的平方,而这又与发动机转速直接有关。式(11.11)的常数 A、B 和 C 则根据给定发动机的运行条件来确定。

　　如用活塞平均速度 $\bar{U}_p$ 代替发动机转速,则可写出与式(11.11)类似的经验方程:

$$fmep = A' + B'\bar{U}_p + C'\bar{U}_p^2 \qquad (11.13)$$

　　式(11.11)和式(11.13)中常数的关系为

$$\begin{cases} A' = A \\ B' = B / 2S \\ C' = C / 4S^2 \end{cases} \qquad (11.14)$$

式中:S 为活塞的行程。

　　平均摩擦压力(或摩擦功耗率,或摩擦功耗)的大小约为节气门全开时,净指示平均有效压力(或净 W_i',或净 W_i)的 10%。而在没有制动功率从曲轴上传出时的怠速工况下,其增大到 100%。涡轮增压发动机通常会有更低的摩擦损失。这是因为功率输出较大而摩擦损失基本保持不变。摩擦多以热的形式将发动机的润滑油和冷却液加热。发动机的总摩擦力可以通过测量指示功率与制动功率计算获得。指示功率可以通过由燃烧室中的压力传感器测量出来的缸内压力曲线面积得到,而制动功率可以通过测功机直接测量得到。

　　人们很难将发动机总的摩擦损失分解并确定各部分比例,最好的方法是倒拖发动机(即通过外部电动机拖动曲轴转动而发动机不工作)。许多电力测功机能够做到这一点,这种方法也成为一种很有吸引力的测功方法。当采用电力测功机测功时,测功机作为发电机使用,通过测量其所发出的电负荷可以得到发动机的功率。当电力测功机作为电动机时,可以驱动与之相连的发动机。此时,发动机的燃料喷射和点火系统关闭,缸内不发生燃烧,其转速由电动机控制。倒拖发动机的循环示功图如图 11.3 所示。与工作状态的发动机不同,该循环的压缩和膨胀过程与进排气过程都是气体对外做负功,而这些功是由电动机提供的。

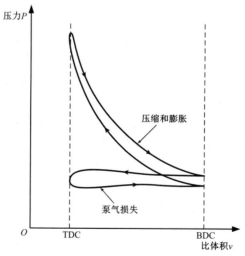

图 11.3　倒拖发动机的 P-v 图

　　倒拖发动机的进气和压缩冲程与发动机的循环相似。如果没有燃烧来提高压力,做功冲程会使进气冲程反转,而且几乎没有排放。

　　由电动机提供的功为

$$\dot{W}_m = \dot{W}_f + \dot{W}_g + \dot{W}_p \qquad (11.15)$$

式中:$\dot{W}_m$ 为电动机发出的功;$\dot{W}_f$ 为摩擦功耗;$\dot{W}_g$ 为总指示功(压缩和膨胀);$\dot{W}_p$ 为泵气指示功(进气和排气)。

从平均有效压力的角度来看,有

$$(mmep) = (fmep)_m + (gmep)_m + (pmep)_m \tag{11.16}$$

式中:下标 m 表示工作状态。

因为在发动机中没有发生燃烧,所以燃烧压力不会上升,膨胀过程只是压缩过程的逆过程,不对外做功,所以

$$(gmep)_m = 0 \tag{11.17}$$

如果发动机在气门全开条件下运行,则泵吸收功几乎为零,所以

$$(pmep)_m = 0 \tag{11.18}$$

则可以得出:

$$(mmep) \approx (fmep)_m \tag{11.19}$$

如果速度和温度等参数在发动机中保持不变,那么

$$(fmep)_m \approx (fmep)_{fired} \tag{11.20}$$

所以得到:

$$(mmep) \approx (fmep)_{fired} \tag{11.21}$$

也就是

$$\dot{W}_m \approx \dot{W}_f \tag{11.22}$$

因此,通过测量倒拖发动机的电动机的能量功,即可近似获得正常发动机运转时的摩擦功耗。

如果想使测量结果尽可能准确,就要使倒拖发动机的各参数尽可能与工作发动机保持一致,尤其是温度。至关重要的是,汽车发动机在所有条件下都要保持尽可能接近发动机的点火条件。温度对发动机内的流体(润滑油、冷却液和空气)的黏度和各零部件的热胀和冷缩有很大的影响,而这两个因素会显著影响摩擦。因此,倒拖发动机的润滑油必须和处在工作状态的发动机的软化油有一致的流速和温度(黏度)。发动机进气量和冷却液流量也应尽可能保持一致,即有相同的节气门开度和水泵转速。

通过倒拖方法测量发动机摩擦的常规做法:以正常燃烧模式运行发动机,当发动机达到稳态温度条件并稳态运行后,将之关闭,并使用电力测功机进行测试。在很短的时间内,发动机内的温度几乎与工作状态相同。但是,因为气缸中没有发生燃烧,发动机温度会逐渐下降,紧接着就会有很大差异。此时,即使温度保持恒定,排气也将完全不同。工作状态下的发动机所排出的热废气与倒拖状态下排出的冷空气只能近似等效,所以测量出的最好结果也只能是发动机摩擦损失的近似值。

由于发动机的摩擦功耗是通过电动机拖动的方法测试的,所以可以拆下发动机的组件,以确定它们对总摩擦功耗有多大的贡献。例如,发动机可以在有和没有节气门的情况下进行测试,所测功率的差异就是节气门摩擦功耗的近似值。这样做的问题是当发动机被部分拆卸时,难以将发动机的温度保持在正常工作温度附近。图 11.4 给出了发动机各部件摩擦功耗的典型结果。

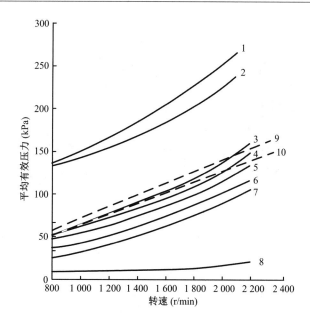

图 11.4 通过倒拖法测得的发动机各部件的摩擦

1—整体；2—除去进、排气系统损失的值；3—在 2 的基础上除去阀、凸轮轴及泵损失的值；4—在 3 基础上除去水泵损失的值；
5—在 4 基础上除去润滑油泵损失的值；6—在 5 基础上除去第一道气环和中间环处损失的值；7—在 5 基础上除去所有活塞环损
失的值；8—只有曲轴的值；9—采用倒拖法测得的值；10—在急速状态和加载工况测得的值。

　　活塞和活塞环是发动机最主要的摩擦损失部件,图 11.5 显示了典型活塞组件在一个周
期内的摩擦应力。在上止点和下止点处,活塞运动停止,在这两点附近摩擦应力最大。因为
当活塞和气缸壁之间没有相对运动时,两表面之间的润滑油膜被挤压出来,当活塞开始新的
行程时,表面之间的润滑剂很少,会发生一些金属与金属的接触,导致摩擦力很高。当活塞
在润滑的气缸壁表面上运动时,二者之间会形成一层油膜,使摩擦力减小,这是运动表面之
间最有效的润滑形式。

　　从图 11.5 中可以发现,在上止点和下止点位置处,活塞处于静止状态,但却存在很小
的可测量的摩擦应力。这说明,由于惯性和加速度的影响,此位置处发生了连接部件的变
形以及活塞的拉伸或压缩。这是所有发动机的最大允许活塞平均速度为 5~15 m/s 的原
因,无论发动机的大小如何。如果活塞速度高于此值,对于大多数发动机的活塞组件中的
材料而言(即铁和铝),其安全裕度太小,存在结构风险。对于进气、压缩和排气冲程,摩擦
应力的大小大致相同。在膨胀冲程中,摩擦应力要高得多,反映出膨胀冲程中的缸内压力
更高。

　　大多数发动机的活塞组件的摩擦功耗大约占总摩擦功耗的一半,在轻载时甚至可
以达到 75%。而活塞环造成的摩擦功耗约占总摩擦功耗的 20%。大多数活塞有两道
气环和一道或两道油环。第二道气环受到的摩擦力在做功和燃烧冲程中比第一道气
环的要小,主要是因为环间气体压力不同。为了减小摩擦,现代发动机普遍将活塞环
设计得很薄,一些发动机的活塞环厚度为 1 mm。油环在气缸壁上涂覆润滑油并刮除
多余的润滑油,不会在环间产生压力差,而是靠弹簧把环压在缸壁上,这会产生很大的
摩擦力。

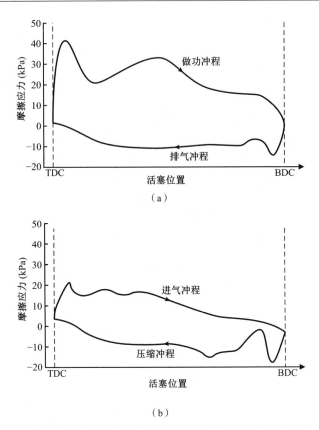

图 11.5　单个发动机循环中活塞和活塞环所受的摩擦应力
(a)活塞的摩擦应力　(b)活塞环的摩擦应力

　　增加气环可以增大发动机的平均摩擦压力约 10 kPa,而通过提高单位压缩比也可以将平均摩擦压力增大约 10 kPa。但是增加压缩比需要更粗的曲轴和连杆轴承,并有可能需要增加一道气环。

　　发动机的气门系统造成的摩擦功耗约占总摩擦功耗的 25%,曲轴轴承造成的摩擦功耗约占总摩擦功耗的 10%,驱动附件造成的摩擦功耗约占总摩擦功耗的 15%。

　　图 11.6 和图 11.7 是平均摩擦压力(近似于倒拖状态的平均有效压力 $mmep$)与活塞平均速度的函数关系图。活塞速度(横轴)可以用发动机转速替代,而曲线的形状不改变。当二者之间关系曲线如图所示时,雷诺数可以根据活塞平均速度来确定,即

$$Re = \bar{U}_\mathrm{p} B / v \qquad\qquad (11.23)$$

式中:B 为气缸的缸径;v 为润滑油的运动黏度。

　　如果润滑油的运动黏度与气缸直径成比例,即 B/v 保持恒定,则不同尺寸的发动机数据可以在相同的活塞速度和温度下进行比较。此时,图 11.6 和图 11.7 中的纵坐标用雷诺数代替,也会得到相同形状的曲线。这就要求调整润滑油的运动黏度,使其不影响发动机的润滑。图 11.8 所示为不同压缩比下,平均摩擦压力和平均泵气压力与发动机负荷的关系。

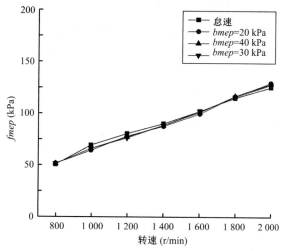

图 11.6　六缸压燃式发动机的平均摩擦压力与发动机转速的关系

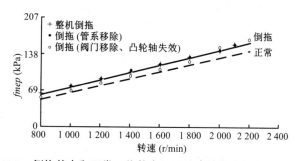

图 11.7　倒拖状态和正常工作状态下平均摩擦压力与转速的关系

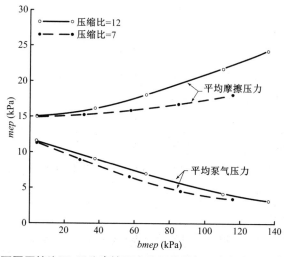

图 11.8　不同压缩比下,平均摩擦压力和平均泵气压力与发动机负荷的关系

【例题 11.1】

一台四缸直列发动机,缸径为 8.15 cm,行程为 7.82 cm。发动机的连杆长 15.4 cm;每一个活塞的全部长度为 6.5 cm,质量为 0.32 kg。在一定的转速和曲轴转角下,活塞的瞬时速度为 8.25 m/s,活塞和缸套的间隙为 0.004 mm。发动机中的润滑油牌号为 SAE 10 W-30,其在活塞和缸套接触面温度下的动力黏度为 0.006 N·s/m²。试计算一个活塞所受的摩擦力。

解

利用式(11.12)有:

$$\tau_s = \mu \frac{\mathrm{d}U}{\mathrm{d}y} = \mu \frac{\Delta U}{\Delta y} = (0.006 \text{ N} \cdot \text{s/m}^2) \frac{8.25 \text{ m/s}}{0.000\ 004 \text{ m}} = 12\ 375 \text{ N/m}^2$$

活塞和缸套的接触面积为

$$A = \pi B h = \pi (0.081\ 5 \text{ m})(0.065 \text{ m}) = 0.016\ 6 \text{ m}^2$$

活塞所受的摩擦力为

$$F_\tau = \tau_s A = (12\ 375 \text{ N/m}^2)(0.016\ 6 \text{ m}^2) = 205 \text{ N}$$

【例题 11.2 】

一台排量为 4.26 L 的四冲程四缸发动机,当其转速为 1 000 r/min 时,扭矩和机械效率分别为 313 N·m 和 88%;当其转速为 3 000 r/min 时,扭矩和机械效率分别为 347 N·m 和 78%;当其转速为 5 000 r/min 时,扭矩和机械效率分别为 305 N·m 和 62%。试计算:①在转速为 3 000 r/min 时的输出功;②在转速为 1 500 r/min 时的 $fmep_{(1.5k)}$;③在转速为 4 000 r/min 时的摩擦功耗。

解

①计算转速为 3 000 r/min 时的输出功。

根据式(2.79),此时的有效功率为

$$\dot{W}_{b(3k)} = \big[(3\ 000 \text{ r/min})/(60 \text{ s})\big](347 \text{ N} \cdot \text{m})/159.2 = 109.0 \text{ kW}$$

根据式(2.47),得到指示功率为

$$\dot{W}_{i(3k)} = \dot{W}_{b(3k)} / \eta_{m(3k)} = (109.0 \text{ kW})/(0.78) = 139.7 \text{ kW}$$

②计算转速为 1 500 r/min 时的 $fmep_{(1.5k)}$。

根据式(2.49)得出发动机在 3 000 r/min 下的摩擦功耗为

$$\dot{W}_{f(3k)} = \dot{W}_{i(3k)} - \dot{W}_{b(3k)} = (139.7 \text{ kW}) - (109.0 \text{ kW}) = 30.7 \text{ kW}$$

根据式(2.83b)得出发动机在 3 000 r/min 下的 $fmep_{(3k)}$ 为

$$fmep_{(3k)} = \frac{(1\ 000)(30.7 \text{ kW})(2 \text{ r/cycle})}{(4.26 \text{ L})\big[(3\ 000 \text{ r/min})/(60 \text{ s})\big]} = 288.3 \text{ kPa}$$

同理,可求出发动机在 1 000 r/min 和 5 000 r/min 下的 $fmep$ 分别为

$$fmep_{(1k)} = 126.8 \text{ kW}$$

$$fmep_{(5k)} = 551.5 \text{ kW}$$

由式(11.11)和已知的 1 000、3 000 和 5 000 r/min 下的 $fmep$ 值,可得到以下方程组:

$$\begin{cases} fmep_{(1k)} = A + 1\ 000B + 1\ 000^2 C = 126.8 \\ fmep_{(3k)} = A + 3\ 000B + 3\ 000^2 C = 288.3 \\ fmep_{(5k)} = A + 5\ 000B + 5\ 000^2 C = 551.5 \end{cases}$$

该方程组的解为

$A=84.19; B=0.03; C=1.27 \times 10^{-5}$

则转速为 1 500 r/min 时的 $fmep_{(1.5k)}$ 为

$$fmep_{(1.5k)} = 84.19 + 1\,500 \times 0.03 + 1\,500^2 \times 1.27 \times 10^{-5} = 157.8 \text{ kPa}$$

③计算转速为 4 000 r/min 时的 $fmep_{(4k)}$。

由式（11.11），可得转速为 4 000 r/min 时的 $fmep_{(4k)}$ 为

$$fmep_{(4k)} = 84.19 + 4\,000 \times 0.03 + 4\,000^2 \times 1.27 \times 10^{-5} = 407.4 \text{ kPa}$$

根据式（2.83b）得出发动机在 4 000 r/min 下的摩擦功耗为

$$\dot{W}_{f(4k)} = \frac{fmep_{(4k)} V_d N}{1\,000 n} = \frac{(407.4 \text{ kPa})(4.26\text{L})[(4\,000 \text{ r/min})/(60 \text{ s})]}{1\,000 \times (2 \text{ r/cycle})} = 57.9 \text{ kW}$$

11.2.2　发动机附件的摩擦损耗

曲轴上连接有许多发动机和汽车的附件，从而降低了对外输出功。其中有些附件是连续运行的（如燃油泵、油泵、增压器、风扇），有些是间歇运动的（如制动助力泵、空调压缩机、排放控制空气泵、动力转向泵）。当发动机被倒拖动测量摩擦功耗时，水泵、燃油泵和发电机消耗的摩擦功耗最多，占总摩擦功耗的20%。许多老式发动机上的燃油泵和水泵由曲轴驱动。大多数现代发动机采用电动燃油泵和电动水泵，由发电机驱动。大多数发动机安装有一个与曲轴直联的冷却风扇，将外部空气吸入并将其吹进发动机舱。随着发动机转速上升，该风扇转速也随之上升。所需的风扇驱动功也上升。从而在较高的发动机转速下，所需的功率会变高。但在通常情况下，发动机转速高意味着车辆在高速运动。此时，空气通过散热器和发动机舱，可以为发动机提供充足的冷却，风扇可不必工作。为了节能，一些风扇只有在需要冷却时才起动。这可以通过在较高车速或较冷温度下断开机械或液压联动装置来完成。许多风扇是电动的，只有在需要时才打开。由于空调冷凝器需要附加冷却负荷，装有空调的汽车往往需要较大的风扇。

11.3　活塞上的作用力

图11.9为活塞的受力示意图。如图所示，X 轴为气缸中心线，在做功冲程时，活塞运动的方向以向下为正；Y 轴为横向作用力方向，以气缸中心线处为零。X 方向上的力平衡公式为

$$\sum F_X = m\frac{\mathrm{d}U_p}{\mathrm{d}t} = -F_r\cos\varphi + P\frac{\pi}{4}B^2 \pm F_f \tag{11.24}$$

式中：φ 为连杆与中心线的夹角；m 为活塞质量；$\mathrm{d}U_p/\mathrm{d}t$ 为活塞的加速度；F_r 为连杆作用力；P 为气缸内气体压力；B 为气缸直径；F_f 为活塞和气缸壁之间的摩擦力。

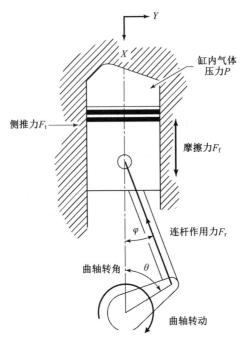

图 11.9　活塞上的力平衡

F_f 的正负取决于曲柄转角 θ：当 $0°<\theta<180°$ 时，F_f 值为负；当 $180°<\theta<360°$ 时，F_f 值为正；当 $\theta=0°$、$180°$、$360°$ 时，F_f 值为零。

活塞在 Y 方向没有运动，所以力平衡方程为

$$\sum F_Y = 0 = F_r\sin\varphi - F_t \tag{11.25}$$

结合式（11.24）和式（11.25），可得到活塞所受的侧推力为

$$F_t = \left[-m\frac{\mathrm{d}U_p}{\mathrm{d}t} + P\frac{\pi}{4}B^2 \pm F_f \right]\tan\varphi \tag{11.26}$$

该侧推力作用于连杆平面的 Y 方向。从式（11.26）可以看出，F_t 不是恒定的力，而是随活塞位置（夹角 φ）、加速度（$\mathrm{d}U_p/\mathrm{d}t$）、缸内气体压力（$P$）和摩擦力（$F_f$）的变化而变化的。所有这些参数都在发动机循环过程中不断变化。在做功和进气冲程，连杆位于曲轴的右侧，推力作用在气缸左侧。由于缸内气体压力在做功冲程阶段较高，连杆受到的作用力和反作用力大，这一侧称为气缸的主推力侧。在排气和压缩冲程，连杆位于曲轴的左侧，所产生的侧推力作用于气缸的右侧。此时缸内气体压力低，侧推力较小，这一侧称为次推力侧。作用于活塞上的侧推力方向与连杆呈一定的夹角，在侧推力方向垂直于连杆时，侧推力值最小，但是仍会有一个小的作用力作用在轴环上。

当活塞在气缸中往复运动时，侧推力也随曲柄转角而改变。因此，当活塞从上止点运动至下止点，在活塞周向和气缸轴向都存在连续的变化。该变化的一个结果是在气缸壁上产生磨损。出现最大磨损的位置是气缸的主推力侧，次推力侧的磨损较小但同样存在。同时，在气缸圆周的其他部位也会发生磨损。随着发动机的老化，这种磨损会导致严重的后果。虽然新发动机的气缸的横截面是圆形的，但随着时间推移，磨损会破坏这

种圆度。

　　为了减小摩擦,现代发动机通常使用小质量、短裙部的活塞。较小的质量降低了活塞的惯性,减小了式(11.26)中的加速度项。由于接触表面积减小,短裙部的活塞可以降低摩擦。然而,为保证短裙部的活塞在气缸中有紧、直的状态,要求这种活塞和气缸之间的制造公差较小。与早期的发动机相比,现代发动机活塞的活塞环数更少、体积更小,但这也需要更小的制造公差。在一些发动机中,活塞销由中心向次推力侧偏置 1 mm 或 2 mm,从而减少了主推力侧的作用力和磨损。

　　有些制造商的理念则是通过短冲程来减少摩擦。然而,对于给定排量的发动机而言,这就需要更大的气缸直径,从而造成气缸表面积增大,热损失增加。火焰传播距离的增大也同样加剧了此问题。这就是为什么大多数中型发动机(汽车发动机)的气缸外形接近于正方形,即 $B \approx S$。

　　作用在活塞上的摩擦力与润滑油的黏度、发动机转速和 $bmep$ 成正比。图 11.10 显示了在发动机工作过程中活塞与气缸壁之间的油膜厚度变化。当活塞位于下止点和上止点时,油膜厚度最小,此时润滑油被挤出;当活塞沿相反方向移动时,活塞与气缸间的油膜再次出现,且活塞速度最高时,油膜厚度最大;然后油膜厚度随着活塞速度的降低而再次减小。

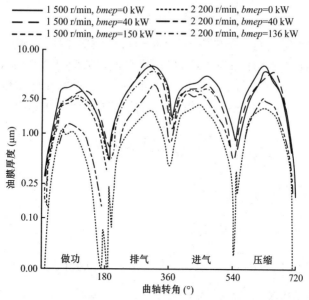

图 11.10　活塞与气缸壁间油膜厚度随曲轴转角的变化

　　在一些大型低速发动机上,通过增加一个称为十字头的二次滑动机构来消除活塞所受的侧推力,如图 11.11 所示。十字头位于气缸的延伸部分中,并通过连杆连接到曲轴;活塞通过与气缸壁平行的辅助连杆与十字头连接。这种结构消除了活塞所受的侧向力,这部分力由十字头承受,从而减少了气缸的磨损。但这样的设计会使系统的质量增大,发动机的高度也会变高,系统机构变得更加复杂。目前,在小型发动机和车用发动机上还看不到这样的设计。

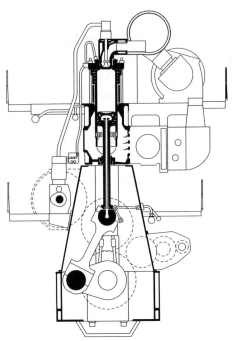

图 11.11　Sulzer RTA62 型二冲程大型压燃式发动机横截面图

【例题 11.3】

在例题 11.1 中给定的运行条件下,发动机运行在做功冲程,活塞位置和曲轴转角如图 11.12 所示。此时,缸内气体压力为 3 200 kPa,来自连杆的推力为 8.1 kN。已知曲轴偏移量为行程的二分之一,即 3.91 cm;连杆和气缸中心线的夹角与曲轴偏移量的关系为 $\tan\varphi = (3.91\ \mathrm{cm}\,/\,15.4\ \mathrm{cm}) = 0.253\ 9$。试计算此时缸套壁面所受的侧推力大小。

解

由 $\tan\varphi = 0.253\ 9$,则连杆和气缸中心线的夹角为

$$\varphi = 14.25°$$

通过式(11.24)可知加速度项为

$$m\frac{\mathrm{d}U_\mathrm{p}}{\mathrm{d}t} = -F_\mathrm{r}\cos\varphi + P\frac{\pi}{4}B^2 \pm F_\mathrm{f}$$

$$= -\left(8.1\ \mathrm{kN}\right)\cos\left(14.25°\right) + \frac{\pi}{4}\left(3\ 200\ \mathrm{kPa}\right)\left(0.081\ 5\ \mathrm{m}\right)^2 - \left(205\ \mathrm{N}\right)$$

$$= 8\ 638\ \mathrm{N}$$

然后根据式(11.26)计算侧推力:

$$F_\mathrm{t} = \left[-m\frac{\mathrm{d}U_\mathrm{p}}{\mathrm{d}t} + P\frac{\pi}{4}B^2 \pm F_\mathrm{f}\right]\tan\varphi$$

$$= \left[-\left(8\ 638\ \mathrm{N}\right) + \frac{\pi}{4}\left(3\ 200\ \mathrm{kPa}\right)\left(0.081\ 5\ \mathrm{m}\right)^2 - \left(205\ \mathrm{N}\right)\right]\tan\left(14.25°\right)$$

$$= 1\ 994\ \mathrm{N}$$

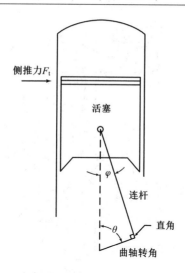

图 11.12　例题 11.3 题图

11.4　发动机润滑系统

发动机的润滑形式有三种：飞溅润滑、压力润滑、组合式润滑。

飞溅润滑方式的原理：高速旋转的曲轴对储存在油底壳中的润滑油产生扰动，使润滑油飞溅到各种运动部件上，这种方式不需要使用油泵。在采用飞溅润滑方式的内燃机中，所有组件（包括气门机构和凸轮轴）都必须对曲轴箱呈开放形式，以使润滑油能飞溅入气缸与活塞之间，起到润滑和冷却的作用。许多小型四冲程发动机（如割草机、高尔夫球车发动机等）就使用飞溅润滑方式。

采用压力润滑的内燃机使用油泵对润滑油进行加压，通过内置在部件中的通道向运动部件供应润滑油，如图 11.13 所示。汽车发动机是最具代表性的采用压力润滑的内燃机，在连杆、气门杆、推杆、摇臂、气门座处，以及发动机缸体和许多其他运动部件中内置润滑油道，这些油道组成了压力润滑的循环网络。另外，气缸与活塞的润滑也是通过将润滑油喷到二者之间实现。大多数汽车实际上使用组合式润滑，除了由油泵驱动的压力润滑，还采用曲轴箱内的飞溅润滑。大多数固定式内燃机也使用这种组合式润滑系统。大多数飞机发动机和少数汽车发动机只使用压力润滑，其中储油器与曲轴箱用隔膜分开，被称为干式油底壳式，即曲轴箱不再作为储油器使用，所以内壁是干的。这样做的原因是飞机不总是水平飞行，所以曲轴箱内的润滑油不受控制，导致飞机在起落或转弯时可能无法提供适量的润滑油进入油泵。隔膜能够控制干式油底壳系统的储油箱中的油位，从而确保润滑油连续地流入油泵并润滑整台发动机。

润滑油泵可以采用电动或由发动机曲轴驱动。润滑油泵出口处的压力通常为 300~400 kPa。如果润滑油泵直接由曲轴驱动，则应在润滑系统中采用一些方法，以保持出口压力和流量在高转速下不会过大。

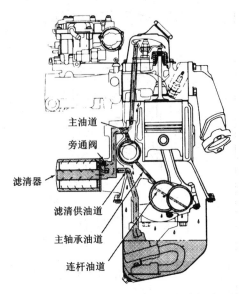

主油道
旁通阀
滤清器
滤清供油道
主轴承油道
连杆油道

图 11.13 压力润滑和飞溅润滑结合的润滑系统

发动机起动时,在润滑油泵可以提供适当的润滑油之前会有一段过量磨损时间。各零部件通常需要经过几个循环才会完全形成润滑状态,在此期间,许多零部件没有得到适当的润滑。更糟糕的是,发动机起动时,润滑油温度很低且具有很高的黏度,进一步延缓了这一过程。有些发动机具有预热器,在起动之前对润滑油进行加热。还有一些发动机有预润滑器,在发动机起动之前将润滑油加热,并采用电动润滑油泵将润滑油泵送到发动机的所有部件。

通常建议涡轮增压发动机在关闭前怠速运转一会。这是因为涡轮增压器的运行转速非常高,当发动机关闭时,润滑油循环停止向高速运转的涡轮增压器供油,会导致其出现润滑不良和严重磨损。为了尽量解决这一问题,发动机和涡轮增压器应该在润滑油供应停止之前降到低速(怠速)。

一些大型车辆发动机上的润滑系统可以非常缓慢地从循环系统中去除部分旧油并将其在燃烧室中烧掉,然后由一个装满新油的独立储油装置自动补充润滑油。用新的润滑油替换旧润滑油的方式,可使润滑系统保持清洁,并且可以延迟换油周期达 100 000 km。船舶公司一般不会将旧润滑油丢弃,而是将这种润滑油与燃料混合并在大型船舶发动机中燃烧。但这样做,有增加尾气灰分并导致气缸磨损的风险。

11.5 二冲程循环发动机

许多小型发动机和一些试验性的二冲程汽车发动机都将曲轴箱作为进气的压缩机。这样的发动机通常将曲轴箱分成几个隔室,每个气缸都有独立的进气通道。这些发动机不能使用曲轴箱作为油底壳,因此必须使用其他方法来润滑曲轴和曲轴箱中的零部件。在这些发动机中,润滑油与燃料以大致相同的方式进入发动机。当使用化油器将空气与燃料混合时,润滑油和燃料会被一起分散到进气中。进气中携带的润滑油颗粒会对与之接触的表面进行润滑,首先是润滑曲轴箱中的零部件,然后对进气道和气缸进行润滑。

在某些内燃机(如飞机发动机、船用舷外发动机等)中,润滑油会与燃料箱中的燃料预混合。在其他发动机(如汽车发动机、高尔夫球车发动机等)中,存在单独的储油器,其将定量的润滑油注入燃料供应管道或直接输送到进气道,燃料与润滑油的质量比取决于发动机的种类,从 30 ∶ 1 到 400 ∶ 1 不等。一些现代的高性能发动机具有根据发动机转速和负载来调节燃料与润滑油质量比的控制功能。

在高比例润滑油输入条件下,润滑油有时会在曲轴箱内凝结。在一些汽车发动机中,高达 30% 的润滑油会从曲轴箱中再循环。在最好情况下,每升润滑油至少支持汽车行驶近 5 000 km。大多数小型低成本发动机的润滑油供应装置采用恒定供应率的方式。如果供应过多的润滑油,燃烧室壁面上的沉积物就会粘住气门(如果有气门);如果润滑油供油太少,会发生过度磨损,活塞可能在气缸中难以运动。对于向燃料中添加润滑油的发动机,在设计时一定是期望所添加的润滑油可以在发动机运行期间燃烧掉。由于气门重叠和气缸中润滑油蒸气的燃烧不良,混合在燃料中的润滑油会使排气中的 HC 增加。目前,研究者正在开发能够在二冲程发动机中使用,且与燃料的燃烧状况一样好的新式润滑油。

一些二冲程汽车发动机和其他一些中大型二冲程发动机使用外部增压器来压缩进气。这些发动机使用类似于四冲程循环发动机的压力润滑系统或飞溅润滑系统,因而曲轴箱也作为油底壳使用。

【例题 11.4】

一台排量为 2.65 L 的四缸二冲程发动机,采用曲轴箱压缩进气,其在 2 400 r/min 的转速下的空燃比为 16.2。在此工况下,扫气利用系数为 72%,充气系数为 87%,每个循环中缸内废气存留比例为 7%。润滑油通过进气道喷入,且燃料 - 润滑油的质量比为 50 ∶ 1。试计算:①润滑油的消耗率;②进入尾气的未燃润滑油质量流量。

解

①计算润滑油的消耗率。

基于式(5.26)得到发动机的扫气流量:

$$\dot{m}_{tc} = V_d \rho_a \lambda_{rc} N / n$$
$$= \left(0.002\,65\ \text{m}^3\right)\left(1.181\ \text{kg/m}^3\right)(0.87)\left[(2\,400\ \text{r/min})/(60\ \text{s})\right]/1$$
$$= 0.108\,9\ \text{kg/s}$$

因为会有 7% 气缸容积的尾气存留在气缸内,所以进入气缸的新鲜空气量为气缸容积的 93%,进气流量为

$$\dot{m}_{mt} = (0.108\,9\ \text{kg/s})(0.93) = 0.101\,3\ \text{kg/s}$$

由式(5.24)可计算进入气缸的燃料 - 空气混合物的质量流量为

$$\dot{m}_{mi} = \dot{m}_{mt} / \lambda_{te} = (0.101\,3\ \text{kg/s}) / (0.72) = 0.140\,7\ \text{kg/s}$$

因空燃比为 16.2,喷入燃料的质量流量为

$$\dot{m}_f = (0.140\,7\ \text{kg/s}) / (16.2) = 0.008\,18\ \text{kg/s}$$

润滑油的消耗率为

$$\dot{m}_{\text{oil}} = (0.008\ 18\ \text{kg/s})/(50) = 0.000\ 164\ \text{kg/s} = 0.59\ \text{kg/h}$$

②计算进入尾气的未燃润滑油质量流量。

由于只有 72% 的扫气利用效率,有 28% 的缸内成分在气门重叠期进入尾气,则进入尾气的未燃润滑油质量流量为

$$\dot{m}_{\text{oil}} = (0.59\ \text{kg/h})(0.28) = 0.17\ \text{kg/h}$$

11.6　润滑油

发动机中使用的润滑油是润滑剂、冷却剂和用于除去杂质的载体。它必须能够承受高温而不会分解,并且必须有较长的使用寿命。发动机的发展趋势是更高的运行温度、更快的转速、更小的公差和更小的油底壳容积。这对润滑油提出了更高的要求。当然,随着发动机和燃油技术的发展,润滑油的技术水平也在不断提高。

早期发动机和其他机械系统经常被设计成在运行时需要连续地加入新的润滑油。废油要么在燃烧室中烧掉,要么排到自然界中。早在几十年前,活塞和气缸壁之间的间隙会使发动机烧掉一些通过间隙窜到燃烧室中的润滑油。活塞与气缸壁之间的窜气,也会污染曲轴箱中的润滑油,这就需要人们定期地添加润滑油或频繁地换油。由于燃烧室中进入了润滑油,排气中的 HC 含量比较高。20 世纪 50、60 年代的规定是每辆汽车每行驶 1 600 km 就要换一次润滑油。

现代发动机的燃烧温度更高,具有更小的配合间隙,可以使燃油消耗率下降。此外,由于空间限制,现代发动机会使用更小的油底壳。这些发动机的运行转速和压缩比都更高,从而能产生更大的功率。但这意味着发动机内部有更高的作用力和更高的润滑要求。同时,现在许多汽车制造商建议每行驶 10 000 km 更换一次润滑油。可见,润滑油不仅要在更恶劣的条件下工作,而且能在更长的时间内保证润滑质量。

现代发动机对润滑油的要求:必须能在极端温度下工作,能够在从发动机的冷起动到超过发动机气缸内的稳态温度的范围内提供适当的润滑;不能在燃烧室壁上或其他热点(如活塞的中心或顶部)处发生氧化;必须能够黏附在零部件表面上,以便能够一直提供润滑并提供防腐蚀功能;具有较高的油膜强度,以确保即使在极端负荷下也不会发生金属与金属的接触;无毒且不会发生爆炸。因此,润滑油必须具备下列功能:润滑、冷却、清洁、密封、防腐蚀、温度稳定性强、使用寿命长、成本低。

润滑油的基础油是原油炼制获得的大分子碳元素化合物,见表 11.1。成品润滑油是通过在基础油中添加各种其他组分(添加剂)调和而成。这些添加剂可以提高发动机的最大性能和使用寿命,包括抗泡剂、抗氧化剂、抗凝剂、防锈剂、清洁剂、抗磨剂、减摩剂、黏度改进剂。其中,抗泡剂用于减少曲轴和其他部件在曲轴箱油底壳高速旋转时产生的泡沫;抗氧剂用于防止氧气对发动机部件的氧化,如二硫代磷酸锌;清洁剂主要由有机盐和金属盐制成,用于使沉积物和杂质悬浮在润滑油中,阻止形成漆膜和其他表面沉积物的反应,同时也用于中和燃料中硫燃烧后形成的酸。

表 11.1　各型润滑油中的碳质组分

润滑油牌号	碳原子数范围	平均碳原子数
SAE 10	25~35	28
SAE 20	30~80	38
SAE 30	40~100	41

11.6.1　黏度

　　国际上润滑油黏度等级一般按照美国汽车工程师协会(SAE)颁布的标准进行分类。润滑油的动力黏度由下式确定:

$$\tau_s = \mu(\mathrm{d}U/\mathrm{d}y) \tag{11.27}$$

式中: τ_s 为单位面积上的剪切力; μ 为动力黏度; $\mathrm{d}U/\mathrm{d}y$ 为速度梯度。

　　黏度值越高,移动相邻表面或通过管道输送润滑油所需的力就越大。黏度在很大程度上取决于温度,其随着温度的降低而增大,如图 11.14 所示。在发动机运转的温度范围内,润滑油的黏度值可以变化一个数量级以上。同时,润滑油黏度随剪切速率的增大而降低。在发动机中,轴承中的剪切速率较低而活塞和气缸壁之间的剪切速率较高。润滑油的黏度变化范围可达几个数量级。发动机常用润滑油的黏度等级包括 SAE 5、SAE 10、SAE 20、SAE 30、SAE 40、SAE 45、SAE 50。数字越小,表示润滑油的黏度越低,越适用于寒冷天气;数字越大,表示润滑油越黏稠,越适用于现代高温、高速、小公差的发动机。

　　如果润滑油的黏度太高,输送它就需要消耗更多的功,也会在运动部件之间产生更大的剪切力,这会使摩擦功耗变大,制动功和功率输出减少,燃料消耗量会增加多达 15%。使用高黏度润滑油的发动机的冷起动是非常困难的,如在 -20 ℃下起动汽车或在 10 ℃下起动割草机的难度都很大。

　　多级润滑油的开发使其黏度在发动机的工作温度范围内更加稳定。当将某些聚合物添加到润滑油中时,润滑油黏度对温度的依赖性降低,如图 11.15 所示。多级润滑油在寒冷时具有较低的黏度值,而当它们变热时则具有较高的黏度值。多级润滑油的牌号形如 SAE 10 W-30,其由两部分组成:第一部分中的"W"表示冬季,意味着当气温较低冷时,润滑油的黏度等级为 10;第二部分表明当气温较高时该油的黏度等级相当于 SAE 30。可见,这种性质能够使润滑油在工作温度范围内提供更为稳定的黏度,这在发动机冷起动时非常重要。当发动机和润滑油温度较低时,黏度必须足够低,这样发动机起动才不会太困难,黏度低意味着润滑油的流动阻力小,发动机可以得到适当的润滑。而使用高黏度润滑油的发动机的冷起动是很困难的,因为润滑油会阻碍发动机的转动,同时流动阻力大会导致泵油困难,造成润滑不良。但当发动机达到工作温度时,又要求最好是使用黏度较高的润滑油,因为高温会降低黏度,而黏度值过低的润滑油没有足够的润滑性能。

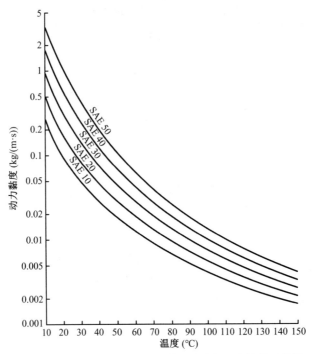

图 11.14 普通发动机润滑油的动力黏度与温度的关系曲线

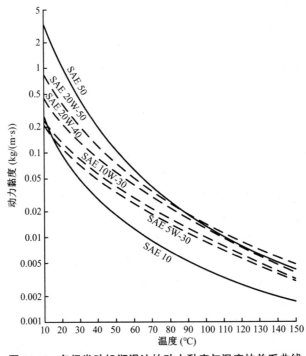

图 11.15 多级发动机润滑油的动力黏度与温度的关系曲线

一些研究表明,添加了可以改变黏度的聚合物的润滑油的润滑效果不如基础油类润滑油。在低温条件下,SAE 5 润滑油比 SAE 5 W-30 润滑油的润滑性能更好;而在高温条件下,

SAE 30 润滑油的润滑性能更好。然而,如果使用 SAE 30 润滑油,发动机的冷起动将非常困难,并且在发动机热机之前会导致润滑不良和非常高的磨损。

多级润滑油包括: SAE 5 W-20、SAE 5 W-30、SAE 5 W-40、SAE 5 W-50、SAE 10 W-30、SAE 10 W-40、SAE 10 W-50、SAE 15 W-40、SAE 15 W-50、SAE 20 W-50。

11.6.2　润滑油标准

在美国,润滑油的标准由美国石油协会(API)与石油企业和汽车制造商协商确定。这些标准涵盖了各种润滑油性能,包括分解温度、分散能力、润滑能力等。标准的第一类油被命名为 SA(用于点火式发动机)和 CA(用于压燃式发动机)。然后,每次升级标准时,都会分配一个新的字母等级(如 SB、SC、CB 等)。

11.6.3　合成润滑油

许多合成润滑油可以提供比矿物基础油更好的润滑性能,不仅能更好地减少发动机的摩擦磨损,而且具有良好的清洁、润滑能力,且所需的泵送功率更低。合成润滑油具有良好性能的主要原因是其基础油的成分单一,其分子具有相同的分子结构和相对分子质量,这种基础油是一种均质流体。而矿物基础油中各成分的分子结构和相对分子质量是不同的。合成润滑油有助于在寒冷天气使发动机冷起动,并可降低多达 15% 的燃料消耗。但合成润滑油的成本是矿物润滑油的几倍。然而,合成润滑油可以在发动机中使用更长时间,对于合成润滑油,大多数汽车制造商提出的换油周期为 24 000 km。

可以将市场上销售的各种润滑油添加剂和特种油少量地添加到普通润滑油中,这些添加剂和特种油有助于改善润滑油的黏度和耐磨性,其中主要的变化是改性后的润滑油会黏附在零件表面,而且在发动机停止时不会像大多数润滑油一样离开零件表面。因此,当发动机下一次起动时,零件表面立即会被其润滑。在使用普通润滑油时,发动机需要经历几个循环才会建立起适当的润滑,这是其磨损的主要原因。

一些固体润滑剂(如粉状石墨)已在一些发动机中得到测试。固体润滑剂对于绝热发动机和使用陶瓷部件的发动机很有吸引力,因为其通常在更高的温度下运行。固体润滑剂在常规润滑油被分解和破坏的高温下仍能起作用,但如何在内燃机中将固体润滑剂分配和输送是其使用时面临的主要问题。

11.7　润滑油滤清器

在大多数润滑系统中都有一个过滤系统,其作用是去除发动机润滑油中的杂质。发动机润滑油的用途之一是在循环过程中携带走发动机内部的杂质,从而清洁发动机。当润滑油通过润滑油滤清器时,这些杂质会被滤除,该过程延长了润滑油的使用寿命。通常,污染物质随进气或燃料进入发动机,而且当燃料发生非化学计量比燃烧时,也会在燃烧室内产生污染物。空气携带的灰尘和其他杂质中的大部分会被空气滤清器过滤掉,少量会进入发动机。燃料中含有的微量的硫等杂质,在燃烧过程中会产生污染物。在某些情况下,即使是纯燃料组分也会形成一些污染物,如发动机中的积炭。大部分进入燃烧室内的杂质会由发动机的排气带走,但其中一些会随着窜气进入发动机的内部。发生窜气时,燃料、空气和燃烧产物通过活塞与气缸壁的间隙进入曲轴箱,进而混入发动机的润滑油中。排气产物中的水蒸气会在曲轴箱中冷凝成水。窜入曲轴箱中的气体一般会送回到进气口。在理想情况下,大多数污染物滞留在润滑油中,因此润滑油中含有灰尘、碳烟、燃料颗粒、硫化物、水等多种杂质。如果不将其从润滑油中过滤,它们将通过润滑系统在整个发动机中传播,进而润滑油会很快变脏并失去润滑性能,从而导致严重的磨损。

在润滑油滤清器中,流动孔通道的大小不一致,但空隙直径通常呈正态分布,如图 11.16 所示。这意味着当润滑油通过滤清器时,大多数较大的颗粒被过滤,但是一部分直径小于最大孔隙直径的颗粒会直接通过。

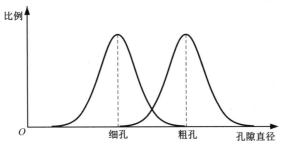

图 11.16 普通滤清器的孔隙直径分布

滤清器的孔隙直径可以进行折中选择,使用较小的过滤孔隙可以获得更好的过滤效果,但这需要更大的压力来驱动润滑油通过滤清器,且较小的过滤孔隙也容易导致滤清器堵塞,需要经常更换滤芯。一些过滤材料和(或)孔隙直径过小的材料甚至可以从润滑油中滤除一些添加剂。滤清器通常由棉、纸、纤维和其他一些合成材料制成,其通常处于润滑油泵出口之后。

润滑油滤清器在使用中,会慢慢地被所过滤的杂质填满。由于这些杂质填充进了滤清器的孔隙,因此需要较大的压力才能够保持相同的流速。当需要的压力过大甚至达到润滑油泵的极限时,通过发动机的润滑油流速就会减慢。所以,在此之前必须更换润滑油滤清器的滤芯。有时,当润滑油滤清器上的压差太大时,滤芯就会被压溃,在筒壁上形成孔洞。大部分通过润滑油滤清器的油将从阻力最小的路径流过。这种“短路”会降低滤清器上的压降,但润滑油就无法被过滤清洁了。

润滑系统常见的几种过滤方式如下。

(1)全流式过滤

在全流式滤清器中,所有的润滑油都流过滤清器。该类滤清器的孔隙直径必须相当大,以避免大流量产生的过高压力。使用这种滤清器会导致润滑油中存留一些直径较大的杂质。

(2)旁路式过滤

在旁路式滤清器中,离开润滑油泵的油只有一部分流过滤清器,其余的润滑油绕过滤清器并没有得到过滤。该类系统允许使用孔隙直径更小的滤清器,但在每个循环回路中只有一部分润滑油得到过滤。

（3）组合式过滤

有些系统使用全流式和旁路式过滤的组合,即所有润滑油首先流过孔隙直径较大的滤清器,然后其中的一部分流过孔隙直径较小的第二滤清器。

（4）分流式过滤

分流式过滤系统使用全流量滤清器和旁通阀。所有润滑油首先流过滤清器。由于滤清器随着使用时间的增长而不断被堵塞,因此保持润滑油流量所需的压力就会增大,即滤清器前后的压差会增大。当这个压差超过预定值时,旁通阀会打开,润滑油从滤清器周围流过。只有重新更换滤芯后,旁通阀关闭,所有润滑油才能得到过滤。

历史小典故 11.1:过滤盒

在 20 世纪 50 年代,一制造商对外出售可以添加到汽车发动机上的附属润滑油过滤系统。这些系统的主体是一个筒式滤清罐,该滤清罐被螺栓固定在汽车的润滑系统上。与该罐一起使用的滤芯则是常用的卷筒厕纸。

11.8　曲轴箱爆炸

在往复式内燃机的曲轴箱内发生爆炸的可能性很小。但曲轴箱内含有氧气（空气）和来自窜气的润滑油蒸气和（或）燃料蒸气。因此,如果出现火源,那么曲轴箱内可能会发生爆炸。火源可能来自一个热点（轴承损坏、零件磨损等）、火焰穿过活塞（活塞环断裂）,或来自破损部件产生的火花。然而,即使在氧气、燃料和火源都存在的情况下,曲轴箱内发生爆炸的可能性也非常小,因为饱和的燃料难以点燃。如果在大型发动机中发生爆炸,油罐可能会破裂,造成危险以及其他破坏性的结果。小型发动机的爆炸则没有那么危险,由于其曲轴箱体积非常小,形成可燃混合气的可能性非常小,即便发生爆炸,损坏发动机的可能性也很小。考虑到小型发动机的机械结构和力学强度,曲轴箱内即使发生爆炸,可能也不会被注意到,爆炸造成的影响很小,发动机将会继续运转。对于曲轴箱容积小于 $6.1\ m^3$ 或曲轴箱孔的直径小于 $0.2\ m$ 的发动机,国际安全法规认为它是安全的;大于此值的发动机需要设置防爆阀。

防爆阀可以释放曲轴箱内爆炸时积聚的压力,这样就不会损坏发动机或伤害发动机附近的人。防爆阀打开时,将会引导热气流远离操作人员、抑制火焰,并立即关闭而不让空气流回曲轴箱。在大部分情况下,当检测到有 $5\sim20\ kPa$ 的压力脉冲时,防爆阀门就会打开。防爆阀门打开时,发动机会继续运转,但此时应关停发动机,确定爆炸原因。发动机在开始工作前应该充分冷却,因为空气涌入热曲轴箱也可能会发生曲轴箱爆炸。

11.9　小结

由于发动机零部件间存在摩擦,从试验台架上测得的发动机制动功率小于燃料燃烧产生的功率。其中主要有两种类型的摩擦会导致有用功率的损失。其中,运动部件之间的机械摩擦是主要损失,而气缸内的活塞运动摩擦占很大比例;而发生在进气和排气系统、流过气门以及气缸内的流体摩擦则是另一种损失。发动机附件运行的功耗,虽然不是正常意义上的摩擦,但经常作为发动机摩擦负载的一部分,这是因为附件直接或间接地由发动机曲轴驱动,从而减少曲轴的对外输出功率。

为了减少摩擦和发动机磨损,所有发动机都必备润滑系统。像很多小型发动机一样,汽车发动机的润滑油分配包括由润滑油泵实现的压力润滑和(或)飞溅润滑。除润滑作用外,润滑油还可冷却发动机,去除发动机中的杂质。

习题 11

11.1 图 11.9 中的连杆在以 2 000 r/min 运行的四缸四冲程点燃式发动机的做功冲程中受力为 1 000 N。曲轴偏移为 3.0 cm,连杆长度为 9.10 cm,缸径与行程的关系为 $S=0.94B$。试计算:

①此时气缸壁所受的侧推力(N);

②活塞距上止点(TDC)的距离(cm);

③发动机的排量(L);

④当活塞处于上止点(TDC)时,气缸壁所受的侧推力(N)。

11.2 ①为什么发动机长时间运行时,发动机中的气缸会出现失圆? ②为什么气缸轴向的磨损量不一致? ③理论上,当活塞到达 TDC 和 BDC 时,为什么摩擦力等于零? ④实际上,当活塞到达 TDC 和 BDC 时,为什么摩擦力不等于零?

11.3 一台六缸内燃机的缸径为 6.00 cm,行程为 5.78 cm,连杆长度为 11.56 cm。在活塞经过上止点且曲轴转角为 90° 的做功冲程中,气缸压力为 4 500 kPa,活塞上的摩擦力为 0.85 kN。此时的活塞加速度设为零。试计算:

①此时连杆上的作用力(kN)(并说明是压缩还是拉伸);

②此时活塞的侧推力(kN)(并说明是在主推力侧还是在次推力侧);

③如果活塞销偏移 2 mm 以减少侧推力,此时活塞上的侧向推力(kN)(假设连杆作用力和摩擦力同上)。

11.4 一台二冲程 V6 汽油机,缸径为 90 mm,冲程为 120 mm。活塞的高度为 80 mm,直径为 90 mm。在压缩冲程的某一时刻,活塞的速度为 12 m/s。气缸壁上的润滑油的动力黏度为 2×10^{-3} Pa/s。试计算在此条件下活塞上的摩擦力(N)。

11.5 一台排量为 2.8 L 的四缸四冲程对置式汽油机在不同转速下的平均有效制动压力和机械效率如下:1 000 r/min 时,$bemp=828$ kPa,$\eta_m=90\%$;2 000 r/min 时,$bemp=828$ kPa,$\eta_m=88\%$;3 000 r/min 时,$bemp=646$ kPa,$\eta_m=82\%$。试计算:

①转速为 2 000 r/min 时的制动功(kW);

②转速为 2 500 r/min 时的平均摩擦压力(kPa);

③转速为 2 500 r/min 时的摩擦功耗(kW)。

11.6 一台二冲程汽油机采用曲轴箱压缩进气,并具有节气门体燃料喷射系统。该发动机在空燃比为 17.8,转速为 1 850 r/min 时,驱动汽车以 105 km/h 的速度行驶,此时的燃油消耗水平为 8.9 L/100 km。润滑油以一定的速率添加到进气口的空气中,使输入燃料与润滑油的比率为 40 ∶ 1。发动机的容积效率为 64%,前一循环的排气残余为 6%。燃烧效率为 100%,汽油的密度为 750 kg/m³。试计算:

①汽油的消耗率(L/h);

②发动机的扫气效率(%);

③废气中的润滑油量(g/h)。

11.7 当增压器安装在压缩比为 9.2 的四冲程汽油机上时,发动机在进气门全开时的指示热效率降低 6%。当发动机以 2 400 r/min 的转速运行时,气缸中的空气质量增加 22%。设发动机的机械效率保持不变,但驱动增压器需要 4% 的曲轴输出功。试计算:

①没有增压器时的指示热效率(%);

②安装增压器后的指示热效率(%);

③增压器安装后,指示功率提升的百分比(%);

④增压器安装后,制动功率提升的百分比(%)。

设计题 11

D11 设计一种使用曲轴箱压缩进气的二冲程点燃式发动机,其使用传统润滑油分配系统,即采用润滑油泵加压润滑且曲轴箱中有储油器。